中国特色高水平高职学校项目建设成果

电工电子技术

黄冬梅　郑　翘◎主　编
张春妍　肖红军◎副主编
杜丽萍◎主　审

中国铁道出版社有限公司
CHINA RAILWAY PUBLISHING HOUSE CO., LTD.

内 容 简 介

本书是校企合作双元开发的教材，对接高等职业学校装备制造大类中的机电设备类、机械设计制造类、自动化类等专业教学标准和初级电工国家职业标准，注重实践育人，适应新的职业教育发展需要。全书共分七个项目，包括：安全用电及常用电工工具和仪表的使用，工业现场应急灯照明电路的设计与调试，工业现场配电线路的设计与调试，直流稳压电路的设计与调试，放大电路的设计、调试及应用，组合逻辑电路的设计与调试，时序逻辑电路的设计与调试。

本书适合作为三年制高等职业教育电气自动化技术、机电一体化技术、自动化仪表、机械自动化技术等专业的教材，也可供相关专业的技术人员学习。

图书在版编目（CIP）数据

电工电子技术 / 黄冬梅，郑翘主编. -- 北京 ：中国铁道出版社有限公司，2024. 9. -- ISBN 978-7-113-30800-1

Ⅰ. TM；TN

中国国家版本馆 CIP 数据核字第 2024JA6773 号

书　　名：电工电子技术
作　　者：黄冬梅　郑　翘

策　　划：祁　云　　　　编辑部电话：（010）63549458
责任编辑：祁　云　绳　超
封面设计：刘　莎
责任校对：刘　畅
责任印制：樊启鹏

出版发行：中国铁道出版社有限公司（100054，北京市西城区右安门西街 8 号）
网　　址：https://www.tdpress.com/51eds/
印　　刷：河北燕山印务有限公司
版　　次：2024 年 9 月第 1 版　2024 年 9 月第 1 次印刷
开　　本：850 mm×1 168 mm 1/16　印张：18.25　字数：445 千
书　　号：ISBN 978-7-113-30800-1
定　　价：56.00 元

中国特色高水平高职学校项目建设系列教材

编审委员会

编写说明

实施中国特色高水平高职学校和专业建设计划（简称“双高计划”）是教育部、财政部为建设一批引领改革、支撑发展、中国特色、世界水平的高等职业学校和骨干专业（群）而做出的重大决策。哈尔滨职业技术大学（原哈尔滨职业技术学院）入选“双高计划”建设单位，学校对中国特色高水平学校建设进行顶层设计，编制了站位高端、理念领先的建设方案和任务书，并扎实开展了人才培养高地、特色专业群、高水平师资队伍与校企合作等项目建设，借鉴国际先进的教育教学理念，开发中国特色、国际水准的专业标准与规范，深入推动“三教改革”，组建模块化教学创新团队，实施“课程思政”，开展“课堂革命”，校企双元开发活页式、工作手册式、新形态教材。为适应智能时代先进教学手段应用，学校加大优质在线资源的建设，丰富教材的信息化载体，为开发工作过程为导向的优质特色教材奠定基础。

按照教育部印发的《职业院校教材管理办法》要求，教材编写总体思路是：依据学校双高建设方案中教材建设规划、国家相关专业教学标准、专业相关职业标准及职业技能等级标准，服务学生成长成才和就业创业，以立德树人为根本任务，融入课程思政，对接相关产业发展需求，将企业应用的新技术、新工艺和新规范融入教材之中。教材编写遵循技术技能人才成长规律和学生认知特点，适应相关专业人才培养模式创新和课程体系优化的需要，注重以真实生产项目、典型工作任务及典型工作案例等为载体开发教材内容体系，实现理论与实践有机融合，满足“做中学、做中教”的需要。

本系列教材是哈尔滨职业技术大学中国特色高水平高职学校项目建设的重要成果之一，也是哈尔滨职业技术大学教材建设和教法改革成效的集中体现。教材体例新颖，具有以下特色：

第一，教材研发团队组建创新。按照学校教材建设统一要求，遴选教学经验丰富、课程改革成效突出的专业教师担任主编，邀请相关企业作为联合建设单位，形成了一支学校、行业、企业高水平专业人才参与的开发团队，共同参与教材编写。

第二，教材内容整体构建创新。精准对接国家专业教学标准、职业标准、职业技能等级标准确定教材内容体系，参照行业企业标准，有机融入新技术、新工艺、新规范，构建基于职业岗位工作需要的体现真实工作任务、流程的内容体系。

第三，教材编写模式形式创新。与课程改革相配套，按照“工作过程系统化”“项目+任务式”“任务驱动式”“CDIO 式”四类课程改革需要设计四大教材编写模式，创新新形态、活页式及工作手册式教材三大编写形式。

第四，教材编写实施载体创新。依据本专业教学标准和人才培养方案要求，在深入企业调研、岗位工作任务和职业能力分析基础上，按照“做中学、做中教”的编写思路，以企业典型工作任务为载体进行教学内容设计，将企业真实工作任务、真实业务流程、真实生产过程纳入教材之中，并开发了教学内容配套的教学资源①，满足教师线上线下混合式教学的需要，本教材配套资源同时在相关平台上线，可随时下载相应资源，满足学生在线自主学习课程的需要。

第五，教材评价体系构建创新。从培养学生良好的职业道德、综合职业能力与创新创业能力出发，设计并构建评价体系，注重过程考核和学生、教师、企业等参与的多元评价，在学生技能评价上借助社会评价组织的“1+X”考核评价标准和成绩认定结果进行学分认定，每部教材均根据专业特点设计了综合评价标准。

为确保教材质量，哈尔滨职业技术大学组建了中国特色高水平高职学校项目建设系列教材编审委员会，教材编审委员会由职业教育专家和企业技术专家组成。学校组织了专业与课程专题研究组，对教材持续进行培训、指导、回访等跟踪服务，有常态化质量监控机制，能够为修订完善教材提供稳定支持，确保教材的质量。

本系列教材是在学校骨干院校教材建设的基础上，经过几轮修订，融入课程思政内容和课堂革命理念，既具积累之深厚，又具改革之创新，凝聚了校企合作编写团队的集体智慧。本系列教材的出版，充分展示了课程改革成果，为更好地推进中国特色高水平高职学校项目建设做出积极贡献！

哈尔滨职业技术大学中国特色高水平高职
学校项目建设系列教材编审委员会
2024 年 7 月

①2024 年 6 月，教育部批复同意以哈尔滨职业技术学院为基础设立哈尔滨职业技术大学（教发函〔2024〕119 号）。本书配套教学资源均是在此之前开发的，故署名均为“哈尔滨职业技术学院”。

前言

本书是校企合作双元开发的教材，对接高等职业学校专业教学标准装备制造大类中的机电设备类、机械设计制造类、自动化类等专业教学标准和初级电工国家职业标准。教材中融入思政元素，注重实践育人，增强学习者服务国家、服务人民的社会责任感，培养其勇于探索的创新精神，更适应新的职业教育发展的需要。本书具有如下特点：

（1）采用项目—任务式体例，共设计7个项目14个任务，内容深化了工学结合、校企合作、人才创新的人才培养模式，实现专业与行业岗位对接，教学内容与职业标准对接，教学过程与企业的运行岗位对接。学历证书与职业资格证书对接。教材中的典型案例、资源均由校企合作共同开发。

（2）将思政元素融入每个项目中，着力提升学习者的思考能力、价值分析和价值判断能力，让学习者在学习中体悟做人做事的基本道理和社会主义核心价值观，增强其责任意识和创新意识，培养其艰苦奋斗、吃苦耐劳的精神。

（3）本书提供了部分内容的微课视频、动画二维码，突出对学习者电工电子技术能力的培养，实现教学内容的针对性和实用性，使岗、证、课深度融合，提高其电工电子技术应用能力。

本书由哈尔滨职业技术大学黄冬梅、郑翘任主编，张春妍、肖红军任副主编，于大孚参与编写。其中，黄冬梅负责确定教材的编写体例、统稿等工作，并编写项目1~项目3；郑翘负责编写项目4、项目5；张春妍负责编写项目6；肖红军负责编写项目7；书中的资源由黄冬梅、郑翘、张春妍、肖红军、于大孚制作录制。

本书由哈尔滨职业技术大学杜丽萍主审，她对本书提出了很多修改建议，在此表示诚挚的谢意。

由于编者的业务水平和教学经验有限，书中难免有不妥之处，恳请广大读者批评指正。

编　者
2024 年 6 月

目录

项目 1 安全用电及常用电工工具和仪表的使用

项目导入

某公司对新入职企业员工进行安全用电操作培训，目的是保障企业员工在工作中能进行安全生产。主要培训内容为安全用电，防止触电发生，正确使用万用表、试电笔、钳形电流表、电工工具等仪器进行电路的检测与维护。重点培训当发生触电事故时，员工能完成对触电者脱离触电环境，并实施口对口人工呼吸等急救方法。

学习目标

知识目标：

(1) 描述安全用电的应用场景；

(2) 列举电路装配及电路安装工艺规范；

(3) 应用安全用电规范，进行电路检查、仪器仪表的使用。

能力目标：

(1) 会识读电路图；

(2) 能使用仪器仪表检查并调试电路；

(3) 工作中发生触电事故，会切断电源并能急救。

素质目标：

(1) 树立成本意识、质量意识、创新意识，养成勇于担当、团队合作的职业素养；

(2) 培养良好习惯与职业道德，树立正确的价值观。

项目实施

任务1 安全用电

任务解析

安全用电是工业生产及日常生活中最重要的操作部分，是企业安全生产的重要保障。通过完成本任务，使学生掌握电工作业中安全用电操作规范、触电现场的急救，为更好地掌握维修电工技术打下基础。

知识链接

一、电工安全常识

1. 常用安全标志

常用安全标志见表1-1。

表1-1 常用安全标志

标志	含义	标志	含义	标志	含义
	禁止烟火		禁止攀登		禁止通行
	禁止携带金属物或手表		禁止佩戴心脏起搏器者靠近		禁止靠近
	必须戴防护手套		必须穿防护鞋		必须系安全带
	注意安全		当心落物		必须戴安全帽

2. 安全作业的着装

存在危险因素的学习和工作场所，为了保证人身安全，要求从业人员正确穿戴、配备、使用电工作业防护用品，如图1-1所示。工作着装必须包括以下内容：

（1）安全帽：能有效地防止和减轻操作人员在生产作业中遭受坠落物体或自己坠落时对人体头部的伤害。

（2）绝缘手套：可以使人的两手与带电体绝缘，防止人手触及带电体而触电。

（3）绝缘鞋：使人体与地面绝缘，防止人体将电流导入大地触电和防止跨步电压触电。

（4）安全带：高处作业人员预防坠落伤亡的防护用品。在安全平台2 m（含）以上的高处作业，需佩戴高处作业安全带。

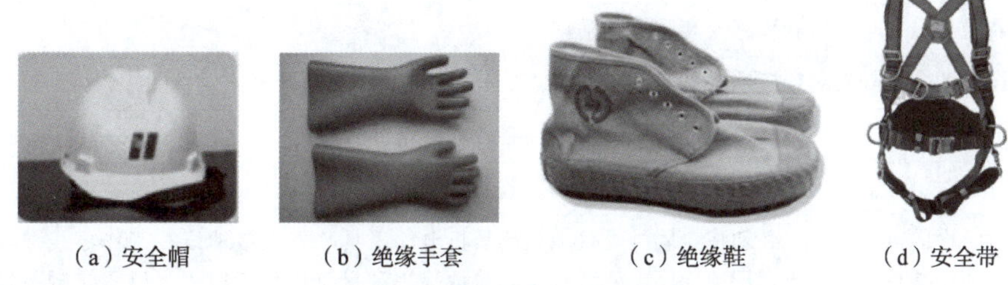

(a) 安全帽　(b) 绝缘手套　(c) 绝缘鞋　(d) 安全带

图 1-1　电工作业防护用品

二、安全生产

1. 安全生产管理

包括健全安全生产管理机构，执行安全生产法规，落实安全生产责任制，编制安全技术措施计划，进行安全教育和培训，做好安全检查和工伤事故报告、分析及处理等。

2. 安全生产管理方针

坚持“安全第一，预防为主”的方针。

3. 保证安全的组织措施

在电气设备上工作，保证安全的组织措施——工作票制度。例如，在电气设备上的工作，应填写工作票或事故应急抢修单。

三、维修电工作业安全操作规程

维修电工作业安全操作规程见表 1-2。

表 1-2　维修电工作业安全操作规程

序号	安全操作规程
1	工作前必须检查工具、测量仪表和防护工具是否完好
2	任何电气设备内部未经验明无电时，一律视为有电，不准用手触摸
3	不准在运转中拆卸修理电气设备，必须在停车，切断设备电源，取下熔断器，挂上警示牌，并验明无电后，方可进行工作
4	在总配电盘及母线上进行工作时，在验明无电后应挂临时接地线。装拆接地线必须由值班电工进行
5	临时工作中断后或每班开始工作前，都必须重新检查电源确已断开，并验明无电
6	每次维修结束时，必须清点所带工具、零件，以防遗失和留在设备内而造成事故
7	由专门检修人员修理电气设备时，值班电工要负责进行登记，完工后要做好交代，共同检查，然后送电
8	必须在低压配电设备上带电进行工作时，要经过领导批准，并要有专人监护。工作时要戴安全帽，穿长袖衣服，戴绝缘手套，使用绝缘的工具，并站在绝缘垫上进行操作，邻相带电部分和接地金属部分应用绝缘板隔开。严禁使用锉刀、钢尺等进行工作
9	禁止带负载操作动力配电箱中的刀开关
10	带电装卸熔断器管时，要戴防护镜和绝缘手套。必要时使用绝缘夹钳，站在绝缘垫上操作

续表

序号	安全操作规程
11	熔断器的容量要与设备和线路安装容量相适应
12	电气设备的金属外壳必须接地（接零），接地线要符合标准，不准断开带电设备的外壳接地线
13	拆除电气设备或线路后，对可能继续供电的线头必须立即用绝缘布包扎好
14	安装灯头时，开关必须接在相线上，灯头（座）螺纹必须接在中性线上
15	对临时装设的电气设备，必须将金属外壳接地。严禁将电动工具的外壳接地线和工作零线拧在一起插入插座。必须使用两相带地或三相带地插座，或者将外壳接地线单独接到接地干线上，以防接触不良时引起外壳带电。用橡胶软电缆接移动设备时，专供保护接零的线芯中不允许有工作电流通过
16	动力配电盘、配电箱、开关、变压器等各种电气设备附近，不准堆放各种易燃、易爆、潮湿和其他影响操作的物件
17	使用梯子时，梯子与地面之间的角度以60°左右为宜。在水泥地面上使用梯子时，要有防滑措施。对没有搭钩的梯子，在工作中要有人扶持。使用人字梯时拉绳必须牢固
18	使用喷灯时，油量不得超过容器容积的3/4，打气要适当，不得使用漏油、漏气的喷灯。不准在易燃易爆物品附近将喷灯点燃
19	使用Ⅰ类电动工具时，要戴绝缘手套，并站在绝缘垫上工作。最好加设漏电保护断路器或安全隔离变压器
20	电气设备发生火灾时，要立刻切断电源，并使用1211灭火器或二氧化碳灭火器灭火，严禁用水或泡沫灭火器灭火

四、触电事故

1. 触电类型

触电是指人体触及带电体后，电流对人体造成的伤害。共分为两种类型：电击和电伤。绝大部分触电事故是电击造成的。

（1）电击：指电流通过人体，影响呼吸、心脏和神经系统，造成人体自身组织损坏甚至死亡。

（2）电伤：指因为电流的热效应造成皮肤的灼伤、烫伤，伤害严重时也可致人死亡。

2. 人体触电的形式

触电多数为人体直接接触带电体或有故障的电气设备等，其形式如图1-2所示。

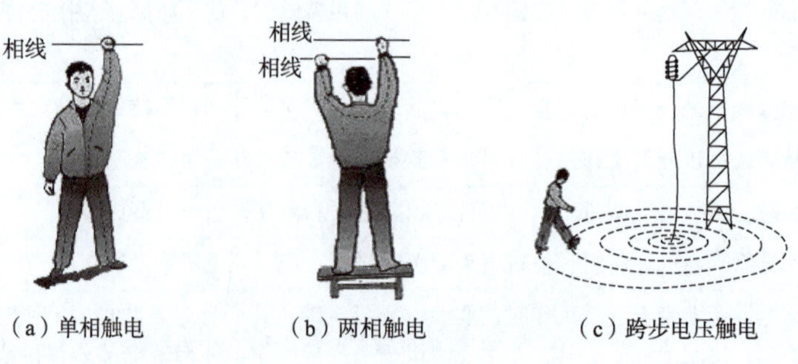

图1-2　触电的基本形式

（1）单相触电。单相触电是指由于电线绝缘体损坏或导线金属部分裸露等原因使其绝缘部分的能力下降，导致人站在地上或其他接地体上直接或者间接与相线接触。例如，在低压三相四线制中性线接地的系统中，单相触电的电压为 220 V，流过人体的电流足以危及生命。

（2）两相触电（死亡率最高）。两相触电是指人体两处同时触及两相带电体，电流由一根相线通过人体流到另一根相线上，加于人体的电压为线电压 380 V，不论电网中性线是否接地，危险性都很大。

（3）跨步电压触电。当电气设备绝缘损坏而使外壳带电，电流由设备外壳流入大地，向四周扩散，在导线接地点及周围形成强电场，其电位分布是以接地点为圆心向周围扩散，形成电位差。通常距离接地体 20 m 远处电位为零，如果人站在电气设备附近地面上，两脚站在不同点上，两脚之间的电压称为跨步电压。由此造成的触电称为跨步电压触电。

五、触电急救

采取有效的预防措施，会减少触电事故，一旦出现触电事故应采取相应的急救措施。

1. 使触电者迅速脱离电源

当人体触电后，首要任务是使触电者迅速而安全地脱离电源。方法如下：

（1）对低压触电事故，应迅速切断电源开关，拔去电源插头等，把触电者从触电现场移开。

（2）如果触电现场远离开关或不具备关断电源的条件，若触电者穿的是宽松而且干燥的衣服，那么救护者可站在一块干燥的木板上，用一只手抓住触电者衣服将其拉离电源，但不能触及触电者的皮肤；或救护者用手边的刀、斧、电工钳等带绝缘柄的工具，从电源来电的方向砍断电源线。

（3）对于相线与大地之间发生的触电事故，可用干燥绳索将触电者移开或用干燥木板将触电者与地面隔开，暂时切断电源，然后再设法关断电源。

（4）若救护者有绝缘线，可将一端接地，另一端接在触电者接触的带电体上，使该相电源对地短路，使电路自动跳闸，切断电源。

（5）对于高压触电事故，应通知供电部门停电，或穿上绝缘靴、戴上绝缘手套在确保救护者自身安全的情况下救护。

2. 拨打 120 急救电话

拨打急救电话时，不要惊慌，要沉着冷静地说明触电地点、触电者情况，并清晰回答急救中心的其他问题，要等到急救中心挂断电话之后再挂断电话。

3. 急救措施

扫一扫

急救处理

急救措施是指触电者脱离电源之后，医生开始对触电者进行救治之前的就地抢救措施。

（1）如果触电者伤势不重，神志清醒，只是感觉头昏、乏力、心悸、恶心、呕吐，应让其在通风良好处静卧休息，以减轻心脏负担，等待医生到来。

（2）如果触电者伤势较重，已失去知觉，但心跳和呼吸还在，应在迅速请医生的同时，将触电者安放在通风地方平卧。如果出现痉挛，呼吸渐渐衰弱、心跳尚存的现象，应立即施行人工呼吸。若有呼吸，但心跳停止，则应采用胸外心脏按压法进行救护。

（3）如果触电者伤势严重，呼吸和心跳停止，应立即施行心肺复苏法。在医生施救之前，不得停止急救措施。

心肺复苏分为人工呼吸和胸外心脏按压两个步骤。在心肺复苏前，应迅速将触电者身上上衣、裤带等解开，并迅速取出触电者口腔内妨碍呼吸的物品，以免堵塞呼吸道。救护者应跪在触电者身侧，使触电者仰卧，并使头部充分后仰，鼻孔朝上，然后捏住触电者的鼻子，救护者深吸一口气后紧贴触电者的口并包裹住向内吹气。反复吹气两次后，施行胸外心脏按压。胸外心脏按压部位在两乳头连线中点，胸骨中下 1/3 交界处。救护者用手掌根部紧贴触电者胸部，两手重叠，五指相扣，手指翘起，肘关节伸直，用上身重量垂直下压 30 次。做完胸外心脏按压之后，再次进行人工呼吸。人工呼吸与胸外心脏按压的次数比例应为 30∶2。

任务实施

一、任务说明

本任务以某公司需要停电进行设备检修为例来说明安全用电操作步骤。

1. 填写停电申请

停电申请如图 1-3 所示。

2. 电工作业现场操作

（1）现场必须有明显的警示标牌，如图 1-4 所示。

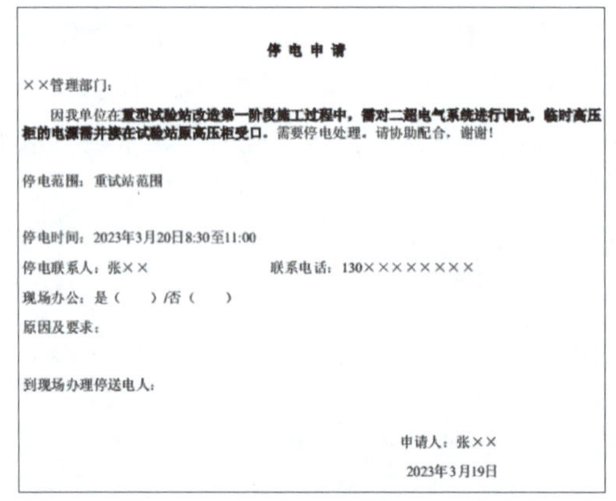

停电申请

××管理部门：

因我单位在重型试验站改造第一阶段施工过程中，需对二超电气系统进行调试，临时高压柜的电源需并接在试验站原高压柜受口。需要停电处理。请协助配合，谢谢！

停电范围：重试站范围

停电时间：2023年3月20日8:30至11:00

停电联系人：张××　　　　联系电话：130××××××××

现场办公：是（　　）/否（　　）

原因及要求：

到现场办理停送电人：

申请人：张××

2023年3月19日

图 1-3　停电申请

禁止靠近

当心触电

注意安全

图 1-4　警示标牌

（2）挂锁并警示，如图 1-5 所示。

（3）现场使用合适的围栏措施，如图 1-6 所示。

（4）安全用电操作。

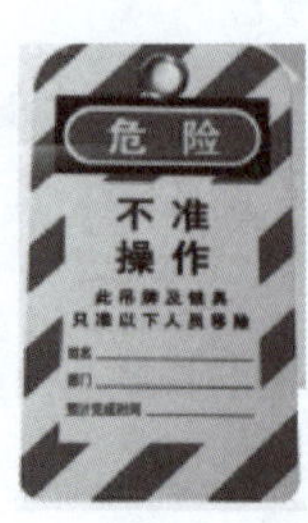

图 1-5　挂锁并警示

图 1-6　围栏

3. 电工作业现场模拟触电急救

（1）使触电者脱离触电现场。

（2）根据触电者伤势情况拨打 120 急救电话，观察其是否有意识，若没有意识，操作方法：将触电者平卧，将衣领、上衣、裤带等解开，清理气道，按照人工呼吸与胸外心脏按压的次数比例 30 : 2 进行急救。若出现心颤，可用 AED（自动体外除颤仪）进行除颤救助。若有意识，看是否有骨折、出血等情况，进行简单固定和包扎。

4. 电工作业现场模拟火灾现场的灭火

（1）发生火灾首先切断电源，拨打 119 火警电话。

（2）电气设备火灾常用灭火器有：二氧化碳、四氯化碳、干粉、1211。

（3）以 1211 灭火器使用步骤为例：1211 灭火器不能放在日照、火烤、潮湿的地方，防止剧烈振动和碰撞；每月检查压力表，低于额定压力 90% 时，应重新充氮；质量低于标明值 90% 时，应重新灌药；使用时，拔掉保险销，握紧压把开关，用压杆使密封阀开启，在氮气压力作用下，灭火剂喷出，松开压把开关，喷射停止，如图 1-7 所示。

5. 恢复供电

当设备检修完毕后，需要对设备进行恢复供电的安全操作。填写送电申请如图 1-8 所示。

图 1-7　1211 灭火器使用示例

1—灭火器瓶体；2—喷管；
3—压把开关；4—保险销

送 电 申 请

××管理部门：

因我单位在**重型试验站改造第一阶段施工过程中，需对二超电气系统进行调试，临时高压柜的电源进行需并接在试验站原高压柜受口。**

需要送电处理：请协助配合，谢谢！

送电范围：重试站范围

送电时间：2023年3月20日8:30至11:00

送电联系人：王××　　　　联系电话：138××××××××

现场办公：是（　　）/否（　　）

原因及要求：新增10 000 V供电线路，铁损试验设备投入运行使用。

到现场办理送电人：王××

申请人：王××

2023年3月20日

图 1-8　送电申请

二、任务评价

（1）评价标准见表 1-3、表 1-4。

（2）任务能力评价见表 1-5。

表 1-3　触电急救考核的评价标准

序号	主要内容	考核要求	评分标准	配分	扣分	得分
1	触电急救	触电急救操作	（1）采取方法错误，扣 5~30 分。 （2）按压力度、操作频率不适，扣 10~30 分。 （3）操作步骤错误，扣 10~20 分	80		
2	团结协作	符合要求	小组成员分工协作不明确扣 5 分，成员不合作参与扣 5 分	10		
3	安全文明生产及 6S 执行力		（1）违反安全文明生产规程，扣 5~10 分。 （2）6S 执行力不到位，酌情扣 5~10 分	10		
备注	各项内容的最高分不得超过配分		合计	100		
考评时间	开始时间		结束时间		考评员签字： 年　月　日	

表 1-4　电气消防技术考核的评价标准

序号	主要内容	考核要求	评分标准	配分	扣分	得分
1	电气消防	电气消防的操作	（1）采取方法错误，扣 5~30 分。 （2）消防器材选用错误，扣 30 分。 （3）操作步骤错误，扣 10~20 分	80		
2	团结协作	符合要求	小组成员分工协作不明确扣 5 分，成员不合作参与扣 5 分	10		
3	安全文明生产及 6S 执行力		（1）违反安全文明生产规程，扣 5~10 分。 （2）6S 执行力不到位，酌情扣 5~10 分	10		
备注	各项内容的最高分不得超过配分		合计	100		
考评时间	开始时间		结束时间		考评员签字： 年　月　日	

表 1-5　任务能力评价

组别	与人沟通能力 10%	团结协作能力 20%	方案设计能力 10%	自我学习能力 20%	信息处理能力 10%	解决问题能力 20%	创新能力 10%	总评
第一组								
第二组								
第三组								
第四组								
第五组								

（3）任务能力总评见表 1-6。

表 1-6　任务能力总评

组别	第一组对各组的评价结果	第二组对各组的评价结果	第三组对各组的评价结果	第四组对各组的评价结果	第五组对各组的评价结果	总评结果
第一组						
第二组						
第三组						
第四组						
第五组						

三、任务结束

按照 6S 现场管理规范，清理工作现场，清点作业工具，摆放到规定位置。

测试题

1. 电对人体的伤害程度与什么因素有关？
2. 我国规定的 12 V、24 V、36 V 三个等级的安全电压，各适用于什么场合？
3. 发现有人触电，应如何使触电者尽快脱离电源？
4. 对触电者常采用哪几种急救措施？主要适用哪些情况？动作要领如何？

任务 2　常用电工工具和仪表的使用

任务解析

电工工具是安装电气设备的常用工具，仪表是检测电气设备的重要设备。通过完成本任务，可掌握电工工具和仪表在工业生产、日常生活中涉及电气方面的安装、检测、维修等的实际应用。

知识链接

一、常用电工工具与使用

常用的电工工具有：通用工具、专用工具两种。专用工具有：线路安装工具、登高工具和设备装修工具等。

1. 试电笔

试电笔及用法如图 1-9 所示。试电笔是用来检测低压导体和电气设备外壳是否带电或区分电源相线和中性线的一种辅助安全工具。使用时，手指接触笔尾的金属体，将金属笔尖与被检测的导体接触，使电流经带电体、试电笔、人体、大地形成回路。

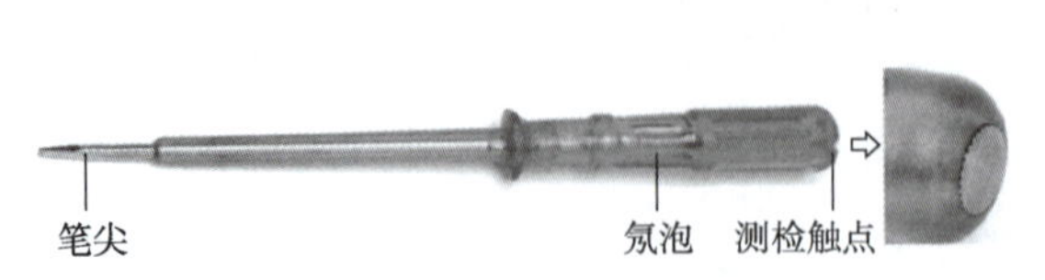

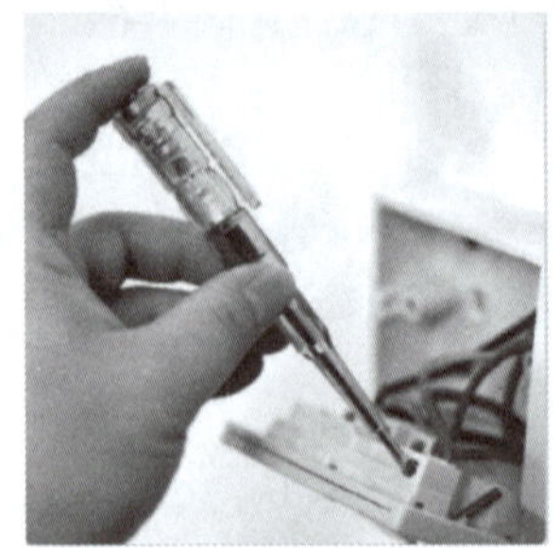

图 1-9　试电笔及用法

使用注意事项：

（1）使用前，要确认试电笔在有电的电源上检查氖管能否正常发光。

（2）使用时，避免在强光的地方检测，用手指触及笔尾的金属体，将氖管的小窗背光朝向自己，便于观察；防止笔尖的金属体触及皮肤，以免触电。在螺丝刀式试电笔的金属杆上，须套上绝缘管，留出刀口部分用于测试。

（3）使用后，要保持清洁，放置在干燥处。

（4）使用时，人体一定要与大地可靠接触。

（5）不能用普通试电笔测高电压（500 V 以上），以确保人身安全。

2. 高压验电器

高压验电器用来检查高压供电线路是否有电，如图 1-10 所示。

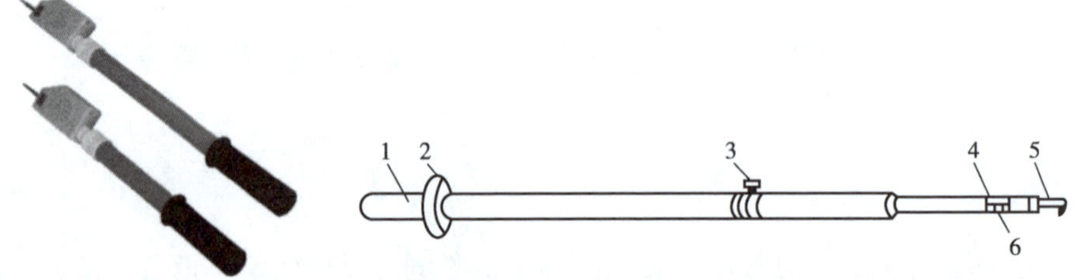

图 1-10　高压验电器

1—握柄；2—护环；3—固紧螺钉；4—氖管窗；5—金属钩；6—氖管

使用注意事项：

（1）使用前要进行测试，确定完好才能使用。

（2）使用时，手应放在握柄处，不得超过护环。

（3）检测时，操作人员必须戴符合耐压要求的绝缘手套，身旁要有人监护，不可一个人单独操作。人体与带电体保持安全距离，检测 10 kV 电压时的安全距离在 0.7 m 以上。

（4）检测时，验电器应逐渐接近被测线路，氖管发亮，说明线路有电；氖管不亮，才能与被测线路直接接触。

（5）在室外使用时，在雨雪雾天气下不能使用，以免发生危险。

3. 钢丝钳

钢丝钳是用来钳夹、剪切电工器材的工具，如图 1-11 所示。电工常使用的钢丝钳钳柄上必须套有绝缘管，耐压为 500 V，只适用于低压设备。

使用注意事项：

（1）及时检查和更换钳柄的绝缘管，以免造成触电事故。

（2）用电工钢丝钳剪切带电导线时，不得用刀口同时剪切相线和中性线，或同时剪切两根相线，以免发生短路事故。

（3）钳头应防锈，钳轴处应经常加机油润滑。

（4）钳头不能作为敲打工具使用。

4. 尖嘴钳

尖嘴钳的头部尖细，如图 1-12 所示，适用于空间狭小的工作环境。电工使用的尖嘴钳的钳柄也要套有耐压 500 V 的绝缘管，规格有 140 mm 和 180 mm 两种。

使用注意事项：

（1）要定期检查，及时更换绝缘管。

（2）尖嘴钳使用后要清洁干净，钳轴处要经常加机油润滑。

（3）钳头尖细，钳夹物不可太大，用力不可太猛，以免损坏钳头。

图 1-11　钢丝钳　　图 1-12　尖嘴钳

5. 断线钳

断线钳又称斜口钳，如图 1-13 所示，主要用来剪切较粗的金属丝、导线、电缆等，钳柄部的绝缘管要耐压 1 000 V。

6. 压线钳

目前有些导线可以用压线钳进行连接，如图 1-14 所示。

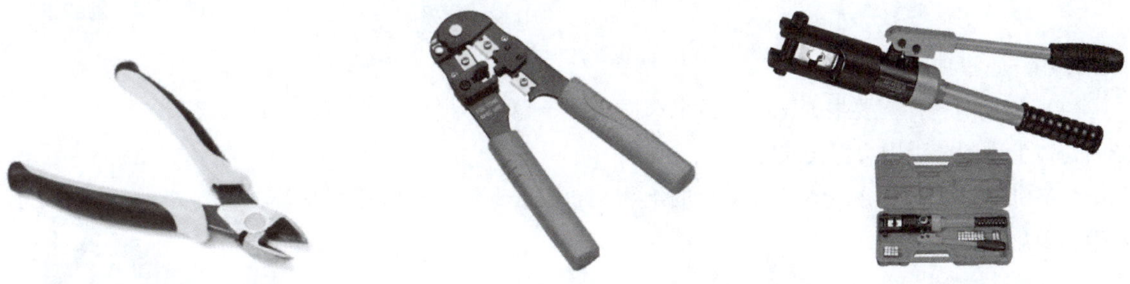

图 1-13　断线钳　　图 1-14　各种压线钳

7. 螺钉旋具

螺钉旋具又称螺丝刀、起子、改锥等，是用来紧固和旋松螺钉的工具，如图 1-15 所示。根据头部形状的不同，可分为一字槽和十字槽两种。在工厂中，多采用电动或气动的螺钉旋具进行流水作业。

使用注意事项：

（1）为避免金属杆触及人体造成触电事故，应在金属杆上套绝缘管，电工操作中不允许使用金属杆直通柄顶的螺钉旋具。

（2）螺钉旋具的选择应与螺钉的槽口相匹配，不可以大代小，以免损坏螺钉。

（3）使用时，应使螺钉旋具的头部顶住螺钉的槽口，再转动旋具，否则易打滑损坏槽口。

8. 活扳手

活扳手是用于安装、拆卸螺母、螺栓的一种专用工具，如图 1-16 所示。

使用注意事项：

（1）扳动较大螺母时，力矩较大，手应握住手柄尾部；扳动较小螺母时，力矩较小，手应握住手柄头部。

（2）扳动螺母时，必须将工件的两侧夹牢，以免损坏螺母。

（3）扳动螺母时，不能反向用力，以免损坏活扳唇。

（4）活扳手不可当锤子和撬棒使用。

9. 剥线钳

剥线钳是用来剥削截面积在 6 mm^2 以下的塑料或橡胶导线的绝缘层的工具，如图 1-17 所示。剥线钳由钳头和钳柄两部分组成，钳头有 0.5～3 mm 的多个不同直径的切口，以便剥削不同线径的导线。

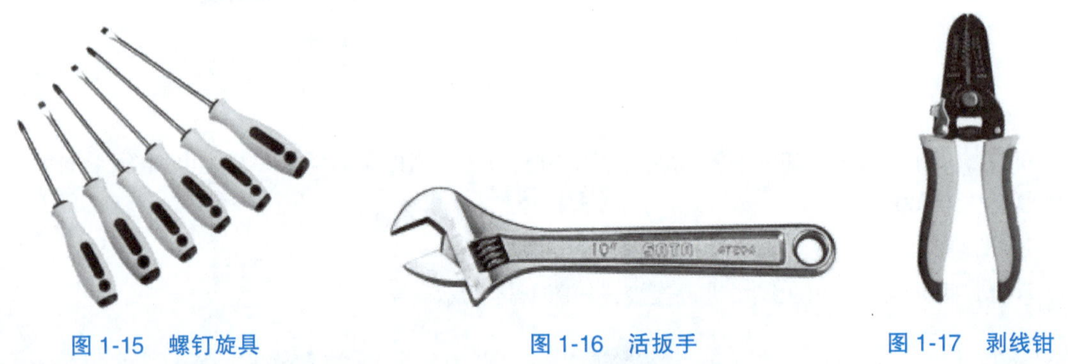

图 1-15　螺钉旋具　　图 1-16　活扳手　　图 1-17　剥线钳

使用注意事项：

（1）使用时，注意要根据不同线径来选择切口。为了不损伤线芯，导线必须放在大于其线芯直径的切口上剥削，否则会切伤线芯。

（2）带电操作前，须检查绝缘把套的绝缘是否良好，以防止因绝缘损坏发生触电事故。

10. 电烙铁

电烙铁能将电能转换成热能，是对铜、铜合金等金属进行焊接的工具，如图 1-18 所示。常用的规格有 25 W、45 W、75 W、100 W 等多种，要根据焊接对象、烙铁头的形状和温度等条件的不同来进行选择。

图 1-18　电烙铁

二、常用电工仪表的使用与测量

常用电工仪表有电流表、电压表、功率表、万用表、数字万用表、兆欧表、钳形电流表、电能表等。

1. 使用电工仪表时的注意事项

（1）正确选用仪表：

①根据测量对象选择相应的仪表。对电路进行监测性测量，采用安装式仪表；对电路进行检测性测量，采用可携式仪表。

②根据被测量的大小，选择合适的量程。选用原则是仪表的量程上限一定要大于被测量，并使指针处于标度尺中间位置以上。

③根据测量精度的要求，选择适当等级的仪表。选用原则是在保证测量精度前提条件下，选用准确度等级较低的仪表。

（2）阅读仪表的使用说明书。每种仪表都有各自的特点，所以在使用新仪表或接线较复杂的仪表前，认真阅读使用说明书，按步骤进行相应的操作。

（3）注意人身及设备的安全。由于使用者经常测量高电压、大电流电路，在测量的过程中，要注意人身及设备的安全，除按仪表的使用规则操作外，还要遵守各种安全操作规程。

（4）仪表的安全检验日期。使用仪表前一定要看仪表的安全检验日期是否在合格范围内。

2. 常用电工仪表的分类

（1）按工作原理可分为：磁电系、电磁系、电动系、感应系、整流系仪表等。

（2）按测量对象不同可分为：电流表、电压表、功率表、万用表、电能表、欧姆表、相位表等。

（3）按被测电量种类可分为：直流仪表、交流仪表以及交直流两用仪表等。

3. 指针式万用表

指针式万用表是用指针来指示被测数值的万用表，属于一种模拟式显示仪表，如图 1-19 所示。用来测电压、电流、电阻、电容、二极管、晶体管的参数等。它由表头、表盘、转换开关、调零部件、电池整流器和电阻器等构成。

图 1-19　指针式万用表

扫一扫

万用表测电阻

（1）使用前的检查与调整。指针式万用表使用前需检查与调整，具体见表 1-7。

表 1-7　指针式万用表使用前的检查与调整

序号	检查与调整
1	检查外观是否完好，轻轻摇晃时指针摆动自如
2	转换开关是否灵活、指示量程挡位是否准确
3	水平放置万用表进行机械调零
4	测电阻前进行欧姆调零：挡位开关置于欧姆挡，红、黑表笔对接调整调零旋钮
5	检查测试表笔位置是否正确：黑表笔接“-”，红表笔接“+”

（2）指针式万用表的测量。指针式万用表的测量方法见表 1-8。

表 1-8 指针式万用表的测量方法

测量对象	测量方法
测量电阻	测量电阻前，应将万用表转换开关置于电阻挡适当量程，可用表笔试触，指针在标度尺中心为好
	测量电阻前，应断开被测电路的电源，否则烧表
	测量时每变换一次量程，应重新欧姆调零
	被测电阻不能有并联支路，否则测试结果是错误的
	欧姆挡测晶体管时，由于其承受小电压，选用 R×100、R×1k 挡
测量电压	测量电压时，万用表与被测电路并联
	测量直流电压区分好正负极，黑表笔接“-”，红表笔接“+”。无法区分时，一表笔触被测电路一端，另一表笔试触，若指针反向偏转，应调换表笔
	若无法判定量程大小，最好先选用大量程进行粗测，再变换量程进行测量
	测量时，应与带电体保持安全距离，手不得触及表面的金属部分防止触电，同时防止短路和表笔脱落。测量高压时，应戴绝缘手套，站在绝缘垫上操作，并使用高压测试表笔
	测量电压时，指针应在标度尺满刻度的 2/3 处
	测量直流电压时，一定要注意表内阻对被测电路的影响
测量电流	测量电流时，万用表必须与被测电路串联，否则烧表
	测量直流电流时，区分好正负极，黑表笔接“-”，红表笔接“+”。无法区分时，一表笔触被测电路一端，另一表笔试触，若指针反向偏转，应调换表笔
	若无法判定量程大小，最好先选用大量程进行粗测，再变换量程进行测量
	测量电流时，指针应在标度尺满刻度的 2/3 处

4. 数字式万用表

数字式万用表是一种数字式测量仪表。可用来测量直流和交流电压及电流、电阻、电容、二极管、晶体管、频率以及电路通断，如图 1-20 所示。

图 1-20 数字式万用表

（1）使用前的检查与调整。数字式万用表使用前需检查与调整，具体见表 1-9。

表 1-9　数字式万用表使用前的检查与调整

序号	检查与调整
1	检查表笔绝缘层是否完好，有无破损和断线。红、黑表笔应插在符合测量要求的插孔内，保证接触良好
2	输入信号不允许超过规定的极限值，以防损坏仪表
3	测量前，功能开关应置于所需要的量程，严禁量程开关在电压测量或电流测量过程中改变挡位，以防损坏仪表
4	将 POWER 开关按下，检查 9 V 电池，如果电池电压不足，要及时更换电池
5	测试笔插孔旁边的“△”符号，表示输入电压或电流不应超过示值，这是为了保护内部线路免受损坏
6	测量完毕应及时关断电源。长期不用时应取出电池
7	不要在高温、高潮湿环境中使用，尤其不要在潮湿环境中存放，受潮后仪表性能可能不稳定

（2）数字式万用表的测量。数字式万用表的测量方法见表 1-10。

表 1-10　数字式万用表的测量方法

测量对象	测量方法
测量电阻	先将黑表笔插入 COM 插孔，红表笔插入 Ω 插孔；然后将功能开关置于 Ω 量程，并将测试表笔连接到被测电阻上
	如果被测电阻值超出所选择量程的最大值，将显示过量程“1.”，应选择更高的量程。对于大于 1 MΩ 或更高的电阻，要几秒后读数才能稳定，对于高阻值读数这是正常的
	当无输入时，例如开路情况，仪表显示“1.”
	被测电阻不能有并联支路，否则测试结果是错误的
	当检查线路阻抗时，被测线路必须将所有电源断开，电容电荷放尽
测量电压	直流电压的测量：先将黑表笔插入 COM 插孔，红表笔插入 V 插孔。然后将功能开关置于 V ⎓ 量程范围，并将测试表笔连接到被测线路上，将显示红表笔的极性
	交流电压的测量：先将黑表笔插入 COM 插孔，红表笔插入 V 插孔。然后将功能开关置于 V~ 量程范围，并将测试表笔并联接到被测线路上
	如果不知被测电压范围，将功能开关置于最大量程并逐渐下调
	如果显示器只显示“1.”，表示过量程，功能开关应置于更高量程
	“△”表示不要输入高于直流电压 1 000 V，交流电压 750 V，显示更高的电压值是可能的，但有损坏内部线路的危险
	当测量高电压时，要格外注意避免触电
测量电流	直流电流的测量：先将黑表笔插入 COM 插孔，当测量最大值为 200 mA 的电流时，红表笔插入 mA 插孔；当测量最大值为 20 A 的电流时，红表笔插入 A 插孔。然后将功能开关置于 A ⎓ 量程，并将测试表笔连接到被测线路中，电流值显示的同时，将显示红表笔的极性

续表

测量对象	测量方法
测量电流	交流电流的测量：先将黑表笔插入 COM 插孔，当测量最大值为 200 mA 的电流时，红表笔插入 mA 插孔；当测量最大值为 20 A 的电流时，红表笔插入 A 插孔。然后将功能开关置于 A~量程，并将测试表笔串联接入到被测线路中
	如果使用前不知被测电流范围，将功能开关置于最大的量程并逐渐下调
	如果显示器只显示“1.”，表示过量程，应将功能开关置于更高量程
	“△”表示最大输入电流为 200 mA，过量的电流将烧坏熔丝，应即时更换，20 A 量程无熔丝保护
测量电容	先将功能开关置于 C 量程，再将被测电容插入电容测试座中，测量大电容时需要一定的时间才能稳定读数
	测量被测电容之前，注意每次转换量程时复零需要的时间，有漂移读数存在不会影响测试精度
	仪器本身虽然对电容挡设置了保护，但仍须将被测电容先放电然后进行测试，以防损坏仪表或引起测量误差
测量频率	先将红表笔插入 Hz 插孔，黑表笔插入 COM 插孔，再将功能开关置于 kHz 量程，并将测试表笔并联到频率源上，可直接从显示器上读取频率值
	如果被测值超过 30 Hz 时，不能保证测量精度并应注意安全，因为此时电压已属危险带电范围
二极管测试及蜂鸣通断测试	先将黑表笔插入 COM 插孔，红表笔插入 VΩ 插孔，将功能开关置于→+挡，并将表笔连接到被测二极管，读数为二极管正向压降的近似值
	如将表笔连接到被测线路的两端，如果两端之间电阻值低于 50 Ω，内置蜂鸣器发声
晶体管 hFE 测试	先将功能开关置 hFE 量程，确定晶体管是 NPN 或 PNP 型，将基极、发射极和集电极分别插入面板上的相应插孔，显示器上将显示 hFE 的近似值

扫一扫

万用表测电流

扫一扫

万用表测电压

扫一扫

万用表测三极管

5. 兆欧表

兆欧表又称摇表，如图 1-21 所示，是一种测量电气设备绝缘电阻的便携式仪表。电气设备常常因受潮、发热和老化等原因造成绝缘损坏或绝缘等级降低。为确保使用人员的安全，必须定期对电气设备的绝缘电阻进行测量。

兆欧表的基本结构是一台手摇直流发电机和一只磁电系比率表。兆欧表就是根据发电机发出的最高电压分类的，如 500 V、1 000 V、2 500 V 等，针对不同的电气设备选用不同电压等级的兆欧表。

兆欧表有三个接线端，分别是 L（线路）、E（接地）、G（屏蔽）端。测量时将被测电阻接在 L 端和 E 端之间。测量电气设备对地绝缘电阻时，L 端接被测端，E 端接设备外壳，如图 1-22~图 1-24 所示。

图 1-21 兆欧表的外形结构

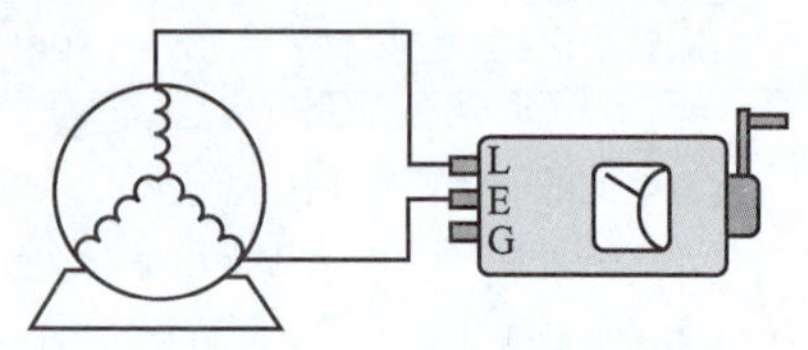

图 1-22 摇测相间绝缘

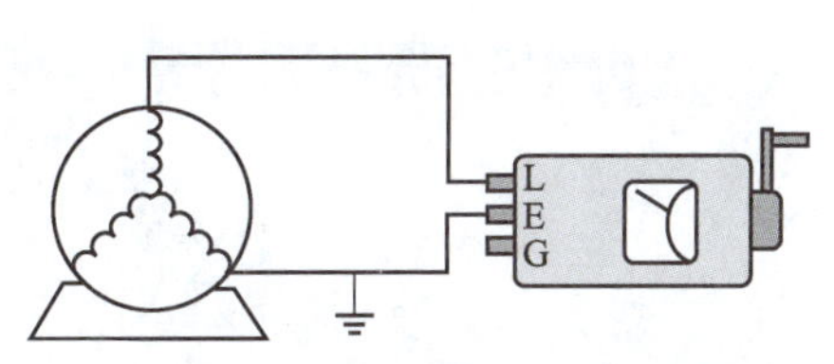

图 1-23　摇测相对地（壳）绝缘

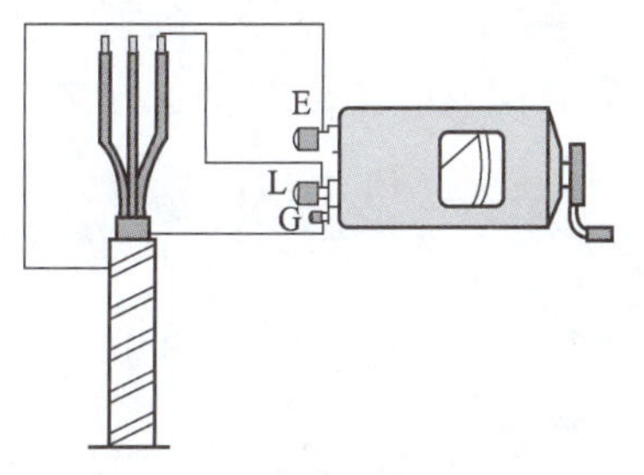

图 1-24　测量电缆绝缘电阻接线图

扫一扫

摇表测量绝缘电阻

任务实施

一、任务说明

本任务实施以某公司检修电力线缆为例来进行导线的连接、绝缘的恢复，在设备调试过程中熟练应用各种电工工具及仪表。

1. 常用导线的加工

1）选用导线

（1）导线的颜色。根据 GB 50327—2001 第 16.1.4 条规定：配线时，相线与零线的颜色应不同；同一住宅相线（L）颜色应统一，零线（N）宜用蓝色，保护线（PE）必须用黄绿双色线。

（2）导线的大小。导线的大小是以导线的截面积衡量的。使用时，导线的截面积越大，允许通过的安全电流就越大，同样条件下，铜导线比铝导线小。

2）加工导线

加工导线用的工具有电工刀、剥线钳、斜口钳、台虎钳。剥削导线绝缘护套层时，要求切口整齐，不伤及线芯。

3）加工导线端子

导线端子可用螺钉压接或压线钳压接。

2. 导线的剖削

1）塑料硬线绝缘层的剖削

（1）用钢丝钳进行剖削。此方法适用于 4 mm^2 以下的塑料硬线。操作步骤：

①左手捏紧导线，右手握住钢丝钳的头部，按所需导线长度用钢丝钳的刀口轻轻切破绝缘层，但不能切割线芯，如图 1-25 所示。

②右手用力向外拉，除去绝缘层。

操作中注意：切口不能太深，用力不能太大，以免损坏导线的线芯。

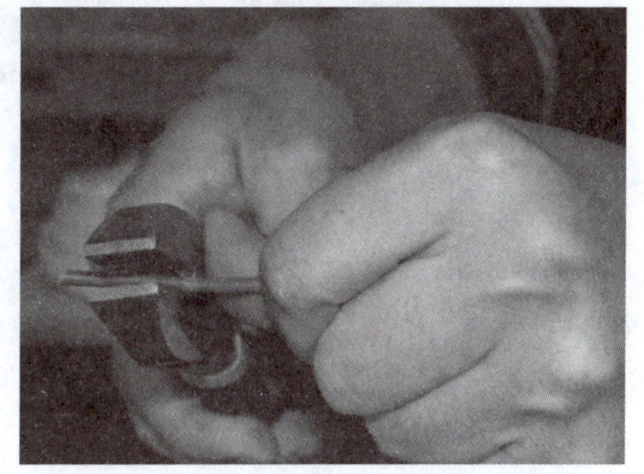

图 1-25　用钢丝钳去除塑料硬线绝缘层

（2）用电工刀进行剖削。此方法适用于 4 mm^2 以上的塑料硬线。操作步骤：

①左手捏紧导线，右手握住电工刀，按所需导线长

度，用电工刀的刀口对导线成45°角，切入导线绝缘层，一定要掌握好切入的力度，使刀口正好削透导线的绝缘层而不损伤线芯，如图1-26所示。

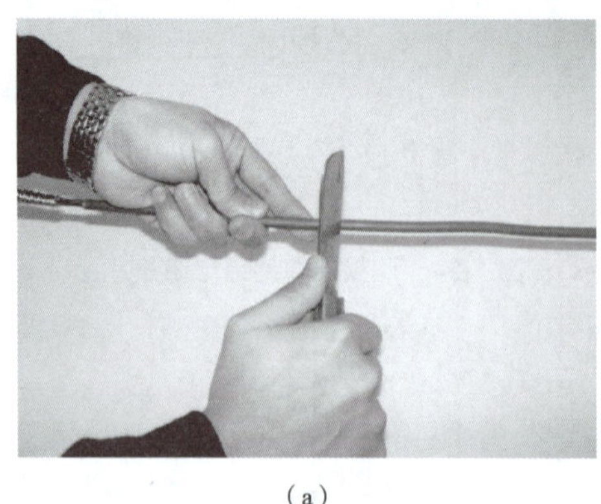

（a）

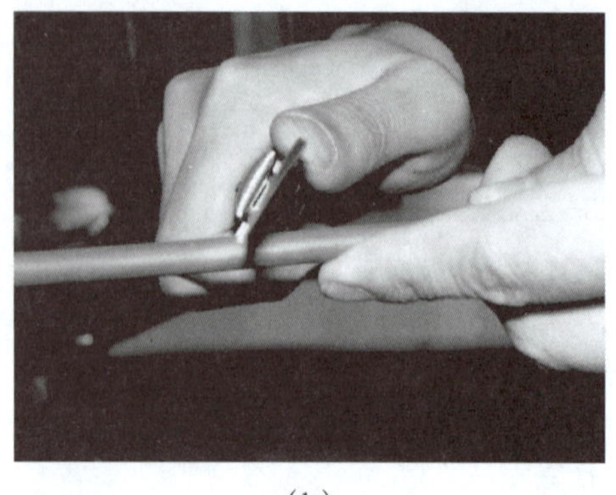

（b）

图1-26 电工刀剖削

②调整角度使刀口和导线成15°角，稍用力向导线尾端推削，不可切入线芯，削去上面的绝缘层。

③将余下的绝缘层向后翻，用电工刀切齐。

2）塑料软线绝缘层的剖削

塑料软线的线芯由多股铜丝构成，可由剥线钳选择适当的切口进行剖削，如图1-27所示；也可用钢丝钳进行剖削，剖削步骤与塑料硬线相同。但塑料软线太软，不能用电工刀进行剖削，否则会损坏线芯。

3）塑料护套线绝缘层的剖削

塑料护套线的绝缘层分为外层的公共护套层和内部每根线芯的绝缘层。外层的公共护套层常采用电工刀进行剖削。操作步骤：左手捏紧护套线，右手握住电工刀，按所需导线长度，将刀尖对准两线芯的中缝划破护套线，将护套层向后翻，用电工刀齐根切去，如图1-28所示。

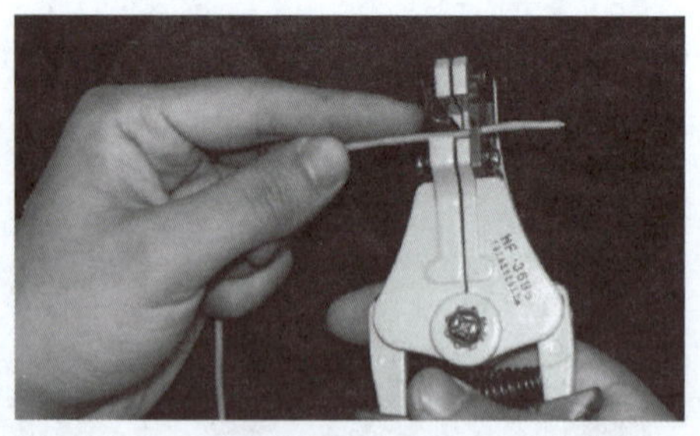

图1-27 用剥线钳去除塑料软线绝缘层

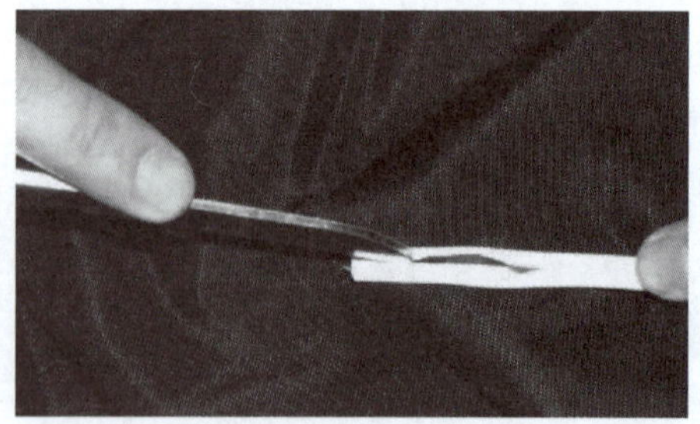

图1-28 用电工刀去除塑料护套线的绝缘层

4）花线绝缘层的剖削

花线绝缘层由外层和内层两部分构成。外层是一层棉织物的保护层，内层有棉纱层和橡胶绝缘层。操作步骤：先用电工刀按所需长度切割一圈外层保护层，在距外层10 mm左右处用钢丝钳剖削塑料软线的方法将内层的橡胶绝缘层剖去，用电工刀将棉纱切去。

5）漆包线绝缘层的剖削

漆包线的绝缘层是喷涂在线芯上而形成的，对于线径不同的漆包线可用不同的方法去除绝缘层。对线径0.6 mm以上的漆包线，可用薄刀片刮或用细砂纸打磨的方法去除，如图1-29所示。对于线径0.1 mm以下的漆包线，可用细砂纸或纱布轻轻擦去，但线径较细易于折断，擦拭时要仔细。

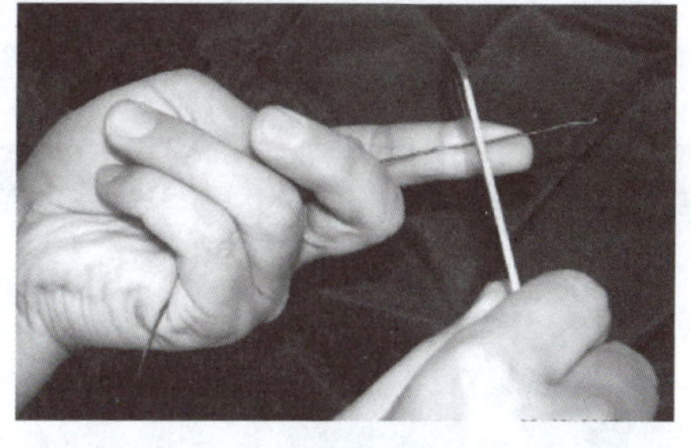

图1-29　用电工刀去除漆包线的绝缘层

3. 铜芯导线的连接

1）单股铜芯导线的直线连接

单股铜芯导线的连接可以用绞接法或缠绕法。

绞接法的步骤如下：

（1）将去除绝缘层的两导线线头呈X状交叉，如图1-30（a）、（b）所示。

（2）将两根线头像拧麻花一样绞合2~3圈，然后扳直两根导线，如图1-30（c）所示。

（3）将每一根扳直的线头在另一线芯上按顺时针方向紧密缠绕6~8圈，将多余的线头剪掉，并修理好切口的毛刺即可，如图1-30（d）所示。

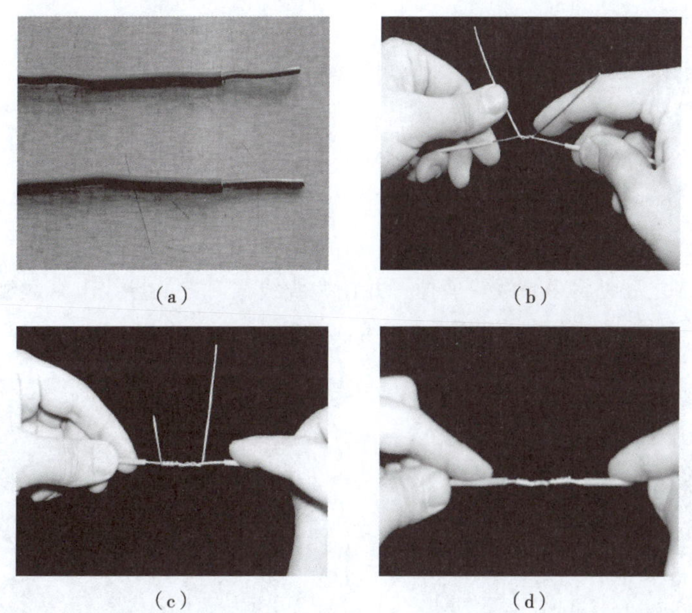

（a）（b）（c）（d）

图1-30　单股铜芯导线的直接连接

2）单股铜芯导线的T形连接

绞接法的步骤如下：

（1）将去除绝缘层的支路线头与干线线芯十字相交，如图1-31（a）所示。

（2）将支路线芯根部留出3~5 mm裸线，环绕成结状，再把支路线芯抽紧扳直，然后按顺时针方向在干线上紧密缠绕6~8圈，如图1-31（b）所示，将多余线头剪掉，并修理好切口毛刺即可，如图1-31（c）所示。

（3）导线接头是电路中最薄弱的部分，接触不良往往是过热断线的原因。首先要保证电器接触良好，其次要保证接线的强度。因此要正确缠绕导线，导线缠绕紧密，切口平整，线芯不得损伤。

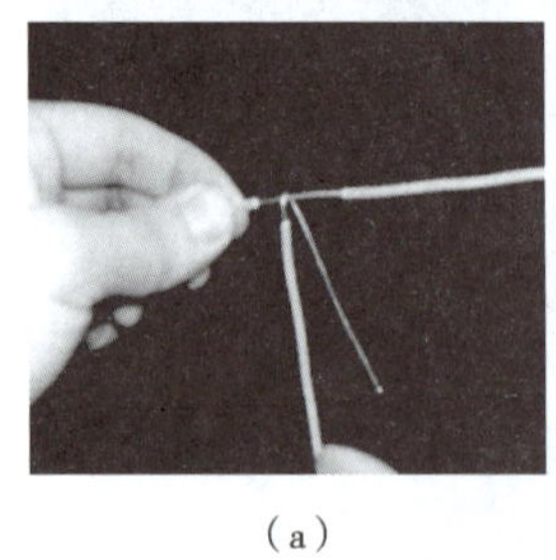
(a)

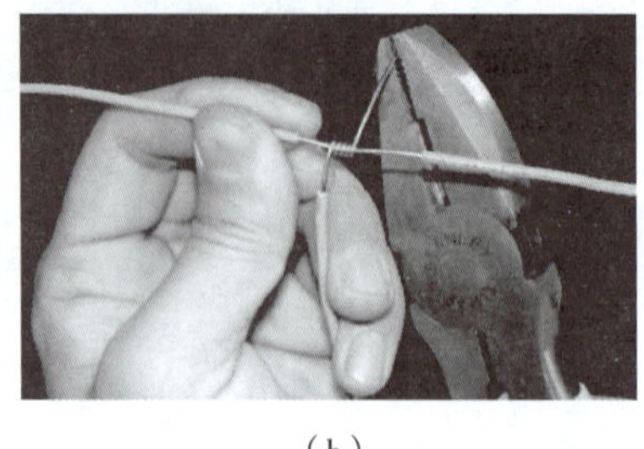
(b)

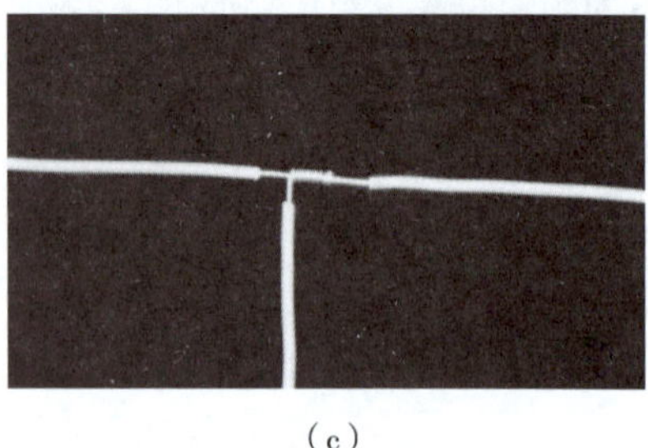
(c)

图 1-31 单股铜芯导线的 T 形连接

对于小截面导线的 T 形连接也可用缠绕法，步骤如下：

（1）将去除绝缘层的支路线头与干线线芯十字相交。

（2）将支路线芯根部留出 3~5 mm 裸线，然后将支路线芯在干线上缠绕成结状，再把支路线芯拉紧扳直，紧密缠绕在干路线芯上，保证缠绕长度为线芯直径的 8~10 倍，将多余线头剪掉，修理好切口毛刺即可。

3）单股大截面导线的直接连接

对于用绞接法连接较困难的大截面导线，可用缠绕法进行连接。

单股大截面导线的直接连接步骤如下：

（1）将去除绝缘层的线头相对交叠。

（2）将直径为 1.6 mm 的裸铜线作为缠绕线由中间部位开始进行缠绕，如图 1-32（a）所示。直径小于 5 mm 的导线，其缠绕长度应为 60 mm；直径大于 5 mm 的导线，其缠绕长度应为 90 mm。

（3）缠绕 60 mm 之后，将多余线头剪掉，并让缠绕线在对方的导线上继续缠绕 5 圈，最后剪掉多余的线头，修理好切口毛刺即可，如图 1-32（b）所示。

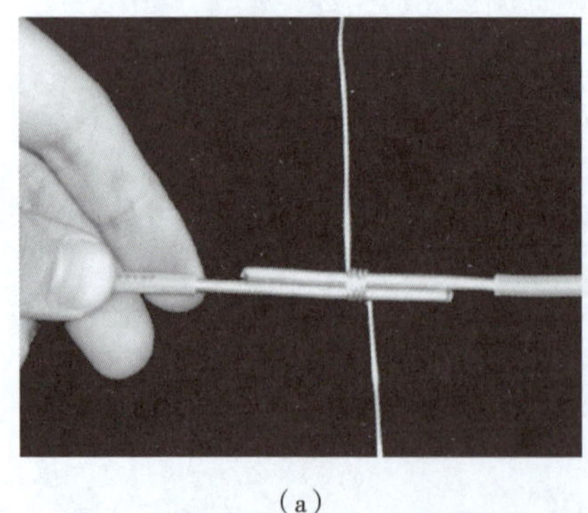
(a)

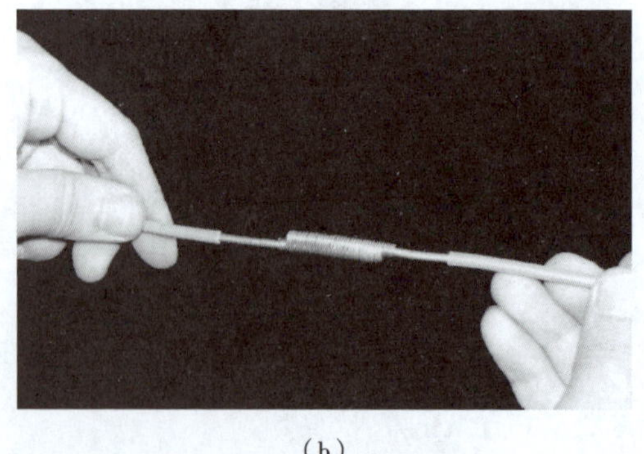
(b)

图 1-32 单股大截面铜芯导线的直接连接

注意：单股大截面导线的 T 形连接方法与单股大截面导线的直接连接相同。

4）7 股铜芯导线的直接连接

7 股铜芯导线的直线连接步骤如下：

（1）将去除绝缘层的两根线芯线头拉直，如图 1-33（a）所示。把线芯分成 3 份，把距根部 1/3 处的导线绞紧，余下 2/3 长度的线头分散成伞形，并将每股线芯拉直。

（2）将两股伞形线头相对交叉相接，如图 1-33（b）所示。然后捏平两端线头，如图 1-33（c）所示。

（3）将一端 7 股线芯按 2∶2∶3 分成三组，然后将第一组的两根线芯扳到垂直于导线的方向，按顺时针方向紧密缠绕两圈，再扳成直角平行于导线，如图 1-33（d）所示。

（4）按上一步骤缠绕第二组、第三组线芯，后一组线芯扳起时应紧贴在前一组线芯已弯成直角的根部缠绕。第三组要缠绕三圈，缠第三圈时，要把前两组多余的线头剪掉，剪去多余线头，修理好毛刺，如图 1-33（e）所示。

（5）另一端的缠绕方法与上述相同。

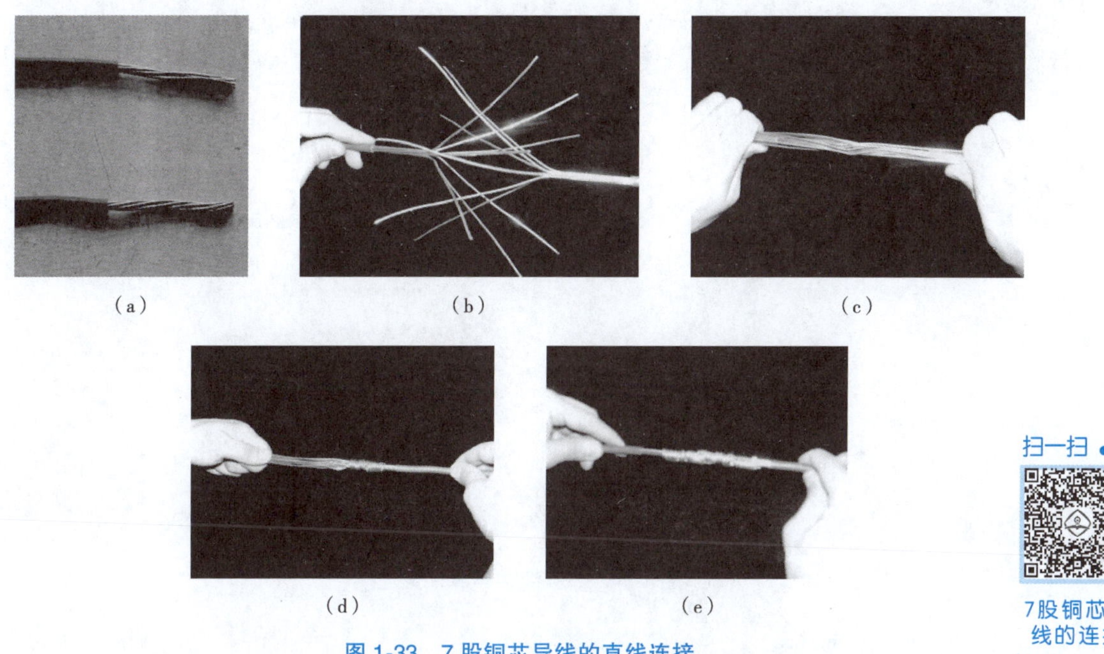

（a）　（b）　（c）

（d）　（e）

图 1-33　7 股铜芯导线的直线连接

扫一扫

7 股铜芯导线的连接

5）7 股铜芯导线的 T 形连接

（1）将去除绝缘层的支路线芯的线头拉直，把距离根部 1/8 处绞紧，并将剩余的 7/8 的线头拉直后分为两组，分别为 3 根和 4 根，如图 1-34（a）所示。

（2）在干路线芯的中间位置，用一字槽螺钉旋具将干路分成两组，然后将支路中的 4 股的一组线芯插入干路线芯的中缝内，另一组置于干路线芯的前面，如图 1-34（b）、（c）、（d）所示。

（3）将置于干路线芯前面的支路线芯在干路上按顺时针方向紧密缠绕 3 圈，如图 1-34（e）所示，剪掉多余线头，修理好毛刺，如图 1-34（f）所示，然后将 4 股的一组支路线芯按逆时针方向缠绕 4 圈，如图 1-34（g）所示，剪掉多余的线头，修理好毛刺即可，如图 1-34（h）所示。

6）19 股铜芯导线的直线和 T 形连接

19 股铜芯导线的连接与 7 股铜芯导线的连接方法相同，直线连接中由于股数较多，可去除中间的几股，然后按要求将根部绞紧，隔根对叉，分组缠绕。连接后，为增加其机械强度和改善导电的性能，应在连接处进行钎焊。T形连接中可将19股分成10股和9股两组进行连接，并将10根线芯插入干线芯中，沿干线两边缠绕。

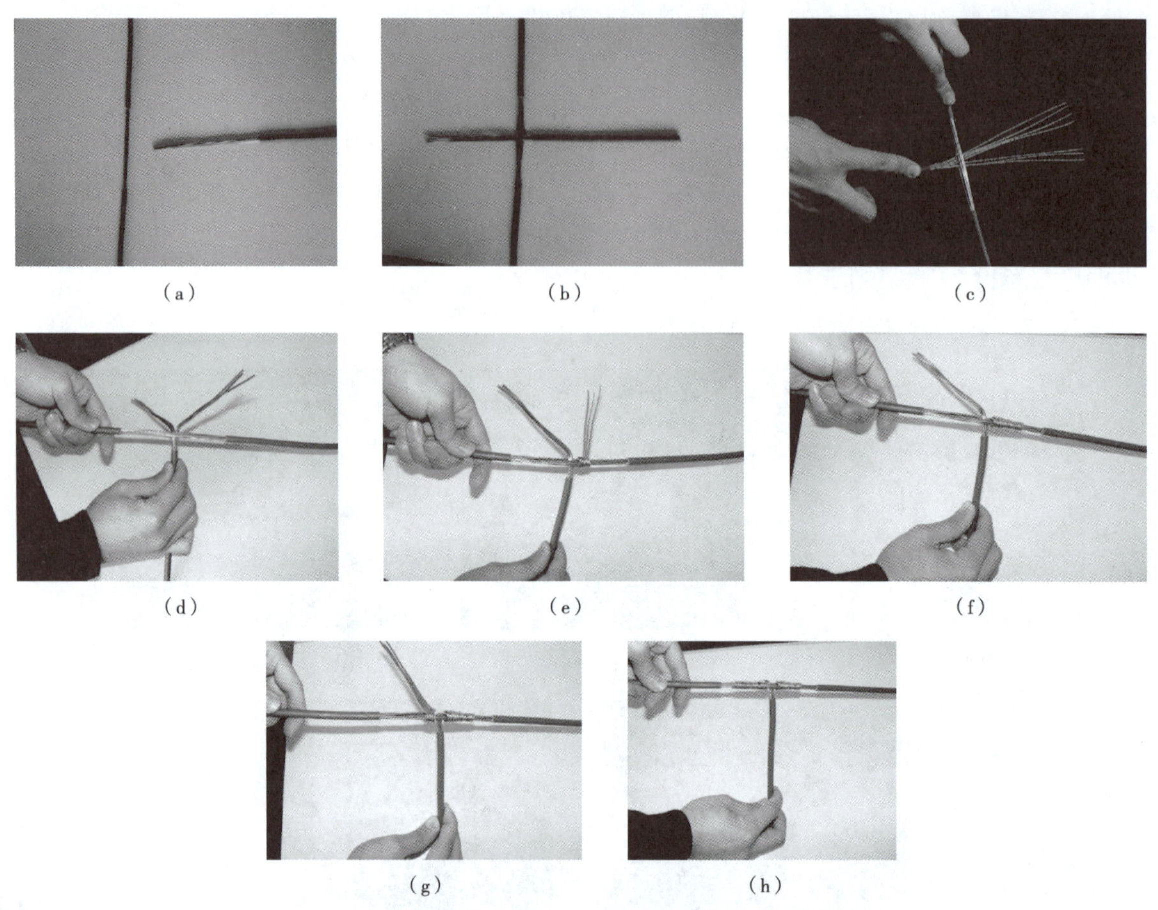

(a) (b) (c) (d) (e) (f) (g) (h)

图1-34 7股铜芯导线T形连接

4. 线头与接线柱的连接

在各种电器装置上，均有接线柱以供连接导线用。

1）线头与针孔接线柱的连接

线头与针孔接线柱的连接适用于端子板、某些熔断器、电工仪表等接线部位。线路容量小，可以用一只螺钉压接；若线路容量较大，则需两只螺钉来压接。在进行单芯导线与接线柱连接时，可将线头折成双股，水平插入针孔，使劲压紧螺钉拧紧双股线芯的中间。若线芯较粗，可直接用单股压接，在压接时将线头朝针孔上方稍微弯曲，以免螺钉稍松时线头掉出。

在进行多股线芯连接时，应先用钢丝钳将线芯绞紧，以防线芯在螺钉压接时松散。若针孔过大，可选一根直径相同的铝芯导线作绑扎线，在绞紧的线头上紧密地缠绕一圈再进行压接。若针孔过小，可将多股线芯拆开，剪去中间几股（通常7股可剪去1~2股，19股剪去1~7股），再进行压接。

无论是单股还是多股导线连接时，必须做到：一是要插到底；二是导线的绝缘层不能插进针孔，针孔外裸线长度不能超过3 mm。

2）线头与平压式接线柱的连接

平压式接线柱是利用半圆头、圆柱头或六角螺钉加垫圈将线头压紧的。如果是载流量较小的单芯导线，必须把线头用钳子弯成羊眼圈，如图 1-35 所示，再用螺钉压紧。羊眼圈弯曲的方向应与螺钉拧紧的方向一致。

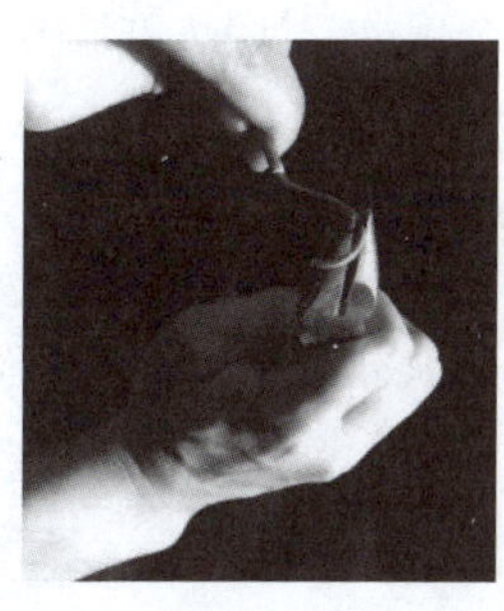
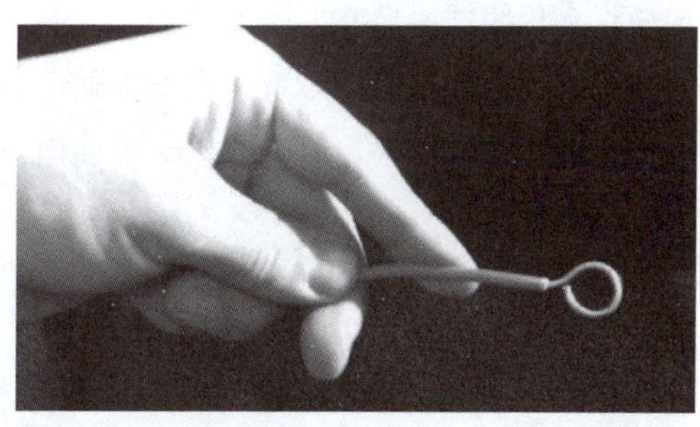

图 1-35　单股线芯羊眼圈弯法

对于横截面积不超过 10 mm^2 的 7 股以下的导线，应将距离线芯根部的 1/2 处绞紧，余下的 1/2 处拉直，如图 1-36（a）所示；绞紧部分弯成圆圈，余下的线头与绞紧的导线并在一起，将余下的线头按 2∶2∶3 分成三组，如图 1-36（b）所示，以 7 股铜芯导线直接连接的方法进行连接，如图 1-36（c）、（d）、（e）所示。

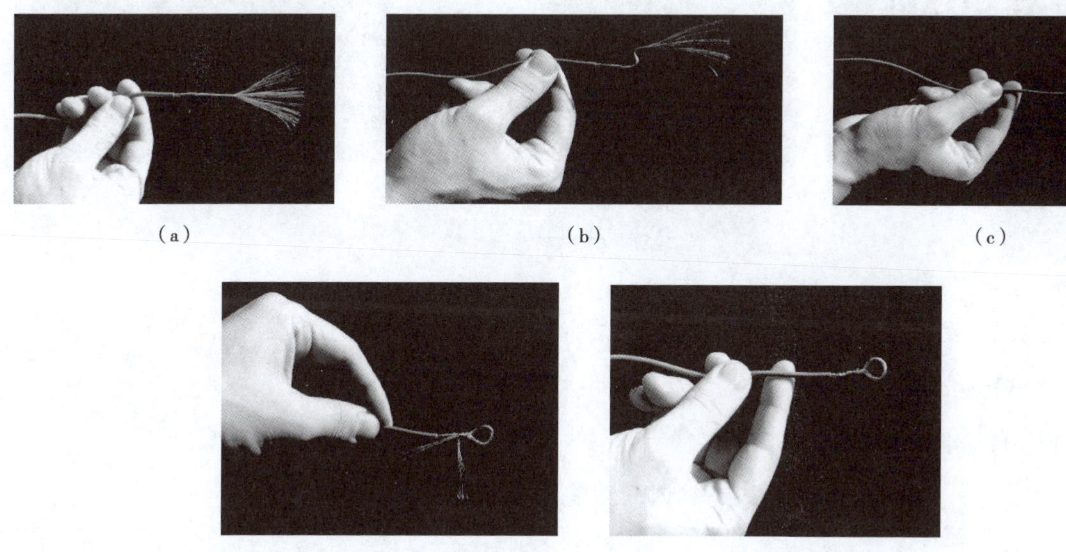

（a）　（b）　（c）　（d）　（e）

图 1-36　多股线芯压接圈弯法

对于载流量较大，横截面积超过 10 mm^2的 7 股以上的导线，应安装接线耳。

软线线头的连接是将线头缠绕在压接螺钉上，压接方法同多股线芯的压接。

3）线头与瓦形接线柱的连接

瓦形接线柱的垫圈为瓦形。连接时，先将去除氧化物的线头折成 U 形，再卡入瓦形接线柱的垫圈下方压接。如有两个导线线头进行连接，应将弯成 U 形的两个线头重合，再进行压接。

5. 用万用表检测导线

用万用表检测导线的通断情况，首先将万用表的功能键打到电阻挡，用表笔检测导线的通断，若电阻为无穷大，说明导线没有连接好；反之，说明导线连接好。

6. 导线绝缘层的恢复

导线的绝缘层破损和导线连接后都要恢复绝缘。为保证安全用电，恢复后的绝缘层强度不应低于原有绝缘能力。常用的恢复材料有黄蜡带、涤纶薄膜带和黑胶带三种。220 V 和 380 V 的线路恢复绝缘常采用绝缘胶布半叠压包缠法，黄蜡带和黑胶带选用 20 mm 宽比较适合。

包缠的操作步骤如下：

（1）包缠时，将黄蜡带从离切口 30~40 mm 处完好的绝缘层上开始包缠，要用力拉紧，黄蜡带与导线之间应保持 45°的倾斜角，如图 1-37（a）、（b）所示。

（2）进行下一圈包缠时，后一圈必须压叠在前一圈 1/2 的宽度上。

（3）黄蜡带包缠完后，将黑胶带接在黄蜡带的尾端进行包缠，收尾后应将双手的拇指和食指捏紧黑胶带的端口进行旋拧，将两端口充分密封，如图 1-37（c）所示。

（4）恢复 380 V 线路的绝缘时，必须先缠绕 1~2 层黄蜡带，然后再缠一层黑胶带。恢复 220 V 线路的绝缘时，先缠绕一层黄蜡带，再包一层黑胶带，或只包两层黑胶带。

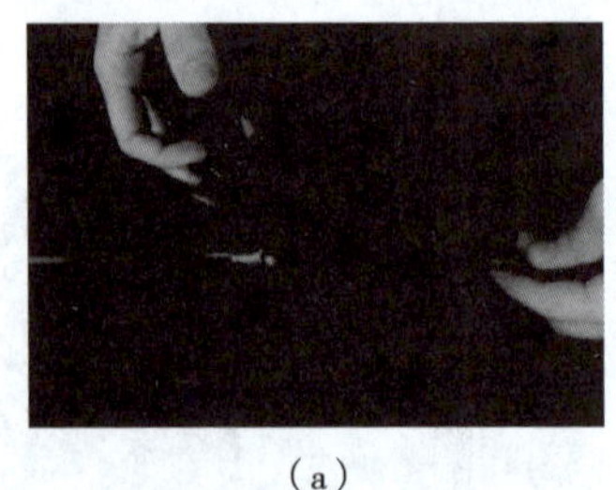
（a）

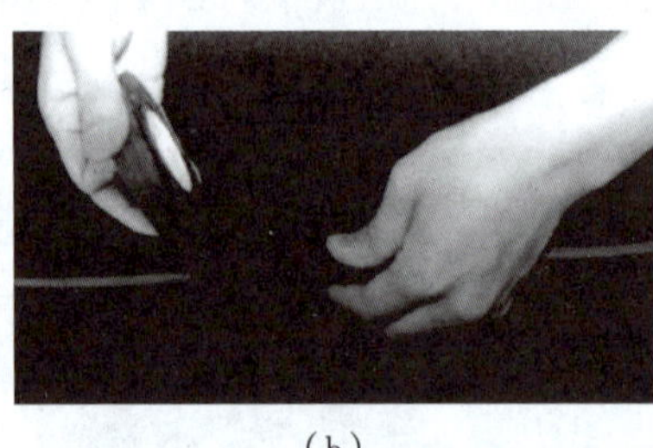
（b）

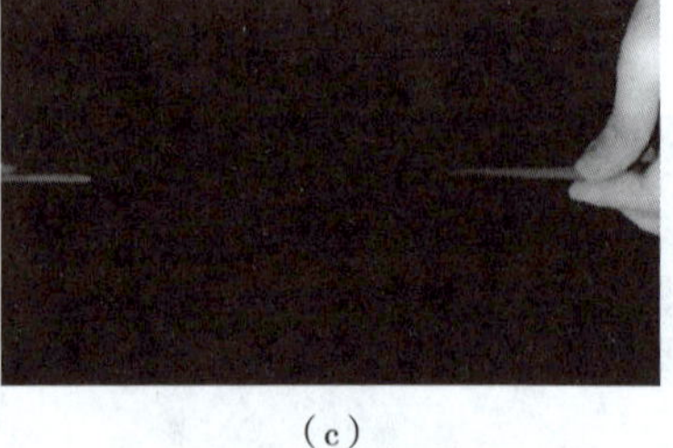
（c）

图 1-37 导线绝缘层的恢复

7. 用兆欧表检测导线的绝缘性

导线绝缘恢复后，一定要用兆欧表检测导线的绝缘性。其操作如图 1-22~图 1-24 所示。

二、任务评价

（1）评价标准见表 1-11。

表 1-11 万用表的测量及导线的连接考核的评价标准

序号	主要内容	考核要求	评分标准	配分	扣分	得分
1	万用表的测量	能用万用表进行相关电量的测试（交直流电压、电流测量及电阻的测量）	（1）采取方法错误，扣 5~20 分。 （2）操作步骤错误，扣 10~20 分	40		
2	导线的连接	导线的剖削、连接、绝缘的恢复	（1）采取方法错误，扣 5~20 分。 （2）操作步骤错误，扣 10~20 分	40		
3	团结协作	符合要求	小组成员分工协作不明确扣 5 分，成员不合作参与扣 5 分	10		

续表

序号	主要内容	考核要求	评分标准	配分	扣分	得分
4	安全文明生产及 6S 执行力		（1）违反安全文明生产规程，扣 5~10 分 （2）6S 执行力不到位，酌情扣 5~10 分	10		
备注	除了定额时间外，各项内容的最高分不得超过配分		合计	100		
考评时间	开始时间		结束时间		考评员签字： 年　月　日	

（2）任务能力评价见表 1-12。

表 1-12　任务能力评价

组别	与人沟通能力 10%	团结协作能力 20%	方案设计能力 10%	自我学习能力 20%	信息处理能力 10%	解决问题的能力 20%	创新能力 10%	总评
第一组								
第二组								
第三组								
第四组								
第五组								

（3）任务能力总评见表 1-13。

表 1-13　任务能力总评

组别	第一组对各组的评价结果	第二组对各组的评价结果	第三组对各组的评价结果	第四组对各组的评价结果	第五组对各组的评价结果	总评结果
第一组						
第二组						
第三组						
第四组						
第五组						

三、任务结束

按照 6S 现场管理规范，清理工作现场，清点作业工具，摆放到规定位置。

测试题

1. 常用绝缘漆包括哪几种？
2. 黑胶带的应用场合是什么？
3. 电气装备用电线电缆包括几类？

4. 试叙述单股铜芯导线的直线与T形连接的过程。

5. 如何进行导线绝缘层的恢复?

项目总结

本项目主要介绍了安全生产操作、常用电工仪表及电工工具的使用。通过本项目任务的操作完成导线的连接,电气设备调试工作的前期、中期、后期的准备工作及出现事故的应急处理,为后续低压电工维修工作奠定基础。

项目实训

实训一　常用触电急救训练

一、实训目的

(1)要求学会根据触电者的症状,选择适当的急救方法。

(2)掌握口对口人工呼吸法和胸外心脏按压法。

二、实训准备

教学录像带、模拟人、棕垫。

三、实训内容

1. 观看教学录像

2. 口对口人工呼吸法训练

(1)让模拟人装成触电者,仰卧在棕垫上。

(2)训练者应根据口对口人工呼吸法的动作要领进行救护。

(3)操作步骤:使头部尽量后仰,迅速解开模拟人的衣扣等;再将颈部伸直,掰开嘴,清除口腔中的脏污、假牙等。如果舌头后缩,应拉出舌头,使呼吸畅通。训练者位于模拟人一侧,一只手抬高模拟人下颌,使其口张开,另一只手捏住触电者的鼻子,保证吹气时不漏气。训练者用中等度深呼吸,把口紧贴模拟人的口,缓慢而均匀地吹气,使模拟人胸部扩张。吹气后训练者要换气时,应立即离开模拟人的口,同时放开捏紧的鼻孔,让模拟人自动向外呼吸。按上述步骤反复进行,每分钟吹气12~16次,大约吹气2 s、呼气3 s,5 s一个循环。

3. 胸外心脏按压法训练

(1)让模拟人装成触电者,仰卧在棕垫上。

(2)训练者应根据胸外心脏按压法的动作要领进行救护。

(3)操作步骤:将模拟人衣服解开,背部着地稳固。训练者跪在模拟人腰部一侧,或骑在模拟人身上,一只手的中指尖放在模拟人颈部凹陷的下边缘,手掌的根部就是压胸位置,然后两手相叠。压胸的一只手均衡用力,连同身体重量向脊柱方向按压,使胸部下陷3~4 cm,使心脏血液被挤出。然后手掌迅速放松,依靠胸廓的自身弹性复位,使血液流回心脏。注意:这时手掌不要离开胸部,再进行下一次按压,如此循环下去,成年人每分钟约60次,儿童每分钟90~100次。

四、考核标准

考核标准见表 1-14。

表 1-14　考核标准

测评内容	配分	评分标准	扣分	得分
口对口人工呼吸法	50	(1) 急救前的准备工作没进行，扣 5 分。 (2) 训练者姿势不正确，扣 15 分。 (3) 操作错误，每处扣 5 分。 (4) 由于操作不当导致人身受伤，扣 40 分		
胸外心脏按压法	50	(1) 急救前的准备工作没进行，扣 5 分。 (2) 训练者按压位置不正确，扣 15 分。 (3) 操作错误，每处扣 5 分。 (4) 由于操作不当导致人身受伤，扣 40 分		
合计				

实训二　常用导线的连接

一、实训目的

(1) 熟练掌握低压线路中导线的连接和接头绝缘处理的方法。

(2) 掌握导线接头恢复绝缘层的方法。

二、实训准备

钢丝钳、剥线钳、电工刀、1.0 mm^2 和 1.5 mm^2 单股铜芯导线若干、花线若干、护套线若干、橡皮护套线若干、0.75 $mm^2$7 股铜芯导线若干、漆包线若干、细砂纸若干、黑胶布若干、黄蜡带若干。

三、实训内容

1. 剖削、去除导线绝缘层

(1) 剖削、去除单（多）股铜芯导线绝缘层。

(2) 剖削护套线绝缘层。

(3) 剖削花线绝缘层。

(4) 漆包线绝缘层的去除。

2. 导线的连接

(1) 单股铜芯导线的直线连接。

(2) 单股铜芯导线的 T 形连接。

(3) 7 股铜芯导线的直线连接。

(4) 7 股铜芯导线的 T 字分支连接。

3. 恢复绝缘层

四、考核标准

考核标准见表 1-15。

表 1-15　考核标准

<table>
<tr><th>测评内容</th><th>配分</th><th>评分标准</th><th>操作时间</th><th>扣分</th><th>得分</th></tr>
<tr><td>剖削导线绝缘层</td><td>40</td><td>（1）导线剖削方法不正确，扣 5 分。
（2）工艺不规范，扣 10 分。
（3）工具使用不熟练，扣 5 分。
（4）导线有刀伤，扣 10 分。
（5）导线有钳伤，扣 10 分</td><td>20 min</td><td></td><td></td></tr>
<tr><td>导线线头的连接</td><td>40</td><td>（1）工具使用不熟练，扣 5 分。
（2）导线缠绕方法不正确，扣 5 分。
（3）导线缠绕不整齐，扣 5 分。
（4）导线连接不平直，扣 5 分。
（5）导线连接不紧凑且不圆，扣 5 分。
（6）导线连接机械强度不够，扣 10 分。
（7）导线连接不美观，扣 5 分</td><td>60 min</td><td></td><td></td></tr>
<tr><td>导线恢复绝缘</td><td>20</td><td>（1）包缠方法不正确，扣 10 分。
（2）工艺不规范，扣 5 分。
（3）绝缘层数不够，扣 5 分</td><td>20 min</td><td></td><td></td></tr>
<tr><td colspan="2">安全文明操作</td><td colspan="2">违反安全生产规程，视现场具体违规情况扣分</td><td></td><td></td></tr>
<tr><td rowspan="2">定额时间
（100 min）</td><td>开始时间
（　　）</td><td colspan="2" rowspan="2">每超时 2 min 扣 5 分</td><td rowspan="2"></td><td rowspan="2"></td></tr>
<tr><td>结束时间
（　　）</td></tr>
<tr><td colspan="4">合计</td><td colspan="2"></td></tr>
</table>

项目 2 工业现场应急灯照明电路的设计与调试

项目导入

某公司建设厂房施工中，需要架设工业现场应急灯照明电路，某电气施工队承接了该任务。通过工业现场应急灯照明电路的设计与调试，完成施工项目要求，完成停电能够启动应急灯的功能。

学习目标

知识目标：

(1) 描述电阻元件的功能及型号；

(2) 列举电路装配及电路安装工艺规范；

(3) 应用安全用电规范，进行电路检查、仪器仪表的使用。

能力目标：

(1) 会识读电路图；

(2) 在通电前、通电中能使用仪器仪表检查调试电路，并能排除电路故障；

(3) 工作中发生触电事故，会切断电源并能急救。

素质目标：

(1) 树立成本意识、质量意识、创新意识，养成勇于担当、团队合作的职业素养；

(2) 初步养成工匠精神、劳动精神、劳模精神，以劳树德、以劳增智、以劳创新；

(3) 通过项目的制作与调试，培养国家意识和爱国情怀，培养时代精神和责任担当。

项目实施

任务1　工业现场应急灯照明电路的设计

任务解析

通过完成本任务，可掌握直流电路的基本知识，能运用所学知识进行双电源供电的直流电路的设计、分析、安装与调试，并在工作中严格按照安全规范进行操作。

知识链接

一、电路及其模型

1. 电路

为了某种需要而由电源、导线、开关、负载等电气设备或器件按一定方式连接起来的电流的通路称为电路。电路中电源是提供电能的设备，其作用是将非电能转换成电能，如发电机、电池；负载是用电设备，是电路中的主要耗能器件，负载的作用是将电能转换成非电能，如电视机、电灯；而导线和开关则属于中间环节，起到对电路控制及连接的作用。

电路的主要功能及作用：电路能实现能量的转换、分配和传输，并能实现信号的传递与处理，还可以实现对信息的测量和存储。

2. 理想电路元件

为了便于研究，根据实际电气设备和器件的主要物理特性进行理想化和简单化处理，从而建立的物理模型或数学模型称为理想电路元件。例如，电阻元件 R 是主要用来消耗电能的负载元件，电容元件 C 是反映电路及其附近存在着电场而且可以用来存储电场能的负载元件，电感元件 L 是反映电路及其附近存在着磁场而且可以用来存储磁场能的负载元件。

3. 电路模型

将实际电路用若干个理想电路元件经理想导体连接起来所模拟组成的电路称为实际电路的电路模型。

例如，手电筒是一个简单的电气设备，它包括干电池、筒体、开关和灯泡等几部分，下面分别给出它的实际电路图、电路模型图，如图 2-1 所示。电路模型图中用电阻元件表示灯泡，用电压源元件和电阻元件的组合表示干电池，开关和筒体被视为理想导体，筒体用导线表示。

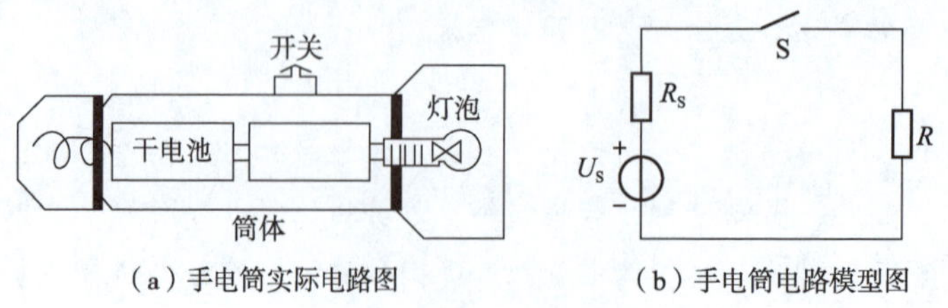

（a）手电筒实际电路图　（b）手电筒电路模型图

图 2-1　手电筒电路图

4. 电路相关名词

（1）串联和并联：如果电路中有两个或多个二端元件依次顺序相连，并且中间没有其他分支，这样的连接方法称为串联；如果电路中有两个或多个二端元件连接在两个公共的节点之间，这样的连接方法称为并联。如图 2-2 所示，元件 A_1 和 B_1 是串联连接，元件 A_2 和 B_2 则是并联连接。

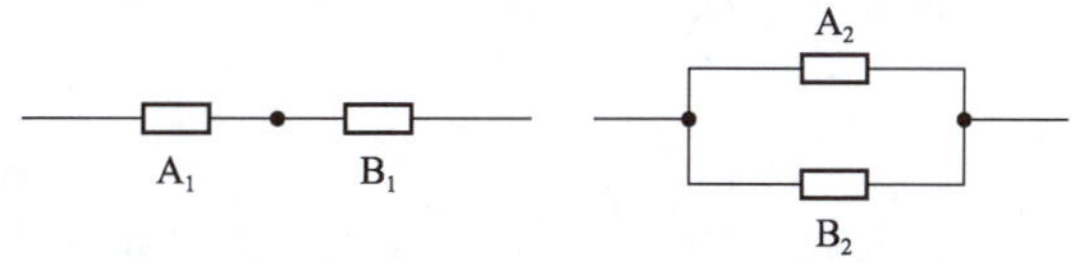

图 2-2　串联和并联

（2）支路和节点：几个二端元件串联而成的没有分支的一段电路称为支路；电路中三条或三条以上的支路相连接的点称为节点。流过支路的电流称为支路电流，支路两端之间的电压称为支路电压。

（3）回路和网孔：由几条支路构成的闭合路径称为回路，即回路就是一个闭合的电路；网孔是回路的一种，是未被其他支路分割的单孔回路，即回路内部不另含有支路。

例 2-1　如图 2-3 所示，请说明电路中是否有元件串联和并联的情况，它有几个节点，有几条支路，有几个回路和网孔。

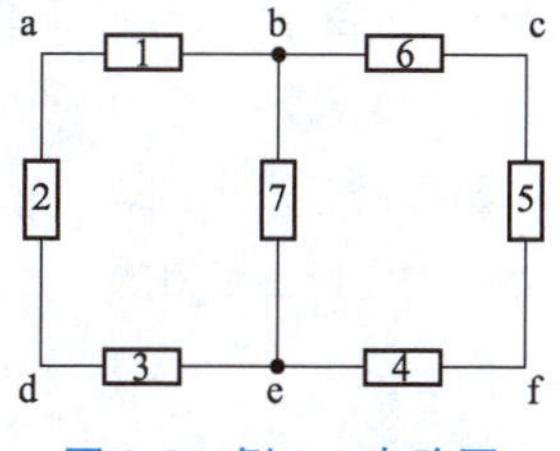

图 2-3　例 2-1 电路图

解　在图 2-3 中，元件 1、2、3 为串联，元件 4、5、6 为串联，没有出现并联的情况；有三条支路：元件 1、2、3 为一条支路，元件 4、5、6 为一条支路，元件 7 为一条支路；有两个节点：节点 b 和节点 e；有三个回路：元件 1、2、3、7 组成一个回路，元件 4、5、6、7 组成一个回路，元件 1、2、3、4、5、6 组成一个回路；有两个网孔：元件 1、2、3、7 组成一个网孔，元件 4、5、6、7 组成一个网孔。

二、电路的基本物理量

在进行电路的研究过程中常涉及一些基本物理量，如电荷、磁通、电流、电压、电动势、能量和电功率。电压、电流是客观存在的物理现象，是电路中最基本的物理量，也是具有方向的物理量。为此，需要理解电流、电压的定义及其关于方向（或称为极性）的规定并在电路中进行相应的标注，才能列出求解电路问题的计算方程。

1. 电流及参考方向

1）电流

电荷的定向移动形成电流。衡量电流大小的量是电流强度，简称电流。电流强度在量值上等于单位时间内通过导体截面的电荷量 q，用符号 i 表示，即

$$i=\frac{\mathrm{d}q}{\mathrm{d}t} \tag{2-1}$$

式中，$\mathrm{d}q$ 是在极短时间 $\mathrm{d}t$ 内通过导体的电荷量。

习惯上规定正电荷运动的方向或负电荷运动的相反方向为电流的实际方向，电流的方向常用一个箭头表示。本书中物理量采用国际单位制（SI），若电荷的单位为库仑（C），时间的单位为

秒（s），则电流的单位为安培（A），即若1 s内通过某处的电荷量为1 C，则电流为1 A。常用的电流单位还有kA（千安）、mA（毫安）、μA（微安）等，其换算关系为1 kA = 1 000 A，1 A = 1 000 mA，1 mA = 1 000 μA。

电流有直流电流和交变电流之分。若电流的量值和方向不随时间变动，即dq等于定值，则这种电流称为直流（恒定）电流，简称直流（DC）。直流电流常用大写的字母I表示，所以式（2-1）可写为

$$I = \frac{q}{t} \tag{2-2}$$

式中，q是在时间t内通过某处的电荷量。

大小和方向随时间变化的电流称为交变电流，简称交流（AC）。

2）电流的参考方向

电路中每一条支路的电流只可能有两个方向，如支路的两个端钮分别为b、a，其电流的方向不是从a到b，就是从b到a。电流的方向是客观存在的，但在分析较为复杂的电路时，往往难于事先判定某支路中电流的方向，尤其对于交流量其方向更是随时间的变化而变化，无法用一个固定的方向表示它的方向。为此可任意假设某一方向作为电流数值为正的方向，称为电流的参考方向，用箭头表示在电路图上，并标以电流符号i，如图2-4所示。规定了参考方向以后，电流就是一个代数量，如果最后求出的电流值为正，说明参考方向与实际方向一致，如图2-4（a）所示；否则说明参考方向与实际方向相反，如图2-4（b）所示。这样，可以利用电流的参考方向和正负值来表明电流的方向。

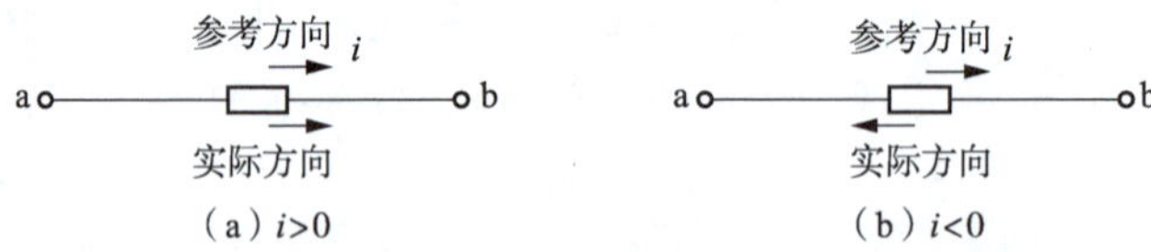

图2-4 电流的方向

注意：在未规定参考方向的情况下，电流的正负号是没有意义的。

电流的参考方向除用箭头在电路图上表示外，还可用双下标表示，如对某一电流，用i_{ab}表示其参考方向由a指向b。

2. 电压、电位、电动势及参考方向

1）电压

电荷在电路中运动，必定受到力的作用。为了衡量其做功的能力，引入了“电压”这一基本物理量。电路中a、b两点间的电压定义为单位正电荷在电场力的作用下由a点转移到b点时所做的功，用符号u_{ab}表示，即

$$u_{ab} = \frac{\mathrm{d}w_{ab}}{\mathrm{d}q} \tag{2-3}$$

式中，dq为由a点转移到b点时的电荷量；dw_{ab}为转移过程中所做的功。

按电压随时间变化的情况，可分为直流电压与交流电压。当电压的大小和方向不随时间变化时，称为直流（恒定）电压，通常用大写字母U表示，若功的单位为焦耳（J），电荷的单位为库仑

(C)，则电压的单位为伏特（V），即若电场力将 1 C 正电荷由 a 点转移到 b 点时所做的功为 1 J，其换算关系为 a、b 两点间的电压为 1 V。常用的电压单位还有 kV（千伏）、mV（毫伏）和 μV（微伏）等，其换算关系为1 kV = 1 000 V，1 V = 1 000 mV，1 mV = 1 000 μV。电压表明了单位正电荷在电场力作用下转移时所做的功，也就是转移过程中电能的减少，而减少电能体现为电位的降低，电压的实际方向是电位降低的方向。

2）电位

若任取一点 o 作为参考点，则由某点 a 到参考点 o 的电压 u_{ao} 称为 a 点的电位，可简写为 u_a 表示（有时也用 v_a 或 φ_a 表示），所以电路中某点的电位定义为单位正电荷由该点移至参考点时电场力所做的功。电位参考点可以任意选取，常选择大地、设备外壳或接地点作为参考点，在一个连通的系统中只能选择一个参考点，参考点电位为零。可见电路中 a、b 两点间的电压等于 a、b 两点的电位差，电压的实际方向就是由高电位点（即“+”极）指向低电位点（即“-”极），所以有时也将电压称为电压降，即

$$u_{ab} = u_a - u_b \tag{2-4}$$

在电路中选定参考点后，知道电路上各点电位，可求各段的电压，也可由电路各段电压求得电路各点的电位。如图 2-5 所示，当 $u_a = 3$ V，$u_b = 2$ V 时，$u_{ab} = 1$ V；而当 $u_a = 3$ V，b 点为接地点时，$u_{ab} = 3$ V。

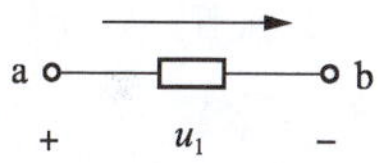

a　b　+　u_1　-

图 2-5　电压和电位

3）电动势

将电源力克服电场力把单位正电荷从电源的负极搬运到正极所做的功称为电源的电动势，用符号 e 表示。即

$$e = \frac{\mathrm{d}w}{\mathrm{d}q} \tag{2-5}$$

式中，$\mathrm{d}q$ 为转移的电荷量；$\mathrm{d}w$ 为转移过程中所做的功。

电动势是衡量外力做功能力的物理量，表明了单位正电荷在电源力作用下转移时增加的电能，而增加电能体现为电位的升高（从低电位点到高电位点），所以电动势的方向是电位升高的方向。规定为在电源内部由低电位端（“-”极）指向高电位端（“+”极），可见电动势的实际方向与电压实际方向相反。按电动势随时间变化的情况，可分为直流电动势与交流电动势。如果电动势的大小和方向都不随时间变化时，称为直流（恒定）电动势，通常用大写字母 E 表示。若功的单位为焦耳（J），电荷的单位为库仑（C），则电动势的单位为伏特（V）。由能量守恒定律可知，若不考虑电源内部还可能有其他形式的能量转换，则电源电动势 e 在量值上应当与其两端电压 u 相等。

4）电压、电动势的参考方向

虽然电压、电动势的方向是客观存在的，然而常常难以直接判断其方向，因此必须事先规定某一方向作为正的方向，称为参考方向。电路中所标的电压、电动势的方向一般均为参考方向。参考方向可任意规定，一般有三种表示方式：采用参考极性表示，在电路图上标出正（+）、负（-）极性；采用箭头表示，用箭头表示在电路图上，并标以电压符号 u 或电动势符号 e；采用双下标表示，如 u_{ab} 表示电压的参考方向是由 a 指向 b，u_{ba} 表示电压的参考方向是由 b 指向 a。三种表示方式如图 2-6 所示。规定了参考方向以后，电压、电动势就是一个代数量，如果最后求出的电压、电动势值为正，说明参考方向与实际方向一致；否则，说明电压、电动势参考方向与实际方向相反。

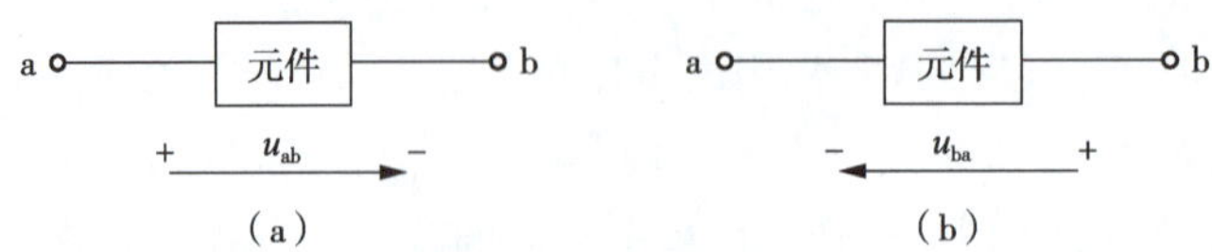

图 2-6 电压的参考方向

参考方向是人为规定的电流、电压数值为正的方向，通常在电路分析前需要先规定参考方向，然后根据规定的参考方向列写方程，并且参考方向一经规定，在整个分析计算过程中就必须以此为准，不能变动，不标明参考方向而说某电流或某电压的值为正或负是没有意义的。参考方向可以任意规定而不影响计算结果，因为参考方向相反，解出的电流、电压值也有正负号的变化，最后得到的实际结果仍然相同。电流参考方向和电压参考方向可以分别独立地规定。但为了分析方便，常使同一元件的电流参考方向与电压参考方向相一致，即电流从电压的正极性端流入该元件而从它的负极性端流出，这时该元件的电流参考方向与电压参考方向是一致的，称为关联参考方向；反之，则为非关联参考方向。如果采用关联参考方向，在标示时电流参考方向与电压参考方向标出一种即可；如果采用非关联参考方向，则电流参考方向与电压参考方向必须全部标示。

3. 电功率及电能

1）电功率

在电路中，正电荷 $\mathrm{d}q$ 受电场力作用从高电位点 a 流向低电位点 b，设 a、b 两点间电压为 u_{ab}，则根据式（2-3）可知，在转移过程中减少的电能为 $\mathrm{d}w$。减少电能意味着电能转换为其他形式的能量，被电路吸收（消耗）。将电能转换的速率称为电功率，简称功率。电功率就是电场力在单位时间内所做的功，用符号 p 表示，即

$$p=\frac{\mathrm{d}w}{\mathrm{d}t} \tag{2-6}$$

设元件中的电流和电压参考方向相关联，应用式（2-1）和式（2-3），可将式（2-6）改写为式（2-7），即

$$p=\frac{\mathrm{d}w}{\mathrm{d}t}=\frac{\mathrm{d}w}{\mathrm{d}q}\times\frac{\mathrm{d}q}{\mathrm{d}t}=ui \tag{2-7}$$

式（2-7）表明，电路元件所吸收的电功率等于元件中的电压和电流的乘积。若时间的单位为秒（s），功的单位为焦耳（J）时，功率的单位为瓦特（W），即若 1 s 内电场力所做的功为 1 J，则电功率为 1 W。常用的电功率的单位还有 kW（千瓦）、MW（兆瓦）和 mW（毫瓦）等，其换算关系为 1 MW = 1 000 kW，1 kW = 1 000 W，1 W = 1 000 mW。式（2-7）中当电压和电流的单位分别取伏特（V）和安培（A）时，功率的单位为瓦特（W）。当元件上的电压和电流为直流电压 U 和直流电流 I 时，电功率通常用大写字母 P 表示，即

$$P=UI \tag{2-8}$$

根据电流与电压的关联方式的不同，进行功率计算时，式（2-7）和式（2-8）应该带有正号或负号。即当电压和电流的参考方向是相关联的，则式（2-7）、式（2-8）带正号（可省略），如图 2-7（a）所示；当参考方向是非关联的，则式（2-7）、式（2-8）带负号，如图 2-7（b）所示。

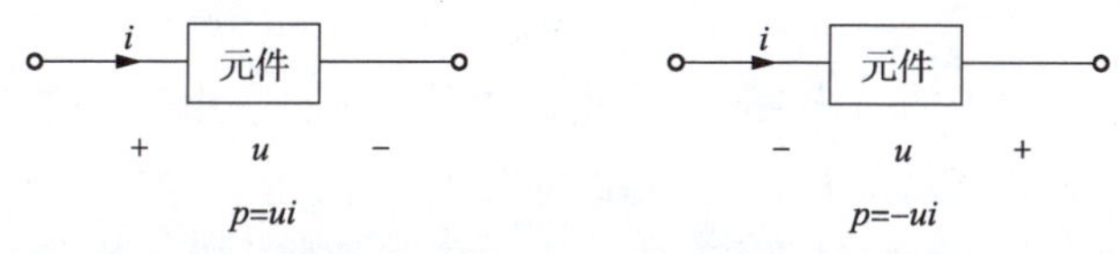

（a）电流与电压参考方向相关联　（b）电流与电压参考方向非关联

图 2-7　电流与电压的关联方式

当计算得到的功率为正值（$p>0$）时，表示这部分电路吸收功率；若为负值（$p<0$）时，则表示这部分电路发出功率，即表示其他能量转换为电能的速率，此功率供给电路的其余部分。任一时刻电路中各元件吸收的电功率总和应等于发出的电功率总和，即总功率的代数和必为零，也就是说必须满足能量守恒定律。

例 2-2　各元件电流和电压参考方向如图 2-8 所示。已知 $U_1=3\ \text{V}$，$U_2=5\ \text{V}$，$U_3=U_4=-2\ \text{V}$，$I_1=-I_2=-2\ \text{A}$，$I_3=1\ \text{A}$，$I_4=3\ \text{A}$。试求各元件的功率，并指出各元件是吸收功率还是发出功率？是电源还是负载？整个电路的总功率是否满足能量守恒定律？

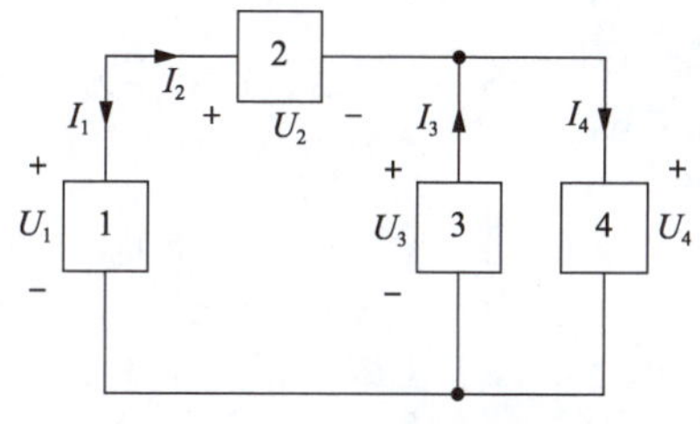

图 2-8　例 2-2 电路图

解　元件 1 的电流和电压是关联方向，$P_1=U_1I_1=3\times(-2)\ \text{W}=-6\ \text{W}$，$P<0$，发出 6 W 功率，此元件是电源。

元件 2 的电流和电压是关联方向，$P_2=U_2I_2=5\times2\ \text{W}=10\ \text{W}$，$P>0$，吸收 10 W 功率，此元件是负载。

元件 3 的电流和电压是非关联方向，$P_3=-U_3I_3=-[(-2)\times1]\ \text{W}=2\ \text{W}$，$P>0$，吸收 2 W 功率，此元件是负载。

元件 4 的电流和电压是关联方向，$P_4=U_4I_4=(-2)\times3\ \text{W}=-6\ \text{W}$，$P<0$，发出 6 W 功率，此元件是电源。

$$P_1+P_2+P_3+P_4=[-6+10+2+(-6)]\ \text{W}=0\ \text{W}$$

所以，整个电路的总功率满足能量守恒定律。

2）电能

根据式（2-6），从 t_1 到 t 时间内，电路吸收（消耗）的电能为

$$W=\int_{t_1}^{t}p\,\mathrm{d}t \tag{2-9}$$

当电路是直流电路时

$$W=P(t-t_1) \tag{2-10}$$

电能的国际单位是焦耳，符号为 J，它等于功率 1 W 的用电设备在 1 s 内消耗的电能。在实际应用时，还采用 kW·h（千瓦·时）作为电能的单位，它等于功率 1 kW 的用电设备在 1 h(3 600 s)内消耗的电能，俗称 1 度电。$1\ \text{kW}\cdot\text{h}=10^3\ \text{W}\times3\ 600\ \text{s}=3.6\times10^6\ \text{J}=3.6\ \text{MJ}$(兆焦)。

三、基尔霍夫定律

基尔霍夫定律是分析集总参数电路的重要定律。

1. 基尔霍夫电流定律

基尔霍夫电流定律就是电流的连续性原理在电路中的体现，是用来确定连接在同一节点上各支路电流之间关系的定律，又称基尔霍夫第一定律，简写为 KCL。

基尔霍夫电流定律：集总参数电路中任一节点，在任意时刻，流入该节点的全部支路电流之和等于流出该节点的全部支路电流之和，即

$$\sum i_{入} = \sum i_{出} \tag{2-11}$$

2. 基尔霍夫电压定律

扫一扫 基尔霍夫电流定律

基尔霍夫电压定律就是电压与路径无关这一性质在电路中的体现，是用来确定连接在同一回路中各支路电压之间关系的定律，又称基尔霍夫第二定律，简写为 KVL。

图 2-9 所示电路中的一个回路 abcda，各支路电压的参考方向如图 2-9 所示，各电压为 u_1、u_2、u_3。由节点 a 开始经路径 ab 到达另外一个节点 b，其电压为 $u_{ab} = u_1$。而从节点 a 出发经过另一路径 adcb，电压为各支路电压的代数和，即 $u_{ab} = u_3 - u_2$。则

$$u_1 = u_3 - u_2$$

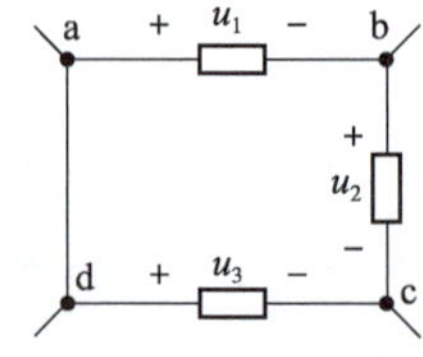

图 2-9　KVL 说明电路

扫一扫 基尔霍夫电压定律

上式变换为 $u_1 + u_2 - u_3 = 0$。

基尔霍夫电压定律：集总参数电路中的任一回路，在任意时刻，沿任一闭合路径绕行一周，回路上的各支路电压的代数和恒等于零，即

$$\sum_{k=1}^{b} u_k = 0 \tag{2-12}$$

式中，b 为该回路所包含的支路个数；u_k 为回路中第 k 个支路的电压。

在式（2-12）中，按电压的参考方向列写方程，可按顺时针方向绕行，支路电压参考方向与回路绕行方向一致时（从“+”极性向“−”极性）电压取正号，相反时（从“−”极性向“+”极性）电压取负号。当然，也可按逆时针方向绕行列写方程，结果是一样的。

在分析电路时，必须先假定电压的参考方向，在图上明确标示出来，然后再列写方程。

例 2-3　如图 2-10 所示，所有回路按顺时针方向绕行一周，请列出 KVL 方程。

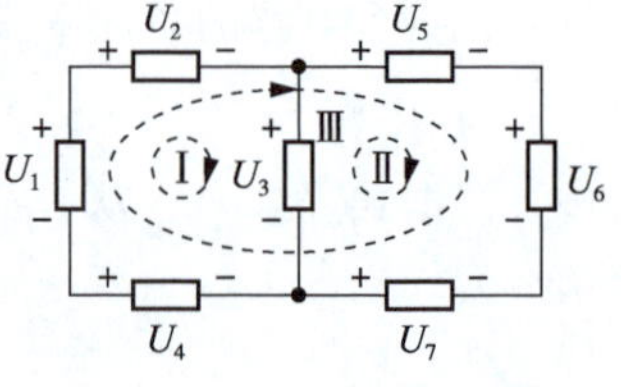

图 2-10　例 2-3 电路图

解　对回路Ⅰ列写 KVL 方程：$U_2 + U_3 = U_1 + U_4$ 或 $-U_1 + U_2 + U_{2-} U_4 = 0$。

对回路Ⅱ列写 KVL 方程：$U_5 + U_6 = U_7 + U_3$ 或 $U_5 + U_6 - U_7 - U_3 = 0$。

对回路Ⅲ列写 KVL 方程：$U_2 + U_5 + U_6 = U_7 + U_4 + U_1$ 或 $-U_1 + U_2 + U_5 + U_6 - U_7 - U_4 = 0$。

四、电阻元件

电路的基本元素是元件，电阻元件是用来模拟电能损耗或电能转换为热能等其他形式能量的理想元件，是电路中阻碍电流流动和表示能量损耗大小的参数。

1. 电阻元件的定义

电阻元件是一种最常见的理想电路元件，是一个二端元件。二端元件的端钮电流、端钮间的电压分别称为元件电流、元件电压。电阻元件的特性可以用元件电压与元件电流的代数关系表示，这

个关系称为电压电流关系，简称 VCR。由于电压、电流的国际单位分别是伏特和安培，所以电压和电流关系也称为伏安特性。在 u-i 坐标平面上表示元件电压和电流关系的曲线称为伏安特性曲线。

若一个二端元件在任一时刻其端电压 u 和流经的电流 i 二者之间的关系，可由 u-i 平面上的一条曲线来确定，则此二端元件称为二端电阻元件，该曲线称为电阻的伏安特性曲线，如图 2-11 所示。电阻元件习惯上简称电阻。

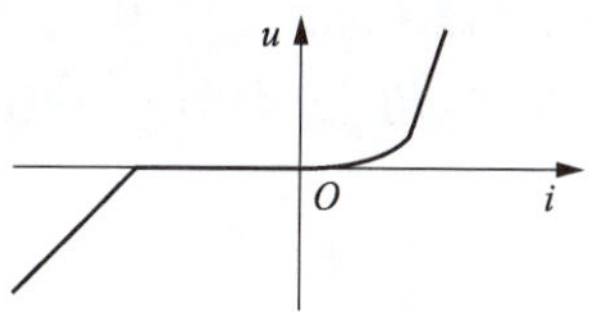

图 2-11 伏安特性曲线

电阻元件从元件特性上可分为线性、非线性、时不变和时变电阻。若电阻的电压电流关系不随时间变动，称为时不变电阻，否则称为时变电阻。

2. 线性电阻元件及其定律

线性电阻元件是一种理想电路元件。线性电阻元件的伏安特性曲线如图 2-12（a）所示，由特性曲线可知线性电阻是双向元件。它在电路图中的图形符号如图 2-12（b）所示。图中电压和电流为关联参考方向，即

$$u = iR \tag{2-13}$$

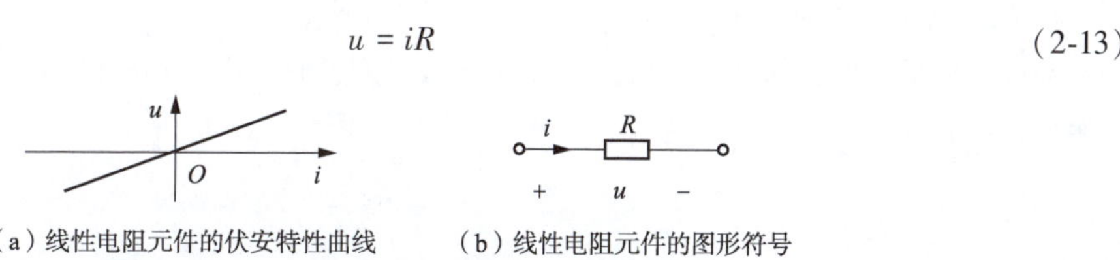

（a）线性电阻元件的伏安特性曲线 （b）线性电阻元件的图形符号

图 2-12 线性电阻元件的伏安特性及图形符号

式（2-13）中的 R 就是用来表示元件的电阻值，它是一个常量，是一个反映电路中电能损耗的电路参数。式（2-13）中 u、i 是电路的变量，它们可以是直流的也可以是交流的。在式（2-13）中，如电压单位用伏特，电流单位用安培，则电阻单位为欧姆，符号为 Ω。常用的电阻的单位还有 kΩ（千欧）、MΩ（兆欧）等，其换算关系为 1 kΩ = 1 000 Ω，1 MΩ = 1 000 kΩ。线性电阻元件也可用另一个参数——电导表征，电导用符号 G 表示，其定义为

$$G = \frac{1}{R} \tag{2-14}$$

电导 G 是电阻的倒数，电导的国际单位为西门子，符号为 S。用电导表征线性电阻元件时，设电流和电压参考方向相关联，线性电阻欧姆定律的约束方程表示为

$$i = Gu \tag{2-15}$$

线性电阻元件中的电流实际方向从电压的正极性端流向负极性端，即从高电位流向低电位。所以式（2-13）和式（2-15）只在关联参考方向时才能成立，当电压、电流为非关联参考方向时，公式的右侧添加负号“−”。

3. 短路及开路的概念

电源与线性电阻元件构成闭合回路，开关闭合，电路中有电流流过，此时电路处于正常的有载工作状态，如图 2-13（a）所示。

对于电阻元件的两个特殊情况值得注意：一种情况是若电阻元件的电阻值为零，则当电流是有限值时其电压总是零，这种情况称为短路，如图 2-13（b）所示，当电路中两点间用理想导体（电阻值为零的导线）连接时，此时电路处于短路状态，这时将两点间的导线称为短路线，短路线中的

电流称为短路电流；另一种情况是，若电阻元件的电阻值为无限大，则当电压是有限值时其电流总是零，这种情况称为开路，如图 2-13（c）所示，开关 S 断开或将电路中某处断开，切断的电路中没有电流流过，此时电路处于开路状态（相当于电路中接入了电阻值为无限大的电阻），这时将断开的两点间的电压称为开路电压。

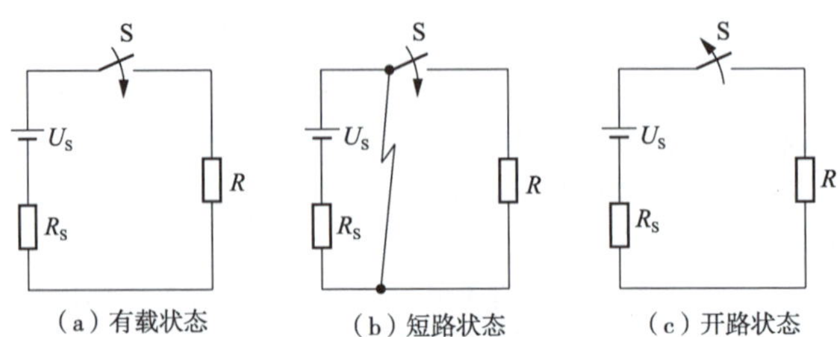

图 2-13　电路的工作状态

4. 线性电阻元件的功率

当线性电阻元件上的电压和电流的参考方向相关联时，由电功率的定义及欧姆定律可知，线性电阻元件吸收（消耗）的功率为

$$p = ui = Ri^2 = \frac{u^2}{R} \tag{2-16}$$

计算值总是正值，表明线性电阻元件是一种耗能的无源元件，总是吸收功率的，可见线性电阻元件表征了消耗电能转换成其他形式能量的物理特征。

若电流不随时间变动，即线性电阻元件上通过直流时，t 是电流通过线性电阻元件的总时间，当电阻值一定时，线性电阻元件消耗的功率与电流（或电压）的二次方成正比，而不是电流（或电压）的线性函数，即

$$W = i^2Rt \tag{2-17}$$

式（2-17）称为焦耳定律。

五、电流源与电压源

为了对实际电源进行模拟，理论上定义了两种理想的独立电源：理想电流源和理想电压源。

1. 电流源

1）理想电流源

理想电流源是一个二端理想电路元件，元件的电流与它的电压无关，总保持为某恒定值或给定的时间函数。在实际应用中，有些电源近似具有这样的性质。

电流源有两个基本性质：（1）它输出的电流是某恒定值或给定的时间函数，与其端电压无关；（2）它的端电压不是由电流源本身就能确定的，而是由与其相连接的外电路共同决定的，端电压可以是任意的。

电流源在电路中的图形符号如图 2-14（a）所示。其中 i_S 为电流源的电流，箭头表示其参考方向。

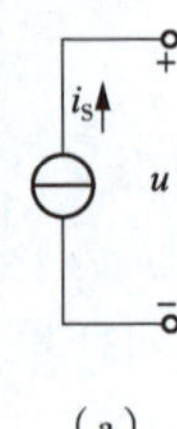

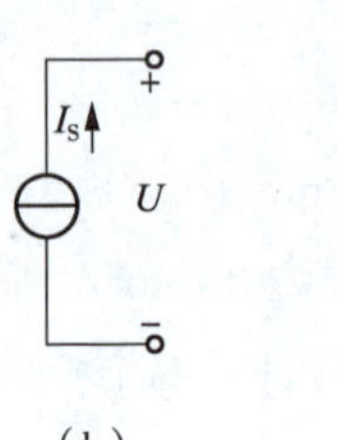

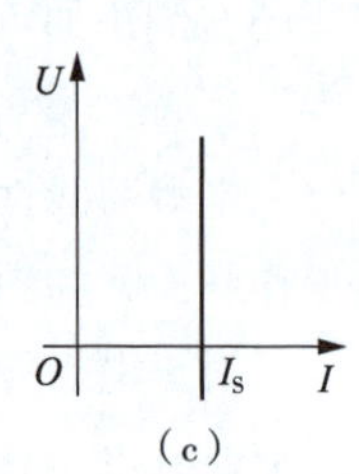

图 2-14　电流源

直流电流源的图形符号如图 2-14（b）所示，I_S 表示其电流等于恒定值，箭头表示其参考方向。图 2-14（c）为直流电流源的伏安特性曲线，它是一条与电压轴平行且横坐标为 I_S 的直线，表明其输出电流恒等于 I_S，与电压大小无关。当电压为零，亦即电流源短路时，它发出的电流仍为 I_S。如果一个电流源的电流 $I_S=0$，则此电流源的伏安特性曲线为与电压轴重合的直线，它相当于开路，即电流为零的电流源相当于开路。

电流源可对电路提供功率，但有时也从电路吸收功率，可以根据电压、电流的参考方向，应用功率计算公式，由计算所得功率的正负判定。

2）电流源构成的实际直流电源模型

理想电流源实际上是不存在的。如光电池的特性与电流源是有差别的，可以用电流源和电阻并联组合作为实际直流电源模型，如图 2-15（a）所示。图中 I_S 为电流源产生的定值电流，G_S 等于实际电源内电导（简称内导），R 为负载电阻，实际直流电源电压为 U，电流为 I。

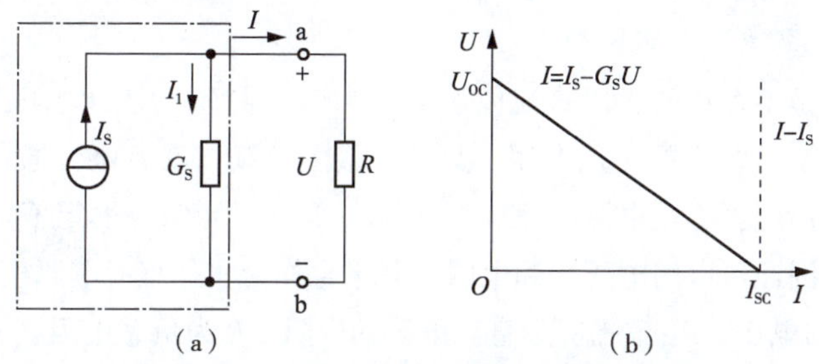

图 2-15　电流源构成的实际直流电源模型

由图 2-15（a）可知，当这一模型 a、b 端与外电路相连（即接上负载电阻）时，就有电流通过，按图中参考方向，根据基尔霍夫电流定律（$I+I_1-I_S=0$）和欧姆定律（$I_1=G_SU$）得到表达式

$$I=I_S-G_SU \tag{2-18}$$

当 a、b 端外接短路（相当于外接负载电阻为零）时，$U=0$，$I=I_S=I_{SC}$，I_{SC} 称为短路电流，电路处于短路状态；当 a、b 端外接开路（相当于外接负载电阻为无穷大）时，$I=0$，$U=I_S/G_S=U_{OC}$，U_{OC} 称为开路电压，这时电路处于开路状态，其特性曲线如图 2-15（b）所示。

例 2-4　如图 2-15 所示，电流源 $I_S=3\ \text{A}$，$G_S=0.5\ \text{S}$，当接以外电阻 $R=4\ \Omega$ 时，试求出电流 I 及电压 U。

解　输出电流 I 在外电阻 R 上压降为 $U=4I$，将 I_S、G_S 的值代入式（2-18）得

$$I=2-0.5\times 4I$$

解得 $I=1\ \text{A}$，$U=4\times 1\ \text{V}=4\ \text{V}$。

2. 电压源

1）理想电压源

理想电压源是一个二端理想电路元件，元件的电压与通过它的电流无关，总保持为某恒定值或给定的时间函数。

理想电压源有两个性质：(1) 它的电压是给定的时间函数，与流过的电流无关；(2) 它的电流不是由电压源本身就能确定的，而是由与相连接的外电路共同决定的，流过的电流可以是任意的。

电压源在电路中的图形符号如图 2-16（a）所示。其中 u_S 为电压源电压，“+”和“−”表示其参考极性。

直流电压源的图形符号如图 2-16（b）所示，U_S 表示电源电压等于恒定值（E 表示电源电动势等于恒定值，同一电源的电动势在量值上与其两端的电压相等），这里用“+”和“-”符号表示直流电压源参考方向。图 2-16（c）为直流电压源的伏安特性曲线，它是一条与电流轴平行且横坐标为 U_S 的直线，表明其输出电压恒等于 U_S，与电流大小无关。电流为零，亦即电压源开路时，其电压仍为 U_S。如果一个电压源的电压 $U_S=0$，则此电压源的伏安特性曲线为与电流轴重合的直线，它相当于短路，即电压为零的电压源相当于短路。

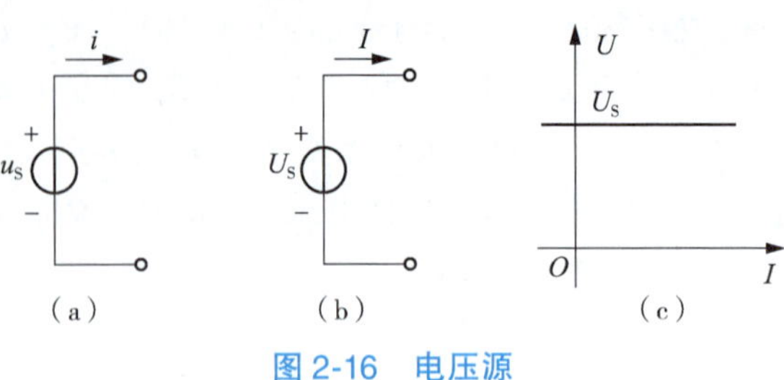

图 2-16 电压源

电压源一般对电路提供功率，但有时也从电路吸收功率，可以根据电压、电流的参考方向应用功率计算公式，由计算所得功率的正负判定。

2）电压源构成的实际直流电源模型

理想电压源实际上是不存在的，以直流电源电池为例，它有一定的内阻，因此，只有电源两端不接负载时（称为空载）才能保持定值电压；只要一接上负载，就有电流通过，由于存在内阻，必然在电源内部产生电能消耗，于是电源电压就要下降，因而不能保持恒定值电压。流过电源的电流越大，电压下降越多，因此可以用电压源和电阻串联组合作为实际直流电源模型，如图 2-17（a）所示。图中 U_S 为电压源的电压，R_S 等于实际直流电源的内阻，R 为负载电阻，实际直流电源的电压为 U，电流为 I。

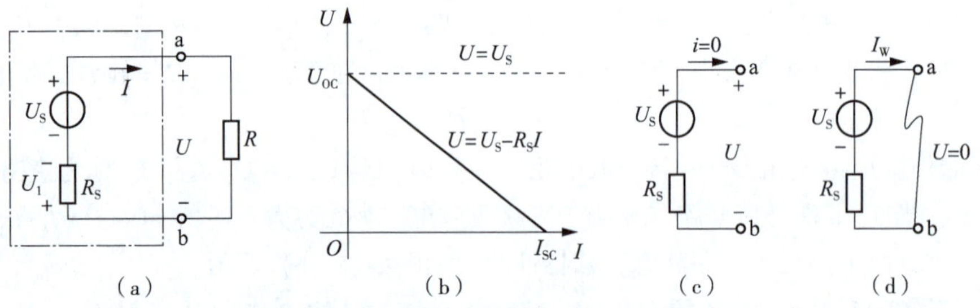

图 2-17 电压源构成的实际直流电源模型

由图 2-17（a）可知，当这一模型 a、b 端与外电路相连（即接上负载电阻）时，电路中就有电流通过，形成了回路。按图中参考方向，根据基尔霍夫第二定律（$U+U_1-U_S=0$）和欧姆定律（$U_1=R_SI$）得到表达式

$$U=U_S-R_SI \tag{2-19}$$

式（2-19）反映了实际直流电源的电压电流关系或称为外特性，如图 2-17（b）所示。显然实际电流源的内阻 R_S 越小，内部的分压就越小，就越接近于理想电压源。当 a、b 端外接开路（负载电阻为无穷大）时，如图 2-17（c）所示，$I=0$，$U=U_S=U_{OC}$（开路电压），这时电路处于开路状态；当 a、b 端外接短路（负载电阻为零）时，如图 2-17（d）所示，$U=0$，$I=U_S/R_S=I_{SC}$（短路电流），这时电路处于短路状态。

例 2-5 如图 2-17 所示，电压源 $U_S=12$ V，$R_S=1$ Ω，当接以外电阻 $R=3$ Ω 时，试求电流 I 及电压 U。

解　输出电流 I 在外电阻 R 上压降为 $I=U/3$，将 U_S、R_S 的值代入式（2-19）得

$$U=12-1\times U/3$$

解得 $U=9\ \text{V}$，$I=9/3\ \text{A}=3\ \text{A}$。

六、电阻的串并联及混联

1. 串联电阻的计算

由图 2-18（a）所示，若这个整体只有两个端钮与外电路相连，则称为二端网络。图 2-18（b）所示也为一个二端网络，它只有一个电阻元件。

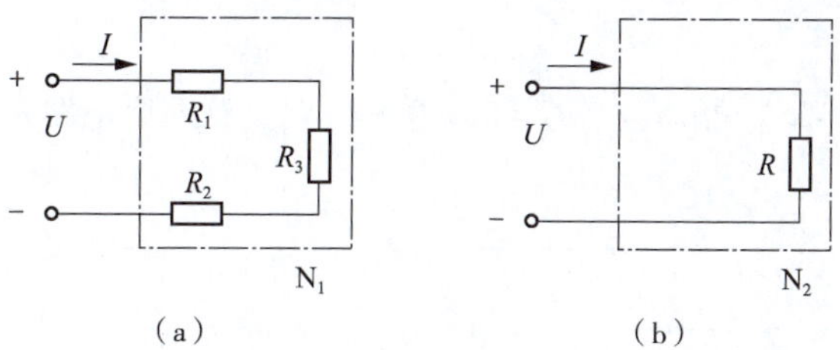

图 2-18　串联电阻的等效

分析以上电路，设 N_1 和 N_2 两个电路均由线性电阻组成，其内部不含独立电源，由基尔霍夫电压定律和欧姆定律得到 N_1 电路中电压与电流的关系为

$$U=R_1I+R_2I+R_3I=(R_1+R_2+R_3)I \tag{2-20}$$

同理，可知 N_2 电路中的电压与电流的关系为

$$U=RI \tag{2-21}$$

假设

$$R=R_1+R_2+R_3 \tag{2-22}$$

式（2-20）和式（2-22）是相同的，所以 N_2 中电阻 R 就是 N_1 中串联电阻 R_1、R_2、R_3 的等效电阻。

由以上等效电阻的概念可知，当有多个电阻 R_1、R_2、…、R_k、…、R_n 串联时，总的等效电阻计算公式为

$$R=R_1+R_2+\cdots+R_k+\cdots+R_n \tag{2-23}$$

当多个电阻串联时，其各自电压为

$$U_k=R_kI=\frac{R_k}{R}U \tag{2-24}$$

式（2-24）称为分压公式，从式中可知各个串联电阻的电压与电阻值成正比；同理，串联电路中电阻的功率与电阻值也成正比。

例 2-6　如图 2-19 所示，用一个满刻度偏转电流为 50 μA，电阻 R_g 为 2 kΩ 的表头制成 100 V 量程的直流电压表，应串联多大的附加电阻 R_f？

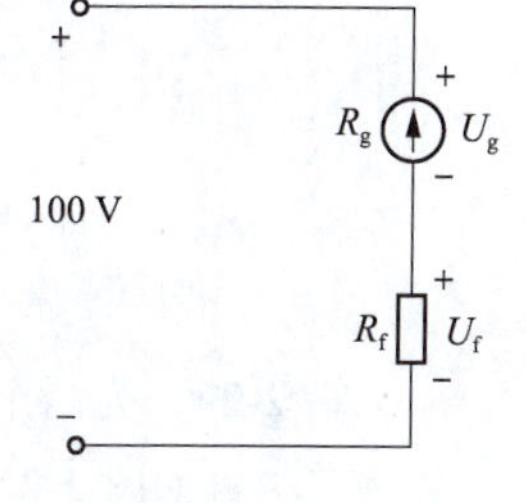

图 2-19　例 2-6 电路图

解　满刻度时表头电压为

$$U_g=R_gI=2\times10^3\times50\times10^{-6}\ \text{V}=0.1\ \text{V}$$

附加电阻电压为

$$U_f=(100-0.1)\ \text{V}=99.9\ \text{V}$$

代入式（2-24），得

$$99.9=\frac{R_f}{2+R_f}\cdot 100$$

解得 $R_f = 1\ 998\ \text{k}\Omega$。

2. 并联电阻的计算

如图 2-20（a）所示，根据基尔霍夫电流定律和欧姆定律，并考虑关联参考方向，N_1 电路端口电压电流的关系为

$$I=G_1U+G_2U+G_3U=(G_1+G_2+G_3)U \tag{2-25}$$

如图 2-20（b）所示，同理可知 N_2 电路端口电压电流的关系为

$$I=GU \tag{2-26}$$

由式（2-25）和式（2-26）可知，当 $G=G_1+G_2+G_3$ 时，这两个电路是等效的，所以 N_2 中电导就是 N_1 中的等效电导。

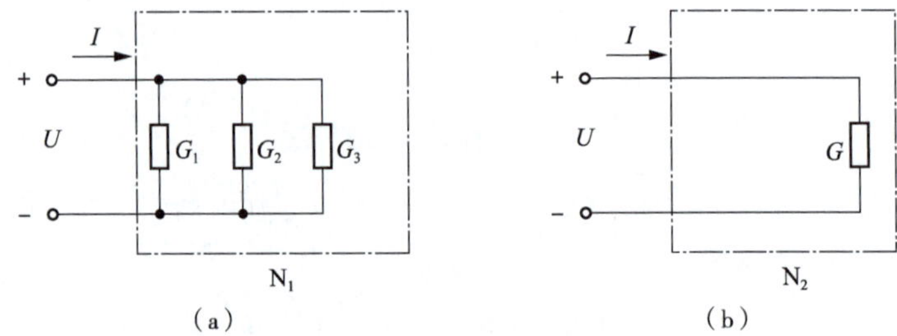

图 2-20　并联电阻的等效电导

当多个电阻并联时，各自电流为

$$I_k=G_kU=\frac{G_k}{G}I \tag{2-27}$$

式（2-27）称为分流公式。

如果图 2-21 为两个电阻 R_1 和 R_2 并联，则等效电阻为

$$R=\frac{R_1R_2}{R_1+R_2} \tag{2-28}$$

将式（2-28）代入式（2-27）中可得

$$\begin{cases} I_1=\dfrac{G_1}{G}I=\dfrac{\frac{1}{R_1}}{\frac{1}{R}}I=\dfrac{R_2}{R_1+R_2}I \\ I_2=\dfrac{G_2}{G}I=\dfrac{\frac{1}{R_2}}{\frac{1}{R}}I=\dfrac{R_1}{R_1+R_2}I \end{cases} \tag{2-29}$$

式（2-29）为两个电阻并联时的电流的计算公式，又称分流公式。

例 2-7　如图 2-22 所示，用一个满刻度偏转电流为 50 μA、电阻 R_g 为 2 kΩ 的表头制成量程为 50 mA 的直流电流表，应并联多大的分流电阻 R_2？

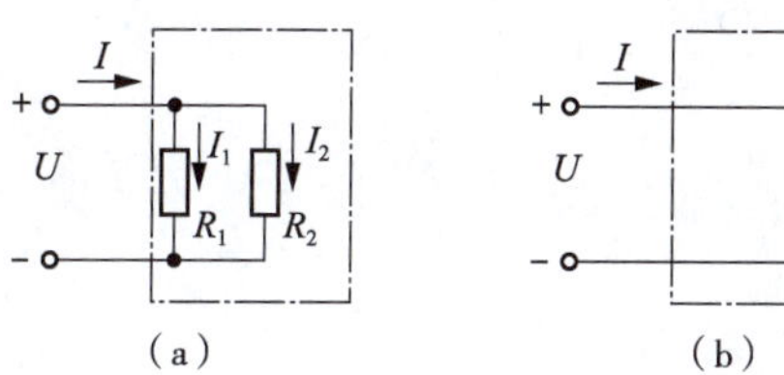

图 2-21　电阻的并联

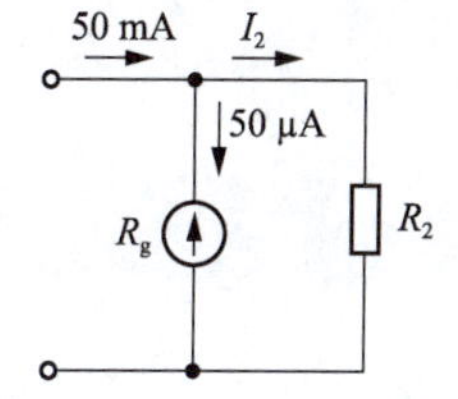

图 2-22　例 2-7 电路图

解　由题意，$I_1 = 50\ \mu A$，$R_1 = R_g = 2\ 000\ \Omega$，$I = 50\ mA$，代入式（2-29），可得

$$50 = \frac{R_2}{2\ 000 + R_2} \times 50 \times 10^3$$

解得 $R_2 = 2.002\ \Omega$。

3. 电阻的混联（串、并联）

电阻的混联是指电路中既有电阻的串联又有电阻的并联组合在一起，它在实际中应用广泛，在分析和计算电路时，应遵循电阻串联和电阻并联的特点。

通常采用的分析步骤如下：

分析电路，求出串并联电阻的总的等效电阻或电导；

利用欧姆定律求出总端口的电压与电流；

利用分压和分流公式来求解电阻的电流或电压。

例 2-8　在进行电工实验时，常常用滑线变阻器接成分压器电路来调节负载电阻上电压的高低。图 2-23 中，R_1 和 R_2 是滑线变阻器，R_L 是负载电阻。已知滑线变阻器额定值为 100 Ω，3A，a、b 端上输入电压 $U_1 = 220$ V，$R_L = 50\ \Omega$。试求：(1) 当 $R_2 = 50\ \Omega$ 时，输出电压 U_2 是多少？(2) 当 $R_2 = 75\ \Omega$ 时，其输出电压 U_2 是多少？滑线变阻器是否能正常安全地工作？

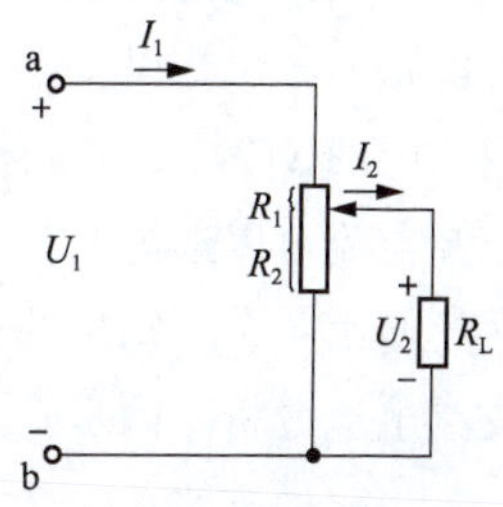

图 2-23　例 2-8 电路图

解　(1) 当 $R_2 = 50\ \Omega$ 时，则 $R_1 = 100 - R_2 = 50\ \Omega$，$R_{ab}$ 为 R_2 和 R_L 并联再与 R_1 串联组成，所以 a、b 端的等效电阻为

$$R_{ab} = R_1 + \frac{R_2 R_L}{R_2 + R_L} = \left(50 + \frac{50 \times 50}{50 + 50}\right)\ \Omega = 75\ \Omega$$

滑线变阻器中电阻 R_1 流过的电流为

$$I_1 = \frac{U_1}{R_{ab}} = \frac{220}{75}\ A = 2.93\ A$$

流过负载电阻 R_L 的电流由分流公式解得

$$I_2 = \frac{R_2}{R_2 + R_L} \times I_1 = \frac{50}{50 + 50} \times 2.93\ A = 1.47\ A$$

$$U_2 = R_L I_2 = 50 \times 1.47\ V = 73.5\ V$$

(2) 当 $R_2 = 75\ \Omega$ 时，其计算方法同（1），解得

扫一扫

电阻的串并联

$$R_{ab}=R_1+\frac{R_2R_L}{R_2+R_L}=\left(25+\frac{75\times 50}{75+50}\right)\ \Omega=55\ \Omega$$

$$I_1=\frac{220}{55}\ \text{A}=4\ \text{A}$$

$$I_2=\frac{75}{75+55}\times 4\ \text{A}=2.4\ \text{A}$$

$$U_2=50\times 2.4\ \text{V}=120\ \text{V}$$

从上面计算来看，由于 $I_1=4$ A，I_1 大于滑线变阻器额定电流 3 A，所以 R_1 段电阻有可能被烧坏。

七、支路电流分析法及应用

1. 线性电路的一般计算方法

先选择电路的变量，电压与电流是电路的基本变量，同时也是分析电路时待求的未知数，可以选择支路电流、支路电压、网孔电流或节点电压为变量，再根据 KCL、KVL 和 VCR 建立电路的方程，注意方程数应与变量数相同，最后再从方程中解出电路的变量。列写电路方程的最基本方法是支路电流分析法，由支路电流分析法为基础得到网孔分析法和节点分析法。网孔分析法和节点分析法具有较少变量数和方程数，易于求解。

2. 支路电流分析法

以支路电流或支路电压作为变量列写的电路方程称为支路方程。支路分析法就是由支路方程求解电路的方法。以支路电流为变量列写的方程，在求得各支路电流以后，用相应的 VCR 求得各支路的电压。一般设电路有 b 条支路，那么就有 b 个未知电流可以选为变量。所以支路电流分析法需要列出 b 个独立方程，然后解答出各个未知量的支路电流。现在以图 2-24 所示的电路图为例，说明支路电流分析法的步骤。

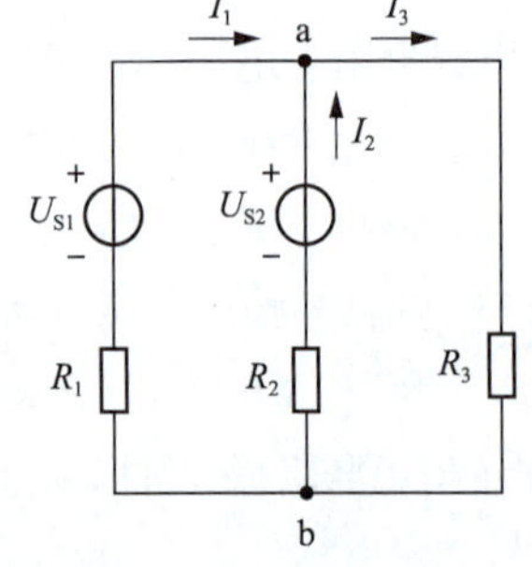

图 2-24　支路电流法举例

电路中支路数 $b=3$，节点数 $n=2$，以支路电流 I_1、I_2、I_3 为未知量，可以列出三个独立方程。在列写方程以前，指定各支路电流的参考方向如图 2-24 所示。

首先，根据电流的参考方向，对于节点 a 列写 KCL 方程

$$-I_1-I_2+I_3=0 \tag{2-30}$$

对于节点 b 列 KCL 方程

$$I_1+I_2-I_3=0 \tag{2-31}$$

其实，式（2-30）和式（2-31）是同一个式子，两个方程中只有一个是独立的，所以对于这两个节点电路，只能有一个独立的 KCL 方程。

通常，对具有 n 个节点的电路，只能列写（n-1）个独立的 KCL 方程。在 n 个节点中，只能有（n-1）个独立的节点，余下的一个称为参考节点，注意参考节点是任意选取的。选择回路应用 KVL 列出其余[b-(n-1)]个方程。每次新列出的 KVL 方程与已经列过的 KVL 方程是相对独立的。一般，可选取网孔来列写 KVL 方程。在图 2-24 中有两个网孔，按顺时针方向绕行，对左面的网孔列 KVL 方程为

$$R_1I_1 - R_2I_2 = U_{S1} - U_{S2} \tag{2-32}$$

如果按顺时针方向绕行，对右面的网孔列 KVL 方程为

$$R_2I_2 + R_3I_3 = U_{S2} \tag{2-33}$$

这里，网孔的数目等于 $b-(n-1)=2-(2-1)=2$。因此，KVL 的方程数等于 $b-(n-1)$。通常，应用 KCL 与 KVL 一共需要列出 $(n-1)+b-(n-1)=b$ 个独立的方程，由于它们都是以支路电流为变量的方程，因而需要解出 b 个支流电流。

综上所述，支路电流法分析计算电路的一般步骤如下：

（1）在电路图中先选定各支路（b 个）电流的参考方向；

（2）指定参数节点，对独立节点列出 $(n-1)$ 个 KCL 方程；

（3）设定各网孔绕行方向，各网孔绕行方向必须一致，列出 $b-(n-1)$ 个 KVL 方程；

（4）联立求解上述 b 个独立方程，可得出待求的各支路电流，然后按 VCR 求各支路的电压。

例 2-9　已知各支路电流的参考方向如图 2-25 所示，计算各支路的电流。

解　图 2-25 中一共有 2 个节点、3 条支路和 2 个网孔，由 KCL 可列出 b 节点电流方程为

$$I_1 - I_2 - I_3 = 0$$

由 KVL 可列出 A、B 回路电压方程分别为

$$2I_1 + 2I_2 - 20 = 0$$

$$I_3 - 2I_2 - 4 = 0$$

解得 $I_1 = 8.875\ \text{A}$，$I_2 = 1.625\ \text{A}$，$I_3 = 7.25\ \text{A}$。

例 2-10　利用支路电流法计算图 2-26 所示电路中各支路的电流。

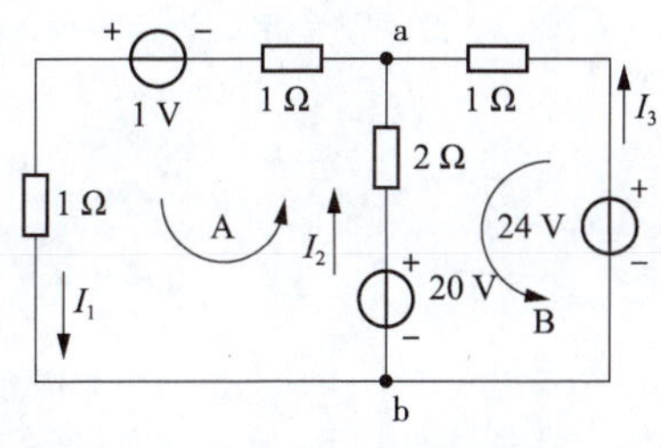

图 2-25　例 2-9 电路图

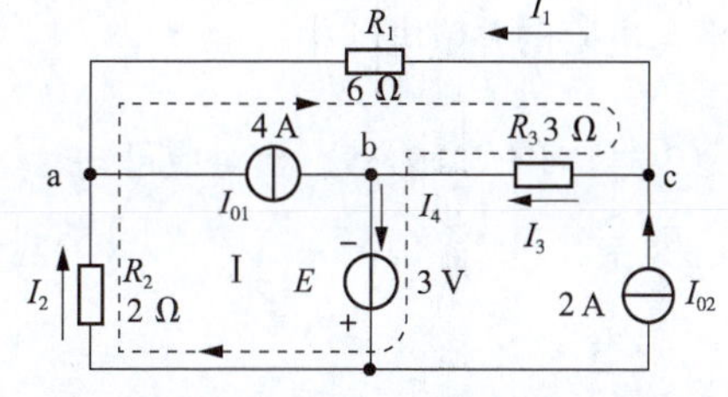

图 2-26　例 2-10 电路图

解　本题电路共有 6 条支路、4 个节点和 3 个网孔。其中 2 条支路为电流源，所以待求变量为 4 个。需要列出 4 个含有各支路电流的独立方程，并设 4 个支路的电流参考方向如图 2-26 所示。

由 KCL 列出节点 a、b、c 三个电流方程分别为

$$I_1 + I_2 - I_{01} = 0$$

$$I_3 + I_{01} - I_4 = 0$$

$$I_{02} - I_1 - I_3 = 0$$

由 KVL 列出 A 回路电压方程（由于电流源两端电压无法确定，在选择回路时要避开含有电流源的支路，如图 2-26 虚线所示）：

$$I_2R_2 - I_1R_1 + I_3R_3 - E = 0$$

列方程组

$$\begin{cases} I_1 + I_2 - 4 = 0 \\ I_3 - I_4 + 4 = 0 \\ I_1 + I_3 - 2 = 0 \\ 2I_2 - 6I_1 + 3I_3 - 3 = 0 \end{cases}$$

解得 $I_1 = 1$ A，$I_2 = 3$ A，$I_3 = 1$ A，$I_4 = 5$ A。

任务实施

一、任务说明

本任务以某工厂弱电供电设施需要进行双电源供电的直流电路的设计、安装，并根据任务需要进行通电前、通电中的调试，并根据故障进行排故维修。

1. 双电源供电的直流电路的设计

一个实际电源可以用电压源和电阻串联等效电路模型来表示，也可以用电流源与电阻并联等效电路模型来表示。

如图 2-27 所示，两种电源模型等效变换的条件是端口电压、电流的关系相同。当它们的端口具有相同的电压时，端口电流必须相等。图 2-27 中，两种模型对应的端口电压为 U，其等效变换的条件为端口电流 $I = I'$。

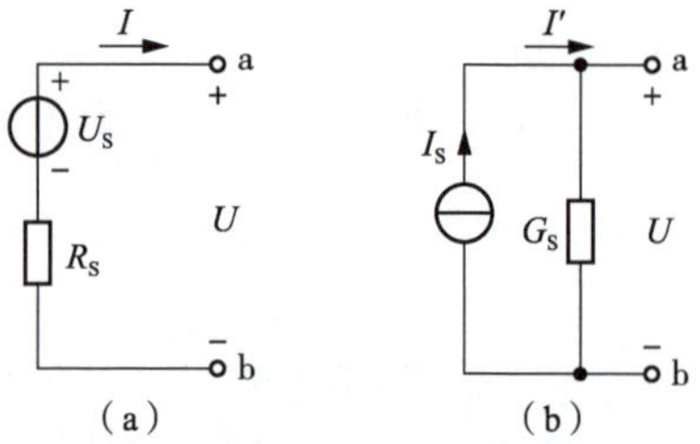

图 2-27　电压源与电流源的等效

电压源与电阻的串联电路中

$$I = \frac{U_S}{R_S} - \frac{U}{R_S} \tag{2-34}$$

电流源与电阻的并联电路中

$$I = I_S - G_S U \tag{2-35}$$

由式（2-34）和式（2-35）相对应可知

$$\begin{cases} I_S = \dfrac{U_S}{R_S} \\ G_S = \dfrac{1}{R_S} \end{cases} \tag{2-36}$$

式（2-36）就是电压源与电流源等效变换所必须满足的条件，其参考方向如图 2-27 所示。

2. 双电源供电的直流电路的安装

按照图 2-28 所示进行电路安装。

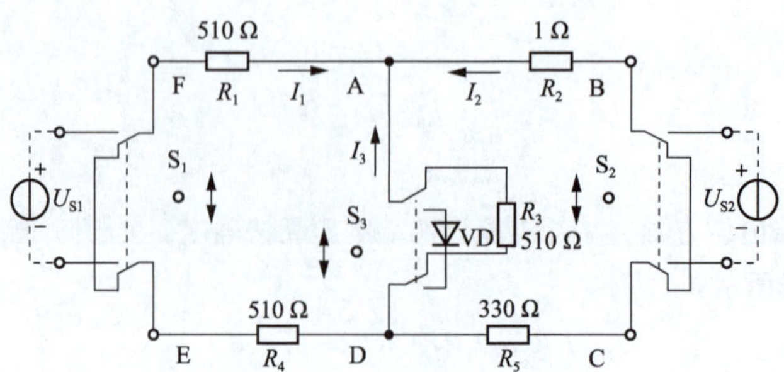

图 2-28　双电源供电的直流电路

3. 双电源供电的直流电路的调试

通电前，用万用表检测线路的通断。

通电后，用万用表检测线路的电压及电流。

故障排除，根据故障现象，进行相应的电路修复，直到符合任务要求。

二、任务评价

（1）评价标准见表 2-1。

表 2-1　调试电路的评价标准

序号	主要内容	考核要求	评分标准	配分	扣分	得分
1	调试电路测量	能用万用表进行相关电路的测试	（1）采取方法错误，扣 5~10 分。 （2）操作步骤错误，扣 10~20 分	40		
2	电路工艺	布线符合工艺要求	（1）布线不符合工艺错误，扣 5~20 分。 （2）露铜点，每点扣 2 分	40		
3	团结协作	符合要求	小组成员分工协作不明确扣 5 分，成员不合作参与扣 5 分	10		
4	安全文明生产及 6S 执行力		（1）违反安全文明生产规程，扣 5~10 分。 （2）6S 执行力不到位，酌情扣 5~10 分	10		
备注	除了定额时间外，各项内容的最高分不得超过配分		合计	100		
考评时间	开始时间		结束时间		考评员签字： 年　月　日	

（2）任务能力评价见表 2-2。

表 2-2　任务能力评价

组别	与人沟通能力 10%	团结协作能力 20%	方案设计能力 10%	自我学习能力 20%	信息处理能力 10%	解决问题的能力 20%	创新能力 10%	总评
第一组								
第二组								
第三组								
第四组								
第五组								

(3) 任务能力总评表见表 2-3。

表 2-3 任务能力总评

组别	第一组对各组的评价结果	第二组对各组的评价结果	第三组对各组的评价结果	第四组对各组的评价结果	第五组对各组的评价结果	总评结果
第一组						
第二组						
第三组						
第四组						
第五组						

三、任务结束

按照 6S 现场管理规范，清理工作现场，清点作业工具，摆放到规定位置。

测 试 题

1. 说明电压、电位、电位差、电动势有何区别与关系？

2. 如图 2-29 所示电路中，电流参考方向已选定。已知 $I_1 = 3$ A，$I_2 = -5$ A，$I_3 = -2$ A，试指出电流的实际方向。

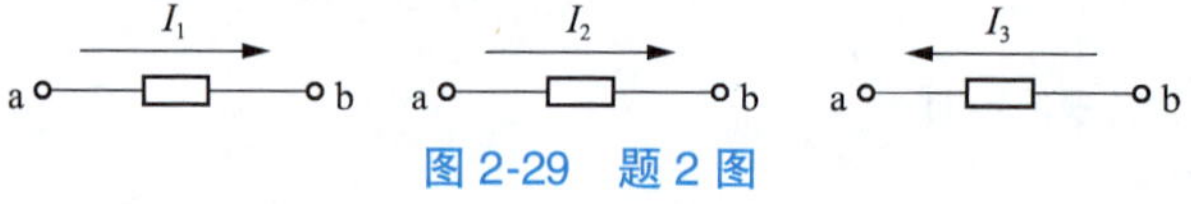

图 2-29 题 2 图

3. 如图 2-30 所示电路中，已知 $U_1 = 5$ V，$U_{ab} = 2$ V，试求：(1) U_{ac}；(2) 分别以 a 点和 c 点作参考点时，b 点的电位和 bc 两点之间的电压 U_{bc}。

4. 如图 2-31 所示，说明电路中有几条支路、几个节点、几个回路，并列出图中各点的 KCL 方程和各回路的 KVL 方程。

图 2-30 题 3 图 图 2-31 题 4 图

5. 如图 2-32 所示，求电压 U_{ab}。

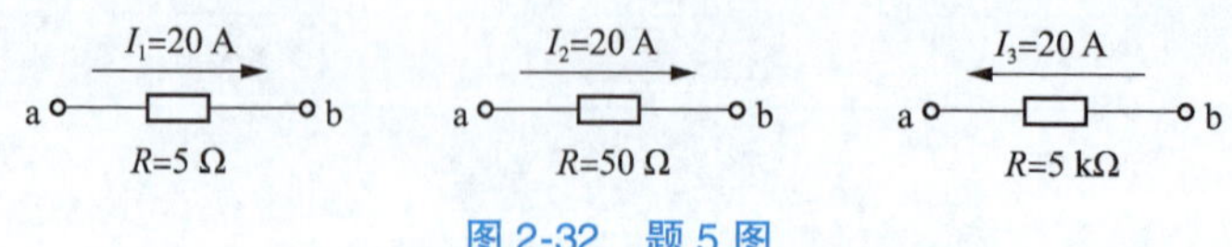

图 2-32 题 5 图

6. 求图 2-33 所示各二端网络端口的等效电阻。

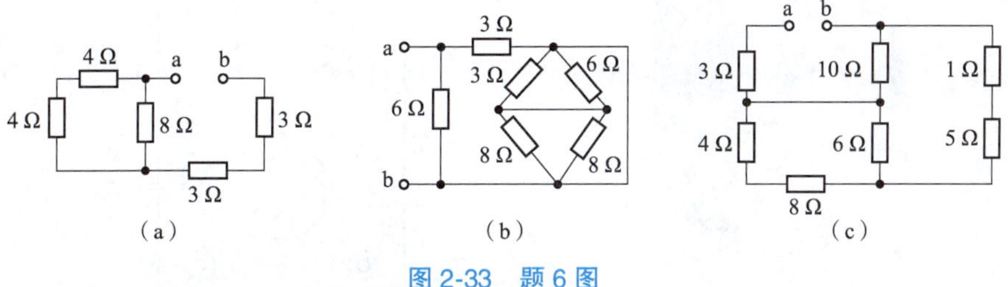

图 2-33　题 6 图

7. 试求图 2-34 所示电路中开关 S 断开和闭合时的等效电阻 R_{ab}。

8. 求图 2-35 所示电路中的电流 I_0。

9. 试用电源模型的等效变换方法计算图 2-36 所示电路中流过 2 Ω 电阻的电流 I。

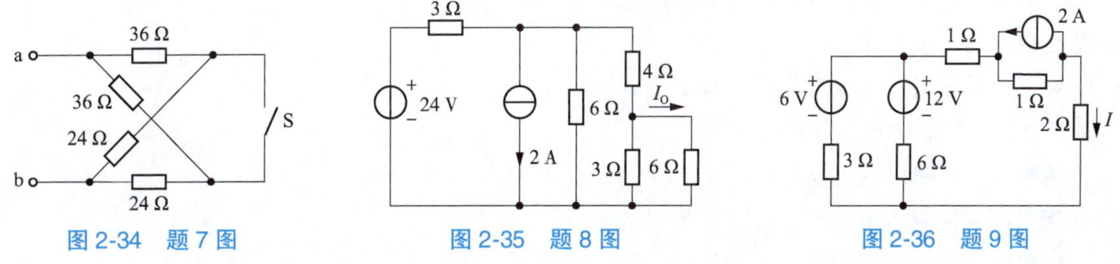

图 2-34　题 7 图　　图 2-35　题 8 图　　图 2-36　题 9 图

任务 2　工业现场应急灯照明电路的调试

任务解析

通过完成本任务，可掌握安全生产规范、工业现场应急灯照明电路的原理及设计方法，充分掌握电气安全操作、触电现场的急救、车间应急灯照明的设计，并严格按照 6S 标准进行工作，为更好地掌握维修电工技术打下基础。

知识链接

一、常用电子仪器的使用

在电子电路中经常使用的仪器仪表有万用表、示波器、信号发生器及数字频率计等，这里主要介绍毫伏表、示波器与信号发生器的使用方法。

1. 毫伏表

交流毫伏表是专门用于测量交流电压的仪表，可以对交流电压，尤其是小信号交流电压（若干毫伏的或几十毫伏的电压）进行精确的测量。以 MVT171 型毫伏表为例介绍使用方法。MVT171 型毫伏表测量范围为交流 1 mV ~ 300 V、5 Hz ~ 1 MHz，仪器的外观及面板布置如图 2-37 所示。

（a）外观

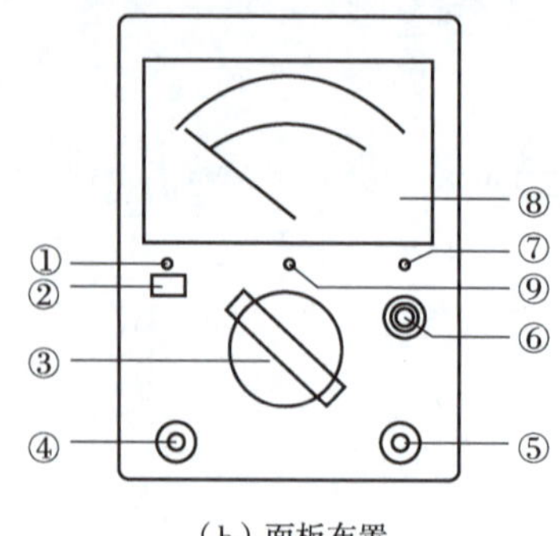

（b）面板布置

图 2-37　MVT171 型毫伏表

（1）面板说明。图 2-37 各部分说明如下：

①电源开关指示灯：~ 220 V 电源接通时灯亮。

②电源开关：按下开。

③量程选择旋钮：电压与分贝各有 12 个量程。

④输入端子：输入电阻 10 MΩ。

⑤输出端子：输出电阻 600 Ω。

⑥相对参考控制旋钮。

⑦UNCAL：没有校正指示灯。

⑧表头：电压与分贝分别有两排刻度。

⑨表头零点调节位。

（2）使用方法：

①电压的测量。电压刻度为两排，分别为 0~10 和 0~3。

例：当量程选择为“1V”时，指针为 10 时，表示电压为 1 V；当量程选择为“300mV”时，指针为 3 时，表示电压为 300 mV。

②分贝（dB）的测量。电压的分贝值就是电压对同类基准量比值的对数值，即

$$U_x(\mathrm{dB}) = 20\lg(U_x/U_S)$$

式中，U_S 为基准电压，通常以 1 V 作为分贝测量的基准电压，那么电压 U_x 的分贝值就是 $20\lg U_x$，即

$$U_x(\mathrm{dB}) = 20\lg U_x$$

实际电压的分贝值是量程旋钮的标称数与表分贝读数的代数和。例如，量程开关置于+20 dB，表的读数为-4 dB，则分贝值=+20 dB+(-4 dB)= 16 dB。

dBm 也是分贝值的测量，其基准电压为 0.775 V。测量 dBm 时需要调整相对参考控制旋钮 RELATIVE REE，此时 UNCAL 指示灯亮。

毫伏表也可以作为一个高灵敏度的放大器来使用，面板左下的 INPUT 是信号输入端子，右下的 OUTPUT 是信号的输出端子。量程选择旋钮处于不同的位置时，放大器的放大倍数不同，但无论何种位置，当毫伏表输入指示在满刻度“10”时，输出电压都为 1 V。

（3）使用注意事项。仪器接通电源而没有使用时，量程选择旋钮应该放在最高量程 300 V 位置，接入测试电压后再适当调整量程（满刻度的 2/3 处左右）。这是因为该仪器的输入阻抗高达 10 MΩ，

极易通过仪器馈线引入工频干扰，此干扰幅度使得较低量程时“打表”。

本仪器是按照正弦波有效值刻度的，只适宜测量失真较小的正弦波电压。所以测量时必须确定所测波形没有明显失真，否则测量结果不正确。如果是有规律的非正弦信号，如三角波、矩形波等，可以利用波形因数和波峰因数来进行波形的换算测量得到真有效值。

2. 示波器

示波器是一种观察电信号波形的电子仪器。测量周期性信号波形的幅度、周期或频率，脉冲波的脉冲宽度、前沿后沿时间、同频率两周期性信号间的相位差和调幅波的调幅系数等各种参量。下面以优利德 UTD1000C 系列手持式数字存储示波器为例说明示波器的使用。其外观及面板布置如图 2-38 所示。

（1）手持式数字存储示波器面板介绍。如图 2-38 所示，显示屏下方 F1 至 F5，通过这五个按键，可以设置当前菜单的不同选项。垂直系统设置（A、B、V/mV、△/▽）、水平系统设置（s|ns、◁|▷）、触发系统设置（TRIGGER）、显示获取方式和自动测量（SCOPE）、存储设置和屏幕复制（SAVE）、光标测量（CURSOR）、辅助功能设置（USER）、数学运算功能（MATH）、缩放功能（ZOOM）、菜单隐藏（CLEAR/MENU）、执行按键（AUTO、RUN/STOP）。

（2）使用方法：

①接通数字示波器电源。

②数字示波器接入信号（数字示波器探头连接到红色输入端，并将探头上的衰减倍率开关设定为 10X，在数字示波器上需要设置探头衰减系数，如图 2-39 和图 2-40 所示）。

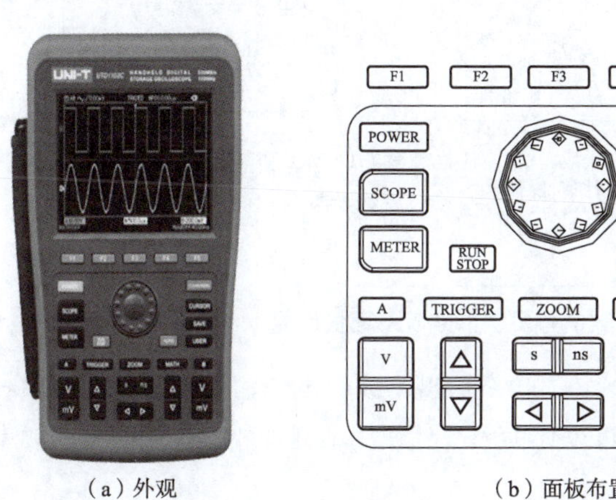

（a）外观　　（b）面板布置

图 2-38　优利德 UTD1000C 系列手持式数字存储示波器

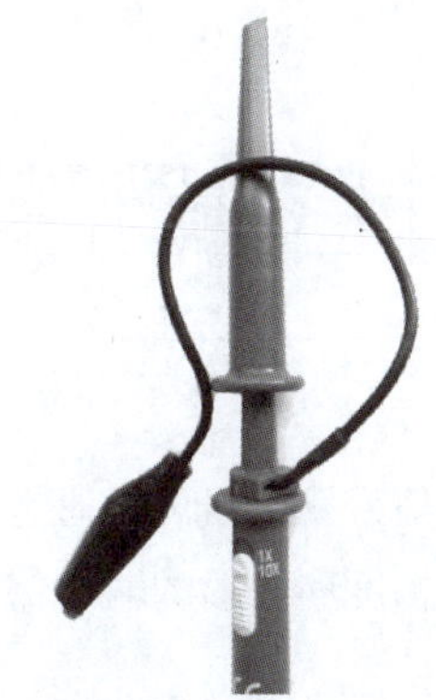

图 2-39　探头衰减倍率开关

③探头补偿（将数字示波器上的探头倍率衰减系数设定为 10X，再将探头上的开关置于 10X，并将数字示波器的探头与 A 通道连接，把探头的探针和接地夹连接到函数信号发生器输出口上，选择输出频率为 1 kHz，幅度为 3Vpp 方波（方波上升时间应 $\leqslant 100\ \mu s$；打开 A 通道，然后按 AUTO 键观察波形，如图 2-41 所示。若出现补偿过度或补偿不足，用探头附件中的非金属手柄的螺丝刀调整探头）。

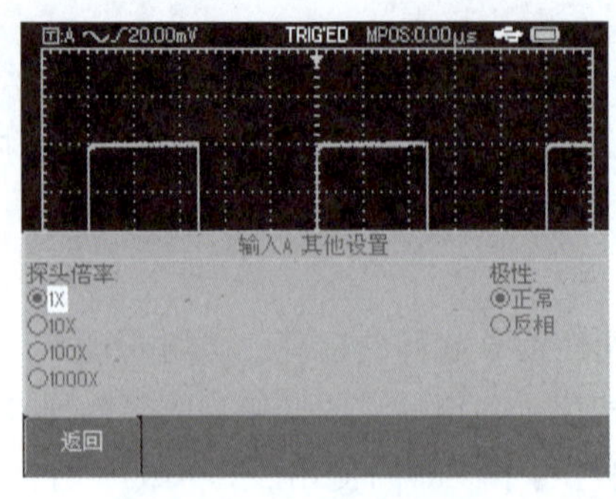

图 2-40 探头倍率调整

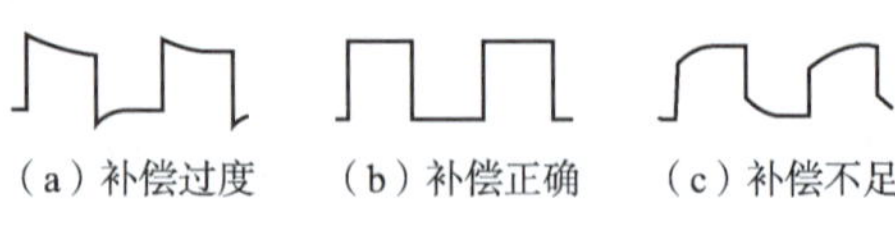

图 2-41 探头补偿调整

3. 低频信号发生器

低频信号发生器是最基本、应用最广泛的电子测量仪器之一。它负责提供电子测量所需要的各种电信号，即作为电路测试的信号源使用。下面以绿杨 YB1615P 功率函数信号发生器为例介绍信号发生器的使用方法。其外观及面板设置如图 2-42 所示。

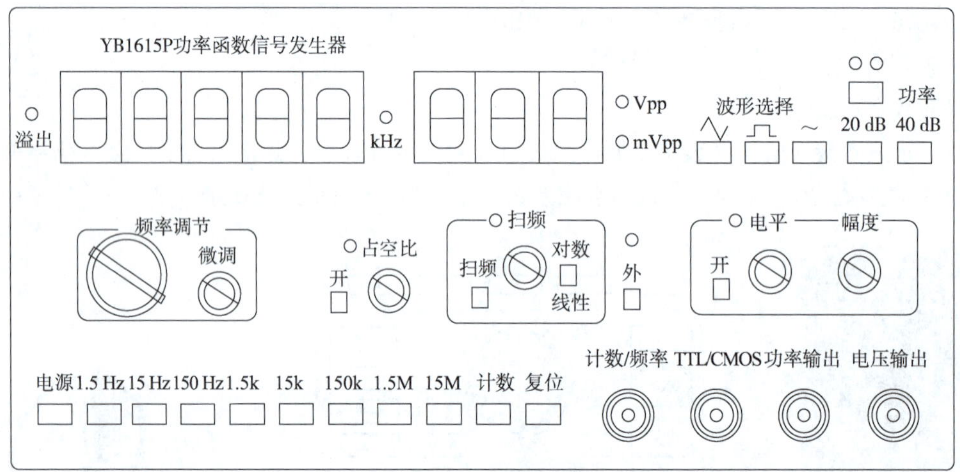

图 2-42 YB1615P 功率函数信号发生器外观及面板设置

该信号发生器可以通过输出端子“TTL/CMOS”、“功率输出”或“电压输出”向外部提供各种频率、幅度和波形的输出信号。该信号发生器还可以作为频率计使用，测量外部输入信号的频率或计数值。

（1）使用方法：

①电压输出与功率输出。“电压输出”主要用于不需要功率的小信号场合。“功率输出”是将“电压输出”信号经功率放大器放大后的信号输出，主要用于需要一定功率输出的场合。功率输出时，功率按键按入，按键左上方绿色指示灯亮，功率输出端口输出信号；当输出过载时，右上红色指示灯亮。

a. 频率设置。七个按键开关 2 Hz、20 Hz、200 Hz、2 kHz、20 kHz、200 kHz、2 MHz 用于选择频率范围。在相应的频段范围内，可以通过频率调节旋钮和微调旋钮进行频率的连续调节。5 位 LED 显示器指示输出信号的频率，如超出测量范围，溢出指示灯亮。

b. 输出波形设置。波形选择开关提供了三种输出波形：三角波、方波、正弦波。按对应波形的某一键，可选择需要的波形。将占空比开关按入，调节占空比旋钮，可改变波形的占空比，从而获得斜波、矩形波。TTL/CMOS 端口输出可作 TTL/CMOS 数字电路实验时钟信号源，应当设置为方波或矩形波。

c. 输出幅度设置。调节幅度调节旋钮，可以连续改变输出电压的大小。当电压设置过大时，衰减开关 20 dB 和 40 dB 可分别将电压衰减 10 倍和 100 倍，3 位 LED 显示输出的电压值。注意：输出接 50 Ω 负载时应将读数除以 2。

d. 直流偏置设置。按入电平调节开关，电平指示灯亮，调节电平旋钮，可以改变直流偏置电平。

②扫频输出。按下扫频开关，此时电压输出端口输出的信号为扫频信号，即频率随时间变化的正弦信号，用于幅频特性的测量。调节扫频旋钮可以改变扫频速率。线性/对数开关弹出时为线性扫频，按下时为对数扫频。

③外测频率。信号发生器共四个端子，其中只有一个是输入端子，即“计数/频率”端子，用于测量外输入信号的频率或计数值。按下“外测”开关，外测频率指示灯亮，外测信号由计数/频率输入端输入，选择适当的频率范围，由高量程向低量程选择合适的有效数，确保测量精度（注意：当有溢出指示时，请提高一档量程）。5 位 LED 显示器此时指示的是外测信号的频率。同样，如超出测量范围，溢出指示灯亮。

（2）注意事项。使用时应当特别注意不能有任何信号电流倒流入该仪器的输出端，以防止烧毁衰减器或其他部分。

二、叠加定理

1. 叠加定理的概念

叠加定理是线性电路的一个基本定理。在线性电路中，当有两个或两个以上的独立电源作用时，则任意支路的电流或电压，均可认为是电路中各个电源单独作用时，在该支路中产生的各电流分量或电压分量的代数和。

图 2-43 所示为叠加定理的实例，应用节点电压法：

$$U_{10}=\frac{\dfrac{U_S}{R_1}-I_S}{\dfrac{1}{R_1}+\dfrac{1}{R_2}}=\frac{R_2U_S-R_1R_2I_S}{R_1+R_2}$$

R_2 支路的电流为

$$I=\frac{U_{10}}{R_2}=\frac{U_S-R_1I_S}{R_1+R_2}=\frac{U_S}{R_1+R_2}-\frac{R_1}{R_1+R_2}\cdot I_S$$

U_S 单独作用时的电流为

$$I'=\frac{U_S}{R_1+R_2}$$

I_S 单独作用时的电流为

$$I''=\frac{R_1}{R_1+R_2}I_S$$

以上两个电流相加为

$$I'-I''=\frac{U_S}{R_1+R_2}-\frac{R_1}{R_1+R_2}I_S=I$$

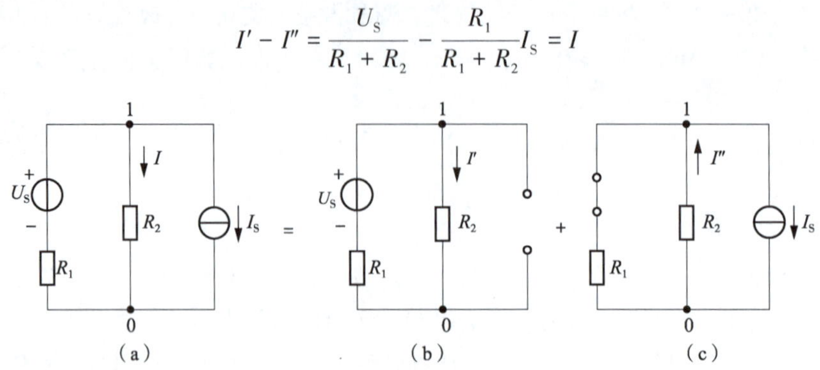

图 2-43 叠加定理的实例

在应用时，一个独立源单独作用意味着其他独立源不作用：

(1) 不作用的电压源的电压为零，可用短路代替。

(2) 不作用的电流源的电流为零，可用开路代替。

2. 叠加定理的计算步骤及注意事项

使用叠加定理时，应注意以下几点：

(1) 只能用来计算线性电路的电流和电压，对非线性电路，叠加定理不适用。

(2) 叠加时要注意电流和电压的参考方向，求其代数和。

(3) 不能用叠加定理直接来计算功率。

例 2-11 已知：$R_1=12\ \Omega$，$R_2=6\ \Omega$，$U_S=9$ V，$I_S=3$ A，利用叠加定理求图 2-44（a）所示电路中的支路电流 I_1 和 I_2。

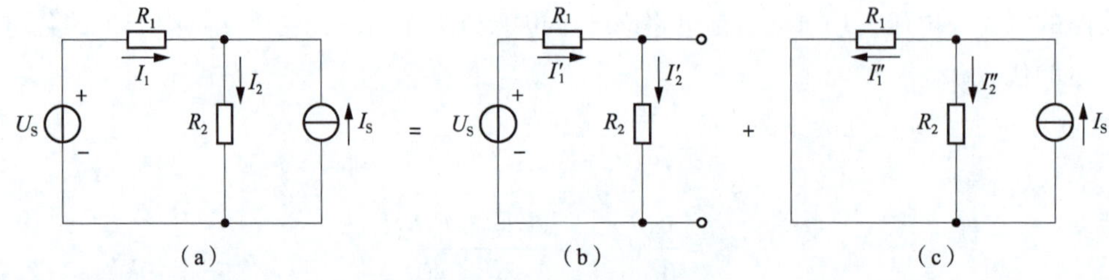

图 2-44 例 2-11 电路图

解 由电压源 E 单独作用时，如图 2-44（b）所示，解得

$$I'_1=I'_2=\frac{U_S}{R_1+R_2}=0.5\ \text{A}$$

由电流源 I_S 单独作用时，如图 2-44（c）所示，解得

$$I''_1=\frac{R_2}{R_1+R_2}I_S=1\ \text{A}$$

$$I''_2=\frac{R_1}{R_1+R_2}I_S=2\ \text{A}$$

因此

$$I_1 = I_1' - I_1'' = -0.5\ \text{A}$$

$$I_2 = I_2' + I_2'' = 2.5\ \text{A}$$

例 2-12　如图 2-45（a）所示电路，利用叠加定理求电压 U 的值。

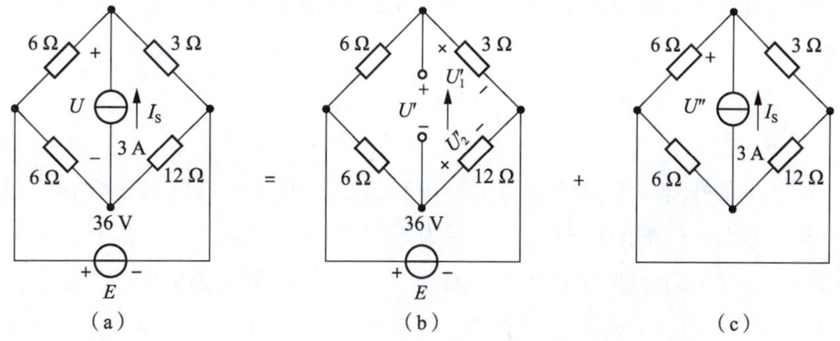

图 2-45　例 2-12 电路图

解　由电压源 E 单独作用时，如图 2-45（b）所示。利用电阻串联分压公式，可得

$$U_1' = \frac{3}{3+6} \times 36\ \text{V} = 12\ \text{V}$$

$$U_2' = \frac{12}{6+12} \times 36\ \text{V} = 24\ \text{V}$$

所以

$$U' = U_1' - U_2' = (12 - 24)\ \text{V} = -12\ \text{V}$$

由电流源 I_S 单独作用时，如图 2-45（c）所示。利用电阻串并联等效及欧姆定律，可得

$$U'' = \left(\frac{6 \times 3}{6+3} + \frac{6 \times 12}{6+12}\right) \times 3\ \text{V} = 18\ \text{V}$$

$$U = U' + U'' = (-12 + 18)\ \text{V} = 6\ \text{V}$$

由线性电路的性质可知：当电路中只有一个激励时，网络的响应与激励成正比，这个性质称为齐性定理，常被应于梯形电路的求解。

三、戴维南定理及应用

若一个二端网络内部除线性电阻外还含有独立源，该电路称为含独立源的线性二端电阻网络。解这种电路利用戴维南定理最为适宜。

1. 戴维南定理

戴维南定理指出：含独立源的线性二端电阻网络，对其外部而言，都可以用电压源和电阻串联组合等效代替；电压源的电压等于网络的开路电压，电阻等于网络内部所有独立源作用为零情况下的网络的等效电阻。

2. 戴维南定理的应用

如图 2-46 所示，设一含独立源的二端网络与外部电路相连，设端口电压为 U，电流为 I。根据叠加定理，含独立源的二端网络的端口电压 U 可看成由网络内部电源和网络电压源共同作用的结果，即

$$U = U' + U''$$

式中，第一项 U' 是含独立源的二端网络的开路电压 U_{OC}，电路如图 2-46（c）所示，即

$$I' = 0,\ U' = U_{OC}$$

而 U'' 为不含独立源的二端网络，端口呈现的电阻为输入电阻 R_o，电路如图 2-46（d）所示，即

$$I'' = I,\ U'' = -R_oI'' = -R_oI$$

由上式叠加后得

$$I = I' + I''$$

$$U = U' + U'' = U_{OC} - R_oI$$

由上式画出的等效电路正好是一个电压源与电阻串联组合，电压源电压等于含独立源的二端网络的开路电压 U_{OC}，电阻等于该二端网络所有独立源为零（电压源短路，电流源开路）时，端口的输入电阻 R_o，如图 2-46（e）所示，说明戴维南定理正好等效为电压源与电阻的串联。

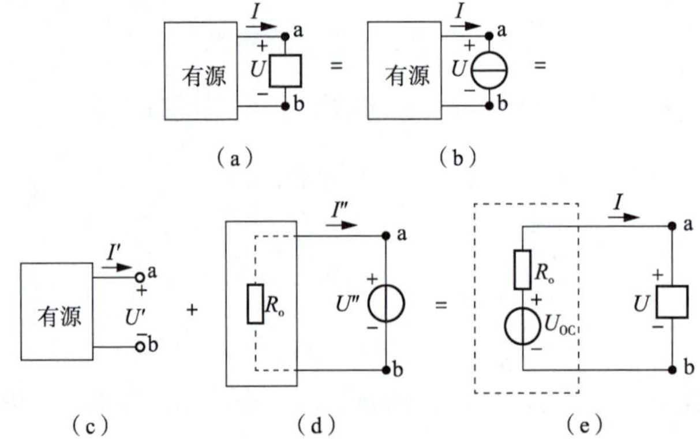

图 2-46 戴维南定理的证明

等效电阻的计算方法有以下三种：

（1）设网络内所有电源为零，用电阻串并联或三角形与星形网络变换加以化简，计算端口 a、b 的等效电阻。

（2）如图 2-47 所示，设网络内所有电源为零，在端口 a、b 处施加一电压 U，计算或测量输入端口的电流 I，则等效电阻 $R_o = R_{ab} = U/I$。

（3）如图 2-48 所示，用实验方法测量，或用计算方法求得该有源二端网络开路电压 U_{OC} 和短路电流 I_{SC}，则等效电阻 $R_o = U_{OC}/I_{SC}$。

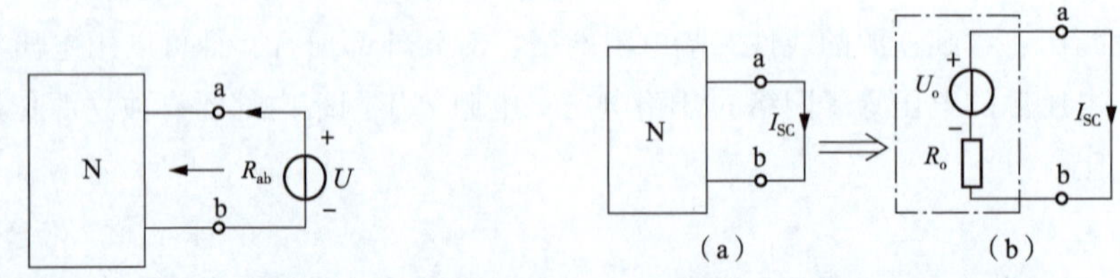

图 2-47 用外加电压法求 R_o

图 2-48 用短路电流法求 R_o

值得注意的是，当 $U_o = I_{SC} = 0$ 时，该方法失效。戴维南定理常用来计算电路中某一支路的电流和电压。

例 2-13　图 2-49（a）所示为一不平衡电桥电路，求检流计的电流 I。

解　开路电压 U_{OC} 为

$$U_{OC}=5I_1-5I_2=\left(5\times\frac{12}{5+5}-5\times\frac{12}{10+5}\right)\text{ V}=2\text{ V}$$

$$R_o=\left(\frac{5\times5}{5+5}+\frac{10\times5}{10+5}\right)\ \Omega=5.83\ \Omega$$

$$I=\frac{U_{OC}}{R_o+R_g}=\frac{2}{5.83+10}\text{ A}=0.126\text{ A}$$

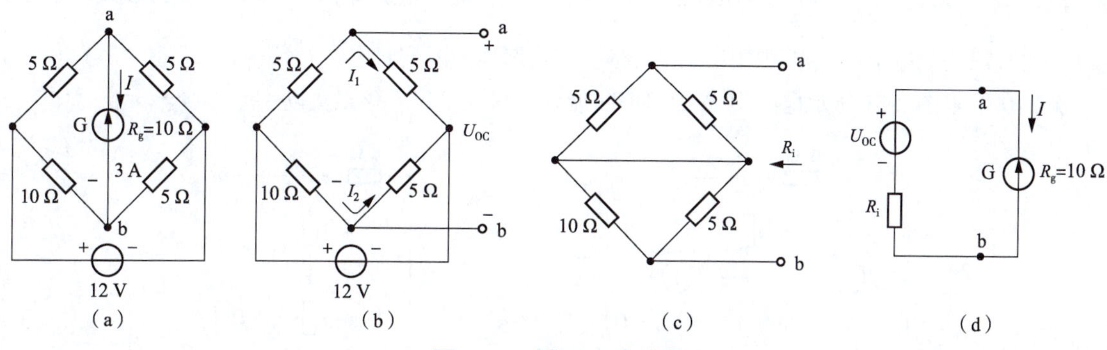

图 2-49　例 2-13 电路图

3. 最大功率的传输

一独立源的二端网络，在什么样的条件下，负载可以获得最大的功率？如图 2-50（a）所示，当 R 为任意值时，负载电阻上的功率为

$$P=I^2R=\left(\frac{U_o}{R_o+R}\right)^2R \tag{2-37}$$

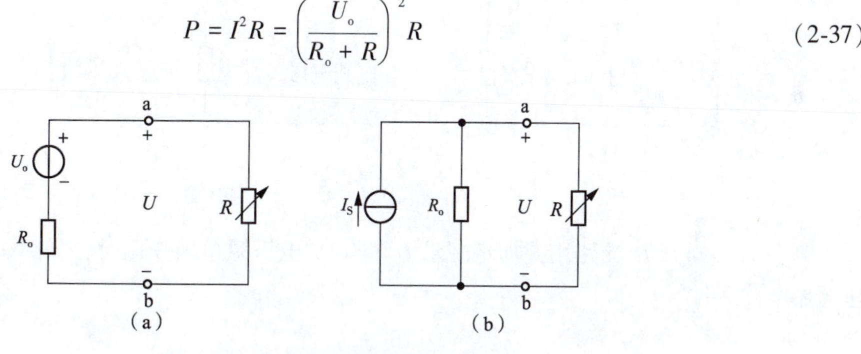

图 2-50　最大功率传输定理

当 R 变化时，负载上要得到最大功率必须满足的条件为

$$\frac{\mathrm{d}p}{\mathrm{d}R}=0 \tag{2-38}$$

$$\frac{\mathrm{d}p}{\mathrm{d}R}=\frac{\mathrm{d}}{\mathrm{d}R}\left[\left(\frac{U_o}{R_o+R}\right)^2R\right]=\frac{U_o^2}{(R_o+R)^4}\left[(R_o+R)^2-2(R_o+R)R\right]=0$$

解得

$$R=R_o$$

即当 $R=R_o$ 时，负载上得到的功率最大。将 $R=R_o$ 代入式（2-37）中即可获得最大功率

$$p_{\max}=\left(\frac{U}{R_o+R}\right)^2 R_o=\frac{U_o^2}{4R_o} \tag{2-39}$$

用图 2-50（b）所示的电路，同样可以在 I_{SC} 和 R_o 为定值的前提下，推导出当 $R=R_o$ 时，负载上得到的功率为最大，最大功率为

$$p_{\max}=\frac{1}{4}R_o I_{SC}^2 \tag{2-40}$$

实际的电压源或电流源向负载供电，只有当负载电阻等于电源内阻时，负载上才能获得最大功率，最大功率为 $p_{\max}=\frac{U_o^2}{4R_o}$（对于电压源）或 $p_{\max}=\frac{1}{4}R_o I_{SC}^2$（对于电流源）。此结论被称为最大功率传输定理。通常把负载电阻等于电源内阻时的电路工作状态称为匹配状态。

例 2-14 求图 2-51 所示电路中 R_L 为何值时能取得最大功率？该最大功率是多少？

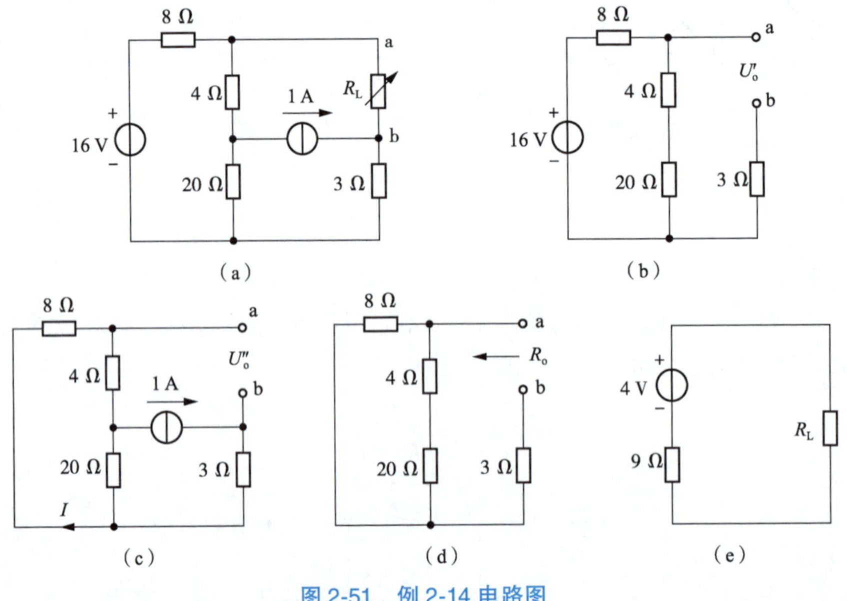

图 2-51 例 2-14 电路图

解 （1）断开 R_L 支路用叠加定理求 U_o。16 V 电压源单独作用时，如图 2-51（b）所示，根据分压关系

$$U_o'=\frac{16}{8+4+20}\times(4+20)\ \text{V}=12\ \text{V}$$

当 1 A 电流源单独作用时，如图 2-51（c）所示，根据分流关系

$$I=\frac{20}{8+4+20}\times 1\ \text{A}=0.625\ \text{A}$$

$$U_o''=(-0.625\times 8-1\times 3)\text{V}=-8\ \text{V}$$

$$U_o=U_o'+U_o''=4\ \text{V}$$

（2）求 R_o，将 16 V 电压源和 1 A 电流源均变为零，如图 2-51（d）所示，得

$$R_o=\left[3+\frac{8\times(4+20)}{8+4+20}\right]\Omega=9\ \Omega$$

（3）根据求出的 U_o 和 R_o 做出戴维南等效电路，再接上 R_L，如图 2-51（e）所示，根据最大功率传输定理可知，当 $R_L = R_o = 9\ \Omega$ 时，可获得最大功率，R_L 吸收的功率为

$$P_{max} = \frac{4^2}{4 \times 9}\ W = 0.44\ W$$

一、任务说明

本任务以某电子设备厂车间应急灯照明电路需要进行检修为背景，学生应具备独立完成通电前、通电中、通电后的检修方法及排故能力。

1. 识读电路

电路原理图如图 2-52 所示。

交流部分构成：220 V 交流电源、继电器 J、开关 S、控制芯片 LCE 和灯 H1。

直流部分构成：24 V 直流电源、继电器端子 j、开关 S′、灯 H2。

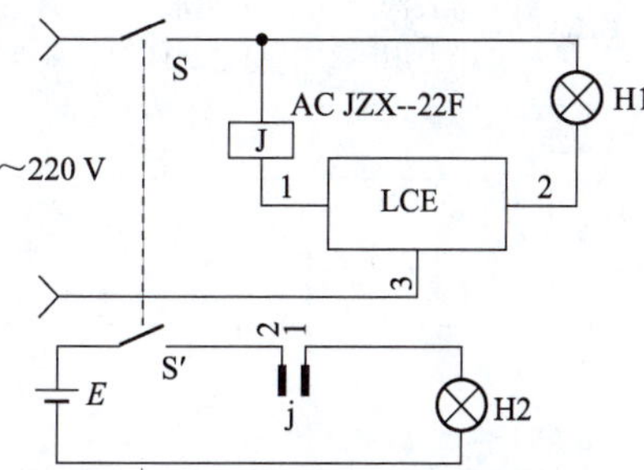

图 2-52　应急灯照明电路原理图

2. 查找故障

给应急灯通电，按下开关 S，灯 H1 亮，说明交流部分没有故障。按下开关 S′，灯 H2 不亮，简单判定故障源在这里，先将万用表打到电阻挡位检测直流电路的“通与断”，发现电路线路接触不良。重新安装导线，连接元器件，并再次用万用表检测，线路电阻值最小，确认故障排除，再次通电，灯 H2 亮，说明故障已经排除。

3. 恢复供电

故障排除，恢复电子设备厂车间应急灯照明。

二、任务评价

（1）评价标准见表 2-4。

表 2-4　调试电路考核的评价标准

序号	主要内容	考核要求	评分标准	配分	扣分	得分
1	应急灯照明电路的测量	能用万用表进行相关电量的测试	（1）采取方法错误，扣 5~20 分。 （2）操作步骤错误，扣 10~20 分	40		
2	导线的连接	导线的剖削、连接、绝缘的恢复	（1）采取方法错误，扣 5~20 分。 （2）操作步骤错误，扣 10~20 分	40		
3	团结协作	符合要求	小组成员分工协作不明确扣 5 分，成员不合作参与扣 5 分	10		
4	安全文明生产及 6S 执行力		（1）违反安全文明生产规程，扣 5~10 分。 （2）6S 执行力不到位，酌情扣 5~10 分	10		

续表

序号	主要内容	考核要求	评分标准	配分	扣分	得分
备注	除了定额时间外，各项内容的最高分不得超过配分		合计	100		
考评时间	开始时间		结束时间		考评员签字： 年 月 日	

（2）任务能力评价见表 2-5。

表 2-5　任务能力评价

组别	与人沟通能力 10%	团结协作能力 20%	方案设计能力 10%	自我学习能力 20%	信息处理能力 10%	解决问题的能力 20%	创新能力 10%	总评
第一组								
第二组								
第三组								
第四组								
第五组								

（3）任务能力总评表见表 2-6。

表 2-6　任务能力总评

组别	第一组对各组的评价结果	第二组对各组的评价结果	第三组对各组的评价结果	第四组对各组的评价结果	第五组对各组的评价结果	总评结果
第一组						
第二组						
第三组						
第四组						
第五组						

三、任务结束

按照 6S 现场管理规范，清理工作现场，清点作业工具，摆放到规定位置。

测试题

1. 为什么要调整量程使指针在满刻度的 2/3 处左右时再读取测量结果？

2. 用示波器观测桥式整流电路的输入输出波形时，当采用两路信号同时观测时，会有什么现象发生？为什么？

3. 信号发生器显示器上显示的是输出交流电压的什么值？

4. 信号发生器输出正弦交流电如果有变形，应如何调整？如何形成斜波和矩形波？

5. 示波器的探头能否与其他仪器探头互换？为什么？

6. 示波器测量正弦交流电压，显示波形如图 2-53 所示。偏转系数为 0.2 V/DIV，扫描时间系数为 50 ms/DIV，探极衰减系数为 10∶1，求其 V_{pp} 和周期 T。

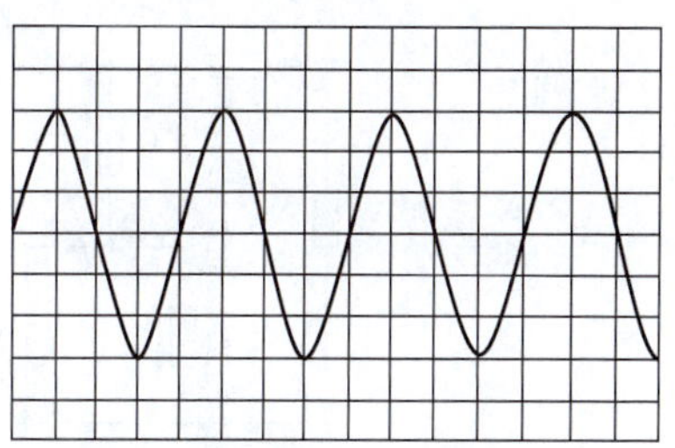

图 2-53　题 6 图

7. 用齐性定理求图 2-54 所示电路中电流 I。

8. 如图 2-55 所示，(1) 当将开关 S 合在 a 点时，求电流 I_1、I_2 和 I_3；(2) 当将开关 S 合在 b 点时，利用 (1) 的结果，用叠加定理计算电流 I_1、I_2 和 I_3。

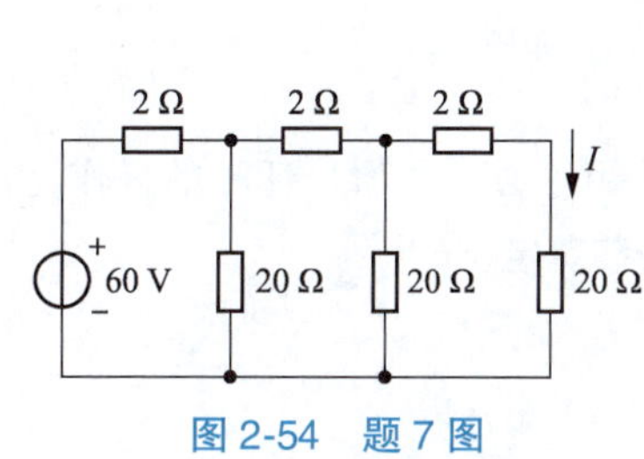

图 2-54　题 7 图

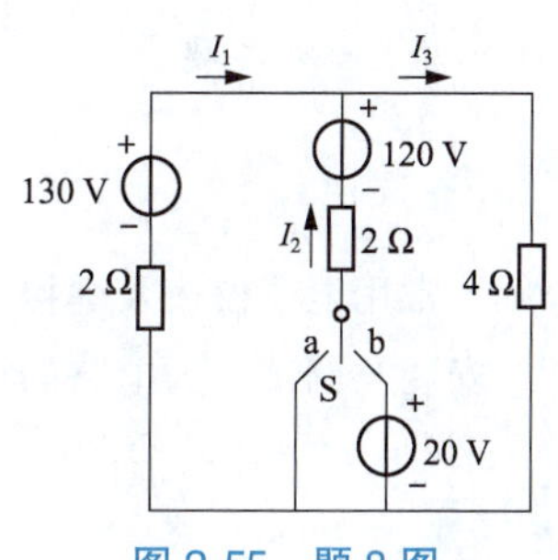

图 2-55　题 8 图

9. 用叠加定理求解图 2-56 所示电路中的电压 U。

10. 求图 2-57 所示电路中的电压 U。

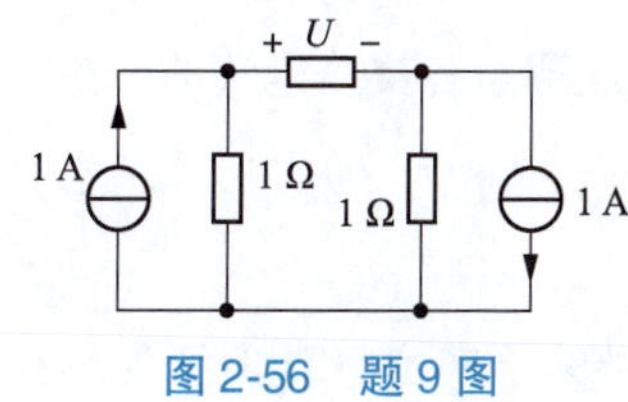

图 2-56　题 9 图

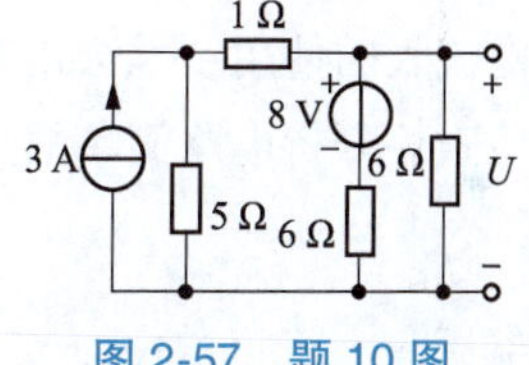

图 2-57　题 10 图

11. 如何求含独立源的二端网络的戴维南等效电路？

12. 试分别求出图 2-58 所示电路中各个含独立源的二端网络的戴维南等效电路。

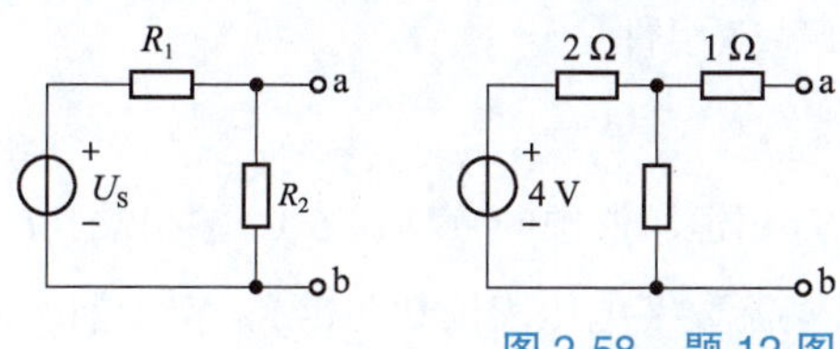

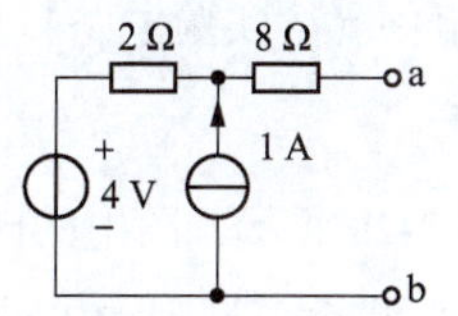

图 2-58　题 12 图

13. 电路如图 2-59 (a) 所示，在所标参考方向下，若测得的伏安特性曲线如图 2-59 (b) 所示，试画出网络的戴维南等效电路。

14. 应用戴维南定理计算图 2-60 中 1 Ω 电阻中的电流。

15. 应用戴维南定理计算图 2-61 所示电路的电流 I。

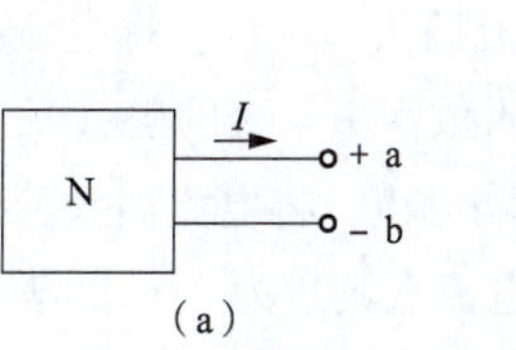

(a)

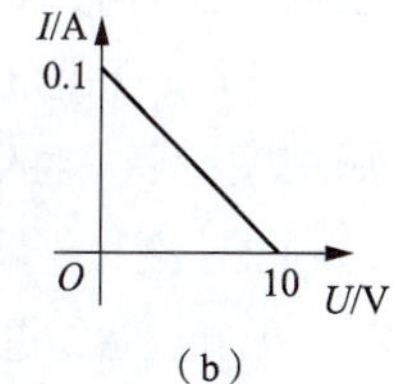

(b)

图 2-59　题 13 图

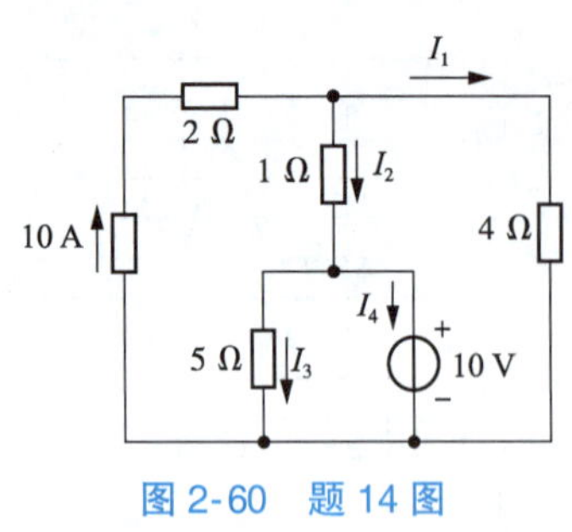

图 2-60 题 14 图

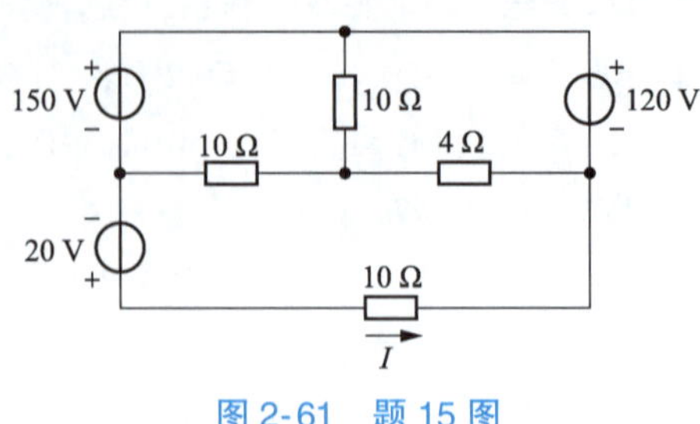

图 2-61 题 15 图

16. 手工焊接前的可焊性处理包括哪两方面?

17. 良好焊点在外观上有哪些要求?

项目总结

本项目主要介绍了常用电子仪表及焊接工具的使用。通过本项目任务的操作完成工业现场应急灯照明电路的设计、安装及调试，为电路的设计与安装奠定基础。

项目实训

实训一 双电源供电电路的调试

一、实训目的

(1) 加深对基尔霍夫定律在实践中的应用。

(2) 掌握直流电流表的使用；学会用电流插头、插座测量各支路电流的方法。

(3) 熟练掌握检查、分析电路简单故障的能力。

二、实训准备

(1) 直流数字电压表、直流数字毫安表（根据型号的不同，EEL-Ⅰ型为单独的 MEL-06 组件，其余型号含在主控制屏上）。

(2) 恒压源［EEL-Ⅰ、Ⅱ、Ⅲ、Ⅳ、Ⅴ均含在主控制屏上，根据用户的要求，可能有两种配置①+6 V(+5 V)，+12 V，0~30 V 可调；②双路 0~30 V 可调］。

(3) EEL-30 组件（含实验电路）或 EEL-53 组件。

三、实训内容

实训电路如图 2-28 所示，图中的电源 U_{S1} 用恒压源中的+6 V(+5 V)输出端，U_{S2} 用 0~+30 V 可调电压输出端，并将输出电压调到+12 V（以直流数字电压表读数为准）。实验前，先设定三条支路的电流参考方向，如图 2-28 中的 I_1、I_2、I_3 所示，并熟悉电路结构，掌握各开关的操作使用方法。

(1) 熟悉电流插头的结构，将电流插头的红接线端插入数字毫安表的红（正）接线端，电流插头的黑接线端插入数字毫安表的黑（负）接线端。

(2) 测量支路电流。将电流插头分别插入三条支路的三个电流插座中，读出各个电流值。按规定：在节点 A，电流表读数为“+”，表示电流流出节点；读数为“-”，表示电流流入节点。然后根据图 2-28 中的电流参考方向，确定各支路电流的正、负号，并记入表 2-7 中。

表 2-7　支路电流数据

支路电流	I_1	I_2	I_3
计算值/mA			
测量值/mA			
相对误差			

(3) 测量元件电压。用直流数字电压表分别测量两个电源及电阻元件上的电压值，将数据记入表 2-8 中。测量时，电压表的红（正）接线端应插入被测电压参考方向的高电位（正）端，黑（负）接线端插入被测电压参考方向的低电位（负）端。

表 2-8　各元件电压数据

各元件电压	U_{S1}	U_{S2}	U_{R_1}	U_{R_2}	U_{R_3}	U_{R_4}	U_{R_5}
计算值/V							
测量值/V							
相对误差							

四、考核标准

考核标准见表 2-9。

表 2-9　考核标准

测评内容	配分	评分标准	操作时间	扣分	得分
选件	10	不合理，不标准，每个扣 2 分	10 min		
设计	10	不合理，每处扣 2 分	20 min		
安装	40	装错，每处扣 2 分	20 min		
调试	10	调试不当，每处扣 2 分	20 min		
排除故障	30	(1) 不验电，每处扣 2 分。 (2) 工具及仪表使用不当，每处扣 2 分。 (3) 排除故障的顺序不当，每处扣 2 分。 (4) 不能查出故障，每处扣 2 分。 (5) 查出故障点，但不能排除，每处扣 2 分。 (6) 产生新的故障或扩大故障范围，不能排除，每处扣 2 分。 (7) 排除故障方法不正确，每处扣 2 分。 (8) 损坏元件，每件扣 10 分	20 min		
安全文明操作		违反安全生产规程，视现场具体违规情况扣分			
定额时间 (90min)	开始时间 (　　)	每超时 3 min 扣 2 分			
	结束时间 (　　)				
合计					

实训二　双电源电路的等效应用

一、实训目的

(1) 熟练掌握建立电源模型的方法。

(2) 熟练掌握电源外特性的测试方法。

(3) 研究电源模型的等效变换。

二、实训准备

(1) 直流数字电压表、直流数字毫安表（根据型号的不同，EEL-Ⅰ型为单独的MEL-06组件，其余型号含在主控制屏上）。

(2) 恒压源［EEL-Ⅰ、Ⅱ、Ⅲ、Ⅳ均含在主控制屏上，根据用户的要求，可能有两种配置①+6 V（+5 V），+12 V，0~30 V可调；②双路0~30 V可调］。

(3) 恒源流（0~500 mA可调）。

(4) EEL-23组件（含固定电阻、电位器）或EEL-51组件、EEL-52组件。

三、实训内容

1. 测定电压源（恒压源）与实际电压源的外特性

实验电路如图2-62所示，图中的电源U_S用恒压源中的+6 V(+5 V)输出端，R_1取200 Ω的固定电阻，R_2取470 Ω的电位器。调节电位器R_2，令其阻值由大到小变化，将电流表、电压表的读数记入表2-10中。

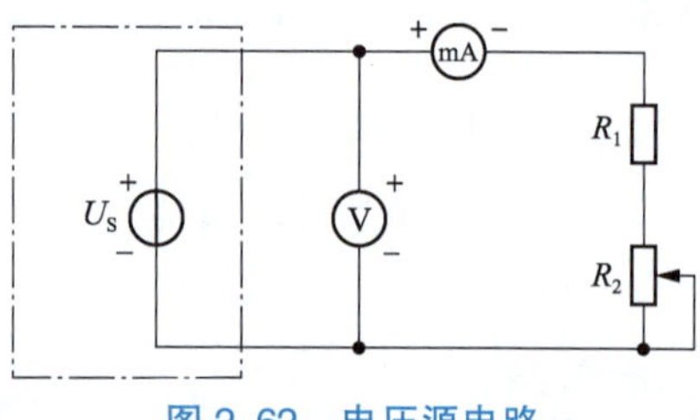

图2-62　电压源电路

表2-10　电压源（恒压源）外特性数据

I/mA							
U/V							

在图2-63所示电路中，将电压源改成实际电压源，如图2-64所示，图中内阻R_S取51 Ω的固定电阻，调节电位器R_2，令其阻值由大到小变化，将电流表、电压表的读数记入表2-11中。

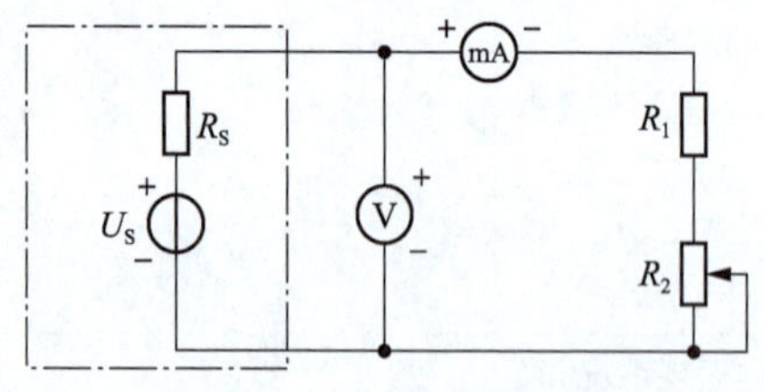

图2-63　实际电压源电路

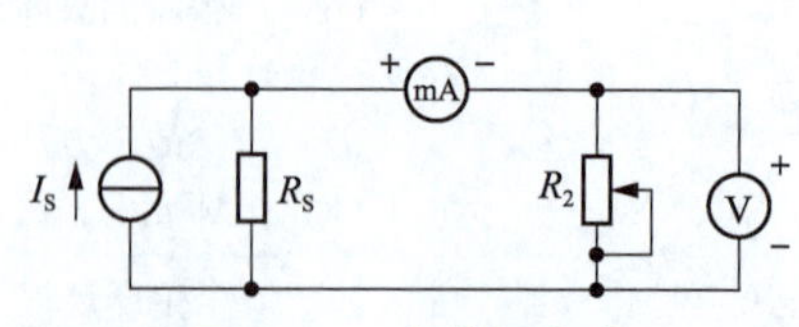

图2-64　电流源电路

表2-11　实际电压源外特性数据

I/mA							
U/V							

2. 测定电流源（恒流源）与实际电流源的外特性

按图 2-64 接线，图中 I_S 为恒流源，调节其输出为 5 mA（用毫安表测量），R_2 取 470 Ω 的电位器，在 R_S 分别为 1 kΩ 和∞两种情况下，调节电位器 R_2，令其阻值由大到小变化，将电流表、电压表的读数记入自拟的数据表格中。

3. 电源模型的等效变换

按图 2-65 接线，图中的内阻 R_S 均为 51 Ω，负载电阻 R 均为 200 Ω。

在图 2-65（a）电路中，U_S 用恒压源中的+6 V 输出端，记录电流表、电压表的读数。然后调节图 2-65（b）电路中恒流源 I_S，令两表的读数与图 2-65（a）的数值相等，将 I_S 数值记入自拟的数据表格中。

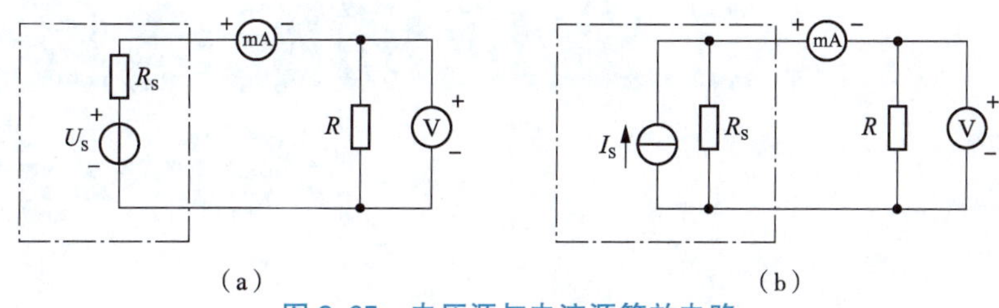

图 2-65　电压源与电流源等效电路

四、考核标准

考核标准见表 2-12。

表 2-12　考核标准

测评内容	配分	评分标准	操作时间	扣分	得分
选件	10	不合理，不标准，每个扣 2 分	10 min		
设计	10	不合理，每处扣 2 分	20 min		
安装	40	装错，每处扣 2 分	20 min		
调试	10	调试不当，每处扣 2 分	20 min		
排除故障	30	（1）不验电，每处扣 2 分。 （2）工具及仪表使用不当，每处扣 2 分。 （3）排除故障的顺序不当，每处扣 2 分。 （4）不能查出故障，每处扣 2 分。 （5）查出故障点，但不能排除，每处扣 2 分。 （6）产生新的故障或扩大故障范围，不能排除，每处扣 2 分。 （7）排除故障方法不正确，每处扣 2 分。 （8）损坏元件，每件扣 10 分	20 min		
安全文明操作		违反安全生产规程，视现场具体违规情况扣分			
定额时间（90 min）	开始时间（　） 结束时间（　）	每超时 3 min 扣 2 分			
合计					

项目 3 工业现场配电线路的设计与调试

项目导入

在现代电力系统中，电能的生产、输送和分配几乎都采用三相正弦交流电。某公司在建厂过程中，根据实际工作需要配备了三相及单相交流电路。三相正弦交流电路包括三相电源星形和三角形联结，并且安装有用功率、无用功率、视在功率表，用以提高功率因数、节约用电，对于企业节能减排起到重要的作用。

学习目标

知识目标：

(1) 描述安全用电的应用场景；

(2) 列举单相交流电路、三相交流电路装配及电路安装工艺规范；

(3) 应用安全用电规范，进行电路检查、仪器仪表的使用。

能力目标：

(1) 会识读电路图；

(2) 能使用仪器仪表检查和调试电路；

(3) 工作中发生触电事故，会切断电源，能急救；

(4) 会根据电路图装配供电线路。

素质目标：

(1) 树立成本意识、质量意识、创新意识，养成勇于担当、团队合作的职业素养；

(2) 培养良好习惯与职业道德，树立正确的价值观；

(3) 通过项目的制作与调试，培养安全生产意识。

项目实施

任务 1　工业现场照明电路的设计与调试

任务解析

学生通过完成本任务，掌握安全生产规范、工业现场照明电路设计方法及安装、检测，充分掌握电气安全操作、触电现场的急救，工业现场照明电路设计、安装及检测。

知识链接

一、正弦量及相量表示法

1. 随时间变化的电压和电流

随时间变化的电压和电流称为时变的电压和电流，如图 3-1 所示。随时间变化的电压和电流在任意时刻的数值称为它们的瞬时值，用 $u(t)$ 或 $i(t)$ 表示，简写为 u 或 i。

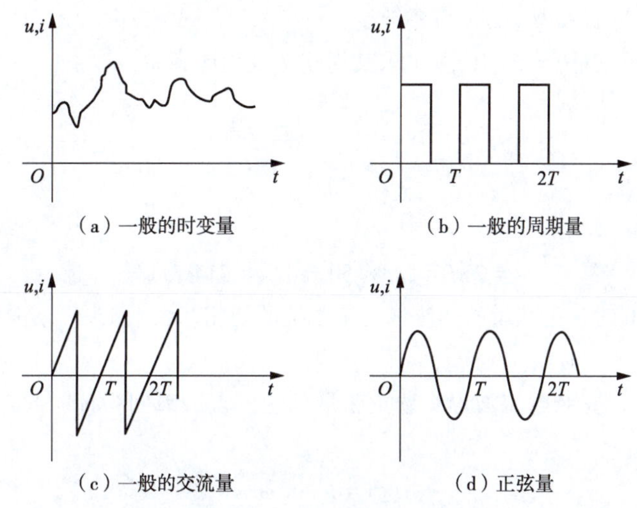

图 3-1　时变的电压和电流

若时变的电压和电流是周期性的，称为周期电压和周期电流，如图 3-1(b)、(c)、(d)所示为周期量的几个例子。

周期量变化一次所需要的时间（s）称为周期 T。每秒内变化的次数称为频率 f，它的单位是赫兹（Hz）。

频率是周期的倒数，即

$$f=\frac{1}{T} \tag{3-1}$$

在我国和大多数国家都采用 50 Hz 作为电力标准频率，又称工频。有些国家或地区（如美国、日本等）采用60 Hz。

2. 正弦量的三要素及相位差

1）正弦量的三要素

以正弦电流的瞬时值为例，表达式为

$$i(t)=I_{m}\sin(\omega t+\theta) \tag{3-2}$$

参考方向如图3-2（a）所示，波形如图3-2（b）所示（$\theta>0$）。

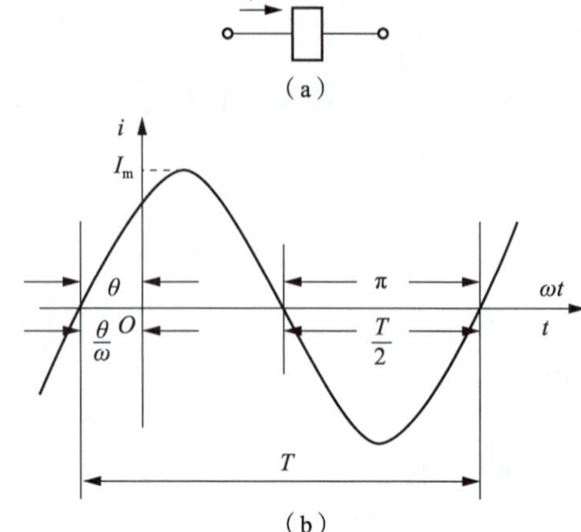

图 3-2 正弦交流电的波形

（1）振幅值（最大值）。在式（3-2）中，正弦量瞬时值中的最大值是振幅值，用大写字母带下标"m"表示，如U_m、I_m等，振幅值为正值。

（2）角频率ω。式（3-2）中（$\omega t+\theta$）称为正弦量的相位角，又称相位。ω称为正弦量的角频率，单位为rad/s（弧度每秒）。角频率和频率及周期的关系为

$$\omega=\frac{2\pi}{T}=2\pi f \tag{3-3}$$

ω、T、f能够反映正弦量循环变化的快慢，ω越大，f也大，而T越小，表明正弦量循环变化越快，反之亦然。而直流量的大小、方向都不改变。

例 3-1 已知工频正弦量$f=50$ Hz，试求其周期T及角频率ω。

解 周期为

$$T=\frac{1}{f}=\frac{1}{50}\text{ s}=0.02\text{ s}$$

则角频率为

$$\omega=2\pi f=2\pi\times 50\text{ rad/s}=314\text{ rad/s}$$

（3）初相。当$t=0$时，正弦量的相位称为正弦量的初相。由于正弦量是随时间变化的，所以在分析正弦量时应选择一个计时点。

①如图3-3（a）所示正弦电流波形。选正弦量到达零点的瞬间为计时起点，则初相为0，相位为ωt，表达式为

$$i(t)=I_{m}\sin\omega t \tag{3-4}$$

②如图3-3（b）所示正弦电流波形。选瞬时值为I_m的瞬间为计时起点，则初相为$\frac{\pi}{2}$，相位为$\left(\omega t+\frac{\pi}{2}\right)$，表达式为

$$i(t)=I_{m}\sin\left(\omega t+\frac{\pi}{2}\right)$$

③如图3-3（c）所示正弦电流波形。选瞬时值为$\frac{I_m}{2}$的瞬间为计时起点，则初相为$\frac{\pi}{6}$，相位为$\left(\omega t+\frac{\pi}{6}\right)$，表达式为

$$i(t)=I_m\sin\left(\omega t+\frac{\pi}{6}\right)$$

④如图 3-3（d）所示正弦电流波形。选瞬时值为 $-\frac{I_m}{2}$ 的瞬间为计时起点，则初相为 $-\frac{\pi}{6}$，相位为 $\left(\omega t-\frac{\pi}{6}\right)$，表达式为

$$i(t)=I_m\sin\left(\omega t-\frac{\pi}{6}\right)$$

由于正弦量是周期量，因此规定初相的绝对值不超过 π。

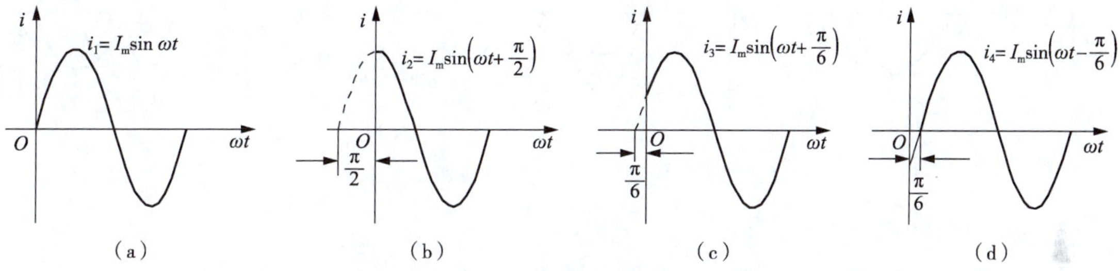

图 3-3　几种不同计时起点的正弦电流波形

下面给出常用正弦交流电的函数表达式：

$$e=E_m\sin(\omega t+\theta_e) \tag{3-5}$$

$$u=U_m\sin(\omega t+\theta_u) \tag{3-6}$$

$$i=I_m\sin(\omega t+\theta_i) \tag{3-7}$$

例 3-2　在选定的参考方向下，已知两正弦量的表达式为 $u=220\sin(314t+60°)$ V，$i=-10\sin(314t-30°)$ A，试求：两个正弦量的三要素。

解　由 $u=220\sin(314t+60°)$ V 可知，电压的振幅值 $U_m=220$ V，角频率 $\omega=314$ rad/s，初相 $\theta_u=60°$。

由 $i=-10\sin(314t-30°)\text{ A}=10\sin(314t-30°+180°)\text{ A}=10\sin(314t+150°)$ A 可知，电流的振幅值 $I_m=10$ A，角频率 $\omega=314$ rad/s，初相 $\theta_i=150°$。

2）相位差

两个同频率正弦量的相位之差，称为相位差，用字母“φ”表示。

设有两个正弦量：

$$u_1=U_{m1}\sin(\omega t+\theta_1)$$

$$u_2=U_{m2}\sin(\omega t+\theta_2)$$

则相位差为

$$\varphi_{12}=(\omega t+\theta_1)-(\omega t+\theta_2)=\theta_1-\theta_2 \tag{3-8}$$

即两个同频率正弦量的相位差，等于它们的初相之差。

① $\varphi_{12}=\theta_1-\theta_2>0$ 且 $|\varphi_{12}|\leqslant\pi$，如图 3-4（a）所示，$u_1$ 达到零值或振幅值后，u_2 需经过一段时间才能到达零值或振幅值。因此，u_1 超前于 u_2，或称 u_2 滞后于 u_1。u_1 超前于 u_2 的角度为 φ_{12}，超前的

时间为 φ_{12}/ω。

② $\varphi_{12}=\theta_1-\theta_2<0$ 且 $|\varphi_{12}|\leq\pi$，则 u_1 滞后于 u_2，滞后的角度为 $|\varphi_{12}|$。

③ $\varphi_{12}=\theta_1-\theta_2=0$ 称这两个正弦量同相，如图 3-4（b）所示。

④ $\varphi_{12}=\theta_1-\theta_2=\pi$ 称这两个正弦量反相，如图 3-4（c）所示。

⑤ $\varphi_{12}=\theta_1-\theta_2=\dfrac{\pi}{2}$ 称这两个正弦量正交，如图 3-4（d）所示。

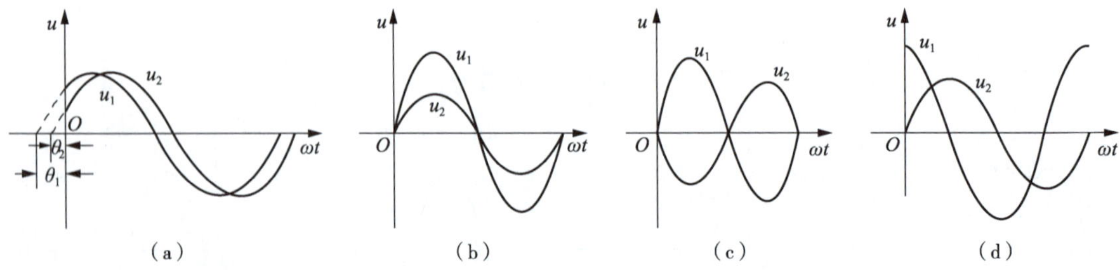

图 3-4　同频率正弦量的几种相位关系

3. 正弦量的有效值及表示方法

1）正弦量的有效值表示

正弦电流的有效值为

$$I=\frac{I_m}{\sqrt{2}}=0.707I_m \tag{3-9}$$

正弦电压的有效值为

$$U=\frac{U_m}{\sqrt{2}}=0.707U_m \tag{3-10}$$

在日常生活和生产中常提到的 220 V、380 V 及交流测量仪表上所指示的电压和电流都是交流电的有效值。

例 3-3　已知正弦电流，当 $t=0$ 时，其值 $i(0)=1$ A，并已知初相位为 60°，试求电流的最大值和有效值。

解　根据题意，写出正弦电流的瞬时值表达式为

$$i=I_m\sin(\omega t+60°)$$

当 $t=0$ 时，$i(0)=I_m\sin 60°=1$ A。

最大值为

$$I_m=\frac{1}{\sin 60°}=1.15\ \text{A}$$

有效值为

$$I=\frac{I_m}{\sqrt{2}}=0.813\ \text{A}$$

2）正弦量的相量表示法

在线性正弦交流电路中，元件上的电压和电流都是与电源同频率的正弦量。可用 $U_m e^{j\theta}$ 表示正弦量。$U_m e^{j\theta}$ 是一个复数，称为正弦电压的振幅相量，可用极坐标形式表示为

$$\dot{U}_m=U_m e^{j\theta}=U_m\angle\theta \tag{3-11}$$

类似地，正弦电压的有效值相量为

$$\dot{U} = U\angle\theta \tag{3-12}$$

例 3-4　已知同频率的正弦量的表达式为 $i = 20\sin(\omega t + 30°)$，$u = 220\sqrt{2}\sin(\omega t - 45°)$，写出电流和电压的相量 $\dot{I}$、$\dot{U}$，并绘出相量图。

解　由表达式可得

$$\dot{I} = \frac{20}{\sqrt{2}}\angle 30°\ \text{A} = 10\sqrt{2}\angle 30°\ \text{A}$$

$$\dot{U} = \frac{220\sqrt{2}}{\sqrt{2}}\angle -45°\ \text{V} = 220\angle -45°\ \text{V}$$

相量图如图 3-5 所示。

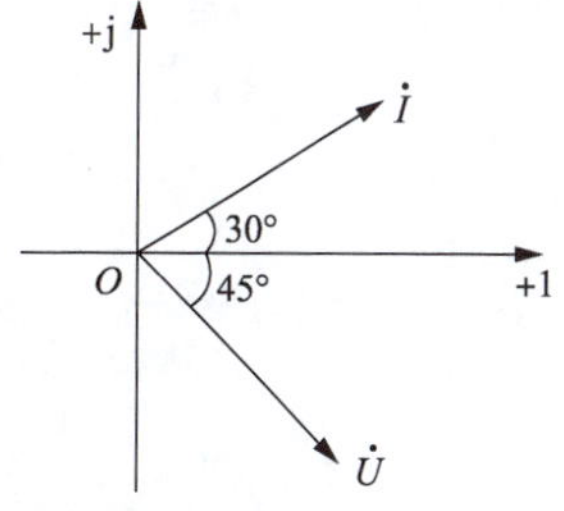

图 3-5　例 3-4 相量图

例 3-5　已知 $\dot{U} = 10\angle -43°$ V 和 $\dot{I} = 8\angle 150°$ A，$f = 50$ Hz，求所表示的正弦电压和电流。

解　角频率

$$\omega = 2\pi f = 314\ \text{rad/s}$$

因为 $\dot{U}$、$\dot{I}$ 为有效值相量，而最大值是有效值的 $\sqrt{2}$ 倍，所以

$$u = 10\sqrt{2}\sin(314t - 43°)\ \text{V},\quad i = 8\sqrt{2}\sin(314t + 150°)\ \text{A}$$

3）用相量求正弦量的和与差

$$\dot{I} = \dot{I}_1 \pm \dot{I}_2$$

正弦量用相量表示后，相同频率正弦量的相加（或相减）运算就变成相应的相量相加（或相减）的运算。相量之间的相加（或相减）运算可按复数运算法则进行。

复数的加减运算用代数形式进行，复数的乘除运算用指数形式或极坐标形式较方便。利用计算器可以很容易地将复数的代数形式或极坐标形式进行互换。

例 3-6　已知两个同频率正弦电流分别为 $i_1(t) = 20\sqrt{2}\sin(\omega t + 60°)$，$i_2(t) = 10\sqrt{2}\sin(\omega t - 30°)$，试求：$i_1(t)$ 与 $i_2(t)$ 之和。

解　用相量表示 $i_1(t)$、$i_2(t)$：

$$\dot{I}_1 = 20\angle 60°\ \text{A}$$

$$\dot{I}_2 = 10\angle -30°\ \text{A}$$

它们的相量图如图 3-6（a）所示。

相量 $\dot{I}_1$、$\dot{I}_2$ 相加，可得

$$\begin{aligned}\dot{I} = \dot{I}_1 + \dot{I}_2 &= (20\angle 60° + 10\angle -30°)\ \text{A}\\ &= [(10 + \text{j}10\sqrt{3}) + (5\sqrt{3} - \text{j}5)]\ \text{A}\\ &= 22.36\angle 33.43°\ \text{A}\end{aligned}$$

将 $\dot{I}$ 写成它代表的正弦量（有相同的角频率）：

$$i(t) = 22.36\sqrt{2}\sin(\omega t + 33.43°)$$

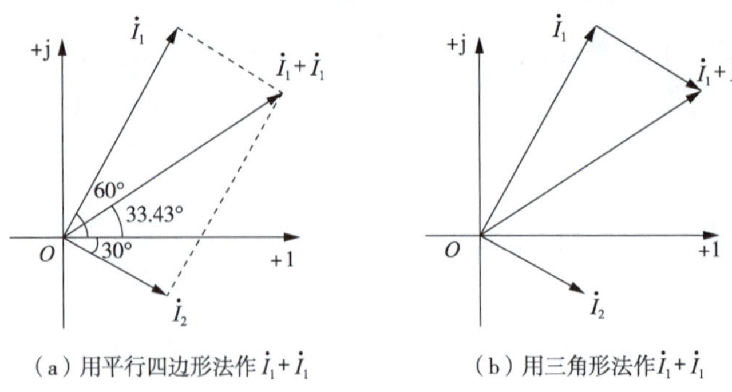

(a) 用平行四边形法作 $\dot{I}_1+\dot{I}_1$　　(b) 用三角形法作 $\dot{I}_1+\dot{I}_1$

图 3-6　例 3-6 相量图

二、相量形式的基尔霍夫定律

基尔霍夫定律不仅适用于直流电路，而且也适用于交流电路。

1. 相量形式的基尔霍夫电流定律（KCL）

KCL 适用于电路的任一瞬间，与元件性质无关。在交流电路中，任一瞬间流过电路的一个节点（或闭合面）的各电流瞬时值的代数和等于零，即

$$\sum i = 0 \tag{3-13}$$

在正弦交流电路中，各电流、电压都是与电源同频率的正弦量，将这些正弦量用相量表示，便有：连接在电路任一节点的各支路电流的相量的代数和为零，即

$$\sum \dot{I} = 0 \tag{3-14}$$

式（3-14）就是适用于正弦交流电路中的相量形式的基尔霍夫电流定律。应用 KCL 时，电流前的正负号是由其参考方向决定的。若支路电流的参考方向流出节点，取正号；流入节点，取负号。

注意： 在正弦交流电路中，节点电流的有效值代数和不等于“0”，即 $\sum I \neq 0$。

2. 相量形式的基尔霍夫电压定律（KVL）

KVL 适用于电路的任一瞬间，与元件性质无关。在正弦交流电路中的任一瞬间，任意回路的各支路电压瞬时值的代数和为零，即

$$\sum u = 0 \tag{3-15}$$

在正弦交流电路中，各段电压都是同频率的正弦量，将正弦电压用相量表示，则相量形式的基尔霍夫电压定律为：在正弦交流电路中，任一个回路的各支路电压的相量的代数和等于零，即

$$\sum \dot{U} = 0 \tag{3-16}$$

应用 KVL 时，先对回路选一绕行方向，相量电压的参考方向与绕行方向一致的电压相量取正号，反之取负号。

注意： 在正弦交流电路中，$\sum U \neq 0$。

三、正弦交流电路的电阻

1. 正弦交流电路中电阻元件上电压与电流的关系

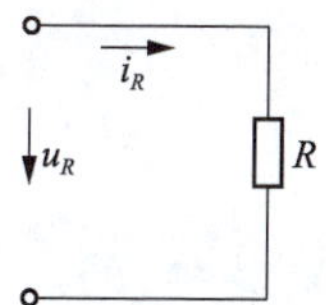

图 3-7　线性电阻元件交流电路

扫一扫

电阻元件交流电路

图 3-7 所示为线性电阻元件交流电路。关联参考方向下电压和电流的关系为

$$i_R = \frac{u_R}{R} \tag{3-17}$$

如图 3-8 所示，用相量表示电压与电流的关系，则有

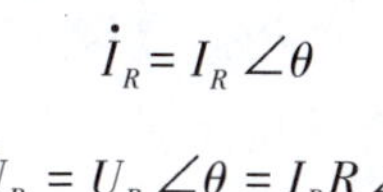

$$\dot{I}_R = I_R \angle\theta$$

$$\dot{U}_R = U_R \angle\theta = I_R R \angle\theta$$

或

$$\dot{U}_R = \dot{I}_R R \tag{3-18}$$

式（3-18）就是电阻元件上电压与电流的相量关系，此即欧姆定律的相量形式。

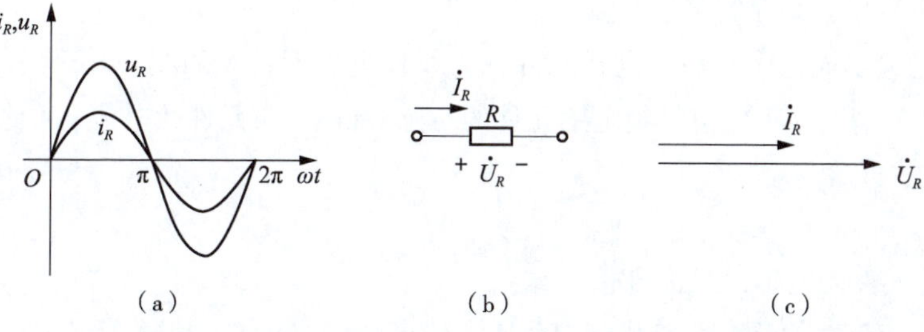

图 3-8　电阻元件上电流、电压的波形图与相量图

2. 正弦交流电路中电阻元件的功率

知道了电压与电流的变化规律和相互关系，便可计算出电路中电阻消耗的功率。在任意瞬间，电压瞬时值 u 与电流瞬时值 i 的乘积称为瞬时功率，用小写字母 p 表示，即

$$p = ui \tag{3-19}$$

瞬时功率的单位为瓦（W），工程上也常用千瓦（kW）。

电阻元件的平均功率为

$$P = U_R I_R = I_R^2 R = \frac{U_R^2}{R} \tag{3-20}$$

由于平均功率反映了电阻元件实际消耗电能的情况，又称有功功率。所以习惯上常把平均或有功二字省略，直接称为功率。它的单位仍然是瓦（W）。

例 3-7　电阻 $R = 100\ \Omega$，R 两端的电压 $u_R = 200\sqrt{2}\sin(\omega t - 30°)$ V，试求：（1）通过电阻 R 的电流 I_R 和 i_R；（2）电阻 R 消耗的功率 P_R；（3）画 $\dot{U}_R$、$\dot{I}_R$ 的相量图。

解　（1）根据

$$i_R = \frac{u_R}{R} = \frac{200\sqrt{2}\sin(\omega t - 30°)}{100}\ \text{A} = 2\sqrt{2}\sin(\omega t - 30°)\ \text{A}$$

则

$$I_R = \frac{2\sqrt{2}}{\sqrt{2}} \text{A} = 2 \text{ A}$$

（2）$P_R = U_R I_R = 200 \times 2 \text{ W} = 400 \text{ W}$ 或 $I_R = I_R^2 R = 2^2 \times 100 \text{ W} = 400 \text{ W}$。

（3）相量图如图 3-9 所示。

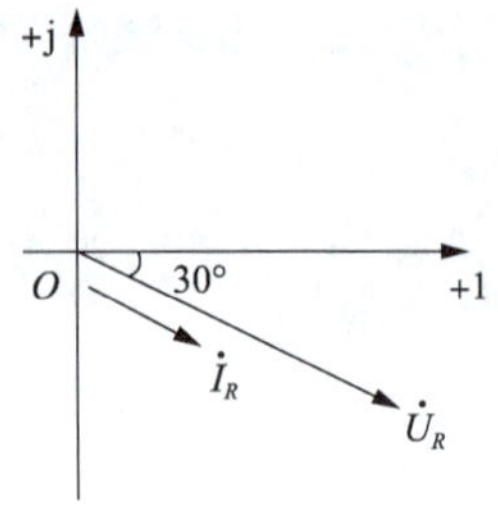

图 3-9 例 3-7 相量图

四、电感元件

1. 电感元件定义

电感元件是实际电感器的理想化模型，它表示电感器的主要物理性能。

如图 3-10 所示，用导线绕制成线圈就构成电感器。线圈内有电流 i 流过时，电流在该线圈内产生的磁通为自感磁通。

$$\psi_L = N\Phi_L$$

式中，ψ_L 称为电流 i 产生的自感磁链；N 为匝数；Φ_L 为磁通。

电感元件是一种理想的二端元件，它是实际线圈的理想化模型。当实际线圈通入电流时，线圈内及周围都会产生磁场，并存储磁场能量。

磁链与电流的大小成正比关系的电感元件称为线性电感元件。如图 3-10 所示，在磁通 Φ_L 与电流 i 参考方向关联的情况下，任何时刻电感元件的自感磁链 ψ_L 与元件的电流 i 的比为

$$L = \frac{\psi_L}{i_L} \tag{3-21}$$

式中，L 称为电感元件的电感，又称自感。

电感的单位为亨利，简称亨，符号为 H。通常还用毫亨（mH）和微亨（μH）作为其单位，它们与亨的换算关系为 $1 \text{ mH} = 10^{-3} \text{ H}$，$1 \text{ μH} = 10^{-6} \text{ H}$。

磁通和磁链单位为韦伯，简称韦，符号为 Wb。1 H = 1 Wb/A。

电感元件图形符号如图 3-11 所示，当电流 i 和磁链 ψ_L 的参考方向符合右手螺旋定则时，可用一个箭头在图中标注以表示它们的参考方向。

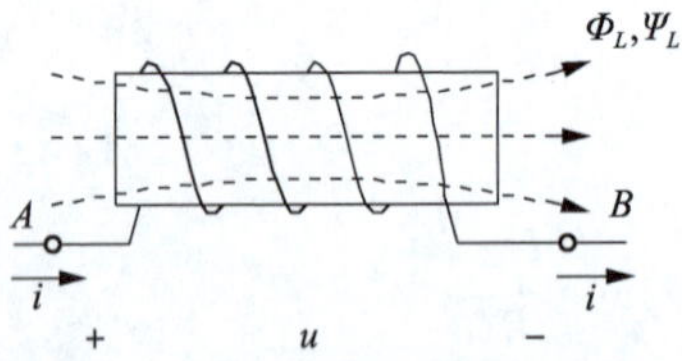

图 3-10 线圈的磁通和磁链

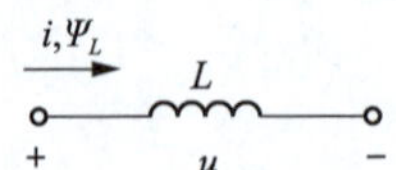

图 3-11 电感元件图形图号

2. 电感元件电压与电流的关系

电感元件的电流变化时，其自感磁链也随之改变。由电磁感应定律可知，在元件两端会产生自感电压，若选择 u、i 的参考方向都和 Φ_L 关联，如图 3-11 所示，则 u 和 i 的参考方向彼此关联，即

$$u = L\frac{\mathrm{d}i}{\mathrm{d}t} \tag{3-22}$$

这就是关联参考方向下电感元件的电压与电流的约束关系，或电感元件的 u-i 关系。

由式（3-22）可知，电感元件的电压与其电流的变化率成正比。电流变化越快，自感电压越大；电流变化越慢，自感电压越小。当电流不随时间变化时，则自感电压为零。所以，直流电路中，电感元件相当于短路。

3. 电感元件的磁场能量

当电感线圈中通入电流时，电流在线圈内及线圈周围建立起磁场，并存储磁场能量，因此，电感元件也是一种储能元件。

从时间 t_1 到 t_2，电感元件存储的磁场能量为

$$w_L = \int_{t_1}^{t_2} Li\mathrm{d}i = \frac{1}{2}Li^2(t_2) - \frac{1}{2}Li^2(t_1)$$

即电感元件存储的能量等于电感元件在 t_2 和 t_1 时刻的磁场能量之差。

因此，电感元件是一种储能元件，它不会释放出多于它吸收或存储的能量，因此它又是一种无源元件。

4. 正弦交流电路中电感元件电压与电流的关系

如图 3-12 所示，关联参考方向下电感元件的电压与电流的关系为

$$u_L = L\frac{\mathrm{d}i}{\mathrm{d}t} \tag{3-23}$$

电感元件的电压和电流的有效值关系为

$$U_L = I_L\omega L \quad \text{或} \quad I_L = \frac{U_L}{\omega L} \tag{3-24}$$

写成相量形式为

$$\dot{U}_L = \mathrm{j}\omega L\dot{I}_L \tag{3-25}$$

电感元件上电流与电压的波形图如图 3-13 所示。

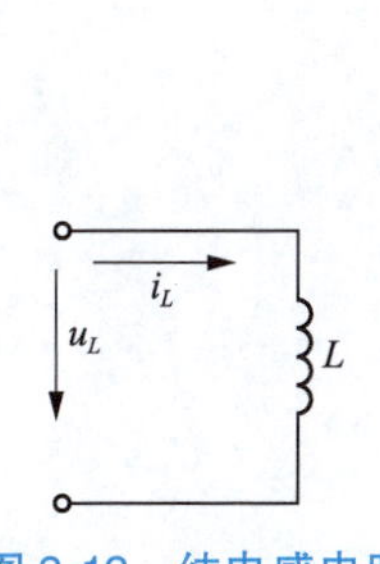

图 3-12　纯电感电路

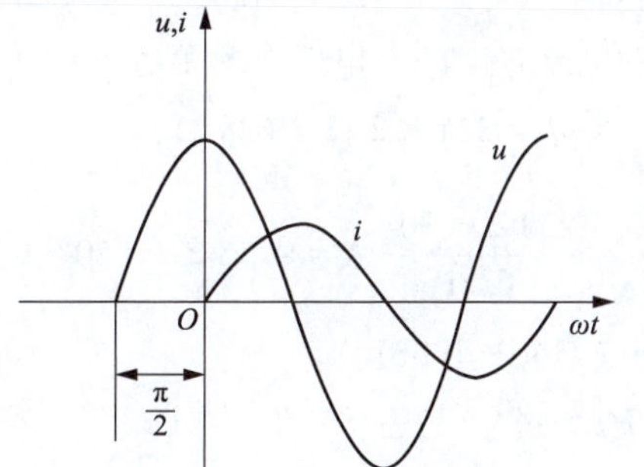

图 3-13　电感元件上电流与电压的波形图

扫一扫

电感元件交流电路

式（3-25）就是电感元件的电压、电流的相量关系式。图 3-14（a）中画出了电流、电压相量的参考方向，电流与电压的相量图如图 3-14（b）所示。

电压与电流的有效值之比为

$$X_L = \frac{U_L}{I_L} = \omega L = 2\pi fL \tag{3-26}$$

式中，X_L 称为感抗，当 ω 的单位为 rad/s，L 的单位为 H 时，X_L 的单位为 Ω。

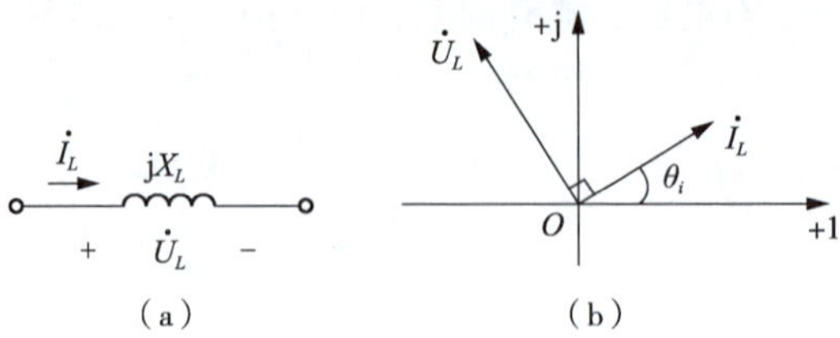

图 3-14　电感元件电流与电压的相量图

感抗是用来表示电感元件对电流的阻碍作用的一个物理量。式（3-26）表明，电感元件的感抗与频率（或角频率）成正比。电源频率越高，感抗越大，表示电感对电流的阻碍作用越大。反之，频率越低，感抗越小。对直流电而言，频率 $f=0$，感抗也就为零。电感元件在直流电路中相当于短路。在电压一定的条件下，ωL 越大，电路中的电流越小；ωL 越小，电路中的电流越大。

5. 正弦交流电路中电感元件的功率

在一个周期内，电感元件吸收功率和释放功率是相等的，这说明电感元件是储能元件，它在电路中的作用是存储与释放能量，它并不消耗能量，即平均功率为零，如图 3-15 所示。

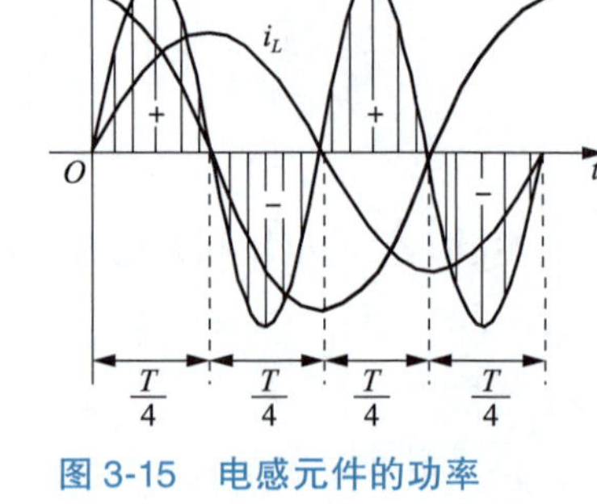

图 3-15　电感元件的功率

$$P=\frac{1}{T}\int_0^T p\mathrm{d}t=\frac{1}{T}\int_0^T U_L I_L \sin 2\omega t\mathrm{d}t=0$$

把电感元件上电压的有效值和电流的有效值的乘积称为电感元件的无功功率，用 Q_L 表示，即

$$Q_L=U_L I_L=I_L^2 X_L=\frac{U_L^2}{X_L} \tag{3-27}$$

无功功率的单位是乏（var），工程中也常用千乏（kvar）。

例 3-8　已知一个电感 $L=2$ H，接在 $u_L=220\sqrt{2}\sin(314t-30°)$ V 的电源上，试求：（1）X_L；（2）通过电感的电流 i_L；（3）电感上的无功功率 Q_L 和有功功率 P_L。

解　（1）$X_L=\omega L=314\times 2\ \Omega=628\ \Omega$。

（2）$\dot{I}_L=\dfrac{\dot{U}_L}{\mathrm{j}X_L}=\dfrac{220\angle-30°}{628\mathrm{j}}$ A $=0.35\angle-120°$ A。

则 $i_L=0.35\sqrt{2}\sin(314t-120°)$ A。

（3）$Q_L=U_L I_L=220\times 0.35$ var $=77$ var。

$P_L=0$ W。

五、电容元件

1. 电容元件定义

电容元件是实际电容器的理想化模型，它表征电容器的主要物理性能。

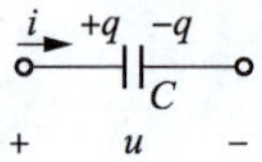

线性电容元件是一个理想的二端元件，它的图形符号如图 3-16

图 3-16　线性电容元件的图形符号

所示。图中，$+q$ 和 $-q$ 代表该元件正、负极板上的电荷量。若电容元件上的电压 u 参考方向规定为由正极板指向负极板，则任何时刻都有以下关系：

$$C = \frac{q}{u} \tag{3-28}$$

式中，C 是用以衡量电容元件容纳电荷本领大小的物理量，称为电容元件的电容量，简称电容。

电容的单位为法拉，简称法，符号为 F；1 F = 1 C/V。常用的单位还有微法（μF）和皮法（pF），其换算关系为 1 μF = 10^{-6} F，1 pF = 10^{-12} F。

电容这一术语及其代表符号 C，有时表示电容元件（或电容器），有时表示电容元件（或电容器）的电容量。

实际的电容器均标出电容量和额定工作电压两个参数。使用时应注意电容量的电压不应超过其额定值，否则电容器就有可能损坏或击穿，失去其功能。

2. 电容元件的电压与电流的关系

当电容元件极板间的电压 u 变化时，极板上的电荷量也随着变化，电路中就有电荷的移动，于是该电容电路中出现电流。由电流的定义

$$i = C\frac{\mathrm{d}u}{\mathrm{d}t} \tag{3-29}$$

由式（3-29）可知：任何时刻，线性电容元件的电流与该时刻电压的变化率成正比，当电压 u 增高，$\frac{\mathrm{d}u}{\mathrm{d}t} > 0$ 时，则 $\frac{\mathrm{d}q}{\mathrm{d}t} > 0$，$i > 0$，极板上电荷量增加，电容充电；当电压 u 减少，$\frac{\mathrm{d}u}{\mathrm{d}t} < 0$ 时，则 $\frac{\mathrm{d}q}{\mathrm{d}t} < 0$，$i < 0$，极板上电荷量减少，电容反向放电。只有当极板上的电荷量发生变化时，极板间的电压才发生变化，电容支路才形成电流。因此，电容元件又称动态元件。如果极板间的电压不随时间变化，则电流为零，这时电容元件相当于开路。故电容元件有隔断直流的作用。

3. 电容元件的电场能量

从 t_0 到 t 的时间内，电容元件吸收的电能为

$$W_C = \int_{t_0}^{t} p\mathrm{d}t = \int_{t_0}^{t} Cu\frac{\mathrm{d}u}{\mathrm{d}t}\mathrm{d}t = C\int_{u(t_0)}^{u(t)} u\mathrm{d}u = \frac{1}{2}Cu^2(t) - \frac{1}{2}Cu^2(t_0) \tag{3-30}$$

即电容元件吸收的能量等于电容元件在 t_2 和 t_1 时刻的电场能量之差。

电容元件充电时，$|u(t_2)| > |u(t_1)|, W_C(t_2) > W_C(t_1), W_C > 0$，元件吸收能量，并全部转换成电场能量；电容元件放电时，$|u(t_2)| < |u(t_1)|, W_C(t_2) < W_C(t_1), W_C < 0$，元件释放电场能量。可见，电容元件并不消耗能量，所以，电容元件是一种储能元件。同时，它不会释放出多于它所吸收或存储的能量，因此它也是一种无源元件。

4. 正弦交流电路中电容元件电压与电流的关系

如图 3-17 所示，关联参考方向下电容元件的电压与电流的关系为

$$\begin{gathered} I_C = \omega C U_C \\ \theta_i = \theta_u + \frac{\pi}{2} \end{gathered} \tag{3-31}$$

式（3-31）说明，关联参考方向下电容元件的电流相位超前于电压 90°，或电压滞后于电流 90°。图 3-18 所示为电容元件上电流与电压的波形图。

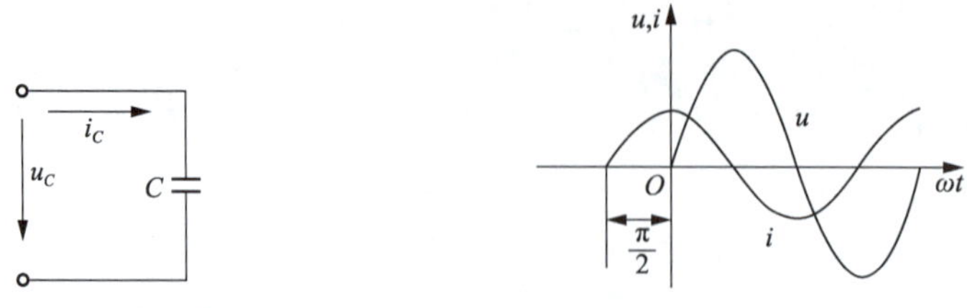

图 3-17　纯电容电路　　图 3-18　电容元件电流与电压的波形图

电压与电流相量的形式

$$\dot{I}_C = \omega C\,\dot{U}_C \angle\left(\theta_u + \frac{\pi}{2}\right) \tag{3-32}$$

图 3-19（a）所示为电压与电流相量参考方向，相量图如图 3-19（b）所示，$\dot{I}_C$ 超前于 $\dot{U}_C$90°。

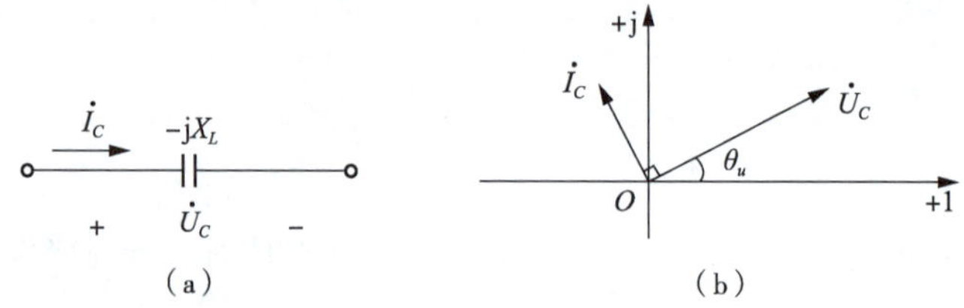

图 3-19　电容元件电压与电流的相量图

电压与电流的有效值之比为

$$X_C = \frac{U_C}{I_C} = \frac{1}{\omega C} = \frac{1}{2\pi fC} \tag{3-33}$$

式中，X_C 称为容抗，当 ω 的单位为 rad/s，C 的单位为 F 时，X_C 的单位为 Ω。

容抗表示电容在充放电过程中对电流的一种阻碍作用。由式（3-33）可以看出，在一定的电压下，容抗与电源的频率（角频率）成反比。频率不同的正弦电压作用于容抗时，频率越低，容抗越大；频率越高，容抗越小。在直流电路中，频率为零，电容元件的容抗为无穷大，此时电容相当于开路。

5. 正弦交流电路中电容元件的功率

电容元件是储能元件，它在电路中的作用是存储和释放能量，它并不消耗能量，平均功率为零。

$$P = \frac{1}{T}\int_0^T p\mathrm{d}t = \frac{1}{T}\int_0^T p\mathrm{d}t = \frac{1}{T}\int_0^T u_C i_C \sin 2\omega t\mathrm{d}t = 0$$

把电容元件上电压的有效值与电流的有效值乘积的负值，称为电容元件的无功功率，用 Q_C 表示，即

$$Q_C = -U_C I_C = -I_C^2 X_C = -\frac{U_C^2}{X_C} \tag{3-34}$$

这是容性无功功率。Q_C 和 Q_L 一样，单位也是乏（var）或千乏（kvar）。

例 3-9　已知电容 $C = 5\ \mu\mathrm{F}$，接到 220 V，50 Hz 的正弦交流电源上，试求：（1）X_C；（2）电路中

的电流 I_C 和无功功率 Q_C；（3）电源频率变为 1 000 Hz 时的容抗。

解　（1）$X_C=\dfrac{1}{\omega C}=\dfrac{1}{2\pi fC}=\dfrac{1}{2\times 3.14\times 5\times 10^{-6}\times 50}\ \Omega=637\ \Omega$。

（2）$I_C=\dfrac{U_C}{X_C}=\dfrac{220}{637}\ \text{A}=0.345\ \text{A}$。

$Q_C=-U_CI_C=-220\times 0.345\ \text{var}=-75.9\ \text{var}$。

（3）当 $f=1\ 000$ Hz 时，$X_C=\dfrac{1}{2\pi fC}=\dfrac{1}{2\times 3.14\times 1\ 000\times 5\times 10^{-6}}\ \Omega=31.8\ \Omega$。

六、电阻、电感、电容元件的串联电路

如图 3-20 所示为 *RLC* 串联电路。根据 KVL，电路的瞬时值电压方程为

$$u=u_R+u_L+u_C$$

则相量形式的 KVL 为

$$\dot U=\dot U_R+\dot U_L+\dot U_C=\dot IR+\dot I\mathrm{j}X_L-\dot I\mathrm{j}X_C=\dot I[R+\mathrm{j}(X_L-X_C)] \tag{3-35}$$

所以

$$\dot U=\dot I(R+\mathrm{j}X)=\dot IZ \tag{3-36}$$

式中，$X=X_L-X_C$ 称为 *RLC* 串联电路的电抗；复数 Z 称为复阻抗。

按照阻抗 Z 的代数形式，R、X 和 $|Z|$ 之间的关系可用一个直角三角形表示，该三角形称为阻抗三角形，即 $|Z|=\sqrt{R^2+X^2}$。

式（3-36）称为欧姆定律的相量形式。

例 3-10　在图 3-21（a）所示 *RC* 串联电路中，已知 $X_C=100\sqrt{3}\ \Omega$。要使输出电压滞后于输入电压 30°，求电阻 R。

解　以 $\dot I$ 为参考相量，画电流、电压相量图，如图 3-21（b）所示。

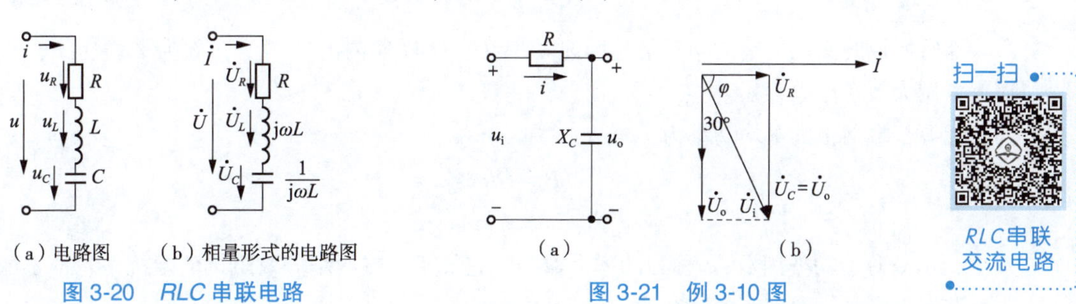

（a）电路图　　（b）相量形式的电路图

图 3-20　*RLC* 串联电路

（a）　　（b）

图 3-21　例 3-10 图

扫一扫

*RLC*串联交流电路

已知输出电压 $\dot U_o$ 滞后于输入电压 $\dot U_i$30°（注意不为阻抗角），由相量图［见图 3-21（b）］可知：$\dot U_i$ 滞后于电流 $\dot I$60°，即阻抗角 $\varphi=-60°$。所以

$$R=\frac{-X_C}{\tan\varphi}=\frac{X_C}{\tan(-60°)}=\frac{-100\sqrt{3}}{-\sqrt{3}}\ \Omega=100\ \Omega$$

七、正弦交流电路中的功率

1. 瞬时功率

图 3-22（a）所示为一个无源二端网络 P。设端口的电流 i 和电压 u 分别为

$$i = \sqrt{2} I\sin \omega t$$

$$u = \sqrt{2} U\sin(\omega t + \varphi)$$

式中，φ 为电压与电流的相位差，即 $\varphi = \theta_u - \theta_i$。

根据电路性质的不同，φ 可以为正，也可以为负。

电路在任一瞬间吸收或发出功率称为瞬时功率，用小写字母表示。在 u、i 取关联参考方向下，瞬时功率表达式为

$$p = ui = \sqrt{2} U\sin(\omega t + \varphi) \cdot \sqrt{2} I\sin \omega t \tag{3-37}$$

由式（3-37）可知瞬时功率 $p > 0$ 时，表示二端网络吸收功率；当瞬时功率 $p < 0$ 时，表示二端网络向外发出功率，这主要是由于二端网络中有储能元件存在。图 3-22（b）为正弦电流、电压和瞬时功率的波形图。

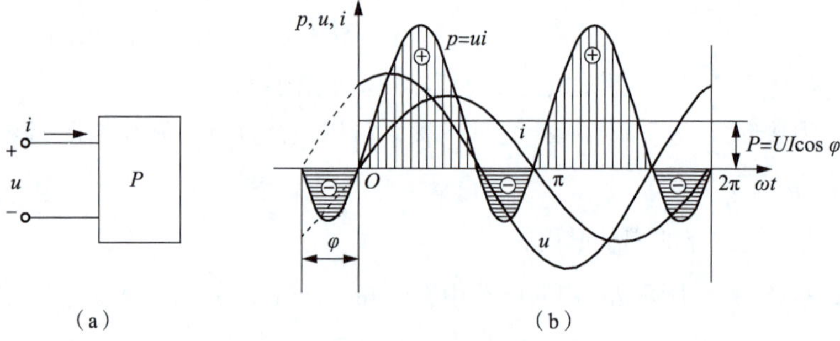

图 3-22　无源二端网络的瞬时功率

2. 平均功率

通常所说的交流电路的功率是指瞬时功率在一个周期内的平均值，称为平均功率，或称为有功功率，用大写字母 P 表示。

无源二端网络的平均功率为

$$P = UI\cos \varphi = UI\lambda \tag{3-38}$$

$$\lambda = \cos \varphi \tag{3-39}$$

式中，$\cos \varphi$ 称为功率因数；φ 称为功率因数角，它等于二端网络等效阻抗的阻抗角。$\cos \varphi$ 的大小取决于电路元件参数、频率和电路结构。

平均功率的国际单位是瓦（W），常用单位有毫瓦（mW）和千瓦（kW）。通常交流用电设备的铭牌上标出的功率均是指平均功率。

3. 无功功率

在无源二端网络中，无功功率定义为

$$Q = UI\sin \varphi \tag{3-40}$$

若无源二端网络中只含有电阻元件时，则

$$Q = 0$$

若无源二端网络中只含有电感元件时，则

$$Q = U_L I_L = I_L^2 X_L = \frac{U_L^2}{X_L} > 0$$

若无源二端网络中只含有电容元件时，则

$$Q = -U_C I_C = -I_C^2 X_C = -\frac{U_C^2}{X_C} < 0$$

对于感性电路，阻抗角 φ 为正值，无功功率为正值；对于容性电路，阻抗角 φ 为负值，无功功率为负值。这样在既有电感又有电容的电路中，总的无功功率等于两者的代数和，即

$$Q = Q_L + Q_C \tag{3-41}$$

式（3-41）中的 Q 为一代数量，可正可负，Q 为正表示吸收无功功率，为负表示发出无功功率。无功功率的单位是乏（var）、千乏（kvar）。

4. 视在功率

在正弦交流电路中，把电压有效值和电流有效值的乘积称为视在功率，用大写字母 S 表示，即

$$S = UI \tag{3-42}$$

视在功率的单位为伏·安（V·A），工程上也常用千伏·安（kV·A）表示。

以上三种功率构成功率三角形，如图 3-23 所示。这样，有功功率和无功功率可分别表示为

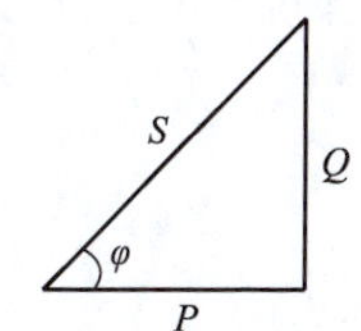

图 3-23　功率三角形

$$P = UI\cos\varphi = S\cos\varphi$$

$$Q = UI\sin\varphi = S\sin\varphi$$

则有

$$S^2 = P^2 + Q^2$$

或

$$S = \sqrt{P^2 + Q^2} \tag{3-43}$$

$$\tan\varphi = \frac{Q}{P} \tag{3-44}$$

$$\lambda = \cos\varphi = \frac{P}{S} \tag{3-45}$$

一般电气设备，例如发电机和变压器，它们的容量是由额定电压和额定电流来决定的，常用视在功率表示。

5. 功率因数的改善方法

扫一扫

功率因数的提高

为了提高经济效益和保证负载正常工作，从两方面来考虑提高功率因数：一方面可以提高自然功率因数，采用合理选择电动机的容量或采用同步电动机等措施；另一方面可以采用无功补偿，就是对于常用的感性负载，一般用电容（补偿电容）与负载并联，利用供电线路上增加一个超前的电容电流来补偿滞后的感性电流来提高电路的功率因数。需要指出，并

联电容后，负载两端的电压、电流及功率都不变。

6. 正弦交流电路的计算

用相量法计算正弦交流电路时，一般分几个步骤进行：

（1）将正弦量用相量表示。将正弦交流电路中所有的正弦量包括已知的和待求的都用相量表示出来，可简化和方便计算。

（2）画出原电路的相量模型。在相量模型中，电压和电流用相量表示，选定它们的参考方向，标在电路图上；电路中的无源元件用复阻抗或复导纳表示，元件的连接方式不变。

（3）根据相量模型列出电路方程进行求解。采用讨论直流电路时的各种网络分析方法，根据元件的伏安关系和基尔霍夫定律这两类约束的相量形式列写电路方程，解得待求量的相量形式。

（4）根据求出的相量写出对应的正弦量。

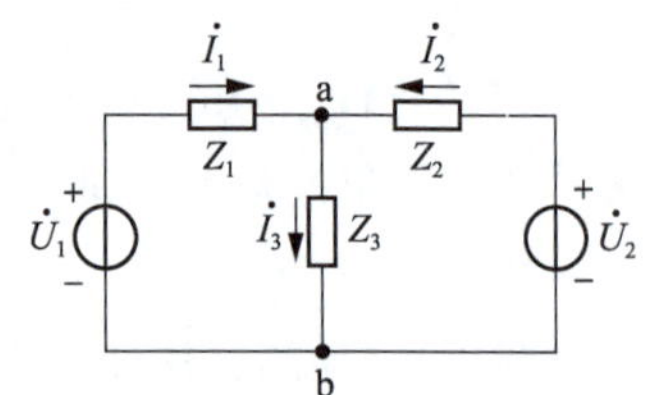

图 3-24　例 3-11 电路图

例 3-11　在图 3-24 所示电路中，已知 $\dot{U}_1=220\angle 0°$ V，$\dot{U}_2=100\angle 0°$ V，$Z_1=(1+j2)\ \Omega$，$Z_2=(1+j2)\ \Omega$，$Z_3=(4+j4)\ \Omega$。试用支路电流法求电流 $\dot{I}_3$。

解　按题意，各支路电流的参考方向如图中箭头所示，由基尔霍夫定律可列出下列相量式方程：

$$\begin{cases}\dot{I}_1+\dot{I}_2-\dot{I}_3=0\\ Z_1\dot{I}_1+Z_3\dot{I}_3=\dot{U}_1\\ Z_2\dot{I}_2+Z_3\dot{I}_3=\dot{U}_2\end{cases}$$

将已知数据代入，可得

$$\begin{cases}\dot{I}_1+\dot{I}_2-\dot{I}_3=0\\ (1+j2)\dot{I}_1+(4+j4)\dot{I}_3=220\angle 0°\\ (1+j2)\dot{I}_2+(4+j4)\dot{I}_3=100\angle 0°\end{cases}$$

解得

$$\dot{I}_3=23.77\angle -48.01°\ \text{A}$$

八、配电相关知识

1. 等电位联结

为了安全，应用铜导线将各个电极连接，使它们具有相同电位，消除电压差。特别是计算机机房、数据中心、大型游泳池、卫生间等地方更应做好等电位联结。图 3-25 为等电位联结示意图。

图 3-26 所示为我国家庭实际等电位联结。

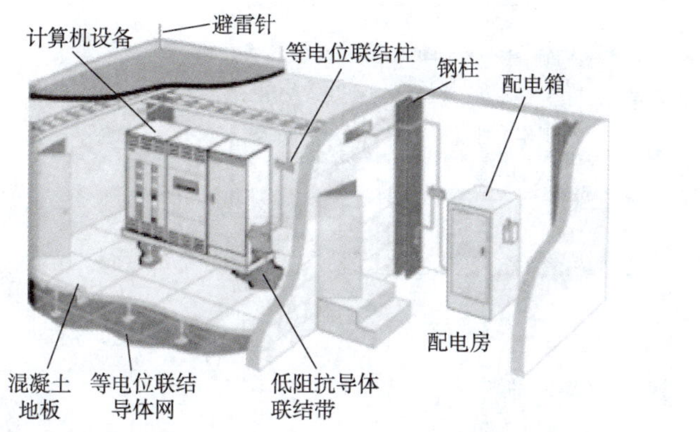

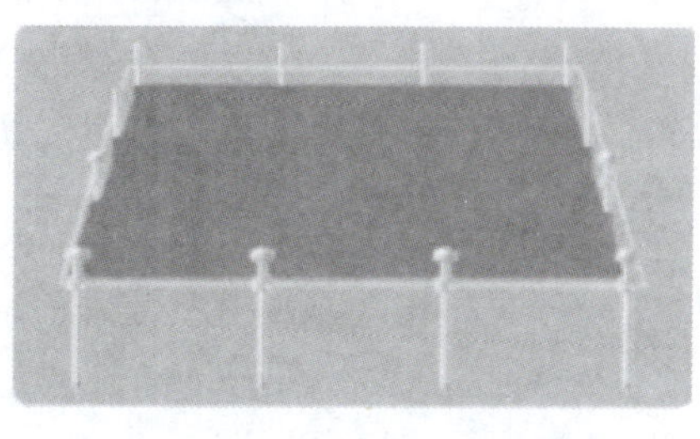

图 3-25　等电位联结示意图

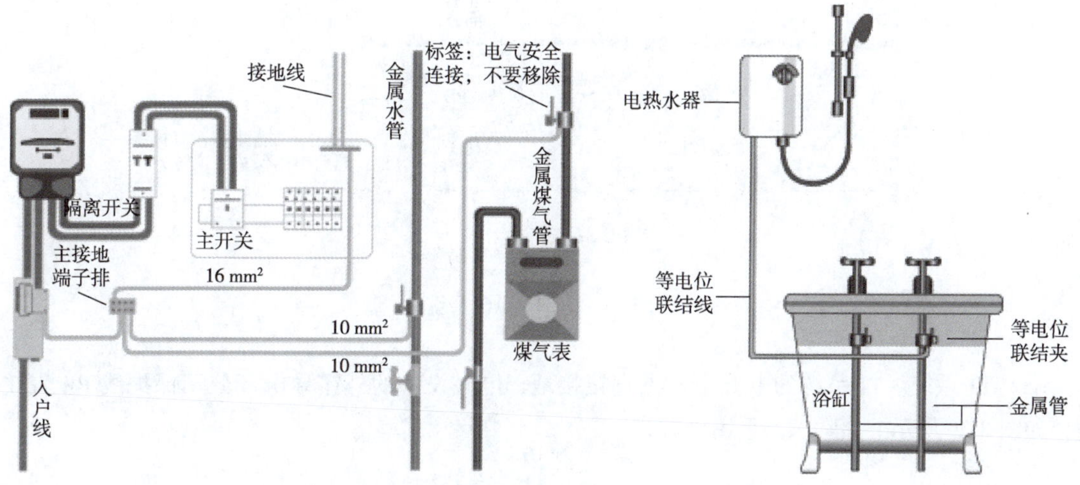

图 3-26　我国家庭实际等电位联结

2. 标准接地电阻规范

（1）独立的防雷保护接地电阻应小于或等于 10 Ω；

（2）独立的安全保护接地电阻应小于或等于 4 Ω；

（3）独立的交流工作接地电阻应小于或等于 4 Ω；

（4）独立的直流工作接地电阻应小于或等于 4 Ω；

（5）防静电接地电阻一般要求小于或等于 100 Ω；

（6）共用接地体（联合接地）接地电阻应不大于 1 Ω。

3. 供配电系统接地

电力供配电系统分为 TT、TN 与 IT 三类。

（1）TN-S 系统。图 3-27 为三相五线制。

（2）TN-C-S 系统。图 3-28 为三相四线制。

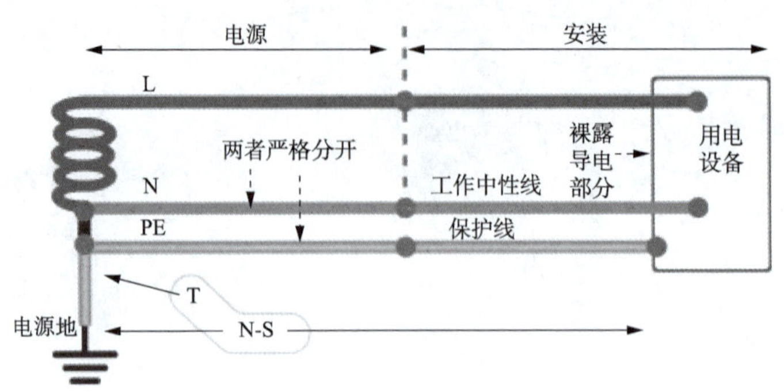

图 3-27　TN-S 系统

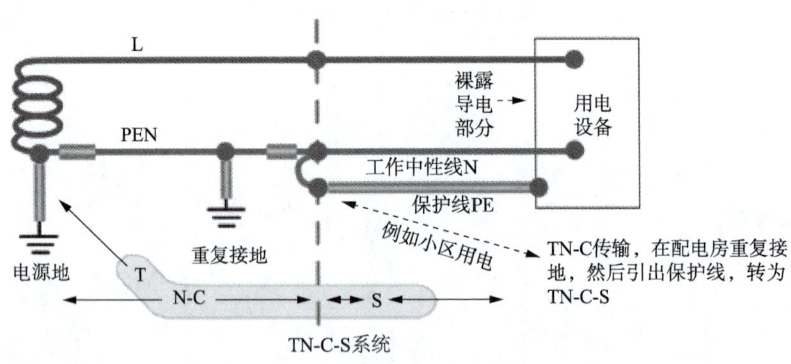

图 3-28　TN-C-S 系统

（3）TT 系统。TT 系统的电源中性点直接接地，电气设备的外露导电部分用保护线 PE 直接接地，如图 3-29 所示。通常工厂采用该方式。

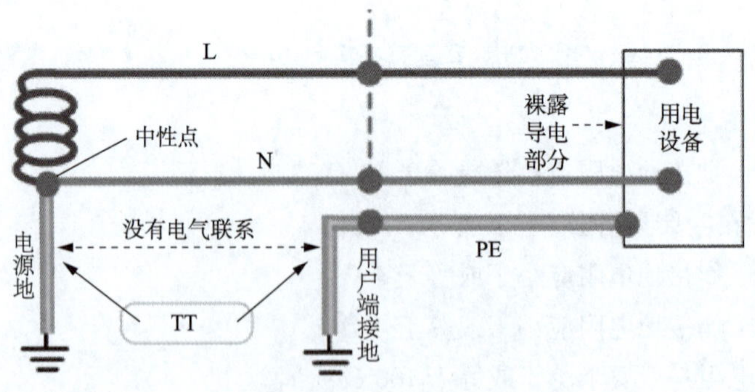

图 3-29　TT 系统

九、电路的图形符号

电工作业中可能遇到一些电路图，其图形符号如图 3-30 所示。

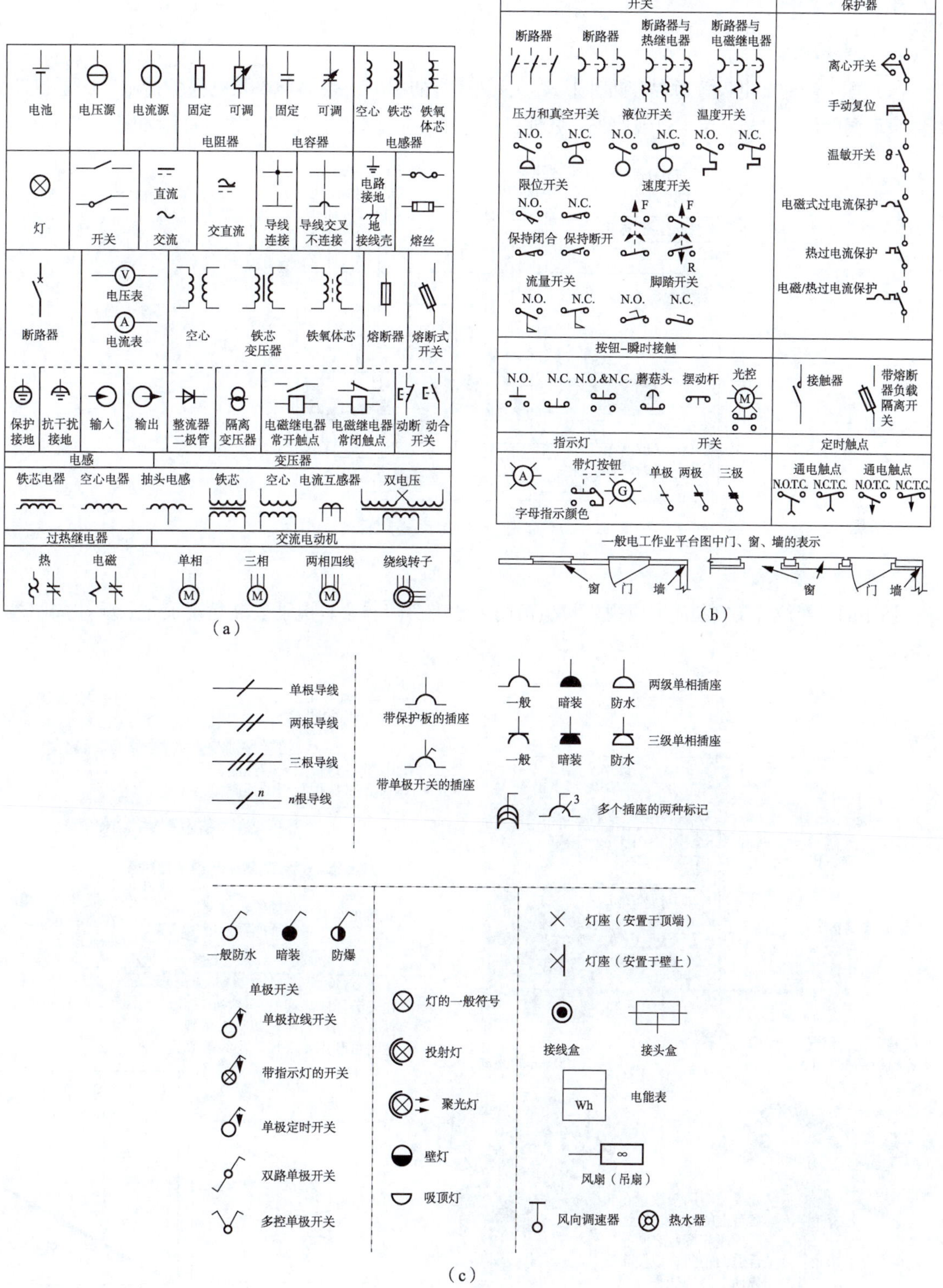

图 3-30 电工作业图形符号

十、入户配电

1. 入户配电箱

入户配电箱的配电设置通常有两种形式：一是所有的用电线路都采取漏电保护措施，二是仅部分线路采取漏电保护措施。除电灯线路外，其他所有电器、插座都应使用保护线。具体如图 3-31 所示。

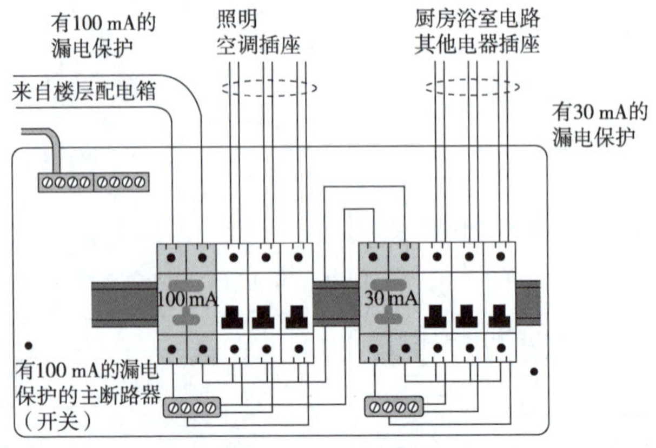

图 3-31 入户配电箱配置

2. 插座安装位置

插座的空间位置及安装高度应视用户生活的习惯、房间与家具电器安装情况而定。具体如图 3-32 所示。

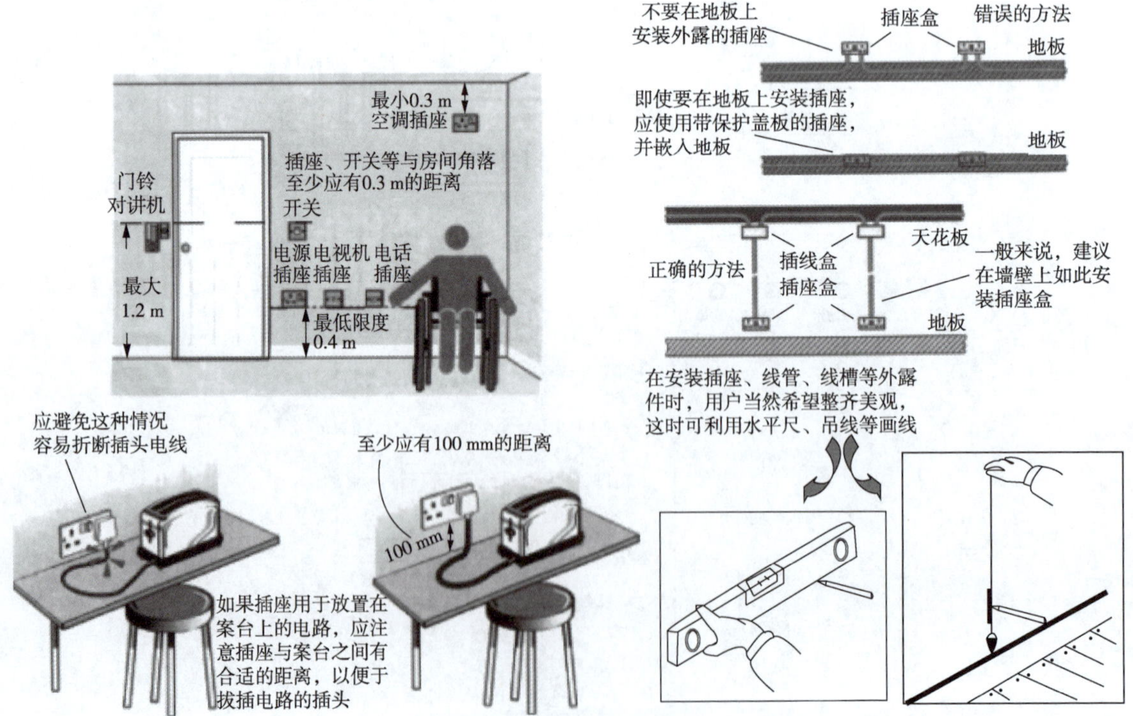

图 3-32 插座设置位置

（1）布线应注意事项，如图 3-33 所示。

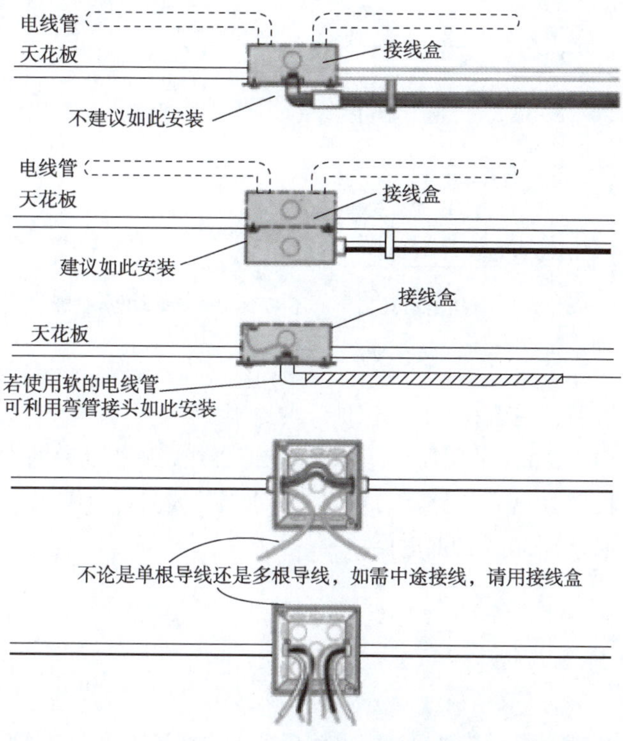

图 3-33　布线应注意事项

（2）选用插座。具体选用如图 3-34 所示。

图 3-34　选用插座

（3）插座线路。配电箱内漏电保护器输出端引出的相线（俗称“火线”）、中性线（俗称“零线”）与保护线直接连到插座，如图 3-35 所示。

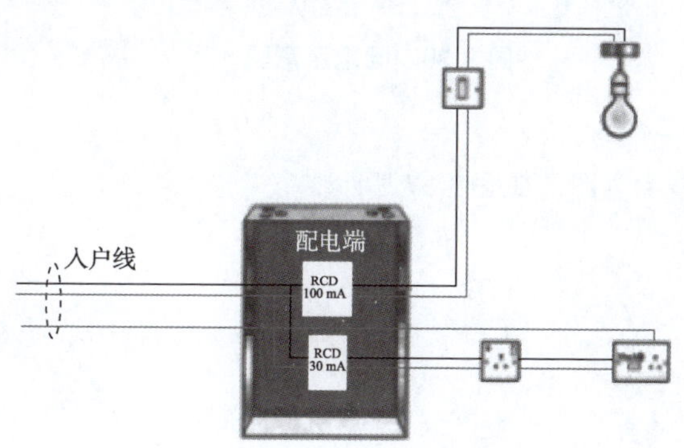

图 3-35　插座线路

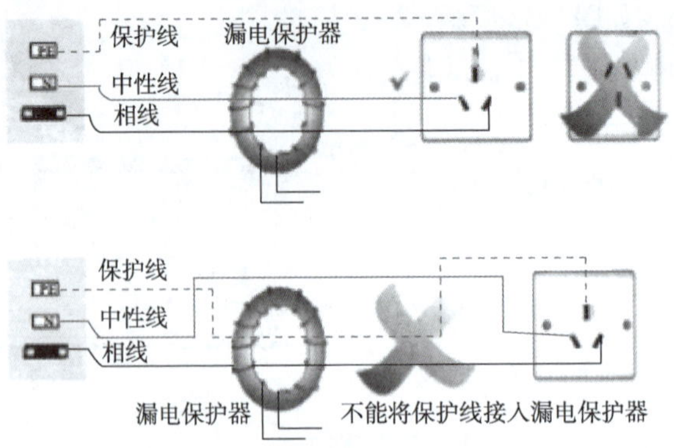

图 3-35 插座线路（续）

注意：插座连线要遵循“左零右火，上保护”的原则。

通常，插座线路使用 2.5 mm^2的铜导线，空调、热水器线路则视功率的大小选用 4 mm^2或 6 mm^2的铜导线。插座线路可使用 20 A 的断路器。空调、热水器等线路可使用 20 A 或 25 A 的断路器。热水器等浴室电路线路上必须有 30 A 的漏电保护。

任务实施

一、任务说明

某工程队根据客户生产要求，需要设计配电输出到工业现场照明入户，并进行配线。

1. 配电输出

配电示意图，如图 3-36 所示。

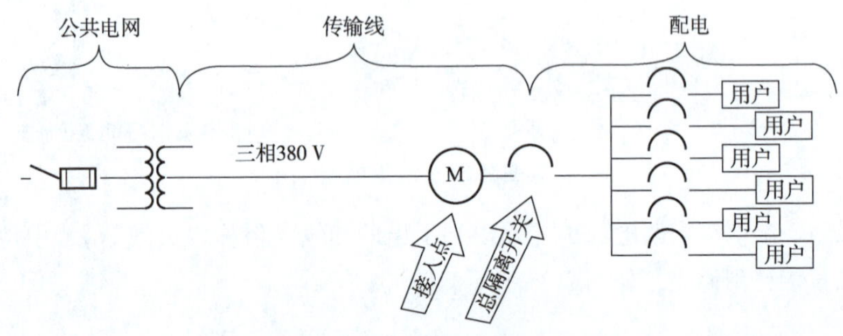

图 3-36 配电示意图

2. 配电输出接线

配电输出接线及实际配线示意图，如图 3-37 所示。

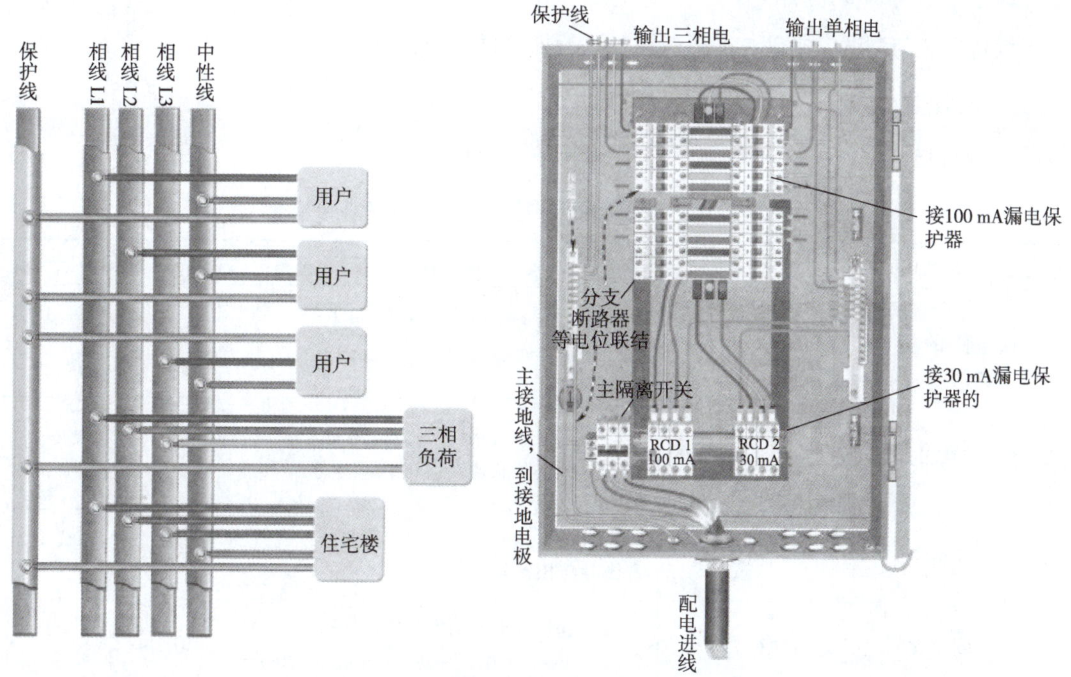

图 3-37　配电输出接线及实际配线示意图

3. 现场入户线

工业现场都会有一个子配电箱，配电箱内有各住户支路的电能表、断路器，从配电箱直接引出相线、中性线、保护线到各工位，如图 3-38 所示。

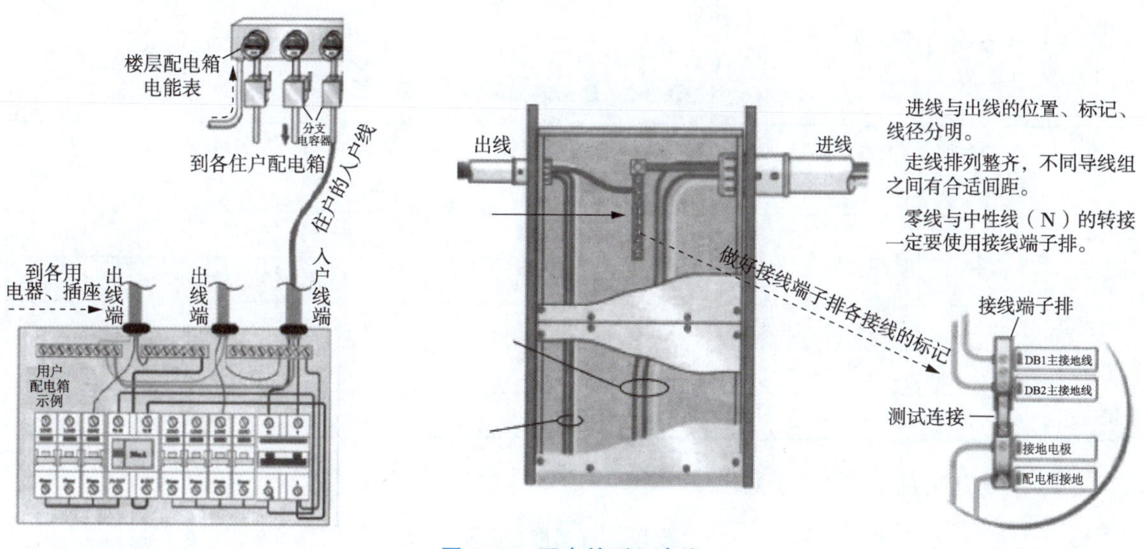

图 3-38　配电箱到入户线

4. 通电调试

包括通电前仪表、工具、消防的准备，对电路进行通电的调试及排除故障。

5. 恢复供电

当设备安装与调试完毕后，需要对设备进行恢复供电的安全操作。

二、任务评价

（1）评价标准见表 3-1。

表 3-1　工业现场照明入户配线设计电路的评价标准

序号	主要内容	考核要求	评分标准	配分	扣分	得分
1	工业现场照明电路的设计与调试	能用万用表进行相关电量的测试	（1）采取方法错误，扣 5~20 分。 （2）操作步骤错误，扣 10~20 分	40		
2	导线的连接	导线的剖削、连接、绝缘的恢复	（1）采取方法错误，扣 5~20 分。 （2）操作步骤错误，扣 10~20 分	40		
3	团结协作	符合要求	小组成员分工协作不明确扣 5 分，成员不合作参与扣 5 分	10		
4	安全文明生产及 6S 执行力		（1）违反安全文明生产规程，扣 5~10 分。 （2）6S 执行力不到位，酌情扣 5~10 分	10		
备注	除了定额时间外，各项内容的最高分不得超过配分		合计	100		
考评时间	开始时间		结束时间		考评员签字： 年　月　日	

（2）任务能力评价见表 3-2。

表 3-2　任务能力评价

组别	与人沟通能力 10%	团结协作能力 20%	方案设计能力 10%	自我学习能力 20%	信息处理能力 10%	解决问题的能力 20%	创新能力 10%	总评
第一组								
第二组								
第三组								
第四组								
第五组								

（3）任务能力总评表见表 3-3。

表 3-3　任务能力总评

组别	第一组对各组的评价结果	第二组对各组的评价结果	第三组对各组的评价结果	第四组对各组的评价结果	第五组对各组的评价结果	总评结果
第一组						

续表

组别	第一组对各组的评价结果	第二组对各组的评价结果	第三组对各组的评价结果	第四组对各组的评价结果	第五组对各组的评价结果	总评结果
第二组						
第三组						
第四组						
第五组						

三、任务结束

按照6S现场管理规范，清理工作现场，清点作业工具，摆放到规定位置。

测试题

1. 已知 $i(t)=10\sqrt{2}\sin(314t-120°)$ A，则 $I_m=$ ______ A，$\omega=$ ______ rad/s，$f=$ ______ Hz，$T=$ ______ s，$\theta_i=$ ______ rad。

2. 已知某交流工频正弦电流的初相位为30°，最大值为311 V。

(1) 求有效值；(2) 写出它的瞬时值表达式，并画出它的波形图。

3. 用交流电压表测得正弦交流电压为220 V，它的幅值是多少？通过某电动机的电流 $i(t)=10\sin(314t-60°)$ A，它的有效值为多少？

4. 已知 $u_1(t)=66\sqrt{2}\sin(\omega t-30°)$ V、$u_2(t)=88\sqrt{2}\sin(\omega t+60°)$ V，试求：$\dot{U}_1+\dot{U}_2$，$\dot{U}_1-\dot{U}_2$，并画出相量图。

5. 有一电阻 $R=10\ \Omega$，接到 $f=50$ Hz，$\dot{U}=100\angle-30°$ V 的电源上，试求：(1) 通过电阻 R 的电流 I_R 和 i_R；(2) 电阻 R 接收的功率 P_R；(3) 画出 $\dot{U}_R$、$\dot{I}_R$ 的相量图。

6. 有一个100 Ω的电阻元件接到频率为50 Hz、电压有效值为10 V的正弦电源上，问：电流是多少？如果保持电压有效值不变，而电源频率改变为5 000 Hz，这时电流将为多少？

7. 为什么说电感元件在直流电路中相当于短路？

8. 指出下列各式哪些是对的，哪些是错的。

(1) $u_L=i_LX_L$；(2) $\dfrac{U_L}{I_L}=\mathrm{j}\omega L$；(3) $\dot{U}_L=\dot{I}X_L$；(4) $U_L=\omega LI_L$。

9. 已知流过电感元件的电流为 $i_L=10\sqrt{2}\sin(314t+60°)$ A，测得无功功率 $Q_L=800$ var，试求：(1) X_L 和 L；(2) 电感元件中存储的最大磁场能量 W_{Lm}。

10. 指出下列各式哪些是对的，哪些是错的。

(1) $u_C=C\cdot i_C$；(2) $\dot{I}=\mathrm{j}\dfrac{\dot{U}_C}{X_C}$；(3) $U_C=\omega C\cdot I_C$；(4) $I_C=U_C\cdot\omega C$。

11. 在电容元件的正弦交流电路中，$C=4\ \mu$F，$f=50$ Hz，(1) 已知 $u=220\sqrt{2}\sin\omega t$ V，求电流

i；（2）已知 $\dot{I}=0.1\angle-60°$ A，求 $\dot{U}$，并画出相量图。

12. 简述室内布线的方式与技术要求。

13. 室内照明装置安装要求是什么？

14. 室内照明线路常见故障有哪些？

任务 2　工业现场三相动力配电线路的设计与调试

任务解析

通过完成本任务，充分掌握三相正弦量的知识，三相电路电压、电流、功率的测量；会正确使用国家标准、会查找相关资料；能进行三相动力配电的设计、选择方案、元器件的检测等工作；掌握三相四线电能表、低压配电柜的安装方法；能完成配电柜所需元器件、耗材的选型；能够明确电路安装工艺规范及独立完成线槽、电路的装配。

知识链接

一、对称三相正弦量

三个频率相同、幅值相等和相位依次相差 120°的正弦电压（或电流）称为对称的三相正弦量。三相正弦交流电压通常是由三相交流发电机产生的。图 3-39（a）是三相交流发电机的原理图。三相交流发电机产生的三相电压频率相同、幅值相等、相位互差 120°，即它们是对称的三相正弦量。

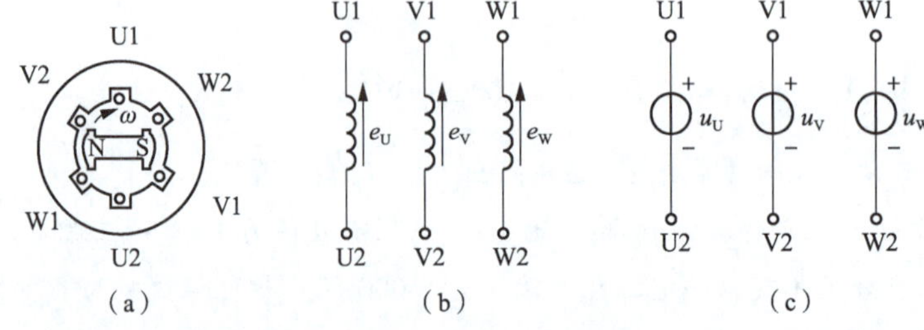

图 3-39　三相交流发电机

三相线圈产生的感应电动势的参考方向图 3-39（b）所示，通常规定电动势的参考方向由线圈的末端指向始端。若用电压源表示三相电压，通常规定电压源的参考方向由线圈始端指向末端，其参考极性如图 3-39（c）所示。每一相线圈中产生的感应电压称为电源的一相，依次称为 U 相、V 相、W 相，其电压分别记为 u_U、u_V、u_W。

以对称三相电压（U 相为参考正弦量）为例，三相交流电有如下几种表示方法：

（1）瞬时值表达式：

$$\begin{cases} u_U = U_m \sin \omega t \\ u_V = U_m \sin(\omega t - 120°) \\ u_W = U_m(\omega t - 240°) = U_m \sin(\omega t + 120°) \end{cases} \tag{3-46}$$

（2）波形图表示，如图 3-40（a）所示。

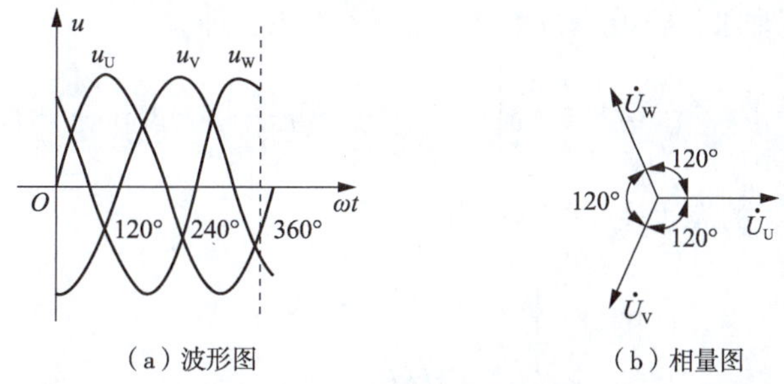

（a）波形图　　（b）相量图

图 3-40　三相交流电压

（3）相量表示：

$$\begin{cases} \dot{U}_U = U\angle 0° = U \\ \dot{U}_V = U\angle -120° = U\left(-\dfrac{1}{2} - j\dfrac{\sqrt{3}}{2}\right) \\ \dot{U}_W = U\angle 120° = U\left(-\dfrac{1}{2} + j\dfrac{\sqrt{3}}{2}\right) \end{cases} \tag{3-47}$$

（4）相量图表示，如图 3-40（b）所示。从图 3-40（b）不难证明，对称三相交流电压瞬时值代数和恒等于零，其相量和也恒等于零，即有

$$u_U + u_V + u_W = 0$$

$$\dot{U}_U + \dot{U}_V + \dot{U}_W = 0$$

对称三相电动势和电流具有相同的特性。能够提供这样一组对称三相正弦电压的就是对称三相电源。通常所说的三相电源都是指对称三相电源。

二、三相电源及三相负载的连接

1. 三相电源的连接

三相电源的连接方法有星形联结和三角形联结两种。

1）三相电源的星形联结

三相电源的星形联结如图 3-41 所示。在这种连接方法中，三个绕组的末端 U2、V2、W2 连接在一起成为一个公共端，用 N 表示，称为中性点。从中性点引出的导线称为中性线，当中性点接地时，中性线又称为地线或零线。从三个绕组的始端引出的导线称为相线，俗称火线，这种接法又称三相四线制接法。

在图 3-41 中，相线与中性线之间的电压称为相电压，习惯上用下标字母的次序表示相电压的参考方向，分别记为 $\dot{U}_{UN}$、$\dot{U}_{VN}$、$\dot{U}_{WN}$，简记为 $\dot{U}_U$、$\dot{U}_V$、$\dot{U}_W$。其瞬时值用 u_U、u_V、u_W 表示，有效值用 U_P 表示。两相线之间的电压称为线电压，分别记为 $\dot{U}_{UV}$、$\dot{U}_{VW}$、$\dot{U}_{WU}$，也用下标字母的次序表示其参考

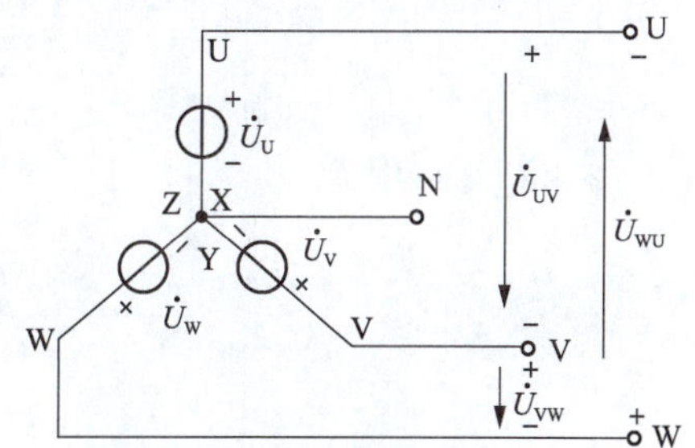

图 3-41　三相电源的星形联结

方向。以 $\dot{U}_{UV}$ 为例，其参考方向由 U 指向 V。其瞬时值用 u_{UV}、u_{VW}、u_{WU} 表示，有效值用 U_L 表示。

根据基尔霍夫定律不难求得线电压与相电压之间的关系，即

$$\dot{U}_{UV}=\dot{U}_U-\dot{U}_V=\dot{U}_U-\dot{U}_U\angle-120°=\dot{U}_U\left[1-\left(-\frac{1}{2}-j\frac{\sqrt{3}}{2}\right)\right]=\dot{U}_U\left(\frac{3}{2}+j\frac{\sqrt{3}}{2}\right)=\sqrt{3}\dot{U}_U\angle 30°$$

同理，得出 $\dot{U}_{VW}$，$\dot{U}_{WU}$ 的表达式，并整理为

$$\begin{cases}\dot{U}_{UV}=\sqrt{3}\dot{U}_U\angle 30°\\ \dot{U}_{VW}=\sqrt{3}\dot{U}_V\angle 30°\\ \dot{U}_{WU}=\sqrt{3}\dot{U}_W\angle 30°\end{cases}\tag{3-48}$$

从上述分析可知，对称三相电源星形联结时，线电压的有效值是相电压有效值的 $\sqrt{3}$ 倍，线电压的相位比相应相电压超前 30°。因此，线电压也是与相电压同相序的一组对称三相正弦量。

在三相交流电路中，三个线电压之间的关系是

$$\dot{U}_{UV}+\dot{U}_{VW}+\dot{U}_{WU}=\dot{U}_U-\dot{U}_V+\dot{U}_V-\dot{U}_W+\dot{U}_W-\dot{U}_U=0$$

扫一扫

三相电源星形联结

或用瞬时值表示为

$$u_{UV}+u_{VW}+u_{WU}=u_U-u_V+u_V-u_W+u_W-u_U=0$$

即三个线电压的相量和总等于零；或三个线电压瞬时值的代数和恒等于零。

上述线电压与相电压之间的关系也可以从图 3-42 所示的相量图求出。同样，线电压也是对称的，而且都超前对应的相电压 30°，即有

$$U_L=2U_P\cos 30°=\sqrt{3}U_P$$

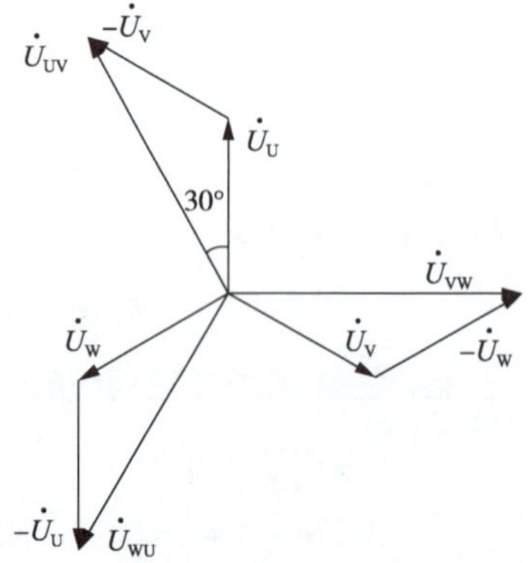

图 3-42 星形联结的相量图

流过相线的电流称为线电流，而流过电源每一相的电流称为相电流。当三相电源星形联结时，每相的线电流与相电流相等。

例 3-12 当发电机三相绕组连成星形时，设线电压 $u_{UV}=380\sqrt{2}\sin(\omega t-30°)$ V，写出其他各线电压和相电压的瞬时值表达式。

解 根据对称三相电源星形联结的特点，可求出各线电压分别为

$$u_{VW}=380\sqrt{2}\sin(\omega t-150°)\ \text{V}$$

$$u_{WU}=380\sqrt{2}\sin(\omega t+90°)\ \text{V}$$

各相电压分别为

$$u_U=220\sqrt{2}\sin(\omega t-60°)\ \text{V}$$

$$u_V=220\sqrt{2}\sin(\omega t-180°)\ \text{V}$$

$$u_W=220\sqrt{2}\sin(\omega t+60°)\ \text{V}$$

2）三相电源的三角形联结

三相电源三角形联结如图 3-43（a）所示，即将三相发电机的三个绕组首尾依次相接，形成一个闭合回路，就可构成三相电源的三角形连接。由图 3-43（a）可见，三相电源三角形联结时，只能是三相三线制，而且线电压就等于相电压，即

$$\dot{U}_{UV}=\dot{U}_{U},\ \dot{U}_{VW}=\dot{U}_{V},\ \dot{U}_{WU}=\dot{U}_{W}$$

即

$$U_{L}=U_{P}$$

应该指出，三相电源三角形联结时，要注意接线的正确性。当三相电源连接正确时，在三角形闭合回路中总电压为零，即

$$\dot{U}_{U}+\dot{U}_{V}+\dot{U}_{W}=U_{P}(\angle 0^{\circ}+\angle -120^{\circ}+\angle 120^{\circ})=0$$

相量图如图 3-43（b）所示。但是，如果将某一相电压源接反（例如 U 相），此时闭合回路内总电压为

$$-\dot{U}_{U}+\dot{U}_{V}+\dot{U}_{W}=U_{P}(\angle 180^{\circ}+\angle -120^{\circ}+\angle 120^{\circ})=-2\dot{U}_{U}$$

由相量图 3-43（c）可以看出，由于 U 相电压接反，此时闭合回路内总电压为一相电压的 2 倍。因此，三相电源三角形联结时，应严格按绕组首尾依次相接。

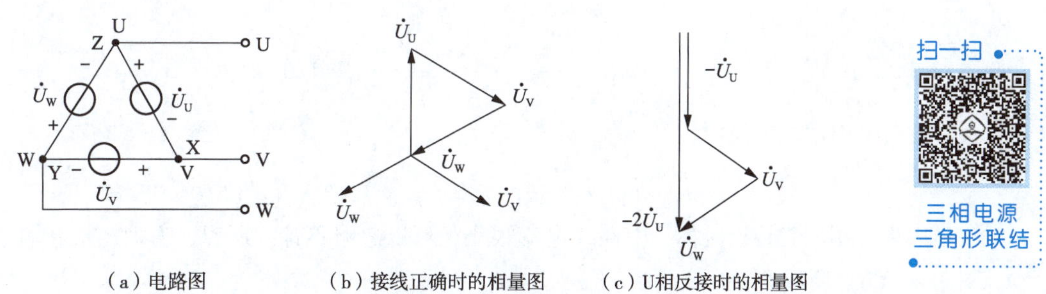

图 3-43　三相电源三角形联结

2. 三相负载的连接

三相负载由互相连接的三个负载组成，其中每一个负载称为一相（或单相）负载。当三个单相负载的参数相同时，称为对称三相负载。三相负载的连接方法也有两种，即星形联结和三角形联结。

1）三相负载的星形联结

三相负载星形联结时，电路如图 3-44 所示。将三相负载的一端连接到一个公共端点，负载的另一端分别与电源的三个相线相连，负载的公共端点称为负载中性点，用 N′表示。如果电源为星形联结，将负载中性点 N′与电源的中性线相连，如图 3-44（a）所示。这种用四根导线把电源和负载连接起来的三相电路称为三相四线制电路。

三相电路中，流过每相负载的电流称为相电流，流过每根相线的电流称为线电流，而流过中性线的电流称为中性线电流。显然，负载星形联结时，各个相电流就是对应的线电流。在三相四线制电路中，中性线电流为

$$\dot{I}_{N}=\dot{I}_{U}+\dot{I}_{V}+\dot{I}_{W} \tag{3-49}$$

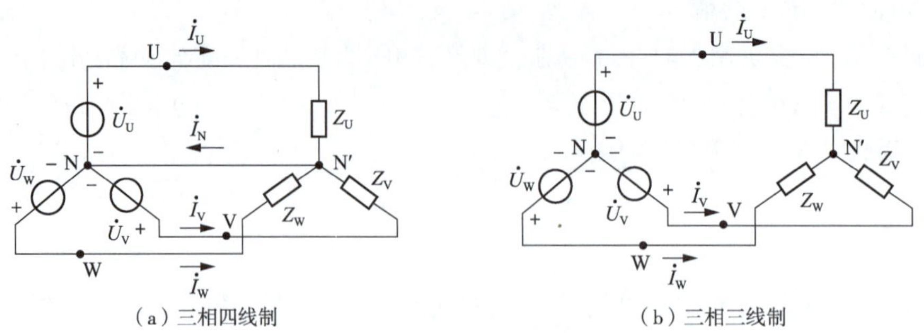

图 3-44　三相负载星形联结

在星形联结的三相电路中，如果电源线电压对称、负载对称，即 $Z_U=Z_V=Z_W=Z$，这就是对称三相电路。此时三相电流对称，即 $\dot{I}_U$、$\dot{I}_V$、$\dot{I}_W$ 大小相等，相位依次相差 120°，即

$$\dot{I}_U=\frac{\dot{U}_U}{Z}$$

$$\dot{I}_V=\frac{\dot{U}_V}{Z}=\frac{\dot{U}_U\angle-120^\circ}{Z}=\dot{I}_U\angle-120^\circ$$

$$\dot{I}_W=\frac{\dot{U}_W}{Z}=\frac{\dot{U}_U\angle120^\circ}{Z}=\dot{I}_U\angle120^\circ$$

此时，中性线电流为

$$\dot{I}_N=\dot{I}_U+\dot{I}_V+\dot{I}_W=\dot{I}_U+\dot{I}_U\angle-120^\circ+\dot{I}_U\angle120^\circ=0$$

如果三相电流接近对称，中性线电流很小，可以忽略不计。所以，有时省去中性线，可以接成图 3-44（b）所示的三相三线制。

2）三相负载的三角形联结

三相负载三角形联结时，电路如图 3-45（a）所示。电压和电流的参考方向如图所示，由图可见，三相负载三角形联结时，无论负载是否对称，各相负载所受的相电压均为对称的电源线电压。此时，流过各相负载的电流称为相电流，分别为

$$\dot{I}_{UV}=\frac{\dot{U}_{UV}}{Z_{UV}}$$

$$\dot{I}_{VW}=\frac{\dot{U}_{VW}}{Z_{VW}}$$

$$\dot{I}_{WU}=\frac{\dot{U}_{WU}}{Z_{WU}}$$

流过各相线的电流称为线电流，各线电流可根据基尔霍夫定律求得，分别为

$$\dot{I}_{U}=\dot{I}_{UV}-\dot{I}_{WU}$$

$$\dot{I}_{V}=\dot{I}_{VW}-\dot{I}_{UV}$$

$$\dot{I}_{W}=\dot{I}_{WU}-\dot{I}_{VW}$$

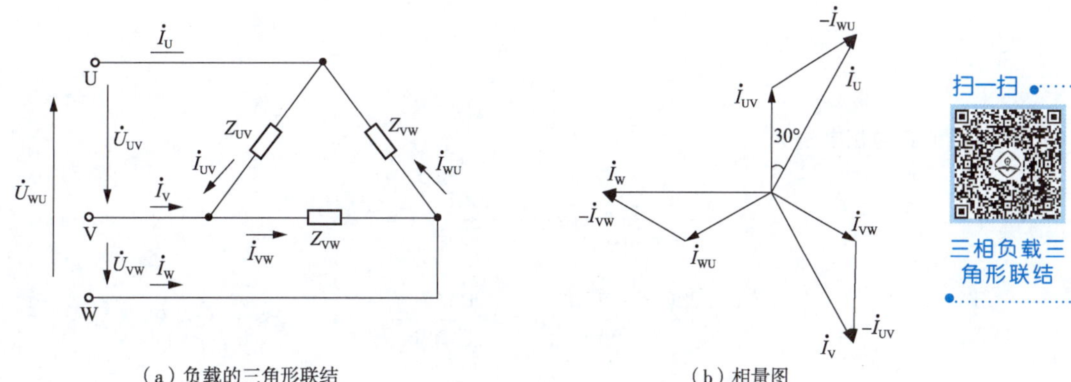

（a）负载的三角形联结　　（b）相量图

图 3-45　负载的三角形联结及电压、电流相量图

如果三相负载对称，即

$$Z_{UV}=Z_{VW}=Z_{WU}=Z$$

则各相负载电流为

$$\dot{I}_{UV}=\frac{\dot{U}_{UV}}{Z_{UV}}=\frac{\dot{U}_{UV}}{Z}$$

$$\dot{I}_{VW}=\frac{\dot{U}_{VW}}{Z_{VW}}=\frac{\dot{U}_{VW}}{Z}=\frac{\dot{U}_{UV}\angle-120^\circ}{Z}=\dot{I}_{UV}\angle-120^\circ$$

$$\dot{I}_{WU}=\frac{\dot{U}_{WU}}{Z_{WU}}=\frac{\dot{U}_{WU}}{Z}=\frac{\dot{U}_{UV}\angle 120^\circ}{Z}=\dot{I}_{UV}\angle 120^\circ$$

也是一组对称的正弦量，相量图如图 3-45（b）所示。从相量图可求得各线电流为

$$\begin{cases}\dot{I}_{U}=\dot{I}_{UV}-\dot{I}_{WU}=\sqrt{3}\dot{I}_{UV}\angle-30^\circ\\ \dot{I}_{V}=\dot{I}_{VW}-\dot{I}_{UV}=\sqrt{3}\dot{I}_{VW}\angle-30^\circ\\ \dot{I}_{W}=\dot{I}_{WU}-\dot{I}_{VW}=\sqrt{3}\dot{I}_{WU}\angle-30^\circ\end{cases}\tag{3-50}$$

可见，对称三相负载三角形联结时，线电流也是一组对称的正弦量，且线电流的有效值等于相电流的 $\sqrt{3}$ 倍，相位滞后于相应的相电流 30°。线电流和相电流的大小关系通常记为

$$I_{L}=\sqrt{3}I_{P}$$

应该指出，负载三角形联结时，总有线电流

$$\dot{I}_{U}+\dot{I}_{V}+\dot{I}_{W}=0$$

根据三相电源和三相负载各自的连接方式，可构成Y-Y联结、Y-△联结、△-△联结以及△-Y联结等各种连接方式的三相电路。

例 3-13 三相四线制电路如图 3-44（a）所示，负载各相阻抗分别为 $Z_U=(6+j8)\ \Omega$，$Z_V=(8+j6)\ \Omega$，$Z_W=(3-j4)\ \Omega$，电源线电压为 380 V，求各相电流及中性线电流。

解 电源星形联结，则有

$$U_P=\frac{U_L}{\sqrt{3}}=220\ \mathrm{V}$$

设

$$\dot{U}_U=220\angle 0^\circ\ \mathrm{V}$$

则各相负载的相电流为

$$\dot{I}_U=\frac{\dot{U}_U}{Z_U}=\frac{220\angle 0^\circ}{(6+j)8}\ \mathrm{A}=\frac{220\angle 0^\circ}{10\angle 53.1^\circ}\ \mathrm{A}=22\ \angle -53.1^\circ\ \mathrm{A}$$

$$\dot{I}_V=\frac{\dot{U}_V}{Z_V}=\frac{220\angle -120^\circ}{(8+j)6}\ \mathrm{A}=\frac{220\angle -120^\circ}{10\angle 36.9^\circ}\ \mathrm{A}=22\angle -156.9^\circ\ \mathrm{A}$$

$$\dot{I}_W=\frac{\dot{U}_W}{Z_W}=\frac{220\angle 120^\circ}{3-j4}\ \mathrm{A}=\frac{220\angle 120^\circ}{5\angle -53.1^\circ}\ \mathrm{A}=44\angle 175.1^\circ\ \mathrm{A}$$

中性线电流为

$$\begin{aligned}\dot{I}_N&=\dot{I}_U+\dot{I}_V+\dot{I}_W\\&=(22\angle -53.1^\circ+22\angle -156.9^\circ+44\angle 175.1^\circ)\ \mathrm{A}\\&=(13.2-j17.6-20.2-j8.6-43.8+j3.8)\ \mathrm{A}\\&=(-50.8-j22.4)\ \mathrm{A}\\&=55.5\angle -156.2^\circ\ \mathrm{A}\end{aligned}$$

三、对称三相电路的分析

对称三相电路是指一组（或多组）对称三相电源通过对称的输电线接到一组（或多组）对称三相负载组成的三相电路。前面讨论的有关正弦交流电路的基本理论、基本定律和分析方法对三相正弦交流电路仍然适用。

图 3-46 是对称三相四线制电路。图中电源或负载都只有一组，电源电压 $\dot{U}_U$、$\dot{U}_V$、$\dot{U}_W$ 对称。其中，输电线阻抗 Z_L、中性线阻抗 Z_N、负载阻抗 $Z_U=Z_V=Z_W=Z$ 均对称。电路中只有两个节点，故用弥尔曼定理较方便。

扫一扫

对称三相电路的分析

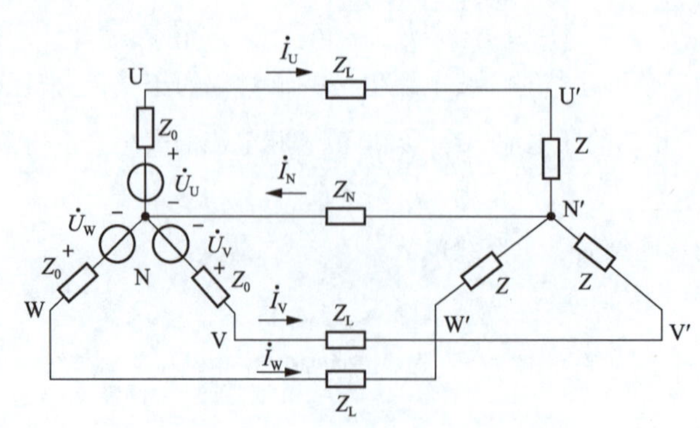

图 3-46 对称三相四线制电路

根据弥尔曼定理，电路的中性点电压为

$$\dot{U}_{N'N}=\frac{\dfrac{\dot{U}_U}{Z_U+Z_L}+\dfrac{\dot{U}_V}{Z_V+Z_L}+\dfrac{\dot{U}_W}{Z_W+Z_L}}{\dfrac{1}{Z_U+Z_L}+\dfrac{1}{Z_V+Z_L}+\dfrac{1}{Z_W+Z_L}+\dfrac{1}{Z_N}}=\frac{\dfrac{1}{Z_L+Z}(\dot{U}_U+\dot{U}_V+\dot{U}_W)}{\dfrac{3}{Z_L+Z}+\dfrac{1}{Z_N}} \tag{3-51}$$

因为 $\dot{U}_U+\dot{U}_V+\dot{U}_W=0$，故 $\dot{U}_{N'N}=0$，即负载中性点 N 与电源中性点 N′等电位，因而中性线电流为

$$\dot{I}_N=\frac{\dot{U}_{N'N}}{Z_N}=0$$

所以，三相负载对称时，中性线不起作用，将中性线断开或者短路对电路都没有影响。负载各相电流（也等于线电流）分别为

$$\dot{I}_U=\frac{\dot{U}_U-\dot{U}_{N'N}}{Z_L+Z}=\frac{\dot{U}_U}{Z_L+Z}$$

$$\dot{I}_V=\frac{\dot{U}_U-\dot{U}_{N'N}}{Z_L+Z}=\frac{\dot{U}_V}{Z_L+Z}=\dot{I}_U\angle-120^\circ$$

$$\dot{I}_W=\frac{\dot{U}_W-\dot{U}_{N'N}}{Z_L+Z}=\frac{\dot{U}_W}{Z_L+Z}=\dot{I}_U\angle120^\circ$$

负载各相电压分别为

$$\dot{U}_{U'N'}=Z\dot{I}_U$$

$$\dot{U}_{V'N'}=Z\dot{I}_V=\dot{U}_{U'N'}\angle-120^\circ$$

$$\dot{U}_{W'N'}=Z\dot{I}_W=\dot{U}_{U'N'}\angle120^\circ$$

负载各线电压分别为

$$\dot{U}_{U'V'}=\dot{U}_{U'N'}-\dot{U}_{V'N'}$$

$$\dot{U}_{V'W'}=\dot{U}_{V'N'}-\dot{U}_{W'N'}=\dot{U}_{U'V'}\angle-120^\circ$$

$$\dot{U}_{W'U'}=\dot{U}_{W'N'}-\dot{U}_{U'N'}=\dot{U}_{U'V'}\angle120^\circ$$

由以上分析可知，对称三相星形电路具有下列一些特点：

（1）中性线不起作用。电路中虽然存在中性线阻抗 Z_N，但由于三相星形电路具有对称性，结果 $\dot{U}_{N'N}=0$，$\dot{I}_N=0$。所以，在对称三相电路中，不论有无中性线，中性线阻抗为何值，对电路都没有影响。

（2）对称三相星形电路中，各相独立，彼此互不相关，每相的电流、电压只决定于本相电压和负载，而与其他相无关。

（3）三相的电流、电压都是和电源电压同相序的对称量。

根据上述对称三相星形电路的特点，可以进一步研究对称三相电路的一般解法，即单相法。单

相法可归纳以下几点：

（1）用等效星形联结的对称三相电源的线电压代替原电路的线电压；根据负载的星形和三角形的等效互换，将电路中三角形联结的负载，用等效星形联结的负载代换。

（2）用中性线将电源中性点和负载中性点连接起来，使电路成为对称的三相四线制电路。

（3）取出一相电路，单独分析计算。

（4）根据对称性求出其余两相的电流和电压。

（5）求出三角形联结负载的各相电流。

四、三相电路的功率

1. 有功功率

在三相电路中，三相负载的总有功功率等于各相负载的有功功率之和，即

$$P = P_U + P_V + P_W = U_U I_U \cos\varphi_U + U_V I_V \cos\varphi_V + U_W I_W \cos\varphi_W$$

式中，U_U、U_V、U_W 分别为各相负载的相电压；I_U、I_V、I_W 分别为各相负载的相电流；$\cos\varphi_U$、$\cos\varphi_V$、$\cos\varphi_W$ 分别为各相负载的功率因数。

在对称三相电路中，各相负载的有功功率相等，即

$$U_U I_U \cos\varphi_U = U_V I_V \cos\varphi_V = U_W I_W \cos\varphi_W = U_P I_P \cos\varphi_P \tag{3-52}$$

三相总有功功率为

$$P = P_U + P_V + P_W = 3U_P I_P \cos\varphi_P \tag{3-53}$$

式中，U_P 是相电压；I_P 是相电流；φ_P 是相电压与相电流之间的相位差，等于负载的阻抗角。

在对称三相电路中，无论负载接成星形还是三角形，总有

$$3U_P I_P = \sqrt{3}\,U_L I_L$$

总有功功率也可写为

$$P = \sqrt{3}\,U_L I_L \cos\varphi_P \tag{3-54}$$

式中，U_L 是线电压；I_L 是线电流，φ_P 仍然是相电压与相电流之间的相位差，等于负载的阻抗角。

2. 无功功率

三相负载的总无功功率为

$$Q = Q_U + Q_V + Q_W = U_U I_U \sin\varphi_U + U_V I_V \sin\varphi_V + U_W I_W \sin\varphi_W \tag{3-55}$$

在对称三相电路中有

$$Q_P = 3U_P I_P \sin\varphi_P = \sqrt{3}\,U_L I_L \sin\varphi_P \tag{3-56}$$

3. 视在功率

三相负载的总视在功率为

$$S = \sqrt{P^2 + Q^2}$$

三相负载对称的情况下，有

$$S = 3U_P I_P = \sqrt{3}\,U_L I_L \tag{3-57}$$

三相负载的总功率因数为

$$\lambda = \frac{P}{S} \tag{3-58}$$

例 3-14　有一三相负载，每相等效阻抗 $Z=(8+\mathrm{j}6)\ \Omega$，求下列两种情况下的有功功率和无功功率。(1) 连接成星形接于 $U_L=380$ V 三相电源上；(2) 连接成三角形接于 $U_L=220$ V 三相电源上。

解　(1) 三相负载接成星形接于 $U_L=380$ V 电源上时

$$U_P=\frac{U_L}{\sqrt{3}}=\frac{380}{\sqrt{3}}\ \mathrm{V}=220\ \mathrm{V}$$

$$I_P=I_L=\frac{U_P}{|Z|}=\frac{220}{\sqrt{8^2+6^2}}\ \mathrm{A}=22\ \mathrm{A}$$

由阻抗三角形可得

$$\cos\varphi_P=\frac{8}{\sqrt{8^2+6^2}}=0.8,\qquad \sin\varphi_P=0.6$$

所以

$$P=\sqrt{3}U_LI_L\cos\varphi_P=\sqrt{3}\times380\times22\times0.8\ \mathrm{W}=11.6\ \mathrm{kW}$$

$$Q=\sqrt{3}U_LI_L\sin\varphi_P=\sqrt{3}\times380\times22\times0.6\ \mathrm{var}=8.7\ \mathrm{kvar}$$

(2) 三相负载接成三角形接于 $U_L=220$ V 电源上时

$$U_P=U_L=220\ \mathrm{V}$$

$$I_L=\sqrt{3}I_P=\sqrt{3}\frac{220}{\sqrt{8^2+6^2}}\ \mathrm{A}=38.1\ \mathrm{A}$$

$$P=\sqrt{3}U_LI_L\cos\varphi_P=\sqrt{3}\times220\times38.1\times0.8\ \mathrm{W}=11.6\ \mathrm{kW}$$

$$Q=\sqrt{3}U_LI_L\sin\varphi_P=\sqrt{3}\times220\times38.1\times0.6\ \mathrm{var}=8.7\ \mathrm{kvar}$$

扫一扫

三相电路有功功率

4. 对称三相电路的瞬时功率

对称三相电路总瞬时功率可以表示为

$$p=p_U+p_V+p_W=u_Ui_U+u_Vi_V+u_Wi_W$$

在对称三相电路中，三相电压对称，三相电流也对称，所以将各相电压、电流瞬时值表达式代入上式，经过三角函数运算可得到总瞬时功率

$$p=\sqrt{3}U_LI_L\cos\varphi_P=3U_PI_P\cos\varphi$$

可见，在对称三相电路中，总瞬时功率是一个常量，而且正好等于总有功功率。

扫一扫

三相电路无功功率

5. 功率的测量

对于三相功率的测量要分为对称三相负载和不对称三相负载来说明。三相对称负载，可用一只功率表测出其中一相的功率，再乘以 3 就是三相总功率，这种方法称为一表法，如图 3-47 (a)所示。三相不对称负载的三相四线制电路中，可用三只单相功率表分别测出各相的功率，三相功率等于各功率表读数之和，这种方法称为三表法，如图 3-47 (b) 所示。

扫一扫

三相电路视在功率

在三相三线制电路中，无论负载是否对称，负载为星形或三角形联结，常用两表法测量三相总功率，如图 3-47 (c) 所示。

例 3-15　图 3-48 所示电路中，三相电动机的功率为 3 kW，电源的线电压为 380 V，$\cos\varphi=0.866$，求图中两功率表的读数。

解　由 $P=\sqrt{3}U_LI_L\cos\varphi$，可求得线电流为

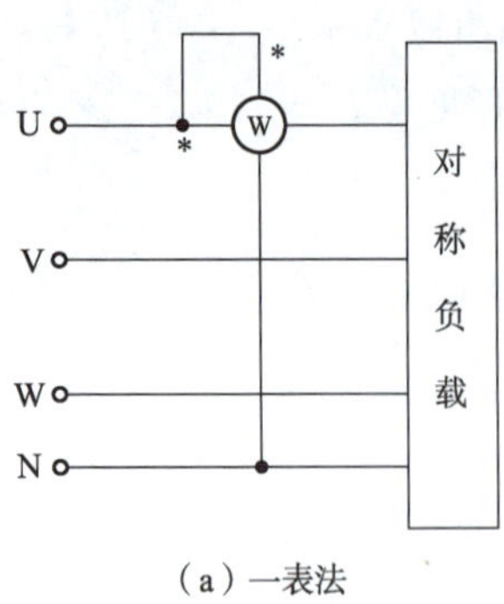

（a）一表法

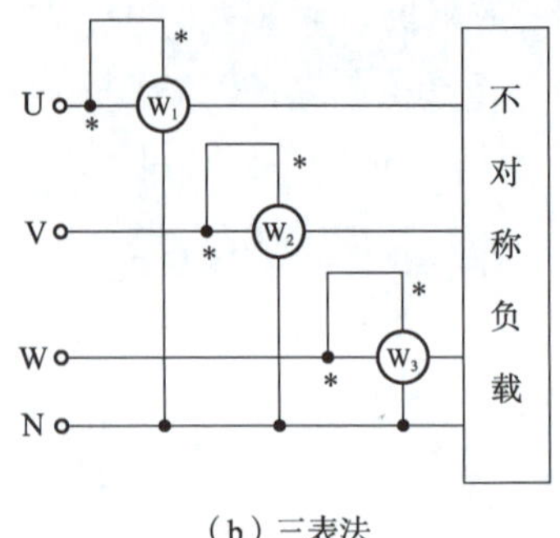

（b）三表法

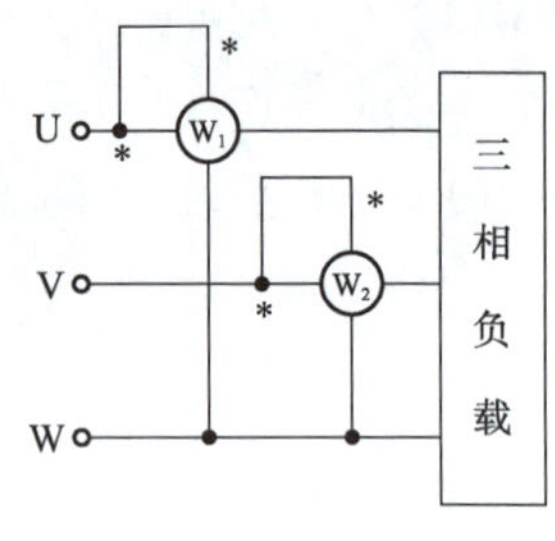

（c）两表法

图 3-47　三相功率的测量接线图

$$I_L = \frac{P}{\sqrt{3}U_L\cos\varphi} = \frac{3\times10^3}{\sqrt{3}\times380\times0.866}\ \text{A} = 5.26\ \text{A}$$

设

$$\dot{U}_U = \frac{380}{\sqrt{3}}\angle0^\circ\ \text{V} = 220\angle0^\circ\ \text{V}$$

而

$$\varphi = \arccos 0.866 = 30^\circ$$

所以

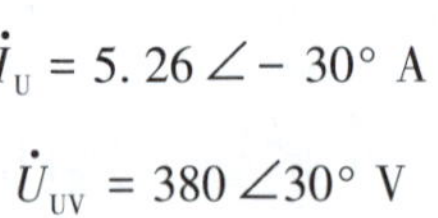

$$\dot{I}_U = 5.26\angle-30^\circ\ \text{A}$$

$$\dot{U}_{UV} = 380\angle30^\circ\ \text{V}$$

图 3-48　例 3-15 电路图

$$\dot{I}_W = 5.26\angle90^\circ\ \text{A}$$

$$\dot{U}_{WV} = -\dot{U}_{VW} = -380\angle-90^\circ\ \text{V} = 380\angle90^\circ\ \text{V}$$

功率表 W_1 的读数为

$$P_1 = U_{UV}I_U\cos\varphi_1 = 380\times5.26\cos[30^\circ-(-30^\circ)]\ \text{W} = 1\ \text{kW}$$

功率表 W_2 的读数为

$$P_2 = U_{WV}I_W\cos\varphi_2 = 380\times5.26\cos(90^\circ-90^\circ)\ \text{W} = 2\ \text{kW}$$

所以

$$P_1 + P_2 = (1+2)\ \text{kW} = 3\ \text{kW}$$

由上述计算结果可知，一般情况下，即使对称电路，两表法中的两表读数也是不相等的。

五、串联谐振

谐振现象是正弦交流电路中的一种特殊现象。最基本的谐振电路有 *RLC* 串联和并联谐振电路。

1. 串联谐振产生的条件及频率

由 *R*、*L*、*C* 组成的串联电路，在某一特定频率正弦电源激励下，端口电压与电流同相，发生谐振。这种串联电路的谐振，称为串联谐振。图 3-49 所示 *RLC* 串联谐振电路，端口接正弦电源。

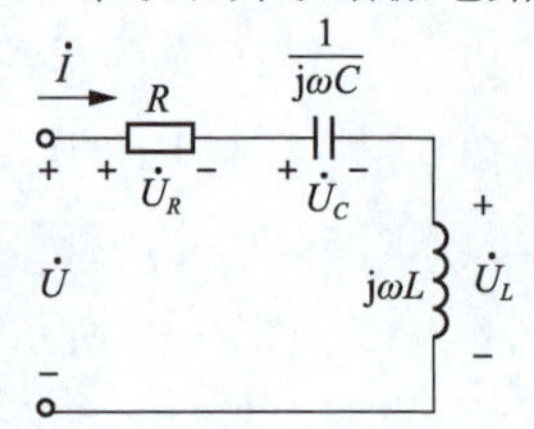

图 3-49　*RLC* 串联谐振电路

电路的阻抗为

$$Z = R + \mathrm{j}\left(\omega L - \frac{1}{\omega C}\right) = R + \mathrm{j}X = |Z|\angle\varphi$$

当

$$\omega_0 L - \frac{1}{\omega_0 C} \tag{3-59}$$

则 $X=0, \varphi=0, Z=R, \lambda=1$，端口电压 $\dot{U}$ 与电流 $\dot{I}$ 同相，电路呈阻性，电路发生 RLC 串联谐振。因此，式（3-59）为串联谐振发生的条件。发生谐振的角频率称谐振角频率，即

$$\omega_0 = \frac{1}{\sqrt{LC}} \tag{3-60}$$

谐振频率为

$$f_0 = \frac{1}{2\pi\sqrt{LC}} \tag{3-61}$$

式（3-61）表明，电路的谐振频率只由串联电路的元件参数 L、C 决定，而与电阻 R 无关，所以 ω_0 也是电路的一种参数。它反映了电路的固有特性，又称电路的固有角频率。

2. 串联谐振的特点、特性阻抗、品质因数

1）串联谐振的特点

RLC 串联电路谐振时，电路的阻抗最小，即 $Z=R$，在 U 为恒定时，电路中

$$\dot{I} = \frac{\dot{U}}{Z} = \frac{\dot{U}}{R}$$

此时，电流有效值可达极大值，且只决定于电阻值而与电感和电容值无关。

2）串联谐振的特性阻抗、品质因数

串联谐振时，电路的电抗 $X = \omega L - \dfrac{1}{\omega C} = 0$，但感抗 X_l 和容抗 X_c 均不为零，且 $X_l = X_c$。

由于谐振时

$$\omega_0 = \frac{1}{\sqrt{LC}}$$

则谐振时的感抗和容抗皆为

$$X_L = X_C = \omega_0 L = \frac{1}{\omega_0 C} = \sqrt{\frac{L}{C}} = \rho \tag{3-62}$$

式中，ρ 称为特性阻抗，单位为 Ω，它的大小由电路的参数 L 和 C 来决定，而与谐振的频率大小无关。

ρ 是衡量电路特性的一个重要参数。在工程中，通常用电路的特性阻抗 ρ 与电路的电阻 R 比值来表征谐振电路的性质，此值用 Q 表示，称为串联谐振电路的品质因数，即

$$Q = \frac{\rho}{R} = \frac{\omega_0 L}{R} = \frac{1}{\omega_0 CR} = \frac{1}{R}\sqrt{\frac{L}{C}} \tag{3-63}$$

可见品质因数 Q 是由元件参数 R、L、C 决定的一个重要参数。

在引入品质因数这个概念后，电路发生串联谐振时，电感与电容两端的电压可表示为

$$U_L=\omega_0 LI=\frac{\omega_0 L}{R}U=QU \tag{3-64}$$

$$U_C=\frac{1}{\omega_0 C}I=\frac{1}{\omega_0 CR}U=QU \tag{3-65}$$

即

$$U_L=U_C=QU \tag{3-66}$$

由式（3-66）可知，电感与电容上的电压的有效值都是电源电压的 Q 倍。在无线电通信技术中的串联谐振电路，一般 $R \ll \rho$，Q 值可达到几十到几百。因此谐振时电感或电容的电压可达到激励电压的几十到几百倍，所以串联谐振又称电压谐振。

例 3-16 如图 3-49 所示的 RLC 串联谐振电路，已知 $R=5\ \Omega$，$C=0.1\ \mu F$，$L=4\ mH$，电源电压是有效值为 100 V 的等幅变频的正弦交流电压。试求：（1）谐振频率 f_0；（2）电路的品质因数 Q；（3）谐振时电感和电容两端的电压 U_L 和 U_C。

解 （1）谐振时电源的角频率为

$$\omega=\omega_0=\frac{1}{\sqrt{LC}}=\frac{1}{\sqrt{4\times10^{-3}\times0.1\times10^{-6}}}\ \text{rad/s}=5\times10^4\ \text{rad/s}$$

谐振频率为

$$f_0=\frac{\omega_0}{2\pi}=\frac{5\times10^4}{6.28}\ \text{Hz}=7.96\times10^3\ \text{Hz}$$

（2）电路品质因数为

$$Q=\frac{\omega_0 L}{R}=\frac{5\times10^4\times4\times10^{-3}}{5}=40$$

（3）谐振时电容和电感的电压分别为

$$U_C=U_L=QU=40\times100\ \text{V}=4\ 000\ \text{V}$$

六、动力线路

动力线路的安装和维修要求比室内照明更高，以确保设备与人身的安全及生产的正常进行。

1. 动力线路的基本知识

动力线路中最常用的设备有电动机、电焊机、电炉、电烘箱以及电动工具等。主要由用电设备、供电线路、控制系统和保护装置组成，一般为 500 V 以下交流三相电源。动力线路广泛应用于工矿企业、车间与工厂中，但不同的使用环境对动力线路有不同的要求，并随着环境保护的要求不断提高。

2. 动力线路的技术要求

（1）使用不同电价的用电设备，其线路应分开安装，如动力线路与照明线路、电热线路；使用相同电价的用电设备，允许安装在同一线路上。如小型单相电动机和小容量单相电炉允许与照明线路共用。安装线路时，还应考虑到检修和事故照明的需要。

（2）不同电压和不同电价的线路应有明显区别，安装在同一块配电板上时，应用文字注明，便于维修。

（3）低压网络中，严禁利用大地作为中性线，即禁止采用三相一地、两线一地和一线一地制线路。

（4）布线应采用绝缘电线，其绝缘电阻有如下规定：相线对大地或对中性线之间应不小于 0.22 MΩ；相线对相线之间应不小于 0.38 MΩ；在潮湿、具有腐蚀性气体或水蒸气的场所，导线的绝缘电阻允许适当降低一些。

（5）线路上安装熔断器的部位，一般规定设在导线截面减小的线段或线路的分支处。

3. 低压配电箱的分类

低压配电箱分为照明配电箱和动力配电箱两类，按其制造方式又分为自制配电箱和成套配电箱两类。

自制配电箱有明式和暗式两种。配电箱由盘面和箱体两大部分组成。盘面的制作以整齐、美观、安全及便于检修为原则。箱体的尺寸主要取决于盘面的尺寸。

成套配电箱是制造厂按一定的配电系统方案进行生产的，用户只能根据制造厂提供的方案进行选用。

4. 动力线路的检查和检修

1）动力线路的日常检查

专职人员必须经常检查以下各项内容：

（1）是否有盲目增加用电装置或擅自拆卸用电设备、开关和保护装置等现象。

（2）是否有擅自更换熔体的现象，是否有经常烧断熔体或保护装置不断动作的现象。

（3）各种电气设备、用电器具和开关保护装置结构是否完整，外壳是否破损，运行是否正常，控制是否失灵，是否存在过热现象等。

（4）各处接地点是否完整，接点是否松动或脱落，接地线是否发热、断裂或脱落。

（5）线路的各支持点是否松动或脱落，导线绝缘层是否破损，修复绝缘层的地方是否完整，导线或接点是否过热，接点是否松动等。同时，应经常在干线和主要支线上，用钳形电流表测试电流通量，检查三相电流是否平衡，是否存在过电流现象。

（6）线路内的所有电气装置和设备，是否有受潮和受热现象。

（7）在正常用电情况下，是否存在耗电量明显增加及建筑物和设备外壳带电现象。

如果发现上述任何一项异常现象，应及时采取措施予以排除。

2）运行检查

通常用钳形电流表来检查用电设备每相的耗电情况，从而判断运行是否正常。

3）定期维修

定期维修应包括定期检查的项目，如每隔半年或一年测量一次线路和设备的绝缘电阻，每隔一年测量一次接地电阻等。

定期维修的主要内容如下：

（1）更换和调整线路的导线。

（2）增加或更新用电设备和装置。

（3）拆换部分或全部线路和设备。

(4) 更换接地线或接地装置。

(5) 变更或调整线路走向。

(6) 对部分或整个线路重新紧线，酌情更换部分或全部支持点。

(7) 调整布线形式或用电设备的布局。

(8) 更换或合并进户点。

4) 动力线路常见故障和检修

(1) 短路故障。短路可分为相间短路和相对地短路两类，相对地短路又分为相线与中性线间短路和相线与大地间短路两种。

(2) 断路故障。线路存在断路，线路就无法正常运行。造成断路故障的原因通常有以下几方面：

①导线线头连接点松散或脱落。

②小截面的导线被动物咬断。

③导线因受外物撞击或勾拉等机械损伤而断裂。

④小截面的导线因严重过载或短路而烧断。

⑤单股小截面导线因质量不佳或因安装时受到损伤，其绝缘层内的线芯断裂。

⑥活动部分的连接线因机械疲劳而断裂。

断路故障的排除，应根据故障的具体原因，采取相应措施使线路接通。

(3) 漏电故障。若线路中有部分绝缘体轻度损坏，就会形成不同程度的漏电。引起漏电的主要原因有以下几方面：

①线路和设备的绝缘老化或损坏。

②线路装置安装不符合技术要求。

③线路和设备因受潮、受热或受化学腐蚀而降低了绝缘性能。

④修复的绝缘层不符合要求或修复层绝缘带松散。

(4) 发热故障。线路导线的发热或连接点的发热，其故障原因通常有以下几方面：

①导线规格不符合技术要求，若截面过小便会出现导线过载发热的现象。

②用电设备的容量增大而线路导线没有相应地增大截面。

③线路、设备和各种装置存在漏电现象。

④单根载流导线穿过具有环状的磁性金属，如钢管之类等。

⑤导线连接点松散，因接触电阻增加而发热。

发热故障的现象比较明显，造成故障的原因也较简单，针对故障原因采取相应的措施，易于排除。

七、接地与接零

在电能广泛使用的今天，常会遇到这样的触电事故：人体经常与用电设备的金属结构相接触，如电气设备某处绝缘损坏，使外壳带电或由于某些意外事故，使不应带电的金属外壳带电，一旦人体触及电气绝缘损坏的外壳，就可能发生触电事故。解决这类问题最常用的保护措施就是保护接地和接零。另外，根据电气系统或设备的正常工作的需要也要接地。

1. 接地概述

电气设备的某部分用金属与大地做良好的电气连接，称为接地。埋入地中并直接与大地接触的金属导体，称为接地体。连接设备接地部分与接地体的金属导线，称为接地线。接地体和接地线的总和，称为接地装置。

1）电气设备接地的目的

由于电气设备某处绝缘损坏而使外壳带电，一旦人触及设备带电的外壳就会造成对人员的触电伤害。如果没有接地装置，接地电流将同时沿着接地体和人体两条通路流过。接地电阻越小，流经人体的电流也就越小。

2）接地电阻

接地电阻是指电流从埋入地中的接地体流向周围土壤时，接地体与大地远处的电位差与该电流之比，而不是接地体的表面电阻。

2. 接地类型和作用

1）接地类型

（1）工作接地。为了保证电气设备在正常和事故情况下可靠地工作而进行的接地称为工作接地。如变压器和发电机的中性点直接或经消弧线圈的接地、防雷系统的接地等。工作接地有利于安全，当电气设备有一相对地漏电时，其他两相对地电压是相电压，若没有工作接地，则其他两相对地电压是线电压。工作接地示意图如图 3-50 所示。

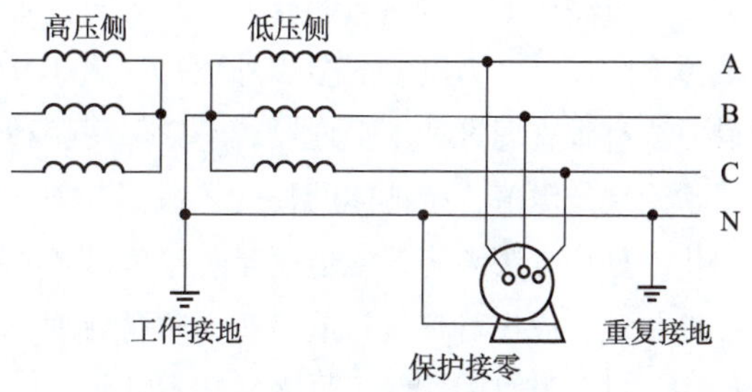

图 3-50　工作接地示意图

（2）保护接地。在中性点不接地的低压系统中，将电气设备在正常情况下不带电的金属外壳和埋入地下接地体之间做良好的金属连接，称为保护接地。接地电阻等于接地体对地电阻和接地线电阻之和。根据安全规程规定，对 1 000 V 以下的系统，接地电阻一般不大于 4 Ω。当电气设备的金属外壳带电时，如果金属外壳没有保护接地，则外壳所带电压为电源线电压。采取保护接地后，因接地的电阻很小，故金属外壳的电位接近零电位，漏电电流绝大部分经过导体流入大地，通过人体的电流几乎为零，避免了触电的危险。

2）保护接零

发电机、变压器、电动机、电器的绕组中心以及带电源的串联回路中有一点，它与外部各接线端之间的电压的绝对值均相等，该点称为中性点或中点。当中性点接地时，该点称为零点。由中性点引出的导线称为中性线，由零点引出的导线称为零线。

3）防雷接地

防雷接地一般由接闪器、引下线、接地装置组成，作用是将雷电电荷分散引入大地，避免建筑物内部电气设备及人员遭受雷电侵害。

4）屏蔽接地

屏蔽接地的定义：为使干扰电场在金属屏蔽层感应所产生的电荷导入大地，而将金属屏蔽层接地。

5）专用电子设备的接地

如医疗设备、电子计算机的接地。电子计算机的接地主要有：直流接地（即计算机逻辑电路、运算单元、CPU 等单元的直流接地，又称逻辑接地）和安全接地；此外，还有一般电子设备的信号接地、安全接地、功率接地（即电子设备中所有继电器、电动机、电源装置、指示灯等的接地）等。

3. 保护接地和保护接零的适用范围

对于以下电气设备的金属部分均应采取保护接地或者保护接零措施：

（1）电机、变压器、电器、照明器具、携带式及移动式用电器的底座和外壳；

（2）电气设备的传动装置；

（3）配电屏与控制屏的框架；

（4）室内外配电装置的金属架构和钢筋混凝土的架构，以及靠近带电部分的金属挡、金属门；

（5）交流电力电缆的接线盒、终端盒的外壳，以及电缆的金属外皮、穿线的钢管等。

4. 接地、接零装置的基本要求

1）接地体

为了节约钢材，减少施工费用，降低接地电阻，交流电气设备的接地装置应尽可能利用自然接地体。自然接地体包括与地有可靠连接的各种金属结构、管道、钢筋混凝土建筑物基础中的钢筋以及地下敷设的电力电缆的金属外皮等。人工接地体多采用钢管、角钢、扁钢、圆钢制成，其基本埋设方法有垂直埋设和水平埋设。不论采用哪种形式的接地体，最根本的是满足接地电阻的要求。为了达到规定阻值，接地体的长度、截面、埋入深度等都有一定的要求。对于高电阻率的土壤，需采用化学处理方法来降低接地电阻。接地体还必须满足热稳定性的要求。敷设在腐蚀性较强的场所的接地装置，应进行热镀锌或热镀锡防腐处理。接地体的连接一般用一定截面的钢材焊接，以防在接地体通过电流时因接触不良而发热损坏。

2）接地线

接地线包括接地干线和支线，也有自然接地线和人工接地线之分。在有条件的地方尽量采用自然接地线。自然接地线可采用建筑物的金属结构、配线钢管、电力电缆的金属外皮以及不会引起燃烧和爆炸的金属管道。为了保证接地线的全长为完好的电气通路，在管接头、接线盒以及仅需构件铆接的地方，都要采用跨接线连接。跨接线连接一般采用焊接。对人工接地线的要求除了电气连接可靠外，还要有一定的机械强度。接地干线与接地体之间，至少要有两处的连接。为了保证安全可靠，电气设备的接地支线应单独与干线连接，不许采用串联。当不同用途、不同电压的电气设备共用同一接地装置时，其接地电阻应满足最小值的要求。

3）接零线

在保护接零系统中，零线起着非常重要的作用。此外，在三相四线制中，零线还起着使负荷的三相相电压平衡的作用。尽管有重复接地，也要防止零线断裂。零线的截面选择要适当，要考虑三相不平衡时通过零线的电流密度，还要使零线有足够的机械强度。零线的连接应牢固可靠、接触良好。零线的连接线与设备的连接应用螺栓压接。所有电气设备的接零线，均应以并联方式接在零线上，不允许串联。在零线上禁止安装熔断器或单独的断流开关。在有腐蚀性物质的环境中，为了防止零线的腐蚀，应在其表面涂必要的防腐涂料。

5. 各种接地电阻值的要求

在 1 kV 以下的低压配电系统中，各种接地电阻值要求如下：

（1）工作接地通常分为交流工作接地、直流工作接地，一般要求交流工作接地装置的接地电阻小于 4 Ω；直流工作接地的接地电阻应按设备的说明书要求做，电阻值一般为 4Ω 以下。

（2）电气设备的安全保护接地一般要求其接地装置的电阻小于 4 Ω。

（3）重复接地要求其接地装置的电阻小于 10 Ω。

（4）一、二类建筑防直接雷的接地体电阻小于 10 Ω，防感应雷的接地体电阻小于 5 Ω，三类建筑的防雷接地电阻小于 30 Ω。

（5）屏蔽接地一般要求其接地电阻在 10 Ω 以下。

（6）如果采用基础梁形式的自然接地体，一般地下梁体长度超过 63 m 可满足接地电阻 4 Ω 要求。

（7）电子设备接地与防雷接地、交流工作接地、直流工作接地、安全保护接地共用一组接地装置时，接地装置的接地电阻值必须按接入设备中要求的最小值确定。

任务实施

一、任务说明

某电气施工设计院根据客户委托要求为某工厂车间进行三相动力配电线路的设计、安装及通电调试。

对于工厂企业、住宅楼、办公楼等场所的三相动力线路，引三相电入厂都需要对每相负载先进行平衡配电处理。

1. 入配电房

进入配电房的应为三相电，经过用户变压器进行转换，最后由用户变压器的二次侧输出的电源才会被用户使用，如图 3-51 所示。

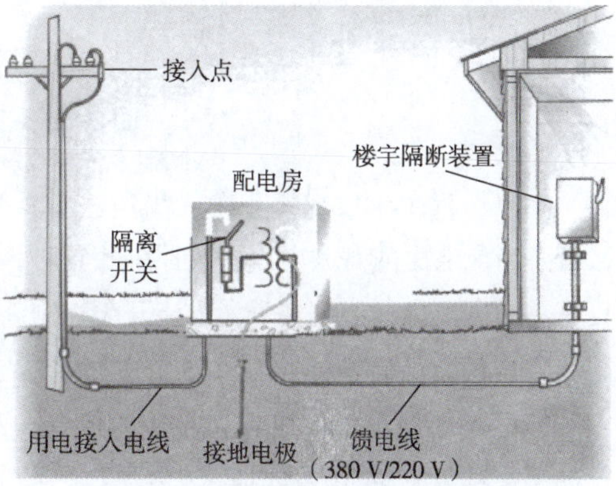

接入点
楼宇隔断装置
配电房
隔离开关
用电接入电线
接地电极
馈电线（380 V/220 V）

图 3-51　三相电入配电房示意图

1）配电房的接地

在接入变电站输出的三相电时，还要考虑电源系统的接地。下面以常用的 TN-C-S 供电系统为例设计三相电进入配电房，如图 3-52 所示。

接电入户实际接线示意图如图 3-53 所示。

标准接地电极为直径 9 mm、12. 5 mm 或 15 mm 铜包钢或 16 mm 不锈钢，接地电极的标准长度为 1. 2 m 或 1. 5 m。

2）配电房内设备安装时的注意事项

在配电房内安装配电柜时，配电柜与绝缘体之间的安全距离不小于 1. 1 m，配电柜与墙壁间的安全距离不小于 1. 1 m，配电柜与配电柜之间的安全距离不小于 1. 5 m；配电设备有通风要求的，其通风口与墙壁间的距离不小于 0. 8 m；两个配电柜相对放置时，其距离不小于 1. 5 m，使用时不能同时打开两个面板。

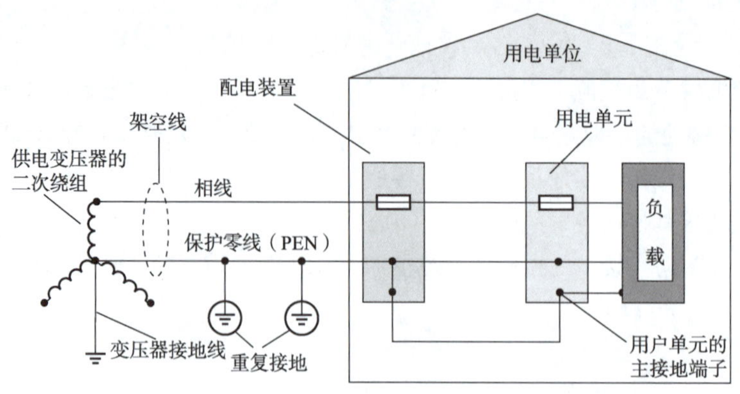

图 3-52　TN-C-S 系统供电入户示意图

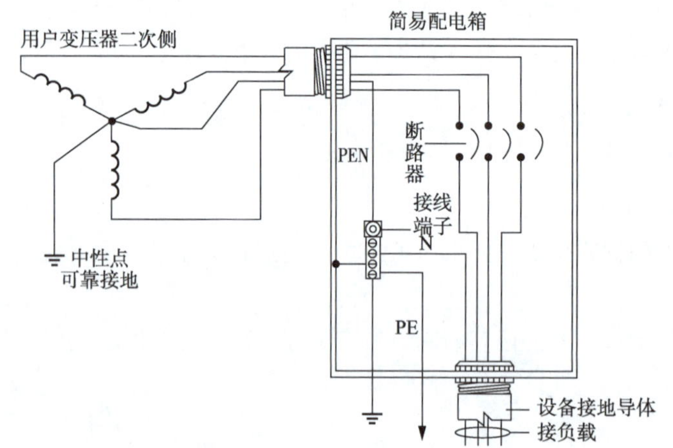

图 3-53　接电入户实际接线示意图

配电房内至少应设置一个进出口。对于有超大电流设备时，要保证有一个宽 0.8 m、高 1.9 m 的通道。当配电房内有大电流开关控制装置时，必须保证进出口的通畅，没有任何障碍物。如果配电房内只有一个进出口，但有多个大电流开关控制装置时，要保证两个控制装置之间的距离不小于 2.5 m，控制装置与门口的距离不小于 1.5 m。

配电房内的设备应放置在合适的位置，以便于操作，同时还应有良好的通风和照明，还可安装自动灭火装置，如图 3-54 所示。

3）平衡配电

所谓配电就是为用户、负载分配合适的电源。配电时要平衡三相的负载。但平衡配电并不是绝对的，只要大致相等即可。例如，某一配电房为四个单相用户供电，可按用户负荷的大小平均分配，如图 3-55 所示。

2. 配电柜内的元器件

以某企业的配电房为例，配电柜内通常会有隔离开关、浪涌保护器、断路器、漏电保护器、电流互感器、电压表、电流表等。

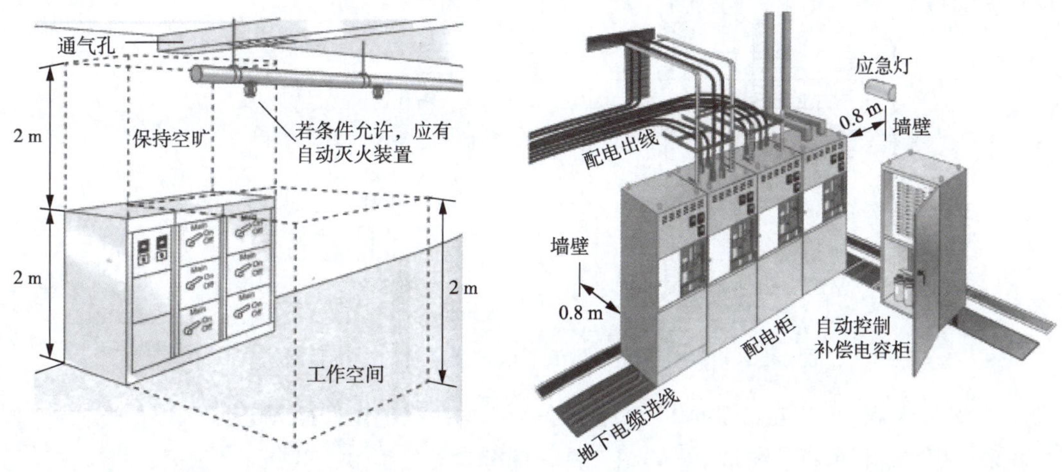

图 3-54　配电房内电气装置布置图

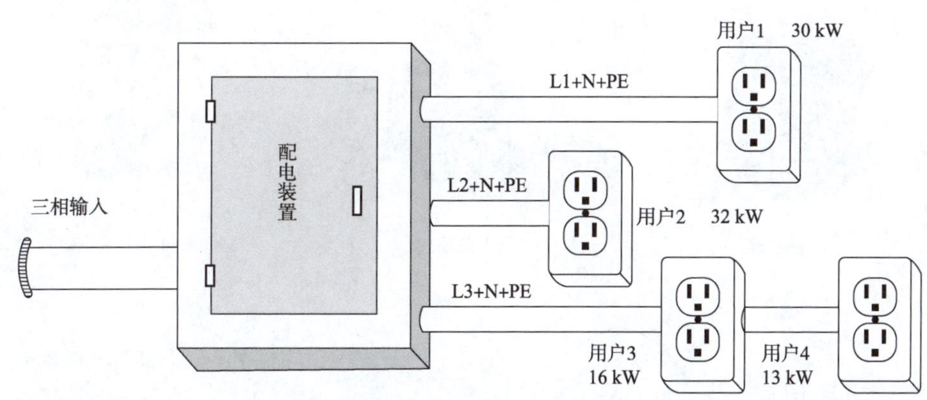

图 3-55　平衡配电示意图

（1）隔离开关。隔离开关是高压开关电器中使用最多的一种电器，它是一种没有灭弧装置的开关设备，不能切断负荷电流及短路电流，主要用来断开无负荷电流的电路，隔离电源，如图 3-56 所示。

（2）浪涌保护器。又称防雷器，如图 3-57 所示，是一种为各种电子设备、仪器仪表、通信线路提供安全防护的电子装置。

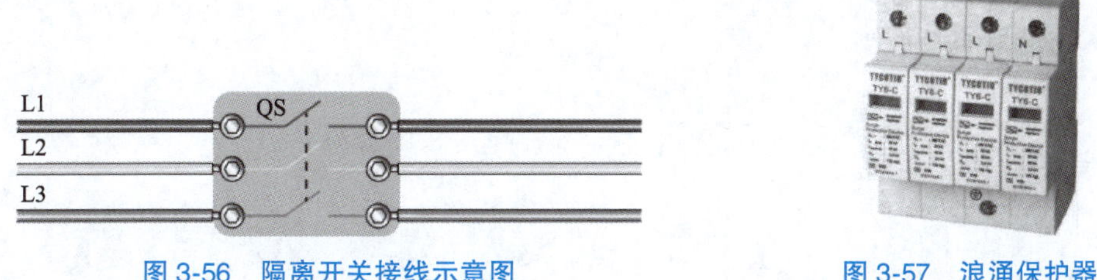

图 3-56　隔离开关接线示意图　　图 3-57　浪涌保护器

浪涌保护器可在相线与中性线、相线与保护线、中性线与保护线间连接。如图 3-58 所示为 TN-C-S 系统中浪涌保护器连接的电路原理图。

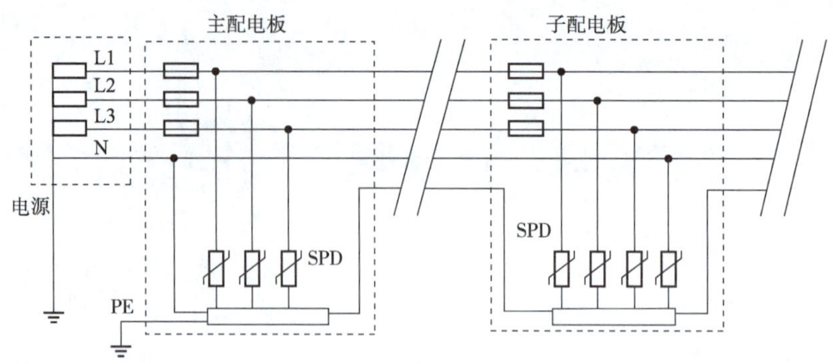

图 3-58　TN-C-S 系统中浪涌保护器连接的电路原理图

（3）电流互感器。电流互感器的作用是把数值较大的一次电流通过一定的变比转换为数值较小的二次电流，用来进行保护、测量等。电流互感器的分类方法很多，可分为母线式、贯穿式、导管式与支柱式，也可分为线绕式、条形式、窗口式，如图 3-59 所示。

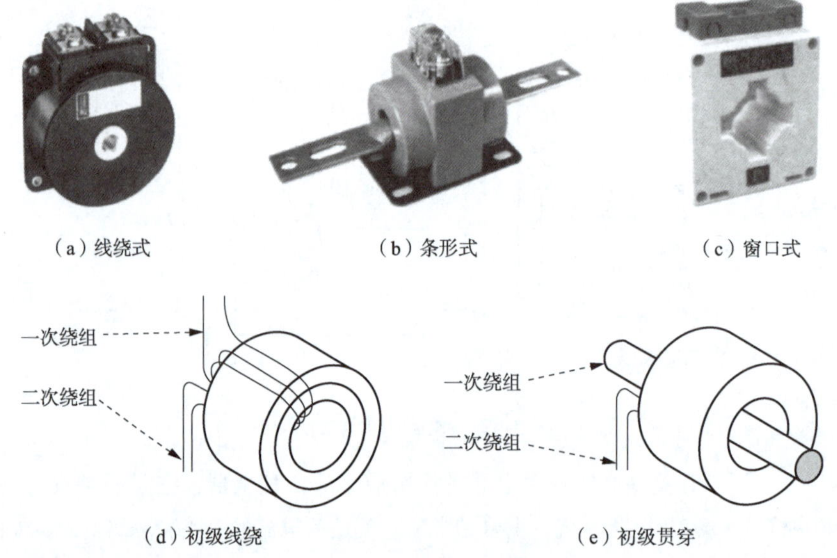

图 3-59　电流互感器

电流互感器使用时的注意事项：

①电流互感器的接线应遵守串联原则，即一次绕组应与被测电路串联，而二次绕组则与所有仪表负载串联，如图 3-60 所示。

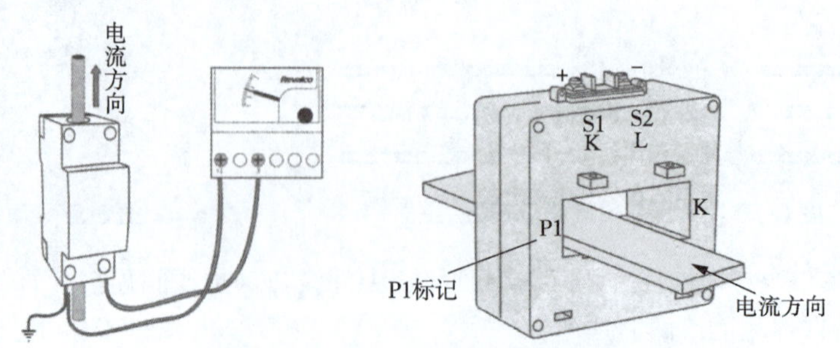

图 3-60　电流互感器的接线示意图

②按被测电流大小，选择合适的变化，否则误差将增大。同时，二次侧一端必须接地，以防绝缘一旦损坏时，一次侧高压窜入二次低压侧，造成人身和设备事故。

③二次侧绝对不允许开路。

④为了满足测量仪表、继电保护、断路器失灵判断和故障滤波等装置的需要，在发电机、变压器、出线、母线分段断路器、母线断路器、旁路断路器等回路中均设 2~8 个二次绕组的电流互感器。对于大电流接地系统，一般按三相配置；对于小电流接地系统，依具体要求按二相或三相配置。

3. 配电输出

配电输出是指将公共电网送来的电经变压器转换后合理地分配给最终用户，其输电过程如图 3-36 所示。

从配电房中输出的有两个电压等级，分别为 220 V 单相电和 380 V 三相电。如图 3-61（a）所示，只使用三相电中的任一相，引出一根相线和一根中性线，即可输出 220 V 单相电。如图 3-61（b）所示，直接从三相电引出三根相线和一根中性线，即可输出 380 V 三相电。

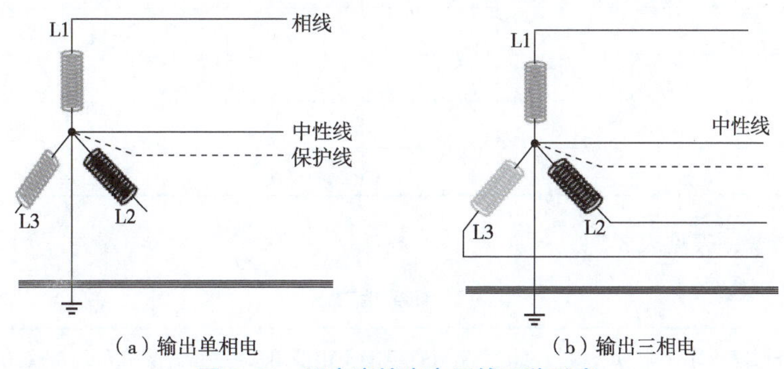

（a）输出单相电　　（b）输出三相电

图 3-61　配电房输出电压的两种形式

4. 恢复供电

当设备安装与调试完毕后，需要对设备进行恢复供电的安全操作。

二、任务评价

（1）评价标准见表 3-5。

表 3-5　评价标准

序号	主要内容	考核要求	评分标准	配分	扣分	得分
1	工业现场三相动力配电线路调试	能用万用表进行相关电量的测试	（1）采取方法错误，扣 5~20 分。 （2）操作步骤错误，扣 10~20 分	40		
2	导线的连接	导线的剖削、连接、绝缘的恢复	（1）采取方法错误，扣 5~20 分。 （2）操作步骤错误，扣 10~20 分	40		
3	团结协作	符合要求	小组成员分工协作不明确扣 5 分，成员不合作参与扣 5 分	10		
4	安全文明生产及 6S 执行力		（1）违反安全文明生产规程，扣 5~10 分。 （2）6S 执行力不到位，酌情扣 5~10 分	10		

续表

序号	主要内容	考核要求	评分标准	配分	扣分	得分
备注	除了定额时间外，各项内容的最高分不得超过配分		合计	100		
考评时间	开始时间		结束时间		考评员签字： 年 月 日	

（2）任务能力评价见表 3-6。

表 3-6 任务能力评价

组别	与人沟通能力 10%	团结协作能力 20%	方案设计能力 10%	自我学习能力 20%	信息处理能力 10%	解决问题的能力 20%	创新能力 10%	总评
第一组								
第二组								
第三组								
第四组								
第五组								

（3）任务能力总评表见表 3-7。

表 3-7 任务能力总评

组别	第一组对各组的评价结果	第二组对各组的评价结果	第三组对各组的评价结果	第四组对各组的评价结果	第五组对各组的评价结果	总评结果
第一组						
第二组						
第三组						
第四组						
第五组						

三、任务结束

按照 6S 现场管理规范，清理工作现场，清点作业工具，摆放到规定位置。

测试题

1. 已知对称三相正弦电压中 $\dot{U}_A = U\angle 20°$ V，写出：(1) $\dot{U}_B$、$\dot{U}_C$ 的相量表达式；(2) u_A、u_B、u_C 的瞬时值表达式。

2. 什么是正序？什么是负序？写出相量表达式并画出相量图。

3. 有 220 V、40 W 的电灯 9 个，应如何接入线电压为 380 V 的三相四线制电路？求负载在对称情况下的线电流。

4. 每相阻抗 $Z=(6+\mathrm{j}8)\ \Omega$ 的对称三相三角形联结的负载，接到电压为 380 V 三相电源，试求相电流和线电流，并画相量图。

5. 对称星形联结负载每相阻抗 $Z=(200+\mathrm{j}150)\ \Omega$，接到 380 V 对称三相正弦电源上，试求各相电流和线电流，并画出相量图。

6. 一台三相变压器的线电压为 6 600 V，线电流为 20 A，功率因数为 0.866。试求它的有功功率、无功功率和视在功率。

项目总结

本项目主要介绍了三相电路的基础知识，要求掌握三相对称电路电压、电流、功率的分析方法；通过动力线路的学习，能进行三相动力配电的设计与安装工作。

项目实训

实训一　室内照明电路安装

一、实训目的

（1）能正确识别照明器件与材料，并会检查好坏和正确使用。

（2）能根据控制要求和提供的器件，设计出控制原理图。

（3）学会照明电路各种线路敷设的装接与维修，掌握工艺要求。

二、实训准备

（1）电工刀、尖嘴钳、钢丝钳、剥线钳、螺钉旋具各 1 把；弯管和切管工具 1 套，手电钻 1 把。

（2）线芯截面积为 1 mm^2 和 2.5 mm^2 的单股塑料绝缘铜线（BV 或 BVV）若干；线槽、线管若干；塑料绝缘胶带若干；固定用材料等。

（3）照明器件：荧光灯管、荧光灯座、整流器、辉光启动器、白炽灯、白炽灯座、插座、单极断路器、两极漏电开关、计数开关、单控开关、双控开关、单相电能表、单相电动机、电容器、二极管、触摸开关、感应开关、熔断器等。

（4）电工常用仪表：万用表、兆欧表各 1 只。

三、实训内容

1. 电路功能要求

（1）本电路应有过负载、短路、漏电保护功能。

（2）能计算电路的有功功率。

（3）用一个开关控制所有负载。

（4）用一个开关控制三个白炽灯负载。

（5）用一个开关控制一盏荧光灯。

（6）有一个单相插座作为备用。

2. 电路的设计

（1）根据各项功能控制要求，画出原理图，如图 3-62 所示。

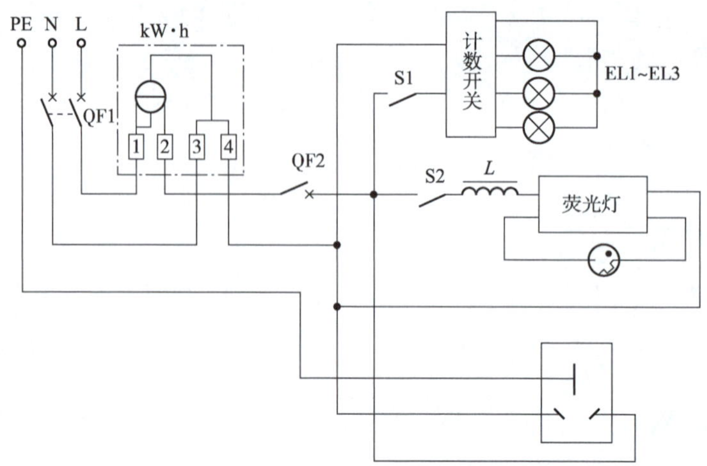

图 3-62　室内照明电路原理图

（2）原理图分析。合上 QF1 后，单相电能表得电，但并不转动，合上 QF2，此时电路进入通电状态，在插座的相线与中性线之间可以检测到 220 V 的相电压。第一次合上 S1 的时候，有一盏白炽灯发光，单相电能表铝盘旋转（从左向右转），计量开始；断开 S1，第二次合上 S1 时，有两盏白炽灯发光。由于两盏白炽灯同时发光，单相电能表铝盘的转速比刚才的速度快了一点；断开 S1，第三次合上 S1 时，三盏白炽灯同时发光，电能表铝盘的转速再次加快。合上 S2，荧光灯正常发光。

3. 选择元器件和导线

（1）空气断路器的选择。QF1 为 16 A、250 V 两极带漏电断路器；QF2 为 10 A、250 V 单极断路器。

（2）单相电能表的选择。5A、DT862 型单相电能表。

（3）开关的选择。S1、S2 为 10 A、250 V 一位单控开关。

（4）插座的选择。10 A、250 V 三极扁脚插座。

（5）计数器的选择。600 W、250 V 三路控制。

（6）导线选择。BV2.5 mm^2 铜单芯塑料绝缘导线；导线颜色有：红色、黑色、黄绿双色。

（7）白炽灯的选择。EL1、EL2、EL3 为 40 W、220 V。

（8）荧光灯的选择。20 W、220 V。

4. 安装

根据实验室现场条件情况，确定采用板面布线。能够在板面上安装出美观、符合要求的照明电路。

1）布局

根据电路图，确定各器件安装位置，要求符合要求、布局合理、结构紧凑、控制方便、美观大方。

2）固定器件

将选择好的器件固定在网孔板上，排列各个器件时必须整齐。固定的时候，先对角固定，再两边固定。要求可靠、稳固。

3）布线

先处理好导线，将导线拉直，消除弯、折，布线要横平竖直，转弯成直角，少交叉，多根线并拢平行走。在走线的时候牢记“左零右火”的原则。

4）接线

由上至下，先串后并；接线正确、牢固，敷线平直整齐，无露、反圈、压胶，绝缘性能好，外形美观。红色线接电源相线（L），黑色线接中性线（N），黄绿双色线专作地线（PE）；相线过开关，中性线一般不进照明按键开关底盒；电源相线进线接单相电能表端子“1”，电源中性线进线接端子“3”，端子“2”为相线出线，端子“4”为中性线出线。

5. 检查电路

观察电路，看有没有多余的线头。每条线是否严格按要求来接，每条线有没有接错位，注意电能表有无接反，双联开关有无接错。

用万用表检查，将表打到欧姆挡的位置，断开 QF 1，把两表笔分别放在相线与中性线上，会呈现出电能表的电压线圈的电阻值。分别合上 QF2、S1、S2 开关，电阻值做相应变化。

用 500 V 兆欧表测量线路绝缘电阻，应不小于 0. 22 MΩ。

6. 通电

由电源端开始往负载依次顺序送电，停电操作顺序相反。

首先合上 QF1，按下漏电保护断路器试验按钮，漏电保护断路器应跳闸，重复两次操作；合上 QF2，然后往复合上、关断 S1 三次，三盏白炽灯有三种不同组合发光，再合上 S2，荧光灯正常发光。

电能表根据负载大小决定表盘转动快慢，负载大时，表盘就转动快，用电就多。

7. 故障排除

操作各功能开关时，若不符合功能要求，应立即停电，用万用表欧姆挡检查电路；不停电用电位法排除电路故障时，要注意人身安全和万用表挡位。

四、考核标准

考核标准见表 3-8。

表 3-8　考核标准

测评内容	配分	评分标准	操作时间	扣分	得分
绘制控制原理图	10	绘制不正确，每处扣 2 分	10 min		
安装元件	30	（1）元件选择错误，每处扣 2 分。 （2）元件安装不牢固，每处扣 2 分。 （3）元件安装不整齐、不合理，每处扣 2 分。 （4）损坏元件，扣 10 分	40 min		
导线的选择与接线、布线	30	（1）导线截面选择不正确，扣 5 分。 （2）不按图接线，扣 10 分。 （3）不按由上至下、先串后并接线，扣 5 分。 （4）布线不合要求，每处扣 2 分。 （5）接点松动，露铜过长，螺钉压绝缘层，反圈，每处扣 1 分。 （6）损坏导线绝缘或线芯，每处扣 2 分	50 min		

续表

测评内容		配分	评分标准	操作时间	扣分	得分
通电试车		30	(1) 第一次试车不成功，扣 10 分。 (2) 第二次试车不成功，扣 10 分。 (3) 第三次试车不成功，扣 10 分	20 min		
安全文明操作		违反安全生产规程，扣 5~20 分				
定额时间 (2 h)	开始时间 (　　)	每超时 2 min 扣 5 分				
	结束时间 (　　)					
合计						

实训二　间接式三相四线制电能表的安装

一、实训目的

(1) 熟悉配电板线路中常用器件的结构、作用、基本原理及正确的使用方法，能正确选用相关器件。

(2) 了解并掌握动力配电板线路的接线原理，正确识别接线外形图及接线原理图，提高识图能力。

(3) 掌握动力配电板的安装与检测技能，能正确判断配电板线路中的故障并及时排除故障。

(4) 进一步掌握常用电工工具的使用。

二、实训准备

(1) 钢丝钳、尖嘴钳、斜口钳、剥线钳、螺钉旋具、电工刀、试电笔、活扳手、手钢锯、手电钻、万用表。

(2) 电流互感器 100 A/5 A（3 只）、三相有功电能表（1 只）、自动空气开关 D220-100（1 只）、接线端子板（2 块）、三相插头（1 个）、配电板（1 块）、多色单股铜芯导线、塑料管、线卡、螺钉、螺母若干。

三、实训内容

(1) 根据安装接线外形图，在装配板上摆放元件，妥善安排好各自位置，元器件之间的距离应满足工艺的要求，如图 3-63 所示。

(2) 确定元器件固定孔位置，并做好标记，注意做标记时一定扶好元器件，不能使其挪动。

(3) 在标记处用手电钻钻孔，并用螺钉固定各元器件。元器件安装必须牢固，稍加用力摇晃无松动感。要本着文明安装、小心谨慎，不得损伤、损坏元件的原则安装元器件。

(4) 动力配电板采用明敷配线方式，根据接线外形图和接线原理图对配电板进行接线。

(5) 配电板安装结束后，首先整体检查一遍，看其有无错误，用万用表的欧姆挡检验电路有无短路或开路，相线及中性线有无颠倒。

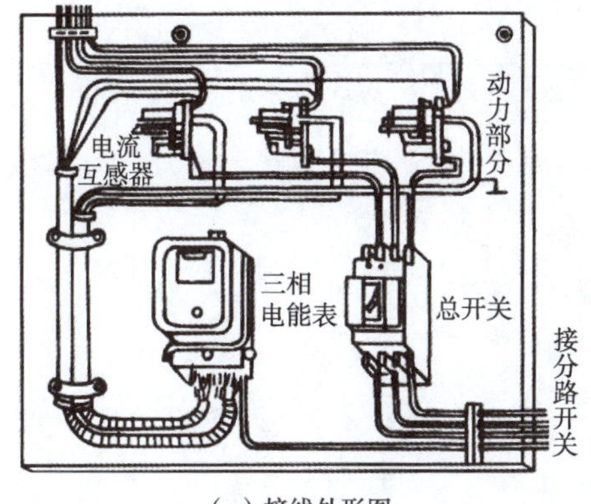

（a）接线外形图

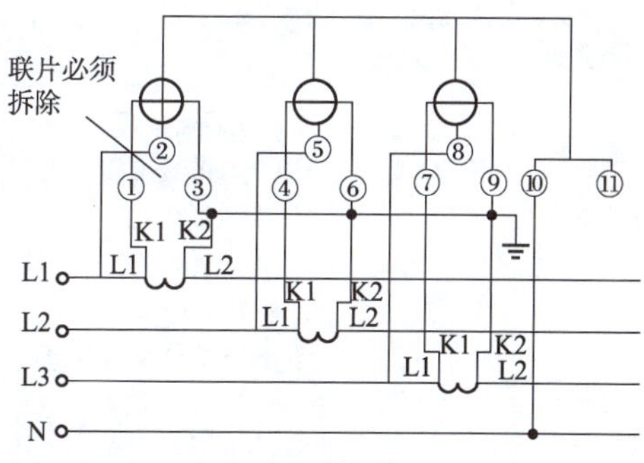

（b）接线原理图

图 3-63　三相四线制电能表间接接线图

（6）经初步检查无误后，经老师同意，在配电板的输出端接三相负载（三相负载灯箱或三相电动机），输入端由三相插头接至电源。有条件可接三相调压器。检测内容如下：接通电源，灯箱的亮灭或电动机的运转、停止；电能表铝盘随负载变化时的运动情况是否正常；电路中各元器件的工作是否正常，可用万用表的电压挡测试配电板上各处电压是否正常；断路器能否控制负载的工作，如发现问题及时判断检修，排出故障，使之最终正常工作。

（7）将配电板放平，把全部元器件置于上面，先进行实物排列安装，元器件的安装位置必须正确，同类元器件安装方向必须保持一致，元器件安装要牢固、可靠，而且要便于操作和维护，整体布局均匀美观。

（8）照图施工，配线完整、正确，不多配、少配或错配。

（9）相序分色：三相电源线 L1、L2、L3 分别用黄、绿、红线表示，中性线用黑色线或区别于相线的色线表示，主电路和辅助电路用不同颜色的线以示区别。

（10）配线线径的选择：根据用电负载的容量、线路电流的大小，选择适当线径的导线。

（11）配线长度适度，线头在接线柱上压接不得压住绝缘层，压接后裸线部分不得大于 1 mm；凡与有垫圈的接线柱连接，线头必须做成“羊眼圈”，且“羊眼圈”略小于垫圈，线头压接应牢固，稍用力拉扯不应有松动。

（12）走线横平竖直，分布均匀，全电路弧度保持一致；转角控制在 90°±2°以内；长线沉底，走线成束，同一平面内不允许有交叉线。必须交叉时应在交叉点架空跨越。

（13）先接主电路，再接辅助电路，即以不妨碍后续布线为原则。

四、考核标准

考核标准见表 3-9。

表 3-9　考核标准

测评内容	配分	评分标准	操作时间	扣分	得分
元件的选择与安装	25	（1）元件选择错误，每处扣 5 分。 （2）元件布置不合理，每处扣 5 分。 （3）元件安装不符合要求，每处扣 5 分。 （4）损坏元件，每处扣分	100 min		

续表

<table>
<tr><th>测评内容</th><th>配分</th><th>评分标准</th><th>操作时间</th><th>扣分</th><th>得分</th></tr>
<tr><td>导线的选择与接线、布线</td><td>45</td><td>（1）导线截面选择不正确，扣5分。
（2）布线不符合要求，每处扣5分。
（3）布线与接线原理图不符，扣10分。
（4）接点松动，露铜过长，螺钉压绝缘层，反圈，每处扣2分。
（5）损伤导线绝缘或线芯，每处扣3分</td><td>140 min</td><td></td><td></td></tr>
<tr><td>通电试车</td><td>30</td><td>（1）第一次试车不成功，扣10分。
（2）第二次试车不成功，扣10分。
（3）第三次试车不成功，扣10分</td><td>30 min</td><td></td><td></td></tr>
<tr><td colspan="2">安全文明操作</td><td colspan="2">违反安全生产规程，每处扣2分</td><td></td><td></td></tr>
<tr><td rowspan="2">定额时间
（4.5 h）</td><td>开始时间
（　　）</td><td colspan="2" rowspan="2">每超时 5 min 扣 5 分</td><td rowspan="2"></td><td rowspan="2"></td></tr>
<tr><td>结束时间
（　　）</td></tr>
<tr><td colspan="2">合计</td><td colspan="2"></td><td colspan="2"></td></tr>
</table>

项目 4
直流稳压电路的设计与调试

项目导入

某培训中心电子实训室在教学中需要一批输出电压可以在 2～9 V 之间连续可调的直流电源。为方便后续研究电子电路使用，培训中心购买了一些电子元器件散件由学生自己动手焊接可调直流电源，既节约购买成品电源的开支，又锻炼学生的动手能力。项目负责人需要根据设计要求开展电路图的绘制，制定最佳设计方案，制作完成变压器、整流电路、滤波电路、稳压电路四部分的电路板。

学习目标

知识目标：

(1) 能识别直流稳压电路需要的电子元器件；

(2) 学会电子电路的识图方法，能分析直流稳压电路的功能；

(3) 能按照工艺规范焊接电路；

(4) 能使用示波器测量波形；

(5) 能使用仪器仪表检查、调试电路。

能力目标：

(1) 能根据工作要求查阅资料、手册，制定工作步骤；

(2) 学会根据电路原理图进行实际电路的安装调试，初步具备电子电路故障检查和排除能力。

素质目标：

(1) 树立安全意识、创新意识，具有较强的沟通能力和团队协作能力；

(2) 具有社会责任感和参与意识，具备精益求精的工匠精神。

项目实施

任务1 直流稳压电路的设计

任务解析

直流稳压电源是大多数电子设备中都必须具备的，它包括变压器、整流电路、滤波电路、稳压电路四部分。学生通过完成本任务，掌握半导体二极管的基本知识，运用二极管等器件进行整流电路的制作与分析，在学习过程中逐步掌握模拟电子电路的分析方法，学会制作相关电路。

知识链接

一、半导体的基本知识

自然界中不同的物质由于其原子结构不同，因而它们的导电能力也各不相同。根据导电能力的强弱可以把物质分为导体、半导体和绝缘体。半导体的导电能力介于导体和绝缘体之间。用得最多的半导体材料是硅 Si 和锗 Ge，它们都是四价元素，每个原子最外层的四个价电子，不仅受自身原子核的束缚，而且还与相邻的四个原子发生联系。每两个相邻的原子都有一对共有的价电子，形成共价键，共价键结构使原子最外层的电子数达到八个，满足了稳定条件。

1. 半导体的导电特征

由于共价键中的价电子不如绝缘体中的价电子被束缚得那样紧，在一定的温度下，由于热运动，其中有的电子可能获得一定能量后挣脱原子核的束缚，形成自由电子。温度越高，晶体中产生的自由电子便越多。在电子挣脱共价键的束缚成为自由电子后，共价键中就留下一个穴位，称其为空穴，如图 4-1 所示。有空穴的原子可以吸引相邻原子中的价电子填补这个空穴，同时在这个相邻原子中出现另一个空穴。如此继续下去，就如同一个空穴在运动。这种由热运动形成的自由电子和空穴是成对出现的，自由电子在运动的过程中由于失去能量可能被具有空穴的原子俘获。也就是说，在晶体内部这种自由电子-空穴对在不断地出现又在不断地复合，这种出现和复合在一定的外界条件下将达到动态平衡。外界温度越高，光照越强，晶体内部的自由电子-空穴对的数量就越多。

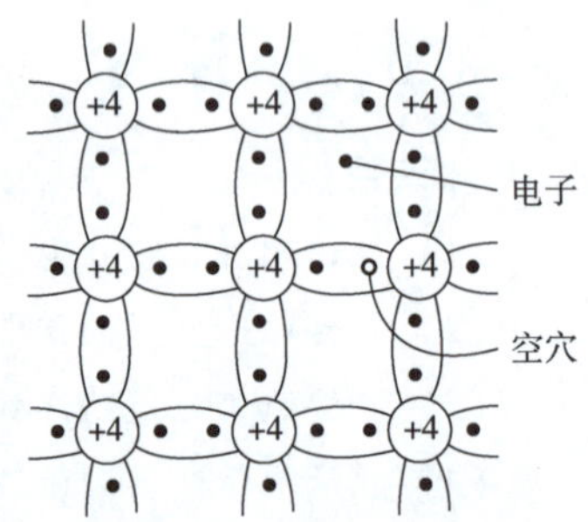

图 4-1 自由电子和空穴

当在半导体两端加上外电压时，半导体中的自由电子和空穴，都将定向移动，它们的定向移动在晶体内部将出现两种类型的电流：一种是自由电子做定向运动所形成的电子电流；另一种是价电子递补空穴运动所形成的空穴电流。所以，在半导体中，不仅有电子载流子，还有空穴载流子，这是半导体导电的一个重要特征，也是半导体和金属导体在导电机理上的本质区别。

上面的分析都是对纯净单晶体，即不含杂质的半导体，称为本征半导体。在常温下，本征半导体中虽然存在着电子、空穴载流子，但数目很少，所以导电性能很差。如在本征半导体中掺入微量的某种杂质后，其导电能力可增加几十万乃至几百万倍。

2. N 型半导体和 P 型半导体

在本征半导体中有控制、有选择地掺入微量有用杂质，就能制成具有特定导电性能的杂质半导体。下面就来讨论两种常用的杂质半导体。

1）N 型半导体

在本征半导体硅（或锗）中掺入微量的五价元素，例如磷（P）。由于掺入的数量极少，所以本征半导体的晶体结构不会改变，只是晶体结构中某些位置上的硅原子被磷原子取代。当这些磷原子与相邻的 4 个硅原子组成共价键时，将多余一个电子。多余的一个电子在获得外界能量时，比其他价键上的电子更容易脱离原子核的束缚而成为自由电子。所以，在这种半导体中有更多的自由电子，这样就显著提高了其导电能力。而这些电子脱离原子核的束缚成为自由电子后，并不能形成共价键上的空穴。但共价键上的电子在获得能量后，仍然要脱离原子核的束缚，成为自由电子-空穴对。由于这种半导体中自由电子的数量大，所以空穴被复合掉的机会就大。在相同的外界条件下，这种半导体中的电子载流子数量大于本征半导体，但空穴数量小于本征半导体，所以这种半导体以自由电子导电为主，称其为电子导电型半导体，简称 N 型半导体。在 N 型半导体中，自由电子为多数载流子，空穴为少数载流子。

2）P 型半导体

在本征半导体中掺入微量的三价元素，例如硼（B）。因为掺入的数量极少，所以不会改变硅的晶体结构，只是晶体结构中某些位置上的硅原子被硼原子取代。当这些硼原子与相邻的 4 个硅原子组成共价键时，将少一个电子。由于缺少一个电子就构不成最外层轨道上有 8 个电子这种稳定状态。为了达到最稳定的状态就要夺取相邻原子的电子。当其夺得相邻原子的电子后自己就达到了稳定结构。但是相邻原子由于失去电子形成了空穴。所以，在相同的外界条件下，这种半导体中有大量的空穴。同理，热激发也要产生自由电子-空穴对，因为这种半导体中空穴数量很大，所以自由电子被复合的机会就大。在同样外界条件下，这种半导体中的空穴载流子数量远大于本征半导体，且主要靠空穴导电，所以称为空穴导电型半导体，简称 P 型半导体。在 P 型半导体中，空穴为多数载流子，自由电子为少数载流子。

3. PN 结

P 型或 N 型半导体的导电能力虽然比本征半导体大大增强了，但仅用其中一种材料并不能制成半导体器件。通常是在一块晶片上，采取一定的掺杂工艺措施，在两边分别形成 P 型半导体和 N 型半导体，在两者的交界处就形成一种特殊的薄层，这种薄层就称为 PN 结。它是构成各种半导体器件的基础。

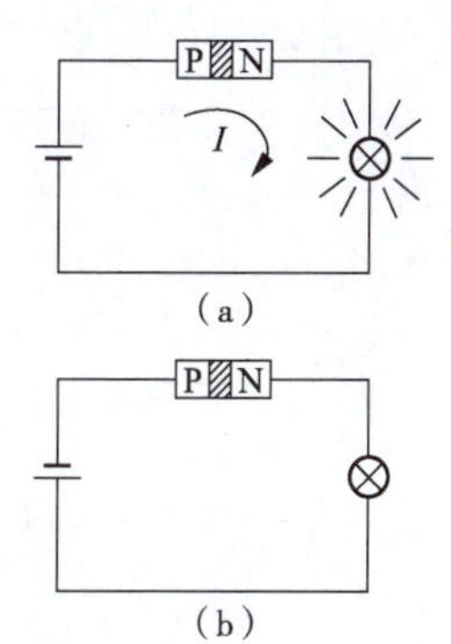

图 4-2 PN 结的单向导电性实验

如果在电源和灯泡所组成的电路中，接入一个 PN 结，如图 4-2（a）所示，电源正极与 P 型半导体连接，灯泡亮，说明通过 PN 结的电流较大。如果调换电源极性，如图 4-2（b）所示，电源正极与 N 型半导体连接，此时灯泡不亮，说明通过 PN 结的电流很小或没有电流通过 PN 结。这说明 PN 结具有单向导电的特性。PN 结之所以具有这样的特性，是由内部结构所决定的。

1）PN 结的形成

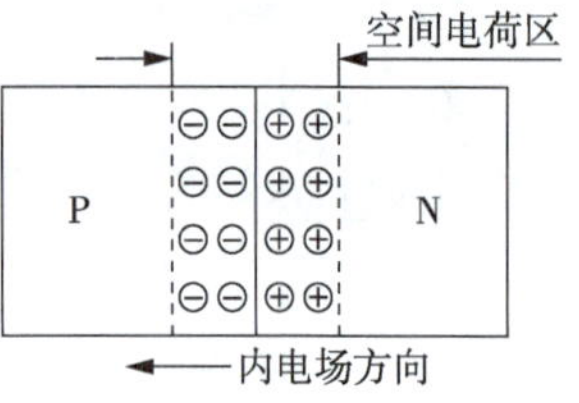

图 4-3　PN 结的形成

图 4-3 所示为一块晶片，两边分别形成 P 型和 N 型半导体。图中⊖代表得到一个电子的三价杂质离子。⊕代表失去一个电子的五价杂质离子。由于 P 型半导体中有大量的空穴和少量的电子，N 型半导体中有大量的电子和少量的空穴，浓度相差较大，因此空穴要向 N 区扩散，自由电子要向 P 区扩散，扩散就是指物质从浓度大的地方向浓度小的地方运动，如图 4-3（a）所示。扩散的结果是在 P 区中靠近交界面的一边出现一层带负电荷的粒子区，在 N 区中靠近交界面的一边出现一层带正电荷的粒子区。于是在交界面附近形成一个空间电荷区，这个空间电荷区就是 PN 结，如图 4-3（b）所示。

正负电荷在交界面两侧形成一个内电场，方向由 N 区指向 P 区。内电场对多数载流子的扩散运动起阻挡作用，但对少数载流子则推动它们越过 PN 结，进入对方。这种少数载流子在内电场作用下有规则的运动，称为漂移运动。

扩散运动和漂移运动是相互联系、相互矛盾的。开始时，扩散运动占优势，随着扩散运动的进行，内电场逐步加强；内电场的加强使扩散运动逐步减弱，漂移运动逐渐加强。最后，扩散运动和漂移运动达到动态平衡，这时空间电荷区的宽度基本上稳定下来，如果外界条件不变化，就保持这种状态；如果外界条件发生变化，则空间电荷区的宽度也随之变化而达到一种新的平衡状态。

2）PN 结的单向导电性

在 PN 结无外加电压的情况下，扩散运动和漂移运动处于动态平衡。如果向 PN 结加外部电压，情况会怎样？

当给 PN 结加正向电压，即外电源的正极接 P 区，负极接 N 区，如图 4-4（a）所示，这时外加电场与内电场方向相反，于是多数载流子在外加电压的作用下进入空间电荷区使离子数量减少，使 PN 结变窄，因而削弱了内电场，这将有利于扩散运动的进行，从而使多数载流子顺利通过 PN 结，形成较大的正向电流。这时在 PN 结中有大量的载流子运动，所以 PN 结呈低电阻状态。

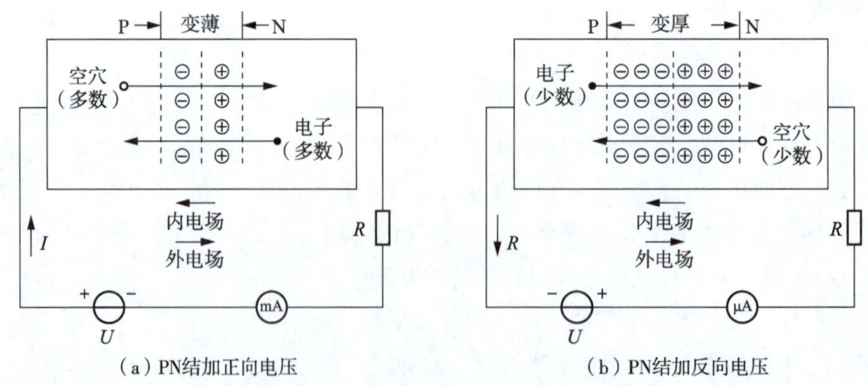

图 4-4　PN 结单向导电性原理

当给 PN 结加反向电压，即外电源的正极接 N 区，负极接 P 区，如图 4-4（b）所示，外加电场和内电场方向相同，在外电场的作用下把多数载流子拉离 PN 结，结果使 PN 结变宽，内电场增强，多数载流子的扩散运动更难于进行，但加强了少数载流子的漂移运动。由于少数载流子数量很小，所以仅能形成很小的反向电流。所以，PN 结中仅有极少的载流子运动，PN 结呈高电阻状态。应当注意，反向电流不受外加电压的影响，但受外界条件的影响。因为少数载流子是由热激发产生的，环境温度越高、光照越强，少数载流子数量就越大，反向电流也就越大。所以，温度对反向电流的影响很大。

由以上分析可知，PN 结加正向电压时，有较大的正向电流流过，这种情况称为导通。加反向电压时，通过的反向电流很小，这种情况称为截止。PN 结所具有的这种特性称为单向导电性。

二、半导体二极管

1. 二极管的结构

半导体二极管（简称“二极管”）是由 PN 结加上相应的电极引线和管壳做成的。为了防止使用时极性接错，管壳上标有“—▶|—”符号或色点，符号箭头指示电流方向为正向，色点则表示该端为正极。二极管外形及符号如图 4-5 所示。

二极管根据结构的不同分为点接触型和面接触型两类。点接触型二极管（一般为锗管），如图 4-6（a）所示。由于其高频特性好，因此点接触型二极管主要用于高频和小功率工作，以及用作数字电路中的开关元件。面接触型二极管如图 4-6（b）所示。由于工作频率低，可允许通过大电流，因此面接触型二极管主要用作整流元件。

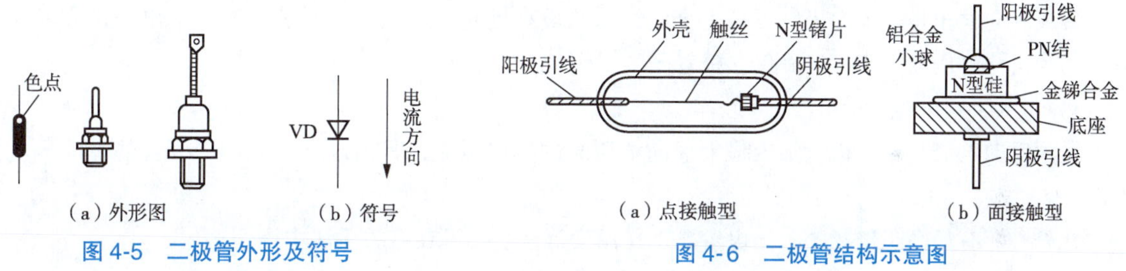

图 4-5　二极管外形及符号

图 4-6　二极管结构示意图

2. 二极管的伏安特性

二极管的伏安特性是指加在二极管两端的电压和流过二极管的电流之间的关系曲线，图 4-7 给出的是实测的二极管伏安特性曲线。

1）正向特性

外加正向电压时的伏安特性称为正向特性。它对应于图 4-7 中的曲线段①。正向特性的起始部分，正向电流几乎为零，特性曲线与横轴几乎重合，这是因为外加正向电压很小，外电场尚不足以克服 PN 结内电场的影响，多数载流子的扩散运动仍受内电场的阻挡，二极管呈现很高的电阻，该区称为死区。随着外加正向电压的升高，外电场增强到足以克服内电场的影响时，正向电流开始上升，二极管开始导通。对应于二极管开始导通时的外加正向电压称为死区电压，如图 4-7 中的 A 和 A'点。锗管的死区电压为 0.1 V，硅管的死区电压为 0.4 V。

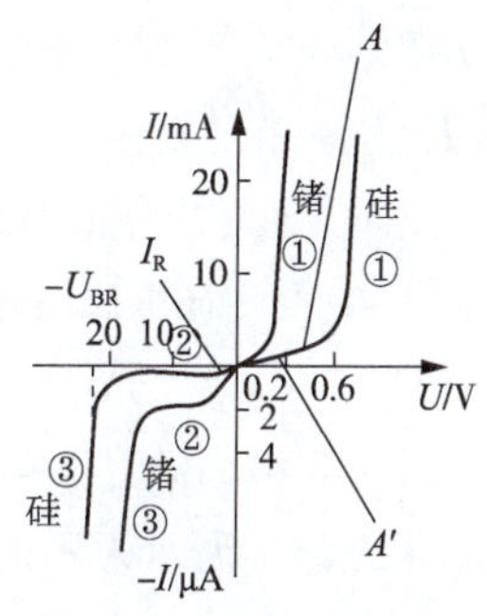

图 4-7　二极管伏安特性曲线

外加正向电压超过死区电压后，内电场被大大削弱，正向电流增长很快，正向电流与外加正向电压近似成正比，伏安特性曲线近似为直线，该区称为线性区，这是二极管导通的正常工作区。正常情况下，锗管的正向导通压降为 0.2~0.3 V，硅管的正向导通压降为 0.6~0.7 V。

2）反向特性

外加反向电压时的伏安特性称为反向特性。它对应于图 4-7 中的曲线段②。外加反向电压不超过一定范围时，通过二极管的电流是少数载流子漂移运动所形成的很小的反向电流。反向特性曲线与横轴靠得很近。反向电流有两个显著特点：一是受温度影响很大；二是反向电压不超过一定范围时，其大小基本不变，即与反向电压大小无关。因此，反向电流又称反向饱和电流，用 I_R 表示。

3）击穿特性

击穿特性对应于图 4-7 中的曲线段③。外加反向电压超过某一数值 U_{BR} 后，反向电流突然增大，这种现象称为击穿，U_{BR} 称为击穿电压。反向击穿时，若不限制反向电流，二极管的 PN 结会因功耗太大而烧毁，这样，二极管就失去了单向导电性。

3. 二极管的主要参数

1）最大整流电流 I_F

最大整流电流是指二极管长期工作时，允许通过的最大正向平均电流。使用时，当电流超过允许值时，二极管因过热而烧坏。

2）最大反向电压 U_{RM}

最大反向电压是保证二极管不被击穿而给出的最高反向工作电压。有关手册上给出的最大反向电压约为击穿电压的一半，以确保二极管安全工作。

3）最大反向电流 I_R

最大反向电流是指二极管加上最大反向电压时的反向电流。其值越小，表明二极管的单向导电性越好。

此外，还有最高工作频率、结电容、工作温度等参数，可在有关手册中查到。

4. 二极管的应用电路

1）整流

整流电路就是将交流电变为单方向脉动的直流电的电路。利用二极管的单向导电性可组成单相、三相等各种形式的整流电路，这样交流电经过整流、滤波、稳压等电路，便可获得平稳的直流电。

2）钳位

所谓钳位，就是把输入电压变成峰值钳制在某一预定的电平上的输出电压，而不改变信号。利用二极管正向导通时压降很小的特性，可组成钳位电路。图 4-8 中，若 A 点的电压为零，电压 U 为正值时，二极管 VD 受正向电压而导通，如忽略其压降，则 F 点的电位会被钳制在 0 V 左右，即 $U_F=0$。

3）限幅

限幅就是利用二极管正向导通后其两端电压很小且基本不变的特性，使输出电压在某一电压值以内。图 4-9（a）所示为一正负对称限幅电路，设 $u_i=10\sin\omega t$ V，$E_1=E_2=6$ V。

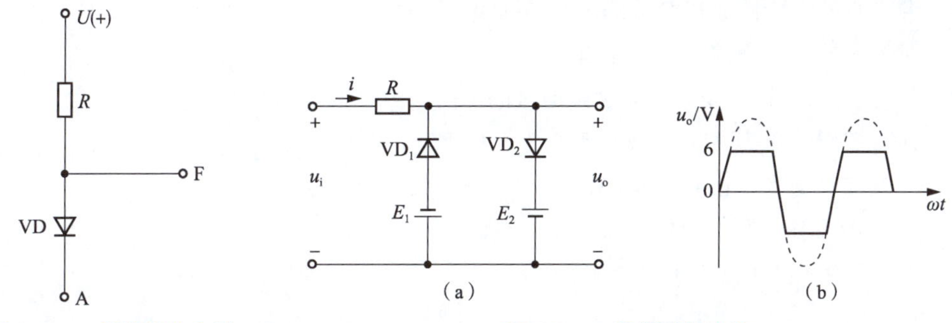

图 4-8　二极管钳位电路　　　图 4-9　二极管限幅电路

当 u_i 处在正半周时，VD_1截止；且 $u_i < E_2$ 时，VD_2也截止，于是 u_o 随 u_i 变化而变化。当 $u_i \geqslant E_2$ 时，VD_2导通，$u_o = E_2 = 6$ V。同理，u_i 处在负半周时，VD_2截止；当 $u_i \leqslant E_1$ 时，VD_1导通，$u_o = -6$ V。这是一个正、反向的限幅电路，u_o 波形如图 4-9（b）所示。

4）元件保护

在电子线路中，常用二极管来保护其他元器件免受过高电压的损害。如图 4-10 所示，L 和 R 是线圈的电感和电阻。在开关 S 接通时，电源给线圈供电，电感中有电流流过，存储了磁场能量。在开关 S 由接通到断开的瞬时，电流突然中断，电感中将产生一个高于电源电压很多倍的自感电动势，其与 U 叠加作用在开关的端子上，在开关的端子上产生火花，这将影响设备的正常工作，开关的寿命缩短。接入二极管 VD 后，自感电动势通过二极管 VD 产生放电电流，使电感中存储的能量不经过开关放掉，从而保护了开关 S。

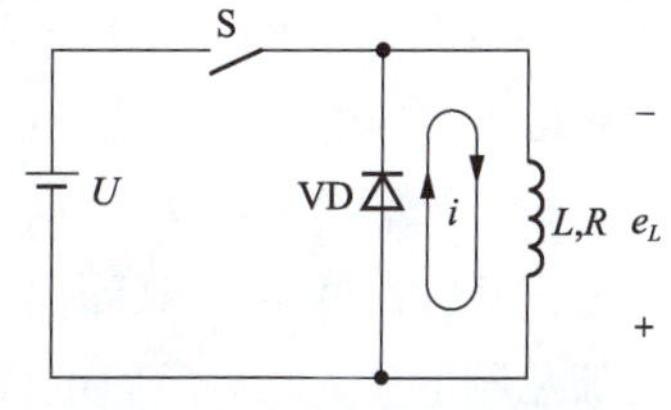

图 4-10　二极和保护电路

三、二极管的测量

1. 用万用表测量二极管

测量小功率二极管时，万用表置 R×100 挡或 R×1k 挡，以防止万用表的 R×1 挡输出电流过大，或 R×10k 挡输出电压过大而损坏被测二极管。对于面接触型大电流整流二极管可用R×1 或 R×10k 挡进行测量。测量电阻数值较小，说明红表笔接二极管的阴极；电阻数值较大，说明红表笔接二极管的阳极；若两次测得电阻的数值均很小或很大，说明二极管已经损坏。

2. 用数字式万用表测量二极管

一般数字式万用表上都有二极管测试挡，其测试原理与指针式万用表测量电阻完全不同，它实际测量的是二极管的直流电压降。当二极管的正负极分别与数字式万用表的红黑表笔相接时，二极管正向导通，万用表上显示出二极管的正向导通电压。若二极管的正负极分别与数字式万用表的黑红表笔相接时，二极管反向偏置，表上显示一固定电压约为 2. 8 V。

四、特殊二极管

1. 发光二极管

发光二极管（LED）是一种固态的半导体器件，它是一种把电能转换成光能的半导体器件，如图 4-11 所示。发光二极管与普通的二极管一样，由 PN 结构成，具有单向导电性，在正向导通时能发光。

发光二极管的伏安特性曲线与普通二极管的伏安特性曲线相似，即正向导通、反向截止、击穿特性。不过它的正向导通电压大于 1 V，同时发光的亮度随通过的正向电流的增大而增强，工作电流为几毫安到几十毫安，典型工作电流为 10 mA 左右。发光二极管的反向击穿电压一般大于 5 V，所以为使其能稳定工作，反向击穿电压在 5 V 以下。此外在一定条件下，发光二极管还具有发光特性。发光二极管可发出红、黄、绿、蓝色光。

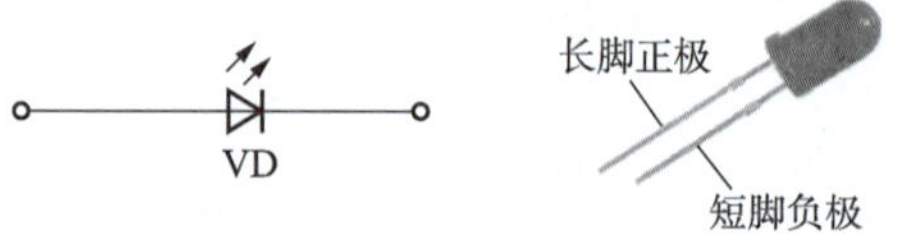

图 4-11 发光二极管电路符号

2. 稳压二极管

稳压二极管（简称“稳压管”）是一种面接触型半导体硅二极管。稳压管的符号及伏安特性曲线如图 4-12 所示。

稳压管的正向伏安特性曲线与普通二极管一样，没有区别。稳压管的反向伏安特性曲线与普通二极管基本一样。由图 4-12 可知，反向电压小于击穿电压 U_Z（又称稳压管的稳定电压）时，反向电流极小。

稳压管工作在击穿区，它的击穿特性曲线比普通二极管的击穿特性更陡。当反向电压增至 U_Z 后，稳压管的反向电流急剧上升，此后反向电流在很大范围内变化时，稳压管两端的电压变化却很小。正是利用这个特点，稳压管才能起到稳压作用。

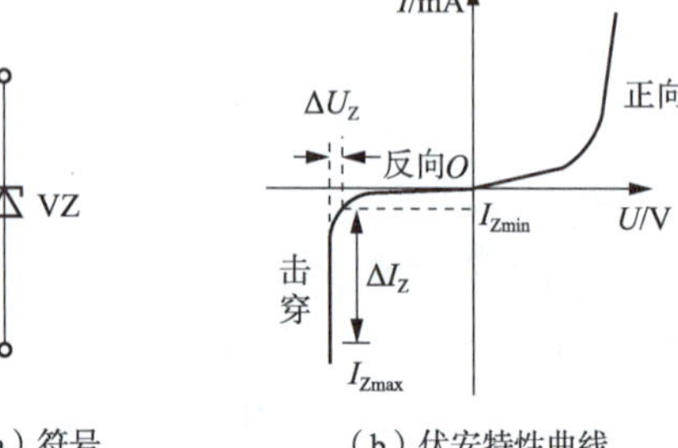

（a）符号 （b）伏安特性曲线

图 4-12 稳压管的符号及伏安特性曲线

五、元器件的插装与焊接

1. 元器件的插装

印制电路板在进行焊接前首先要完成元器件的插装。在大规模生产中可以用插装机来自动完成这一工作，而非专业化条件下，通常是手工插装与焊接同步进行。手工插装时需要注意以下事项：

（1）先安装需要机械固定的元器件，如功率器件的散热器、支架、卡子等，然后再安装靠焊接固定的元器件。否则会在机械紧固时使印制电路板受力变形而损坏其他元器件。

（2）元器件的插装顺序依次是电阻器、电容器、二极管、三极管、集成电路、大功率管，其他元器件是先小后大。

（3）有极性的元器件，如电解电容器、二极管、三极管等，插装时要保证方向正确。

（4）元器件的高度应尽量一致。

（5）各种元器件的安装应当使它们的标记向上或看着易于辨认的方向，并注意标记的读数方向一致。

（6）元器件引线不能齐根弯折，弯脚时应当留出至少 2 mm 的距离。

（7）为保证足够的机械强度，可以通过将焊件引线打弯后再装焊的方法实现。

（8）卧式安装的元器件，尽量使两端引线的长度相等对称，把元器件安放在两孔中央，排列要整齐。

（9）卧式安装单面板时，小功率器件可平行地紧贴板面；而双面板上，则应在元器件与印制电路板之间垫绝缘薄膜或元器件离开板面 1~2 mm，避免因元器件发热而减弱铜箔对基板的附着力，并防止元器件的裸露部分同印制导线短路。

（10）立式安装时，电阻的起始色环向上，以方便检查。

2. 元器件的焊接

1）焊接材料

焊接材料包括焊料和助焊剂。在一般电子产品装配中常使用的助焊剂是酒精松香水，要注意焊接时的温度。手工焊接经常使用管状焊锡丝，焊锡制成管状，内部是优质松香并添加活化剂作为助焊剂，使焊接效果更好。在使用的时候最好能选用多股焊锡丝，以保证内部松香填充的连续性。

2）焊接工具

手工焊接中常用的焊接工具是电烙铁。电烙铁的选择主要包括功率的选择与形状的选择两部分。功率合适的电烙铁可以保证元器件的安全与焊接的效率。

3）手工焊接技术

（1）准备工作：准备电烙铁、镊子、焊锡丝等焊接工具和材料；检查电烙铁的导线是否有破损，烙铁头刃口是否完整、干净、光滑、无毛刺和凹槽，否则进行适当修整或清洁。

（2）加热焊件：烙铁头靠在两焊件连接处，均匀加热整个焊件 1~2 s。应当使烙铁头与两焊件同时接触而不是直接接触到其中的焊盘或引线。采用合适的电烙铁的握法，电烙铁到鼻子的距离要大于 20 cm，以减少焊接时挥发出的有害气体的吸入。

（3）送入焊丝：焊锡丝从电烙铁对面接触焊件。

（4）移开焊丝：当焊锡丝熔化扩散的范围达到需要后，立即向左上 45°方向移开焊锡丝。焊接温度和时间要适中。焊接温度过低，焊锡流动性差，很容易凝固形成虚焊；温度过高，焊锡流淌，焊点不易存锡，焊剂分解速度加快，金属表面加速氧化，导致印制电路板上的焊盘脱落。焊接时间太长会造成焊锡堆积；太短焊锡过少，机械强度不够。判断焊接温度和时间是否合适的标准是焊点光亮、圆滑。如果焊点不亮，外观粗糙，则说明温度不够，时间太短。

（5）移开烙铁：焊锡浸润到整个焊点后，向上提拉或向右上 45°方向移开电烙铁。焊接三极管时，用镊子夹住引脚帮助散热，焊接时间要尽量短。焊锡凝固过程中不要晃动元器件引线，如使用镊子夹住元器件时，一定要等焊锡凝固后再移走镊子，否则容易造成虚焊。

（6）检验修整：先要检验焊点，典型的焊点焊锡量适当，焊点表面无裂纹、针孔、夹渣，有金属光泽，表面平整，成半弓形下凹，焊料与焊件交界处平滑过渡，外形以焊点为中心，均匀、成裙形拉开。然后剪除引脚，焊接后将露在印制电路板表面上的元器件引脚齐根剪去。

注意：铅属于有毒金属，在人体中积蓄能够引起铅中毒。焊接完毕后要洗手，以免食入铅尘。

任务实施

一、任务说明

在电子设备中，大量的直流电都是采用整流滤波方式得到的。根据任务要求设计单相桥式整流电路，把交流电利用二极管的单向导电原理变成直流电。

这里以某培训中心需要制作 9 V 直流稳压电源的单相桥式整流电路为例进行说明。

1. 单相半波整流电路

图 4-13 所示为单相半波整流电路，它由整流变压器 T、整流元件 VD（二极管）及负载电阻 R_L

组成。设整流变压器二次电压为 $u=\sqrt{2}U\sin\omega t$，其波形如图 4-14(a) 所示。

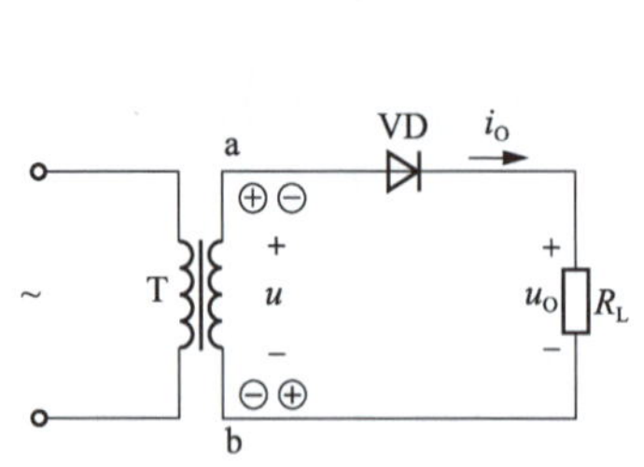

图 4-13　单相半波整流电路

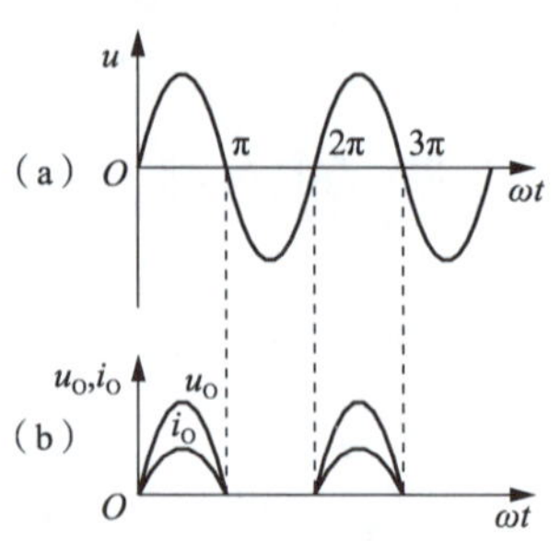

图 4-14　单相半波整流电路的电压与电流的波形

由于二极管 VD 具有单向导电性，当它的阳极电位高于阴极电位时才能导通。在变压器二次电压 u 的正半周时，其极性为上正下负，如图 4-13 所示，即 a 点的电位高于 b 点，二极管因承受正向电压而导通。这时负载电阻 R_L 上的电压为 u_O，通过的电流为 i_O。在电压 u 的负半周时，a 点的电位低于 b 点，二极管因承受反向电压而截止，负载电阻 R_L 上没有电压。因此，在负载电阻 R_L 上得到的是半波整流电压 u_O，在导通时，二极管的正向压降很小，可以忽略不计。因此，可以认为 u_O 的这半个波和 u 的正半波是相同的，如图 4-14 所示。负载上得到的整流电压是单方向的，但电压大小是变化的。单相半波整流电压的平均值为

$$U_O=0.45U \tag{4-1}$$

整流电流的平均值为

$$I_O=\frac{U_O}{R_L}=0.45\frac{U}{R_L} \tag{4-2}$$

二极管承受的最大反向电压为二极管截止时两端电压的最大值，即

$$U_{RM}=U_m=\sqrt{2}U \tag{4-3}$$

选用二极管时要求：

$$I_F\geqslant I_V$$

$$U_{RM}\geqslant\sqrt{2}U$$

式中，I_F 为二极管的最大整流电流；I_V 为流过二极管的平均电流。其关系为

$$I_F=(2\sim3)I_V$$

单相半波整流电路结构简单，但输出电压低、脉动大，适用于要求不高的场合。

2. 单相桥式整流电路

单相半波整流电路的缺点是只利用了电源的半个周期，而且整流电压的脉动较大。为了克服这些缺点，多采用全波整流电路。最常用的是单相桥式整流电路，它是由四个二极管接成电桥的形式构成的，如图 4-15（a）所示。图 4-15（b）是其简化画法。

在变压器二次电压 u 的正半周时，其极性为上正下负，如图 4-15（a）所示，即 a 点的电位高于 b 点，二极管 VD_1 和 VD_3 导通，VD_2 和 VD_4 截止，电流的通路是 $a\rightarrow VD_1\rightarrow R_L\rightarrow VD_3\rightarrow b$。这时，负载电阻 R_L 上得到一个半波电压，如图 4-16（b）中的 $0\sim\pi$ 段所示。

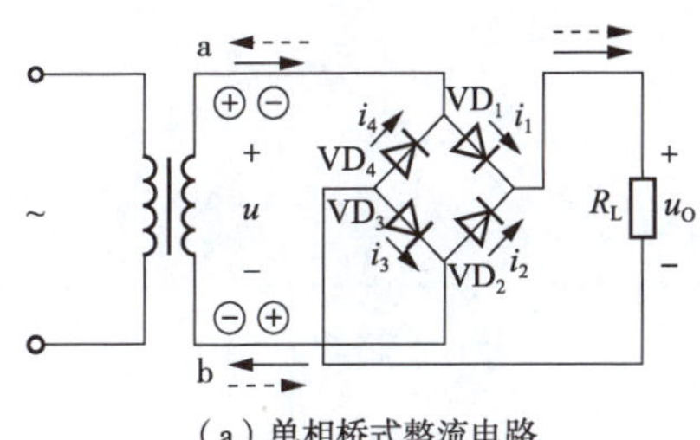

（a）单相桥式整流电路

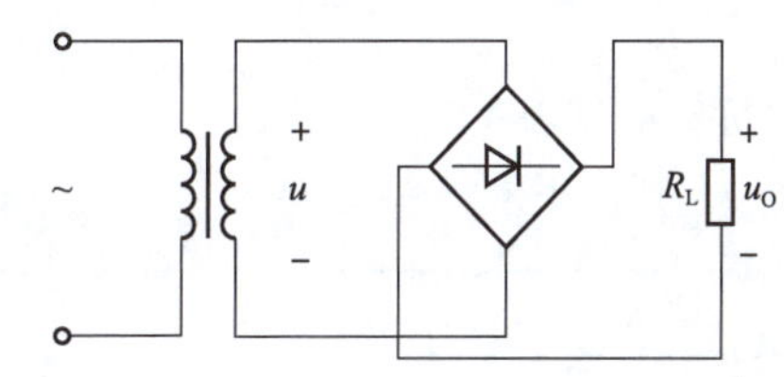

（b）单相桥式整流电路简单画法

图 4-15　单相桥式整流电路

在电压 u 的负半周时，其极性为上负下正，即 b 点的电位高于 a 点。因此，VD_1 和 VD_3 截止，VD_2 和 VD_4 导通，电流的通路是 b→VD_2→R_L→VD_4→a。同样，在负载电阻上得到一个半波电压，如图 4-16（b）中的 $\pi\sim2\pi$ 段所示。

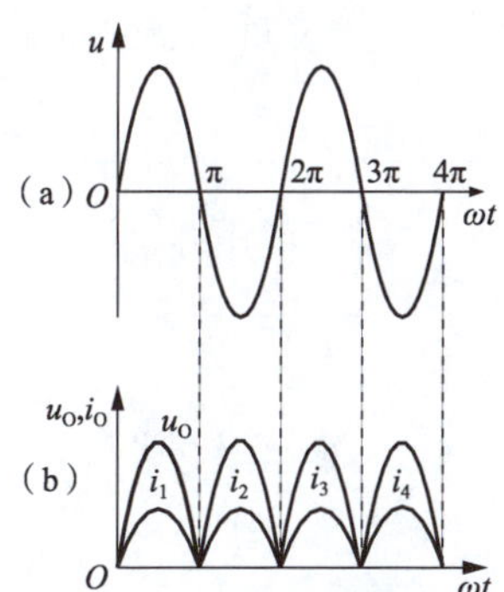

图 4-16　单相桥式整流电路的电压与电流的波形

显然，全波整流电路的整流电压的平均值 U_O 比半波整流时增加了一倍，即

$$U_O = 0.9U \tag{4-4}$$

负载电阻中的直流电流也增加了一倍，即

$$I_O = 0.9\frac{U}{R_L} \tag{4-5}$$

每两个二极管串联导通半周，因此，每个二极管中流过的平均电流只有负载电流的一半，即

$$I_V = \frac{1}{2}I_O = 0.45\frac{U}{R_L} \tag{4-6}$$

二极管截止时所承受的反向电压就是电源电压的最大值，即

$$U_{RM} = \sqrt{2}U \tag{4-7}$$

这一点与单相半波整流电路相同。

请将任务设计所需元器件填写在表 4-1 中，并附电路设计图。

表 4-1　元器件的预算

序号	名称	规格/型号	单价	品牌	厂家或商家名称	联络方式
电路设计图						

二、任务评价

（1）评价标准见表 4-2。

表 4-2 评价标准

序号	主要内容	考核要求	评分标准	配分	扣分	得分
1	单相桥式整流电路设计	合理设计电路并选择元器件	（1）电路设计不合理，扣 30 分。 （2）元器件参数选择不当，每处扣 5 分	40		
2	单相桥式整流电路安装	考查电路的安装及调试	（1）电路连接错误，扣 5~30 分。 （2）元件选用错误，扣 30 分。 （3）操作步骤错误，扣 10~20 分	40		
3	团结协作	符合要求	小组成员分工协作不明确扣 5 分，成员不合作参与扣 5 分	10		
4	安全文明生产及 6S 执行力		（1）违反安全文明生产规程，扣 5~10 分。 （2）6S 执行力不到位，酌情扣 5~10 分	10		
备注	除了定额时间外，各项内容的最高分不得超过配分		合计	100		
考评时间	开始时间		结束时间		考评员签字： 年 月 日	

（2）任务能力评价见表 4-3。

表 4-3 任务能力评价

组别	与人沟通能力 10%	团结协作能力 20%	方案设计能力 10%	自我学习能力 20%	信息处理能力 10%	解决问题的能力 20%	创新能力 10%	总评
第一组								
第二组								
第三组								
第四组								
第五组								

（3）任务能力总评表见表 4-4。

表 4-4 任务能力总评

组别	第一组对各组的评价结果	第二组对各组的评价结果	第三组对各组的评价结果	第四组对各组的评价结果	第五组对各组的评价结果	总评结果
第一组						
第二组						

续表

组别	第一组对各组的评价结果	第二组对各组的评价结果	第三组对各组的评价结果	第四组对各组的评价结果	第五组对各组的评价结果	总评结果
第三组						
第四组						
第五组						

三、任务结束

按照 6S 现场管理规范，清理工作现场，清点作业工具，摆放到规定位置。

测 试 题

1. 为什么二极管具有单向导电性？交流电通过二极管后，其电流会发生怎样的变化？

2. 写出图 4-17 所示各电路的输出电压值，设二极管导通电压 $U_D = 0.7\ V$。

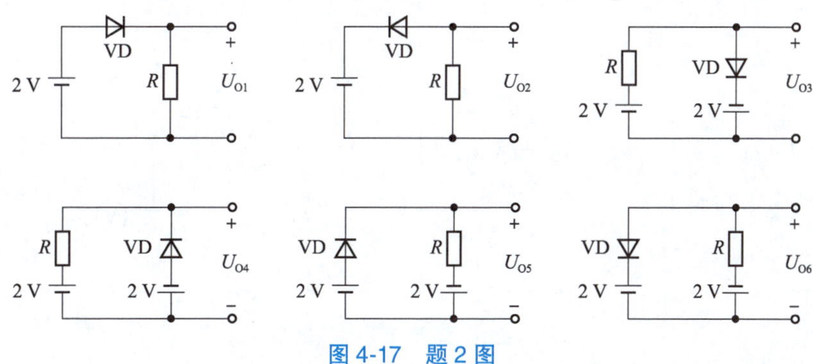

图 4-17　题 2 图

3. 电路如图 4-18 所示，已知 $u_i = 10\sin\omega t$ V，试画出 u_i 与 u_o 的波形。二极管正向导通电压可忽略不计。

4. 电路如图 4-19 所示，已知 $u_i = 5\sin\omega t$ V，二极管导通电压 $U_D = 0.7$ V。试画出 u_i 与 u_o 的波形，并标出幅值。

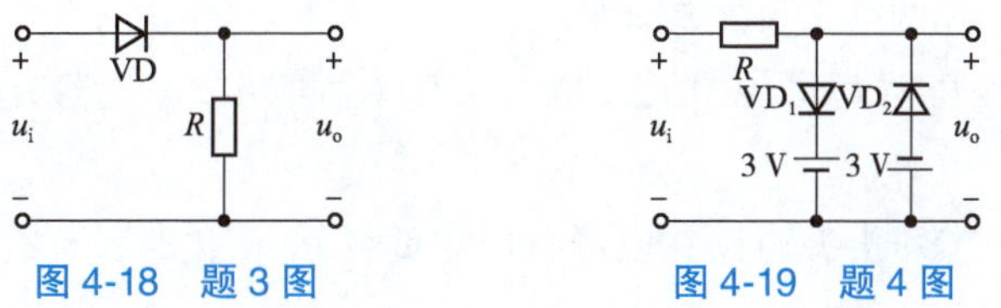

图 4-18　题 3 图　　　图 4-19　题 4 图

任务 2　直流稳压电源的调试

任务解析

某培训中心需要输出电压可以在 2~9 V 之间连续可调的直流电源，除设计完整流电路，还要设计制作出滤波电路、稳压电路。通过完成本任务，学会对滤波电路和稳压电路的分析，具备小功率直流稳压电源的基本知识，最终完成整个直流稳压电源的设计、安装及调试工作。在逐步的学习过程中掌握模拟电子电路的分析与调试方法。

一、小功率直流稳压电源

1. 概述

在精密仪器和家用电器中，都需要稳定的直流电压，而在前面介绍的由交流电源经电源变压器降压后，再经整流滤波电路所得到的直流电源电压，往往会因为电网电压的波动、负载电流或温度的变化而变化。因此，在整流滤波电路之后，还需要接稳压电路，使得精密仪器和家用电器正常工作。

1）稳压电源实例

如图 4-20 所示，T_1 为自耦变压器，T_2 为电源变压器，$VD_1 \sim VD_4$ 为整流二极管，C_1 为滤波电容，CW7805 为三端稳压器，R 和 R_P 组成负载 R_L，两块测试电压表分别接在整流滤波电路的输出端及稳压电路的输出端。

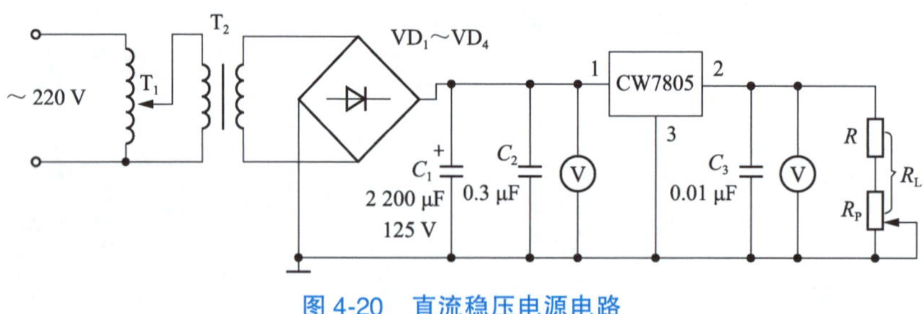

图 4-20　直流稳压电源电路

2）观测过程

①当负载电阻 R_L 保持不变时，调节自耦变压器在一定范围内 220×(1±10%) V 变化，观测整流滤波电路输出端的电压表和负载两端的电压表的变化情况。观察发现，滤波电路输出端的电压表指针发生了变化，而负载两端的电压表读数却保持不变。

②输入电压（自耦变压器调到 AC 挡，220 V）不变，再调节电位器 R_P，观察负载两端的电压表，发现读数仍然不变。

观测结果表明：直流稳压电源电路在电源电压和负载 R_L 变化时，负载两端电压值均不变。这样，上述电路便实现了稳压功能。

3）直流稳压电流组成

直流稳压电源是由变压器、整流电路、滤波电路和稳压电路等四部分构成的，其组成原理框图如图 4-21 所示。

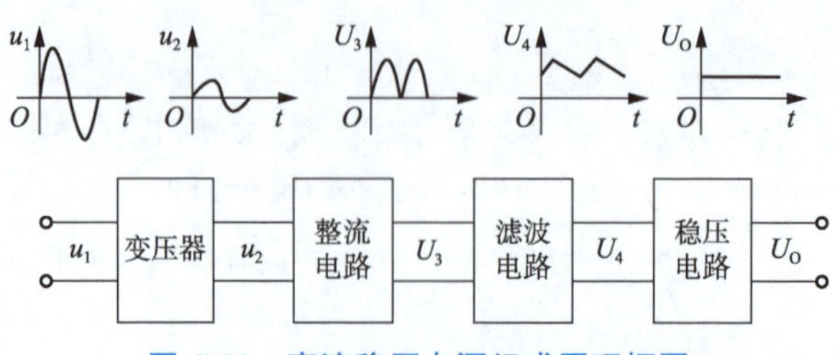

图 4-21　直流稳压电源组成原理框图

直流稳压电源各部分的作用：

（1）变压器的作用是为用电设备提供所需的交流电压。

（2）整流电路和滤波电路的作用是把交流电变换成平滑的直流电。

（3）稳压电路的作用是克服电网电压、负载及温度变化所引起的输出电压的变化，提高输出电压的稳定性。

2. 滤波电路

前面分析的几种整流电路虽然都可以把交流电转换为直流电，但是所得到的输出电压是单向脉动电压。在某些设备（例如电镀、蓄电池充电等设备）中，这种电压的脉动是允许的。但是在大多数电子设备中，整流电路中都要加接滤波器，以改善输出电压的脉动程度。下面介绍几种常用的滤波器。

1）电容滤波器（C 滤波器）

电容滤波器是根据电容器的端电压在电路状态改变时不能跃变的原理制成的。

（1）电容滤波器的工作原理（也就是利用电容充放电原理）。从图 4-22 中可以看出，在二极管的单相半波整流电路导通时，一方面供电给负载，同时对电容器 C 充电。在忽略二极管正向压降的情况下，充电电压 u_C 与上升的正弦电压 u 一致，如图 4-23（b）中 Om 段波形所示。电源电压 u 在 m' 点达到最大值，u_C 也达到最大值。然后 u 和 u_C 都开始下降，u 按正弦规律下降，当 $u<u_C$ 时，二极管承受反向电压而截止，电容器对负载电阻 R_L 放电，负载中仍有电流，而 u_C 按放电曲线 mn 下降。在 u 的下一个正半周内，当 $u > u_C$ 时，二极管再次导通，电容器再被充电，重复上述过程。电容器两端电压 u_C 即为输出电压 u_O，其波形如图 4-23（b）所示。与图 4-23（a）比较可以看出，输出电压的脉动减小，且电压较高，达到了滤波的目的。

$$\begin{cases} U_O = U(\text{半波}) \\ U_O = 1.2U(\text{全波}) \end{cases} \tag{4-8}$$

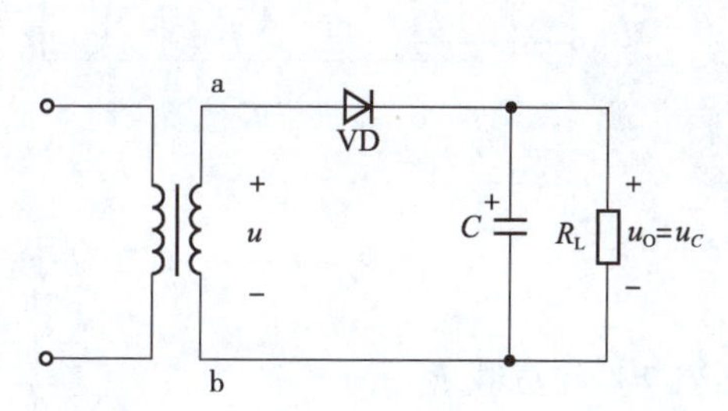

图 4-22 接有电容滤波器的单相半波整流

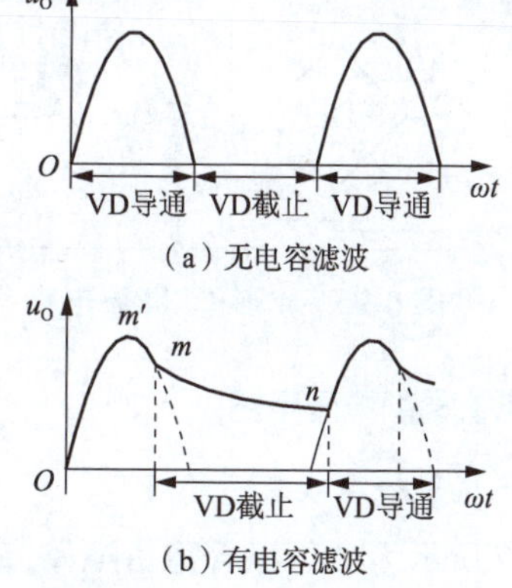

图 4-23 电容滤波器的作用

（2）器件的选择。采用电容滤波时，输出电压的脉动程度与电容器的放电时间常数 R_LC 有关系。R_LC 大一些，脉动就小一些。为了得到比较平直的输出电压，一般要求

$$R_LC \geqslant (3 \sim 5)T/2 \tag{4-9}$$

式中，T 是电源交流电压的周期。

对滤波电容器的选择除了选择电容量外，还要选择耐压值，通常取(1.5~2)U，一般采用极性电容器。

总之，电容滤波电路简单，输出电压 U_0 较高，脉动较小，缺点是有电流冲击。因此，电容滤波器适用于要求输出电压较高、负载电流较小且变化也较小的场合。

2）电感电容滤波器（*LC* 滤波器）

为了减小输出电压的脉动程度，在滤波电容之前串联一个铁芯电感线圈 L，这样就组成了电感电容滤波器，如图 4-24 所示。

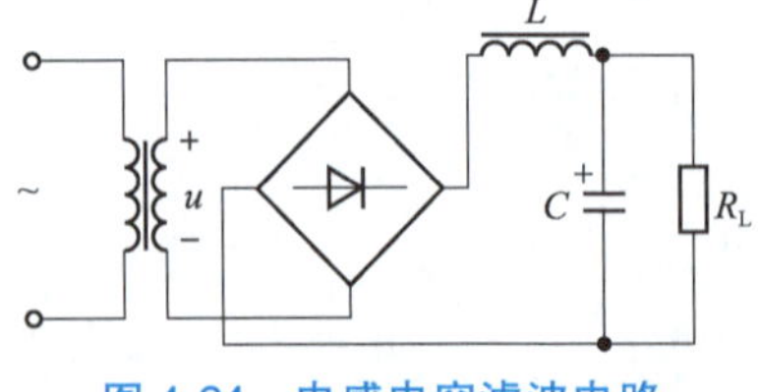

图 4-24 电感电容滤波电路

由于通过电感线圈的电流发生变化时，线圈中要产生自感电动势阻碍电流的变化，因而使负载电流和负载电压的脉动大为减小。频率愈高，电感愈大，滤波效果愈好。

具有 *LC* 滤波器的整流电路适用于电流较大、要求输出电压脉动很小的场合，用于高频时更为适合。在电流较大、负载变动较大并对输出电压的脉动程度要求不太高的场合下（例如晶闸管电源），也可将电容器去除，而采用电感滤波器（*L* 滤波器）。

3）特殊滤波电路

这里主要介绍是 π 形滤波电路。在 *LC* 滤波器的前面再并联一个滤波电容 C_1，如图 4-25 所示，这样便构成 π 形 *LC* 滤波电路。它的滤波效果比 *LC* 滤波器更好，但对整流二极管的冲击电流较大。

由于电感线圈的体积大而笨重，成本又高，因此也可用电阻去代替 π 形滤波电路中的电感线圈，这样便构成了 π 形 *RC* 滤波电路，如图 4-26 所示。电阻对于交、直流电流都具有同样的降压作用，但是当它和电容配合之后，能使脉动电压的交流分量较多地降落在电阻两端（因为电容 C_2 的交流阻抗甚小），而较少地降落在负载上，从而起到了滤波作用。R 愈大，C_2 愈大，滤波效果愈好。但 R 太大，将使直流压降增加，所以这种滤波电路主要适用于负载电流较小而又要求输出电压脉动很小的场合。

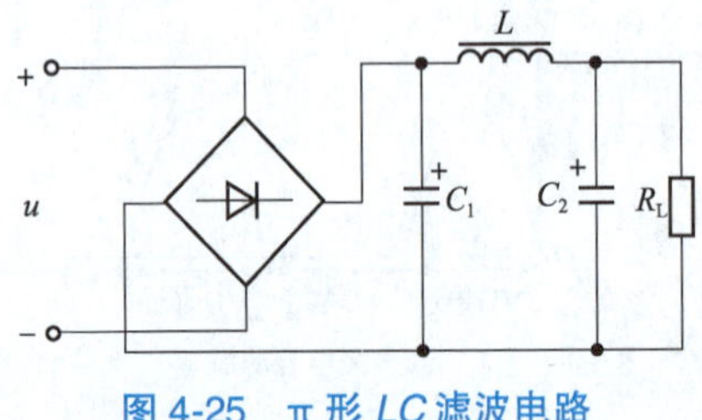

图 4-25 π 形 *LC* 滤波电路

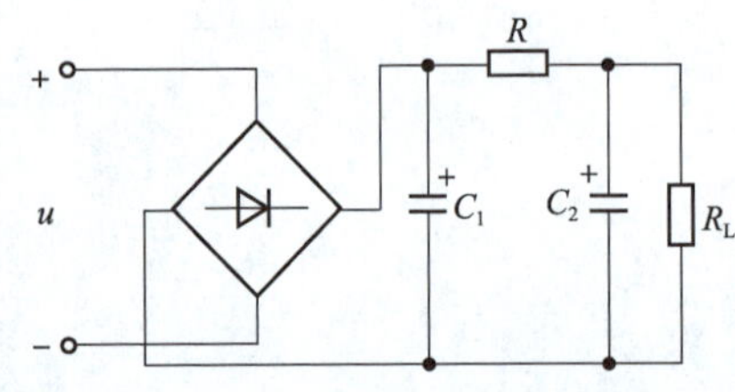

图 4-26 π 形 *RC* 滤波电路

二、硅稳压管稳压电路

1. 硅稳压管稳压电路的构成

图 4-27 所示为硅稳压管稳压电路，图中稳压管 VZ 和负载 R_L 并联，所以称为并联型稳压电路。其中 R 为限流电阻，VZ 工作在反向击穿区。分析可知，$U_O=U_I-I_R=U_Z$，而输出电压 U_O 就是稳压管两端的电压 U_Z。

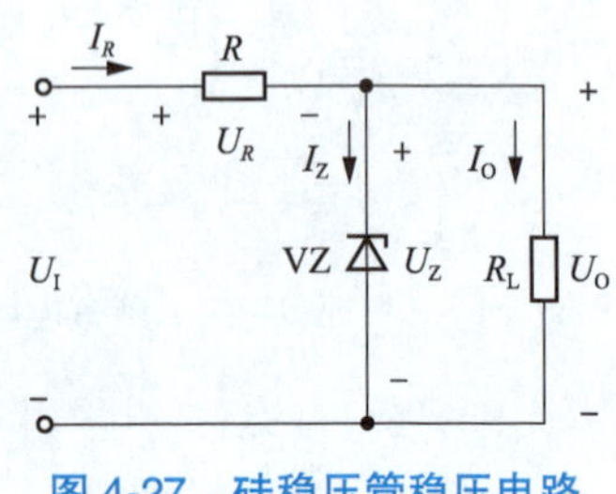

图 4-27 硅稳压管稳压电路

2. 硅稳压管稳压电路的工作原理

（1）当稳压电路的输入电压 U_I 不变时，负载电阻 R_L 增大，则输出电压 U_O 将升高，稳压管两端

的电压 U_Z 上升，电流 I_Z 将快速增加，而流过 R 的电流 I_R 也增加。这样，导致 R 上的压降 U_R 上升，使输出电压 U_O 下降。

（2）当负载电阻 R_L 保持不变时，电路中电网电压的下降将导致 U_I 下降，输出电压 U_O 也下降，此时稳压管的电流 I_Z 急剧减小，则电阻 R 上的压降也将减小，用来补偿 U_I 的下降，使输出电压基本上保持不变，达到稳压的效果。

（3）当输入电压 U_I 升高，R 上压降增大，工作过程与上述的分析过程相反，输出电压 U_O 保持基本不变，达到稳压的效果。

通过分析可知，硅稳压管稳压的工作原理是利用稳压管两端电压 U_Z 的微小变化，引起电流 I_Z 的变化，并通过电阻 R 起到电压调整的作用，保证其输出电压基本恒定，达到稳压的目的。

硅稳压管稳压电路的特点是所用的元器件较少，线路简单，输出电压受稳压管稳压值限制，不能任意调节，输出功率较小，适用于电压固定、负载电流较小的场合，通常用作基准电压源。

3. 硅稳压管稳压电路的元件选择

稳压管稳压电路的设计先要选定输入电压值和稳压二极管的型号，然后再确定限流电阻 R 的值。

（1）输入电压 U_I 的确定：应考虑电网电压的波动情况，U_I 按下式选择：

$$U_I=(2-3)U_O \tag{4-10}$$

（2）稳压二极管的选择：

$$U_Z=U_O \tag{4-11}$$

$$I_{Zmax}=(2\sim3)I_{Omax} \tag{4-12}$$

（3）限流电阻的选择：

$$\frac{U_{Imax}-U_O}{I_{Zmin}}<R<\frac{U_{Imin}-U_O}{I_{Zmin}+I_{Omin}} \tag{4-13}$$

三、串联型稳压电路

1. 串联型稳压电路的构成

串联型稳压电路如图 4-28 所示，它是由分立元件构成的。

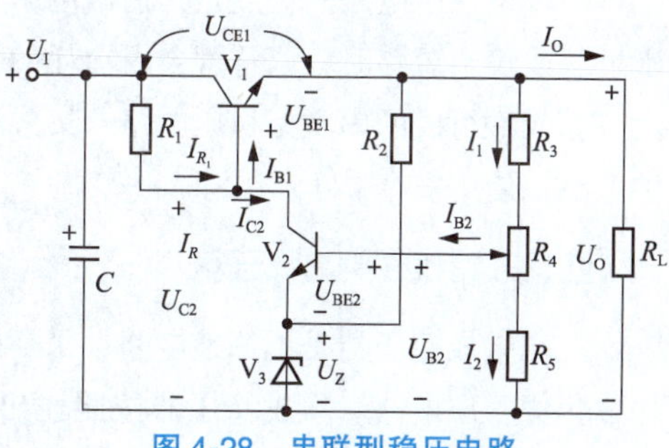

图 4-28 串联型稳压电路

串联型稳压电路中各元件作用如下：R_3、R_4、R_5 构成采样电路；R_2、V_3 为基准电路；V_2 是比较放大管，R_1 既是 V_2 的集电极负载电阻，又是 V_1 的基极偏置电阻；V_1 为调整管，它与负载串联，因此，称该电路为串联型稳压电路，调整管 V_1 受比较放大管的控制，集电极和发射极间相当于一个可变电阻，以此来抵消输出电压的波动。

2. 串联型稳压电路的工作原理

（1）负载 R_L 不变，输入电压 U_I 减小时，输出电压 U_O 存在下降趋势，由于采样电阻的分压，使得比较放大管的基极电位 U_{B2} 下降，比较放大管的发射极电压不变（$U_{E2}=U_Z$），所以 U_{BE2} 也下降，比较放大管导通能力减弱，U_{C2} 升高，调整管导通能力增强，调整管 V_1 集-射极之间的电阻 R_{CE1} 减小，管压降 U_{CE1} 下降，使输出电压 U_O 上升，保证了 U_O 基本不变。

（2）输入电压 U_I 不变，负载 R_L 增大时，引起输出电压 U_O 增大。电路产生调整的过程如下：

$$R_L\uparrow \rightarrow U_O\uparrow \rightarrow U_{BE2}\uparrow \rightarrow U_{C2}\downarrow (U_{B1}\downarrow) \rightarrow R_{CE}\uparrow \rightarrow U_{CE1}\uparrow$$

$$U_O\downarrow \xleftarrow{U_O=U_I-U_{CE1}}$$

负载 R_L 减小时，稳压过程与上述分析相反。因此，稳压过程的实质是通过负反馈使输出电压维持稳定。

3. 串联型稳压电路输出电压计算

图 4-28 所示为稳压电路中有电位器 R_4 串接在 R_3 和 R_5 之间，通过调节 R_4 来改变输出电压 U_O。设计该电路时一定要满足 $I_2 \gg I_{B2}$，忽略 I_{B2}，$I_1 \approx I_2$，则

$$U_{B2} = U_O \cdot \frac{R_5 + R_4'}{R_3 + R_4 + R_5}$$

$$U_O = R_{B2} \cdot \frac{R_3 + R_4 + R_5}{R_5 + R_4'} = (U_Z + U_{BE2}) \cdot \frac{R_3 + R_4 + R_5}{R_5 + R_4'} \tag{4-14}$$

式中，U_Z 为稳压管的稳压值；U_{BE2} 为 V_2 发射结电压；R_4' 为图 4-28 中电位器滑动触点下半部分的电阻值。

电位器 R_4 调到最上端时，输出电压最小，其值为

$$U_{Omin} = (U_Z + U_{BE2}) \cdot \frac{R_3 + R_4 + R_5}{R_5 + R_4'} \tag{4-15}$$

电位器 R_4 调到最下端时，输出电压最大，其值为

$$U_{Omax} = (U_Z + U_{BE2}) \cdot \frac{R_3 + R_4 + R_5}{R_5} = (U_Z + U_{BE2}) \cdot \left(1 + \frac{R_3 + R_4}{R_5}\right) \tag{4-16}$$

串联型稳压电路的优点是其输出电压可调，稳压效果较好。缺点是由于调整管与负载串联，发生过载或输出短路时，调整管会因功耗的升高而损坏。因此，通常用性能优良的集成稳压器来代替由分立元件组成的串联型稳压电路。集成稳压器具有体积小、性能稳定的特点，它还设置了各种保护电路，使用安全。

四、三端线性集成稳压器

三端集成稳压器是把调整电路、采样电路、基准电路、启动电路及保护电路集成在一块硅片上构成集成稳压电路。集成稳压器按照输出电压是否可调分为固定式和可调式；按照输出电压的正、负极性可分为正稳压器和负稳压器；按照引出端子分为三端稳压器和多端稳压器。

1. 三端固定式集成稳压器

（1）三端固定式集成稳压器外形及引脚排列。三端固定式集成稳压器是目前应用最普遍的中小功率稳压器。其外形及引脚排列如图 4-29 所示。由于它只有输入、输出和公共地端三个端子，故称为三端稳压器。

（2）国产的三端固定式集成稳压器有 CW78××正电压系列和 CW79××负电压系列，其输出电压有±5 V、±6 V、±8 V、±9 V、±12 V、±15 V、±18 V、±24 V，其最大输出电流为 0.1 A、0.5 A、1 A、1.5 A、2.0 A 等。

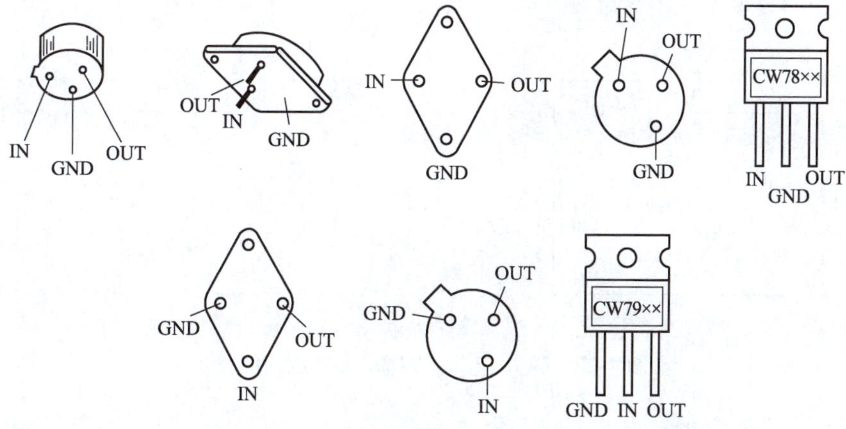

图 4-29 三端固定式集成稳压器外形及管脚排列

(3) 三端固定式集成稳压器的应用。在实际应用中，可以根据所需输出电压、电流，选用符合要求的CW78××或CW79××系列产品，常用电路如图4-30所示。图中，C_1 为滤波电容，C_2 的作用以旁路高频干扰信号，C_3 的作用改善负载瞬态响应。它可使电路输出固定电压，除此之外三端固定式稳压器还可用于扩大输出电压的电路、扩大输出电流的电路、输出正、负电压的稳压电源电路等。

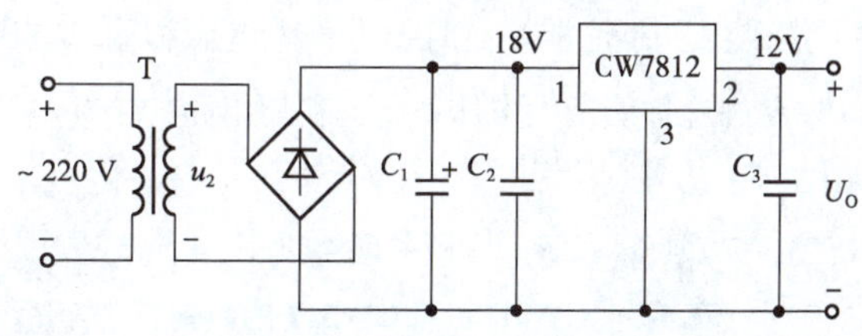

图 4-30 输出固定电压稳压器电路

2. 三端可调式集成稳压器

为了得到可调的输出电压值，采用连续调整的三端稳压器。按输出电压分为正电压输出CW317（CW117、CW127）和负电压输出CW337（CW137）两大类。

三端可调式集成稳压器克服了三端固定式集成稳压器输出电压不可调的缺点，又具有三端固定式集成稳压器的许多优点。三端可调式集成稳压器CW317和CW337是一种悬浮式串联调整电压器，外形如图4-31所示。为了使电路正常工作，输出电流不小于5 mA，输入电压在2~40 V之间，输出电压在1.25~37 V之间，负载电流为1.5 A，由于调整端的输出电流为5 μA且恒定，故可忽略，输出电压表示为

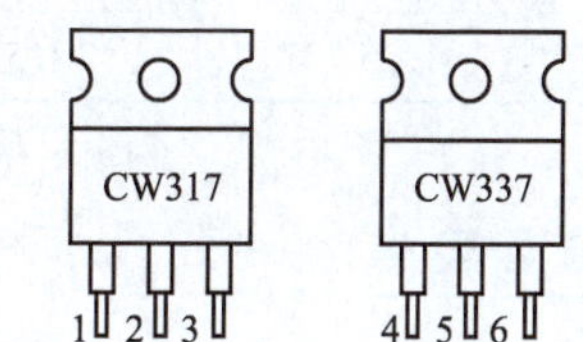

图 4-31 三端可调式集成稳压器的引脚排列图

1、4—调整；3、5—输入；2、6—输出

$$U_O \approx 1.25\left(1+\frac{R_P}{R_1}\right) \tag{4-17}$$

式中，1.25为集成稳压器输出端与调整端之间的固定参考电压 U_{REF}；R_1 取值为120~240 Ω，调节 R_P 可改变输出电压的大小。此外，电容 C_1 旁路整流电路输出的高频干扰信号，电容 C_2 起滤波作用。

CW317 和 CW337 基本应用电路如图 4-32 所示。

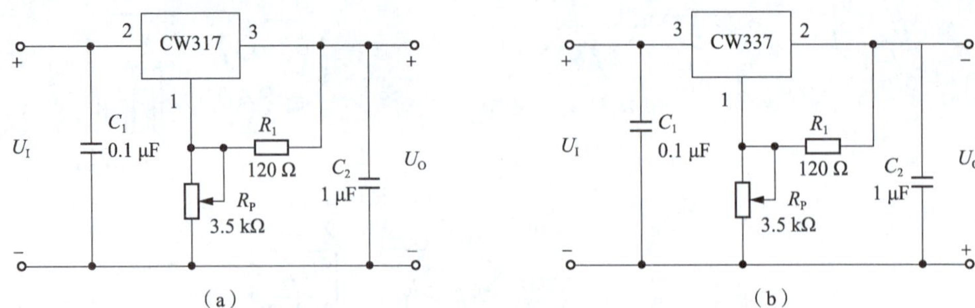

图 4-32　CW317 和 CW337 基本应用电路

3. 集成稳压器的主要参数

1）输出电压 U_O

输出电压固定的集成稳压器，有标称输出电压 U_O 及其偏差范围 ΔU_O；输出电压可调的集成稳压器，有输出电压的可调范围 $U_{Omin} \sim U_{Omax}$。

2）最大输出电流 I_{Omax}

I_{Omax} 指集成稳压器正常工作时能够输出的电流最大值。使用时应安装散热片。

3）最小输入电压 U_{Imin} 和最大输入电压 U_{Imax}

最小输入电压 U_{Imin} 反映了集成稳压器正常工作时要求输入电压和输出电压的最小差值，最大输入电压 U_{Imax} 反映了集成稳压器输入端允许施加的最大电压值，与稳压电路的击穿电压有关。

4）电压调整率 S_U 与输出电阻 R_O

集成稳压器 CW7800 和 CW317 的 S_U 和 R_O 及相关参数见表 4-5。

表 4-5　CW7800 和 CW317 的参数

型号	输出电压 U_O/V	最大输出电流 I_{Omax}/A	最大输入电压 U_{Imax}/V	最小输入与输出电压差 $(U_I-U_O)_{min}$/V	电压调整率 S_U/%	电流调整率 S_I 或输出电阻 R_O
CW7800	5、6、9、12、15、18、24	1.5	35	2~3	0.1~0.2	R_O 为 30~150 mΩ
CW317	1.25~37	1.5	40		0.01	S_I 为 0.3%

任务实施

一、任务说明

在电子系统中，经常需要将交流电网电压转换为稳定的直流电压，为此要通过整流、滤波和稳压等环节来实现，本任务就是进行输出电压可以在 2~9 V 之间连续可调的直流电源的制作与测试。

1. 设计方案

在整流电路中，利用二极管的单向导电性将交流电转变为脉动的直流电。为抑制输出电压中的纹波，通常在整流电路后接有滤波环节。滤波电路一般可分为电容输入式和电感输入式两大类。在直流输出电流较小且负载变化不大的场合，宜采用电容输入式；而负载大的大功率场合，宜采用电感输入式。

为保证输出电压不受电网电压、负载和温度的变化而产生波动，需再接入稳压电路，在小功率系统中，多采用串联反馈式稳压电路，而中大功率稳压电源一般采用开关式稳压电路。

三端集成稳压器由于体积小、可靠性高以及温度特性好等优点，得到了广泛应用。

直流稳压电源原理图如图 4-33 所示。

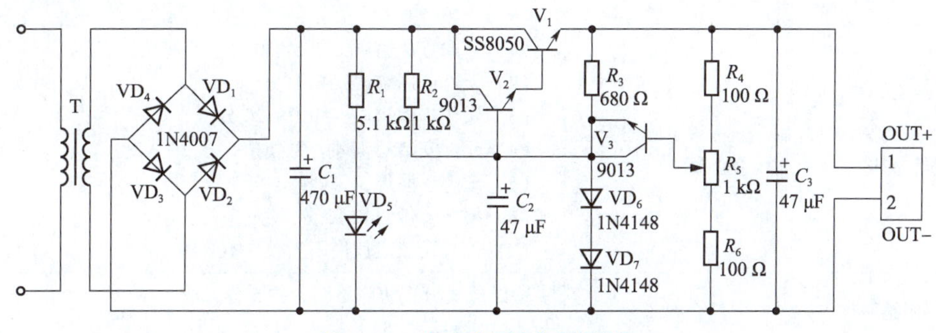

图 4-33　直流稳压电源原理图

2. 工作任务

工作任务书见表 4-6。

表 4-6　工作任务书

任务名称	直流稳压电源的制作与测试
课时安排	课外焊接，课内调试
设计要求	制作直流稳压电源，使其可以实现正常供电
制作要求	正确选择器件，按电路图正确连线，按布线要求进行布线、焊接并测试
测试要求	正确记录测试结果，与设计要求相比较，若不符合，请仔细查找原因
设计报告	直流稳压电源原理图。 列出元件清单。 焊接、安装。 调试、检测电路功能是否达到要求。 分析数据

3. 选用器件

元器件清单见表 4-7。

表 4-7　元器件清单

序号	名称	型号规格	数量	序号	名称	型号规格	数量
1	二极管	1N4007	4 只	6	电解电容	470 μF	1 只
2	发光二极管	红色	1 只	7	电解电容	47 μF	2 只
3	二极管	1N4148	2 只	8	电位器	1 kΩ	1 只
4	三极管	SS8050	1 只	9	电源变压器	交流 220 V/9 V	1 只
5	三极管	9013	2 只	10	电阻	5. 1 kΩ、2 kΩ、220 Ω、100 Ω 等	若干

二、任务评价

（1）评价标准见表 4-8。

表 4-8　直流稳压电源设计与测试评价标准

序号	主要内容	考核要求	评分标准	配分	扣分	得分
1	直流稳压电源制作与测试	考查电路的安装及调试	（1）采取方法错误，扣 5~30 分。 （2）元件选用错误，扣 10 分。 （3）操作步骤错误，扣 10~20 分。 （4）元件安装不牢固，每处扣 5 分。 （5）虚焊、漏焊，每处扣 5 分。 （6）损坏元件，扣 10 分。 （7）工具及仪表使用不当，扣 10 分	80		
2	团结协作	符合要求	小组成员分工协作不明确扣 5 分，成员不合作参与扣 5 分	10		
3	安全文明生产及 6S 执行力		（1）违反安全文明生产规程，扣 5~10 分。 （2）6S 执行力不到位，酌情扣 5~10 分	10		
备注	除了定额时间外，各项内容的最高分不得超过配分		合计	100		
考评时间	开始时间		结束时间		考评员签字： 年　月　日	

（2）任务能力评价见表 4-9。

表 4-9　任务能力评价

组别	与人沟通能力 10%	团结协作能力 20%	方案设计能力 10%	自我学习能力 20%	信息处理能力 10%	解决问题的能力 20%	创新能力 10%	总评
第一组								
第二组								
第三组								
第四组								
第五组								

（3）任务能力总评表见表 4-10。

表 4-10　任务能力总评

组别	第一组对各组的评价结果	第二组对各组的评价结果	第三组对各组的评价结果	第四组对各组的评价结果	第五组对各组的评价结果	总评结果
第一组						
第二组						
第三组						
第四组						
第五组						

三、任务结束

按照 6S 现场管理规范，清理工作现场，清点作业工具，摆放到规定位置。

测 试 题

1. 直流稳压电源由哪几部分组成？

2. 试设计桥式整流电容滤波的硅稳压电源，具体参数指标为：输出电压 $U_0=6\text{ V}$，电网电压波动范围为±10%，负载电阻 R_L 由 1 kΩ 到∞，如何选定稳压管及限流电阻？

3. 根据下列几种情况，选择合适的集成稳压器的型号。

(1) $U_0=+12\text{ V}$，最小值约为 15 Ω。

(2) $U_0=+6\text{ V}$，最大负载电流为 300 mA。

(3) $U_0=-15\text{ V}$，输出电流范围是 10~80 mA。

4. 图 4-34 所示为串联型直流稳压电源，已知 2CW13 的稳压值 $U_Z=6\text{ V}$，各三极管的 U_{BE} 取 0.3 V。(1) 求输出电压的调节范围；(2) 当电位器调到中间位置时，估算 A、B、C、D、E 各点电压值；(3) 当电网电压升高或降低时，说明上述各点电位的变化趋势和稳压原理；(4) V_1 击穿或开路，输出电压如何变化？(5) V_3 不慎误接，输出电压如何变化？

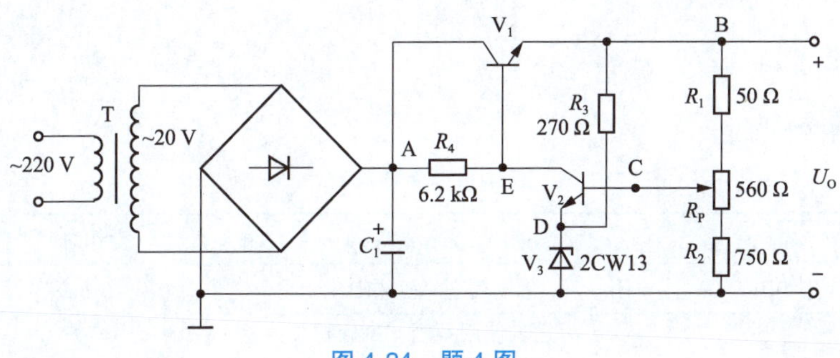

图 4-34 题 4 图

项目总结

本项目主要介绍了可调直流稳压电源的分析与制作，通过本项目的学习，掌握各种二极管的特性及其应用电路，更重要的是在学习过程中，逐步掌握模拟电子电路的分析方法，学会制作直流稳压电源。

项目实训

实训一 二极管的识别与简单测试

一、实训目的

(1) 掌握二极管的基本知识；

(2) 学会使用万用表判别二极管极性。

二、实训准备

数字式万用表、指针式万用表、整流二极管、发光二极管等元器件。

三、实训内容

1. 整流二极管的识别

1）用指针式万用表测量整流二极管

用万用表欧姆挡测量二极管，测量二极管两端电阻值，判别二极管的极性。

2）用数字式万用表测量整流二极管

利用数字式万用表上二极管测试挡，测量二极管的直流电压降，利用电压值判别二极管的极性。

2. 发光二极管的识别

1）用指针式万用表测量发光二极管

使用指针式万用表欧姆挡 R × 10k 进行测量，可测出正向电阻并记录数值，观察发光二极管是否发出微弱的光，若测得正反向电阻都很小，说明内部击穿短路；若测得正反向电阻都很大，说明内部开路。

2）用数字式万用表测量发光二极管

将挡位置于万用表的二极管测试挡，红表笔接短引脚，黑表笔接长引脚，记录万用表读数，将表笔调换位置再测一次记录数据。

四、考核标准

考核标准见表 4-11。

表 4-11　考核标准

<table>
<tr><th>测评内容</th><th>配分</th><th>评分标准</th><th>操作时间</th><th>扣分</th><th>得分</th></tr>
<tr><td>选件</td><td>10</td><td>不合理，不标准，每个扣 2 分</td><td>2 min</td><td></td><td></td></tr>
<tr><td>识别</td><td>60</td><td>（1）万用表使用不当，每处扣 2 分。
（2）调试方法不当，每处扣 2 分。
（3）不能正确识别，每处扣 10 分。
（4）损坏元件，每处扣 10 分</td><td>20 min</td><td></td><td></td></tr>
<tr><td>排除故障</td><td>30</td><td>（1）不验电，每处扣 2 分。
（2）排除故障的顺序不当，每处扣 2 分。
（3）不能查出故障，每处扣 2 分。
（4）查出故障点，但不能排除，每处扣 2 分。
（5）产生新的故障或扩大故障范围，不能排除，每处扣 2 分。
（6）排除故障方法不正确，每处扣 2 分</td><td>8 min</td><td></td><td></td></tr>
<tr><td colspan="2">安全文明操作</td><td colspan="2">违反安全生产规程，视现场具体违规情况扣分</td><td></td><td></td></tr>
<tr><td rowspan="2">定额时间
（30min）</td><td>开始时间
（　　）</td><td colspan="2" rowspan="2">每超时 3 min 扣 2 分</td><td rowspan="2"></td><td rowspan="2"></td></tr>
<tr><td>结束时间
（　　）</td></tr>
<tr><td colspan="4">合计</td><td></td><td></td></tr>
</table>

实训二　常用电子仪器的作用

一、实训目的

（1）学习电子电路实验中常用的电子仪器，如示波器、信号发生器、交流毫伏表、数字频率计等的主要技术指标、性能及正确使用方法；

（2）初步掌握用双踪示波器观察正弦信号波形和读取波形参数的方法。

二、实训准备

信号发生器、双踪示波器、交流毫伏表等。

三、实训内容

1. 测量示波器内的校准信号

用机内校准信号［方波 $f = 1 \times (1 \pm 2\%)$ kHz，电压幅度 $1 \times (1 \pm 30\%)$ V］对示波器进行自检。

1）调出波形

（1）将示波器校准信号输出端通过专用电缆与 YA（或 YB）输入插口接通，调节示波器各有关旋钮，将触发方式开关置“自动”位置，触发源选择开关置“内”，内触发选择开关置常态，对校准信号的频率和幅值正确选择扫速开关（t/div）及 Y 轴灵敏度开关（V/div）位置，则在荧光屏上可显示出一个或数个周期的方波。

（2）分别将触发方式开关置“高频”和“常态”位置，并同时调节触发电平旋钮，调出稳定波形。体会三种触发方式的操作特点。

2）校准“校准信号”幅度

将“Y 轴灵敏度”微调旋钮置“校准”位置，Y 轴灵敏度开关置适当位置，读取校准信号幅度，记入表 4-12 中。

表 4-12　记录表 1

项目	标准值	实测值
幅　度	1 V(峰-峰值)	
频　率	1 kHz	
上升沿时间	≤2 μs	
下降沿时间	≤2 μs	

3）校准“校准信号”频率

将扫速微调旋钮置“校准”位置，扫速开关置适当位置，读取校准信号周期，并用数字频率计进行校核，记入表 4-17 中。

4）测量校准信号的上升时间和下降时间

调节 Y 轴灵敏度开关位置及微调旋钮，并移动波形，使方波波形在垂直方向上正好占据中心轴上，且上、下对称，便于阅读。通过扫速开关逐级提高扫描速度，使波形在 X 轴方向扩展（必要时可以利用“扫速扩展”开关将波形再扩展 10 倍），并同时调节触发电平旋钮，从荧光屏上清楚地读出上升时间和下降时间，记入表4-17中。

2. 测量信号源输出电压波形及频率

令信号源输出的频率分别为100 Hz、1 kHz、10 kHz、100 kHz（数字频率计测量值），有效值均为1 V（交流毫伏表测量值）。

改变示波器扫速开关及Y轴灵敏度开关位置，测量信号源输出电压频率及峰-峰值，记入表4-13中。

表4-13 记录表2

数字频率计读数	实测值		毫伏表读数/V	实测值	
	周期/ms	频率/Hz		峰-峰值/V	有效值/V
100 Hz					
1 kHz					
10 kHz					
100 kHz					

四、考核标准

考核标准见表4-14。

表4-14 考核标准

测评内容	配分	评分标准	操作时间	扣分	得分
示波器校准信号的测量	40	（1）测试数据全错，扣40分。 （2）测试数据错误或波形绘制错误，每处扣5分	20 min		
信号源输出电压波形及频率的测量	40	（1）测试数据全错，扣40分。 （2）测试数据错误，每处扣5分。 （3）频率选择错误，每处扣5分	20 min		
排除故障	20	（1）工具及仪表使用不当，每处扣2分。 （2）排除故障方法不正确，每处扣2分。 （3）排除故障的顺序不当，每处扣2分。 （4）不能查出故障，每处扣2分。 （5）查出故障点，但不能排除，每处扣2分	20min		
安全文明操作		违反安全生产规程，视现场具体违规情况扣分			
定额时间（60 min）	开始时间（ ）	每超时3 min扣2分			
	结束时间（ ）				
合计					

项目 5

放大电路的设计、调试及应用

项目导入

某电子器件制造公司接到一项老旧小区改造急需的光控灯的生产任务，其中光控灯的组成除光电器件外还有一个重要的部分就是放大电路。项目负责人根据光控灯的设计需求，进行两级放大电路的设计，研讨并制定设计方案，采用合理的电路结构稳定静态工作点和改善电路的动态性能，制作两级放大电路并检测其性能和功能。

学习目标

知识目标：

(1) 能识别两级放大电路需要的晶体管等电子元器件；

(2) 学会分析放大电路的静态和动态两种工作状态；

(3) 理解负反馈的基本概念、类型和作用，能够根据要求判别负反馈的类型；

(4) 能说出集成运算放大器的型号、结构、特性及典型应用。

能力目标：

(1) 能根据工作要求查阅资料、手册，制定工作步骤；

(2) 能用仿真软件进行两级放大电路的设计和调试；

(3) 能正确运用电子测量仪器对两级电压放大电路的性能进行测试，分析电路的性能参数，并能进行简洁流利的表述。

素质目标：

(1) 树立安全意识、成本意识、创新意识，具有较强的沟通能力和团队协作能力；

(2) 初步养成工匠精神、劳模精神，具有严谨认真、吃苦耐劳、诚实守信的工作精神。

项目实施

任务1 放大电路的设计与调试

任务解析

放大电路由晶体管、耦合电容等元器件组成。学生通过完成本任务，能根据所给的电路图，看懂图中各元器件的符号、类型和参数特征，进而对电路进行静态和动态分析；明确放大电路能正常工作时如何设计合适的静态工作点；能够分析失真的原因并消除失真；学会分析电路的功能、制作电路并检测其性能和功能。

知识链接

一、晶体管的基本知识

晶体管又称半导体三极管，简称“三极管”是一种重要的半导体器件。

1. 三极管的基本结构

三极管由两个PN结和三个电极构成，外形如图5-1所示。常见的三极管结构有平面型和合金型两类，如图5-2所示。硅管主要是平面型，锗管主要是合金型。

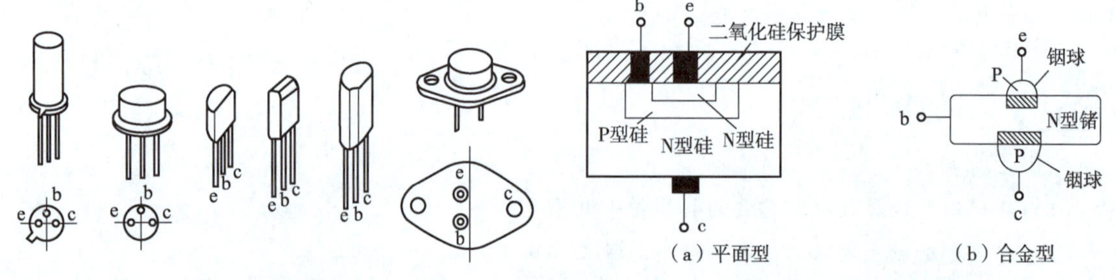

(a) 平面型　　(b) 合金型

图5-1　三极管外形　　图5-2　三极管结构

不同类型的三极管虽然制造方法不同，但在结构上都分成PNP或NPN三层，因此又将三极管分为NPN型和PNP型两种。国产硅三极管主要是NPN型（3D系列），锗管主要是PNP型（3A系列），如图5-3所示。各种三极管都分为发射区、基区、集电区等三个区域，三个区的引出线分别称为发射极、基极、集电极，并分别用e、b、c表示。发射区与基区间的PN结称为发射结，基区与集电区间的PN结称为集电结。

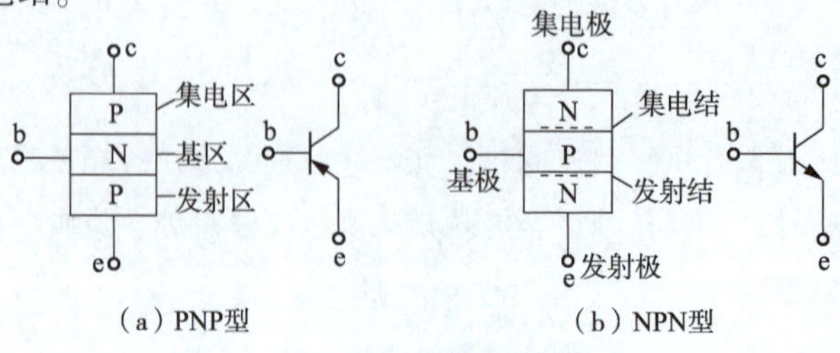

(a) PNP型　　(b) NPN型

图5-3　三极管结构示意图及符号

NPN 型和 PNP 型三极管的工作原理相同，不同的是使用时连接电源的极性不同，三极管各极间的电流方向不同。下面以 NPN 型管为例进行介绍。

2. 三极管的电流放大作用

三极管的作用有两个：一是用作放大元件；二是用作开关元件。要使三极管具有电流放大作用，基本条件是发射结加正向偏置电压，集电结加反向偏置电压。

对于 NPN 型管来说，把三极管接成图 5-4（a）所示的电路。直流电压源 V_{BB} 经电阻 R_b 接到三极管的基极和发射极之间，V_{BB} 的极性使发射结处于正向偏置状态。电压源 V_{CC} 经电阻 R_c 接到三极管的集电极和发射极之间，V_{CC} 的极性和电路参数使 $U_{CE}>U_{BE}$，以确保集电结处于反向偏置状态。这样，三个电极的电位关系是 $U_C > U_B > U_E$。如果是 PNP 型管，电源极性应与图 5-4（b）相反，具有放大作用的三个电极的电位关系为 $U_C < U_B < U_E$。

在三极管中各极电流的分配关系如图 5-5 所示。

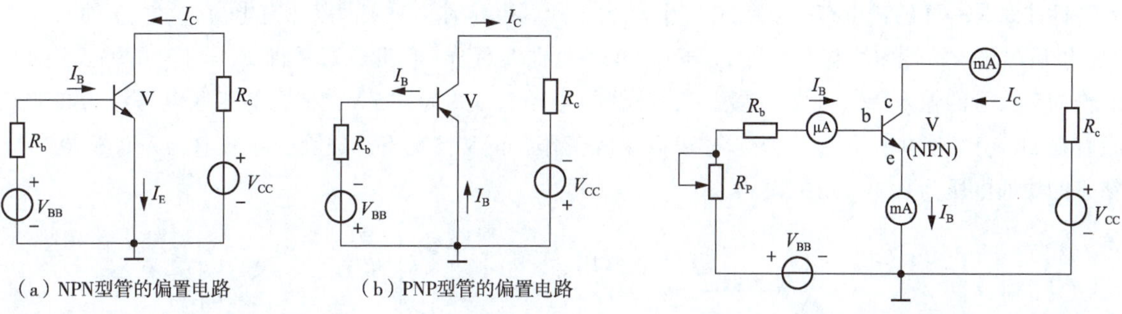

（a）NPN型管的偏置电路　（b）PNP型管的偏置电路

图 5-4　三极管具有放大作用的外部条件

图 5-5　三极管电流放大作用实验电路

1）测量数据

调节图 5-5 中的电位器 R_P，用电流表测得相应三极管三极电流的数据见表 5-1。

表 5-1　三极管三极电流测量数据

I_E/mA	0	0.3	1	2	3	5	10	20
I_C/mA	0.006	0.3	0.99	1.972	2.96	4.935	9.89	19.8
I_B/mA	-0.006	0	0.01	0.028	0.04	0.065	0.11	0.2

2）数据分析

（1）三极管 I_E、I_B、I_C 电流之间的关系。表 5-1 中每一列都满足：$I_E=I_B+I_C$。该结果满足基尔霍夫电流定律。

（2）I_B、I_C 的关系。由表 5-1 中第三列和第四列的数据看出，基极电流 I_B 从 0.01 mA 变化到 0.028 mA 时，集电极电流 I_C 从 0.99 mA 变化到 1.972 mA，这两个变化量之比，定义为共发射极电流放大系数 β。本测量实验中，有 $\beta=\dfrac{1.972-0.99}{0.028-0.01}=\dfrac{0.982}{0.018}\approx 54$。

由表 5-1 可见，当 I_B 有一微小变化时，能引起 I_C 较大的变化，这是三极管实现放大作用的实质，因此三极管是一种电流控制型器件。

（3）由表 5-1 可知，当 $I_E=0$ 时，也就是发射极开路，$I_C=-I_B$。这是因为集电结加反偏电压，引起少数载流子的定向运动，形成由集电区流向基区的电流，称为反向饱和电流 I_{CBO}。而当 $I_B=0$ 时，也就是基极开路，$I_C=I_E\neq 0$，该电流称为集电极–发射极的穿透电流 I_{CEO}。

3. 三极管的特性曲线

三极管的特性曲线是指三极管各极的电压与电流之间的关系曲线。它直观地表达出三极管内部的电流变化规律，反映出三极管的性能。三极管的特性曲线分为输入特性曲线和输出特性曲线。图 5-6 所示为三极管特性测试电路。输入特性曲线在输入回路测量，输出特性曲线在输出回路测量。

1）输入特性曲线

输入特性曲线是指当集-射极之间的电压 u_{CE} 为某一常数时，输入回路中的基极电流 i_B 与加在基-射极间的电压 u_{BE} 之间的关系曲线，即

$$i_B=f(u_{BE})\big|_{u_{CE}=常数}$$

图 5-7 是实测三极管的输入特性曲线。由该图可以看出，三极管输入特性曲线与二极管正向伏安特性曲线是一样的，也有一段死区，当 u_{BE} 大于死区电压时，输入回路才有电流 i_B 产生，即 $u_{CE}>1$ V 以后的输入特性曲线基本上与 $u_{CE}=1$ V 的特性曲线重合，因此，通常将 $u_{CE}=1$ V 的输入特性曲线作为三极管的输入特性曲线。常温下，硅管的死区电压约为 0.5 V，锗管的死区电压约为 0.1 V，只有在 u_{BE} 超过死区电压时，三极管才可以正常工作。正常情况下，硅管的导通电压为 0.6~0.7 V，锗管的导通电压为 0.2 ~ 0.3 V。

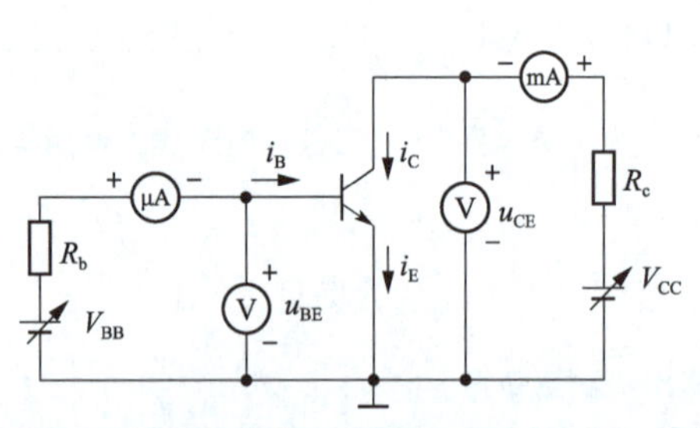

图 5-6 三极管特性测试电路

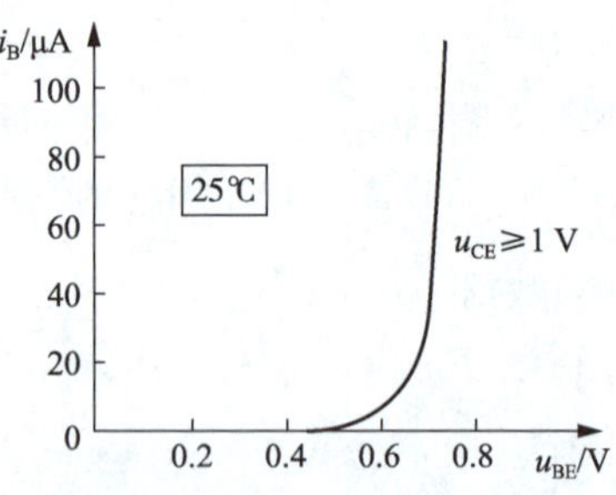

图 5-7 三极管输入特性曲线

2）输出特性曲线

输出特性曲线是指当基极电流 i_B 为常数时，输出电路中集电极电流 i_C 与集-射极间的电压 u_{CE} 之间的关系曲线，即 $i_C=f(u_{CE})\big|_{i_B=常数}$。

因为 i_C 与 i_B 密切相关，i_B 不同，对应不同的特性曲线，所以三极管输出特性曲线是一组曲线，如图 5-8 所示。根据三极管不同的工作状态，输出特性曲线分为三个工作区。

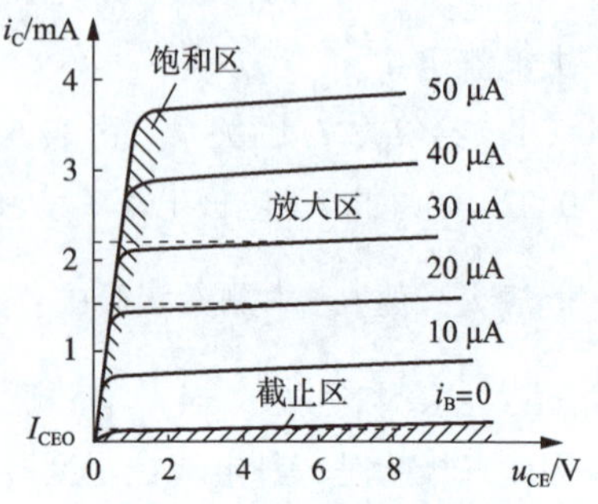

图 5-8 三极管输出特性曲线

（1）截止区。$i_B=0$ 曲线以下的区域称为截止区。$i_B=0$ 时，$i_C\approx I_{CEO}$，这个电流称为穿透电流。此时，发射结零偏或反偏，集电结反偏，即 $u_{BE}\leqslant 0$，$u_{CB}>0$，$u_{CE}\approx V_{CC}$，意味着集电极与发射极之间开路，相当于 c 与 e 之间的开关断开。

（2）放大区。输出特性曲线中，接近水平的部分是放大区。放大区内，三极管的工作特点是：发射结正偏，集电结反偏；$I_C=$

$\bar{\beta}I_B$，集电极电流与基极电流成比例。因此，放大区又称线性区。由图5-8可知以下特性：

①受控特性：$i_C=\beta i_B$。

②恒流特性：当输入回路中有一个恒定的i_B时，输出回路对应一个不受u_{CE}影响的恒定的i_C。

③三极管电流放大作用能力的大小，反映在输出特性曲线上，平坦部分曲线间的间隔可以体现β值的大小。

(3) 饱和区。$u_{CE}\leqslant u_{BE}$的区域称为饱和区。发射结和集电结均处于正向偏置。三极管不能由I_B对I_C进行控制，此时，i_C由外电路控制，与i_B无关。这时所对应的u_{CE}值称为饱和压降U_{CES}。在理想条件下，三极管之间相当于短路状态，类似于c和e之间的开关接通。

通常，工作在饱和区的小功率三极管，U_{CES}在0.1~0.3 V之间，硅管比锗管要大，大功率硅管可达1~3 V。

4. 三极管的主要参数

三极管主要参数分为表征性能优劣和使用极限的参数两类。

1) 性能参数

(1) 电流放大系数β。三极管接成共发射极电路时，直流（静态）电流放大系数用$\bar{\beta}$表示。$\bar{\beta}=I_C/I_B$，但三极管通常工作在有信号输入的情况下，基极电流产生一个变化量ΔI_B，相应的集电极电流的变化量为ΔI_C，则ΔI_C与ΔI_B的比值称为三极管交流（动态）电流放大系数β，即

$$\beta=\frac{\Delta I_C}{\Delta I_B} \tag{5-1}$$

$\bar{\beta}$和β含义不同，但在输出特性放大区内，曲线接近于平行等距，$\bar{\beta}=\beta$。所以，今后在使用时，一般用β代替$\bar{\beta}$，而不将二者分开。常用的三极管β值一般为20~100。

(2) 集-基极反向饱和电流I_{CBO}。常用的三极管的I_{CBO}是发射极开路时，集电结反向偏置时的集-基极间的反向电流。I_{CBO}数值很小，受温度影响大，它与发射结无关。

室温下，小功率锗管的I_{CBO}为几微安到几十微安，硅管则在1 μA以下。由于I_{CBO}是集电极电流I_C的一部分，因此会影响三极管的放大性能，故I_{CBO}越小越好。在温度的稳定性方面，硅管比锗管好。

(3) 集-射极穿透电流I_{CEO}。I_{CEO}是基极开路时，当集-射极间加上一定数量的反偏电压时，流过集电极和发射极之间的电流。根据三极管电流分配关系，它与I_{CBO}的关系为

$$I_{CEO}=\bar{\beta}I_{CBO}+I_{CBO}=(1+\bar{\beta})I_{CBO} \tag{5-2}$$

由于I_{CBO}受温度影响很大，所以I_{CEO}受温度影响也很大，即温度的稳定性很差。特别是I_{CBO}大且$\bar{\beta}$高的管子，温度的稳定性更差。因此，选用三极管时，要求I_{CBO}尽可能小，以不大于100 μA为宜。

2) 极限参数

(1) 集电极最大允许电流I_{CM}。因为集电极电流I_C超过一定值时，三极管的β值将会下降。因此规定当β值下降到正常值三分之二时的I_C为集电极最大允许电流I_{CM}。当I_C超过I_{CM}不多时，三极管不会损坏，但β会下降较多，三极管性能变坏。

(2) 集-射极反向击穿电压$U_{(BR)CEO}$。$U_{(BR)CEO}$是指当基极开路时，加在集电极与发射极之间的最

大允许电压。集-射极电压超过 $U_{(BR)CEO}$时，集电极电流会大幅度上升，此时三极管已击穿，导致三极管损坏。

(3) 集电极最大允许耗散功率 P_{CM}。因受热而引起的参数变化不超过允许值时，集电极所消耗的功率为集电极最大允许耗散功率 P_{CM}。由于集电极电流流经集电结时会产生热量，使结温上升，过高的结温将会烧坏三极管。为确保安全，规定当三极管消耗功率 $P_C = I_C U_{CE}$ 必须小于 P_{CM}才能保证三极管正常工作。锗管允许的结温为 70~90 ℃，硅管允许的结温约为 150 ℃。

二、三极管的性能检查和引脚的判别

1. 三极管的性能检查

已知三极管的型号和引脚排列，进行穿透电流和放大性能的检查。

1）检查穿透电流 I_{CEO}

图 5-9（a）是测量 NPN 型管的接法，测量 PNP 型管的接法如图 5-9（b）所示。量程选用 R×100 或 R×1k 挡，要求测得的阻值越大越好。对于中小功率的锗管，指示应大于数千欧才能使用，而硅管应大于数百千欧。若阻值太小，表明 I_{CEO}很大，三极管的性能不好。若阻值接近于零，表明三极管已击穿。

2）检查放大性能

如果是 NPN 型管可按图 5-9（c）所示连接电路；如果是 PNP 型管可按图 5-9（d）所示连接电路。在这两种情况下，指针都应向右偏转，偏转的角度越大，说明该三极管的 β 越大。若加电阻之后，指针变化不大，或者根本不变，则表明三极管的放大作用很差或已经损坏。测量硅管时，电阻在 50~100 Ω 之间选用；测量锗管时，电阻在 1~20 kΩ 之间选用。或利用人体电阻（用手用力捏住 c、b 两引脚来代替电阻），提供基极电流回路，放大后的集电极电流流过表头使指针偏转。

2. 引脚的判别

1）基极的判别

用万用表判别三极管的基极，就是测 PN 结的单向导电性。由三极管的内部可知，NPN 型管的基极接在内部的 P 区，而发射极和集电极则接在内部的 N 区；PNP 型管的基极接在内部的 N 区，而发射极和集电极则接在内部的 P 区。对于 1 W 以下的小功率管，选用万用表的 R×100 或 R×1k 挡；对于 1 W 以上的大功率管，则选用 R×1 或 R×10 挡。

用万用表的电阻挡测量三极管三个电极中每两个极之间的正反向电阻。当用第一根表笔接某一电极，第二根表笔先后接另外两个电极均测得低阻值时，则第一根表笔所接的那个电极为基极。注意表笔的极性，若黑表笔接基极，红表笔分别接在其他两极时，测得阻值都较小，可以断定三极管为 NPN 型管［见图 5-9（e）］，反之为 PNP 型管。

2）集电极和发射极的判别

找到基极且确定为 NPN 型管后，在剩下的两个引脚中可先假定一个为集电极，另一个为发射极，可按图 5-9（c）所示的方法测试其放大作用；若确定为 PNP 型管，按图 5-9（d）测试，记住指针偏转的位置。然后把假设反过来（对调 c、e 引脚），再测试其放大作用。比较两次测量结果，其中偏转角度大（电阻示值小）的那次假定是正确的。

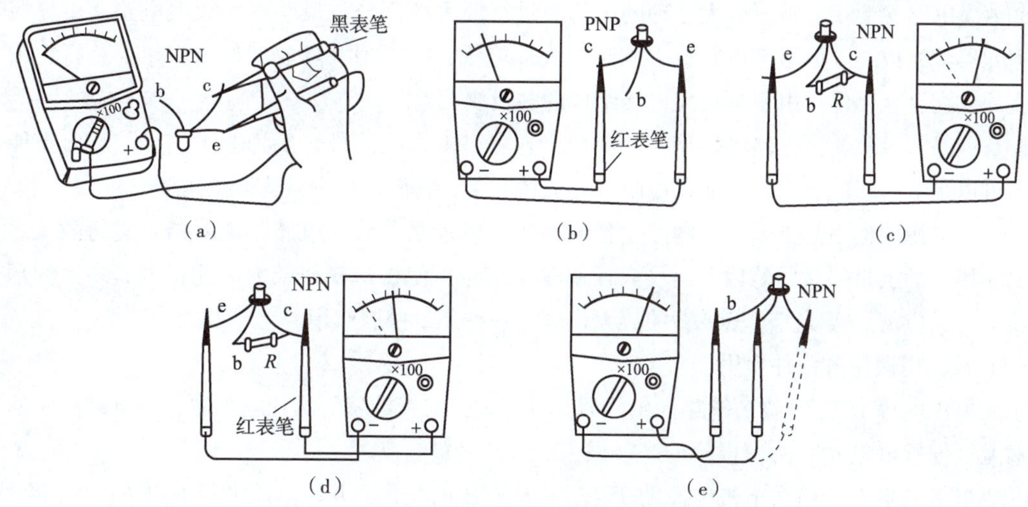

图 5-9　用万用表测试半导体三极管

三、典型放大电路的分析

1. 放大电路的基本概念

1）放大的概念

放大是将信号由小变大。实质上，放大的过程是实现能量转换的过程。由于在电子电路中输入信号往往很小，它所提供的能量不能直接推动负载工作，因此需要另外提供一个能源，由能量较小的输入信号控制这个能源，经三极管放大后去推动负载工作。把这种小能量对大能量的控制作用称为放大作用，三极管就是这样的控制元件。三极管有三个电极，三极管对小信号实现放大作用时在电路中有三种不同的连接方式（或称三种组态），即共发射极接法、共集电极接法和共基极接法。这三种接法分别以发射极、集电极、基极作为输入回路和输出回路的公共端而构成不同的放大电路，如图 5-10（以 NPN 型管为例）所示。

2）放大电路的组成及各元件的作用

（1）放大电路的组成。放大电路由信号源、放大电路、负载和直流电源四部分组成，如图 5-11 所示。

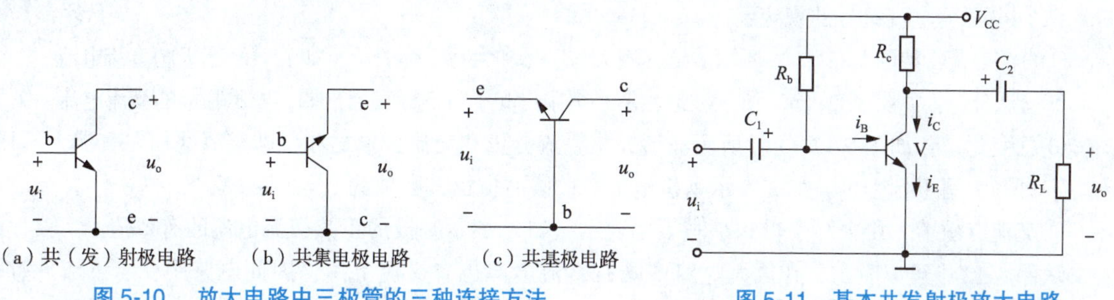

图 5-10　放大电路中三极管的三种连接方法

图 5-11　基本共发射极放大电路

①信号源是指需要放大的电信号。它可由将非电信号物理量变换为电信号的换能器提供，也可以是前一级放大电路的输出信号，一般可以把它们等效为电源。

②放大电路主要指对需要放大处理的电信号进行放大的部分。最基本的放大电路是由三极管及其外围元器件组成的。但由于单管放大电路放大性能低，达不到实际放大要求，想要获得更大电压或电流的放大，就要使用由基本放大电路组成的多级放大电路。

③负载是指接收放大电路输出信号的部分，它可以由将电信号转换为非电信号的输出换能器构成，也可以是下一级放大电路的输入电阻。一般情况下，它们都可等效为一个电阻。

④直流电源的作用是供给放大电路工作时所需要的能量。放大电路不能对能量进行放大，放大电路的作用实际上是用微弱的输入信号去控制输出信号，使输出获得较大的能量，其多出的部分是由直流电源提供的。实质上，三极管的放大作用是一种能量控制作用。

（2）放大电路中各元件作用：

①集电极电源 V_{CC}：为整个电路提供能源，以保证三极管的发射结正向偏置，集电结反向偏置。

②基极偏置电阻 R_b：为三极管的基极提供合适的偏置电流。

③集电极电阻 R_c：将集电极电流的变化转换成电压的变化，并影响放大器的电压放大倍数。

④耦合电容 C_1、C_2：其作用是隔直流、通交流，能有效地避免信号源与放大器、放大器与负载电阻间的直流电位的互相影响。

⑤三极管 V：根据输入信号的变化规律，控制直流电源所给出的电流，使在负载电阻上获得较大的电压或功率。

3）放大电路中电压、电流的方向及符号规定

（1）电压、电流正方向的规定。电压的正方向都以输入、输出回路的公共端为负，其他各点为正；电流方向以三极管各电极电流的实际方向为正方向，如图 5-12 所示。

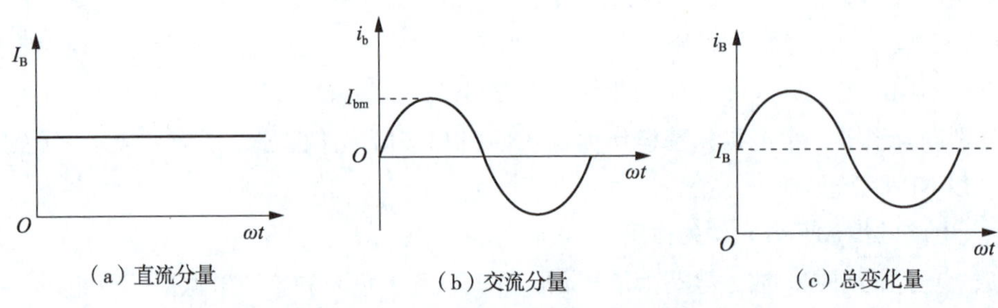

（a）直流分量　（b）交流分量　（c）总变化量

图 5-12　三极管基极的电流波形

（2）电压、电流符号的规定：

①直流分量：如图 5-12（a）所示波形，用大写字母和大写下标表示，如 I_B 表示基极的直流电流。

②交流分量：如图 5-12（b）所示波形，用小写字母和小写下标表示，如 i_b 表示基极的交流电流。

③总变化量：如图 5-12（c）所示波形，是直流分量和交流分量之和，即交流叠加在直流上，用小写字母和大写下标表示，如 i_B 表示基极电流总的瞬时值，其数值为 $i_B = I_B + i_b$。

④交流有效值：用大写字母和小写下标表示，如 I_b 表示基极的正弦交流电流的有效值。

从图 5-12 中可以看出，在放大电路中既有直流电源也有交流电源，因此电路中交、直流并存。对一个放大电路进行分析时，首先要求出电路各处的直流电压和电流的数值，判断放大电路的工作状态。工作在放大区是放大电路放大电流信号的前提和基础。其次分析放大电路对交流信号的放大性能，如放大电路的放大倍数、输入电阻、输出电阻和放大电路失真的问题。因此，对放大电路进

行分析时，必须正确分清直流通路和交流通路。

4）直流通路和交流通路

（1）直流通路。直流通路是指当输入信号 $u_i=0$ 时，在直流电源 V_{CC} 的作用下，直流电流所流过的路径。在画直流通路时，电路中的电容开路、电感短路。图 5-11 所对应的直流通路如图 5-13（a）所示。

（2）交流通路。交流通路是指在信号源 u_i 的作用下，只有交流电流所流过的路径。画交流通路时，放大电路中的耦合电容短路；由于直流电源 V_{CC} 的内阻很小，对交流变化量几乎不起作用，故可看作短路。图 5-11 所对应的交流通路如图 5-13（b）所示。

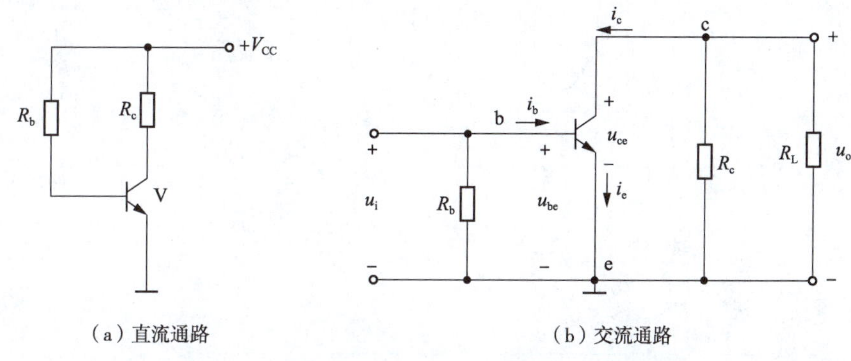

图 5-13　基本共发射极放大电路的交、直流通路

通过放大电路最基本的研究得出如下结论：

①必须保证电路具有合适的直流工作状态；

②必须保证输入交流信号能顺利加在发射结上；

③必须保证交流信号经放大后能顺利传输给负载。

2. 放大电路的工作状态分析

1）静态($u_i=0$)工作情况

静态是指输入信号为零时放大电路的工作状态。静态分析的目的是通过直流通路分析放大电路中三极管的工作状态。希望三极管各极的直流电压、电流必须有合适的静态工作参数 U_{BE}、U_{CE}、I_B、I_C。如图 5-14（a）所示，当电路中的 V_{CC}、R_c、R_b 确定后，其参数 U_{BE}、U_{CE}、I_B、I_C 也就随之确定，对应着四个数值，在图 5-14（b）中确定一个固定不动的点“Q”，该点称为放大电路的静态工作点，记作 U_{BEQ}、U_{CEQ}、I_{BQ}、I_{CQ}。

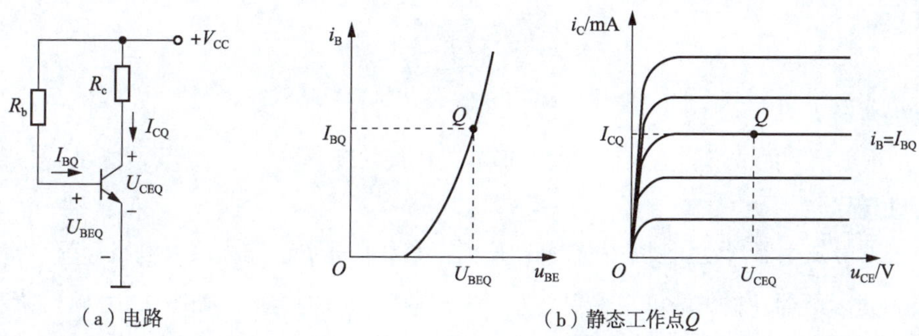

图 5-14　基本放大电路的静态情况

2）动态工作情况

动态是指放大电路输入信号不为零时的工作状态。当放大电路加入交流信号 u_i 时，电路中各电极的电压、电流都是由直流量和交流量叠加而成的，波形如图 5-15 所示。

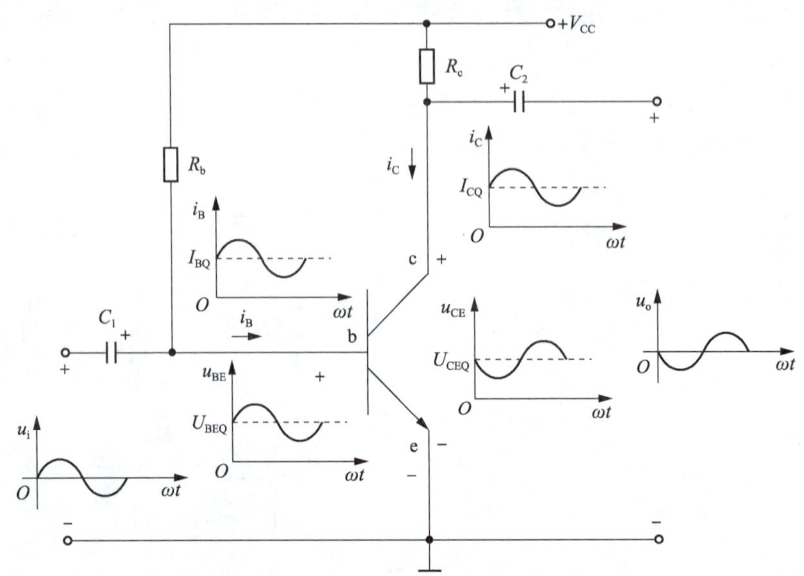

图 5-15　放大电路的动态工作情况

如图 5-15 所示，输入信号 u_i 通过耦合电容 C_1 传到三极管的基极与发射极之间，发射结的电压为

$$u_{BE} = U_{BEQ} + u_i \tag{5-3}$$

输入信号 u_i 发生变化，u_{BE} 随之变化，基极电流也在原来 I_{BQ} 的基础上叠加了因 u_i 变化产生的变化量 i_b，即

$$i_B = I_{BQ} + i_b \tag{5-4}$$

经三极管放大可得

$$i_C = \beta i_B = I_{CQ} + i_c \tag{5-5}$$

$$u_{CE} = U_{CEQ} - i_c R_c = U_{CEQ} + u_{ce} \tag{5-6}$$

由式（5-6）可知，电压由两部分构成：静态电压 U_{CEQ}、交流动态电压 $u_{ce} = - i_c R_c$，经耦合电容 C_2 输出为

$$u_o = u_{ce} = - i_c R_c \tag{5-7}$$

3. 放大电路的失真

失真是指输出信号的波形与输入信号的波形不成比例的现象。

1）失真过程

（1）通过信号发生器产生一频率为 1 000 Hz 的正弦波信号 u_i，输入放大电路；调整 u_i 的幅值和电位器 R_P，通过示波器在输出端可观察到最大不失真输出信号的波形，如图 5-16（a）所示。

（2）调节 R_P，使 R_b 减小，通过示波器在输出端可观察到图 5-16（b）所示的底部失真信号。

(3) 调节 R_P，使 R_b 增大，通过示波器在输出端可观察到图 5-16（c）所示的顶部失真信号。

2）失真现象分析

（1）底部失真。当电路输入交流信号时，使 $U_{CE} < 0.4$ V 而进入饱和区，使输出不能如实地反映输入信号的形状，如图 5-16（b）所示，该现象称为底部失真。它是由三极管进入饱和区所引起的，又称饱和失真。

失真的原因是由于静态工作点偏高（I_{BQ} 太大），引起 I_{CQ} 太大造成的，所以只有增大输入回路中的基极偏置电阻 R_b，才能降低 I_{BQ}、I_{CQ}，从而使静态工作点 Q 下降，进入三极管放大区的中间位置，解决饱和失真的问题。

（2）顶部失真。当电路输入的交流信号变化到负半周时，$u_{BEQ}+u_i$ 随着 $|u_i|$ 增大而减少，易使三极管进入截止区，导致回路中的 i_B 不随 u_i 作线性变化，出现了图 5-16（c）所示的顶部失真的现象。它是由三极管进入截止区所引起的，又称截止失真。

失真的原因是由于静态工作点偏低（I_{BQ} 太小），引起 I_{CQ} 太小造成的，所以只有减小输入回路中的基极偏置电阻 R_b，才能增大 I_{BQ}，使静态工作点 Q 向上移。

注意： 有了合适的静态工作点，输入信号 u_i 的幅值太大，容易产生双向失真，如图 5-16（d）所示。

扫一扫

放大电路非线性失真

（a）最大不失真输出信号波形　（b）底部失真　（c）顶部失真　（d）双向失真

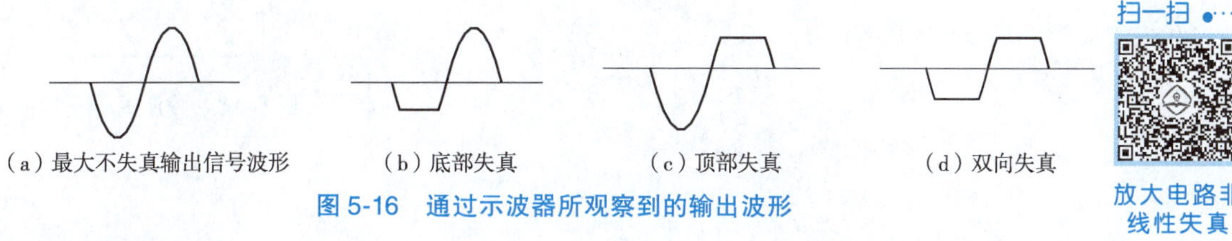

图 5-16　通过示波器所观察到的输出波形

4. 放大电路的偏置方法

放大电路中需先设置直流偏置电路才能实现对交流信号的放大。常见的直流偏置电路有固定式、分压式及带有射极电阻 R_e 的固定偏置电路。

图 5-17　固定偏置式直流电路

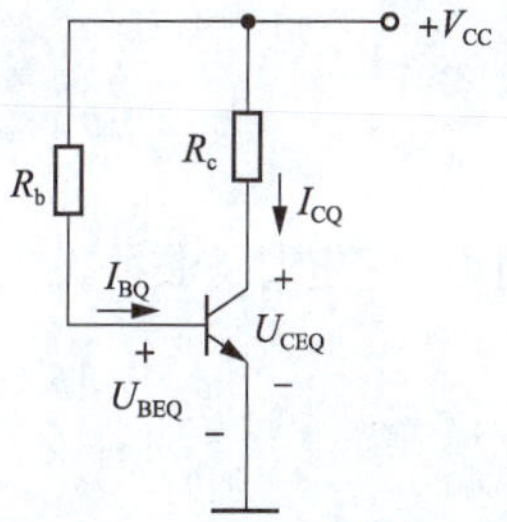

1）固定偏置式电路

（1）固定偏置式电路的组成。如图 5-17 所示电路，电压 $+U_{CC}$ 通过 R_b 为发射结提供正偏电压，通过 R_c 为集电结提供反偏电压。

（2）计算静态工作点的常用公式：

基极静态电流为

$$I_{BQ}=\frac{V_{CC}-U_{BEQ}}{R_b} \tag{5-8}$$

式中，U_{BEQ} 为发射结正向电压，硅管为 0.7 V，锗管为 0.3 V。当 $V_{CC} \gg U_{BEQ}$ 时，

$$I_{BQ}\approx\frac{V_{CC}}{R_b}$$

由三极管的放大特性可知

$$I_{CQ}=\beta I_{BQ} \tag{5-9}$$

得到集电极静态工作点电压为

$$U_{CEQ}=V_{CC}-I_{CQ}R_c \tag{5-10}$$

注意： 在求得 U_{CEQ} 值之后，要检查其数值应大于发射结正向偏置电压，否则电路可能处于饱和状态，失去计算数值的合理性。

例 5-1 试估算图 5-17 放大电路的静态工作点。设 $V_{CC}=12\ \text{V}$，$R_c=3\ \text{k}\Omega$，$R_b=280\ \text{k}\Omega$，三极管的 $\beta=50$。

解 根据式（5-8）~式（5-10）可得

$$I_{BQ}=(V_{CC}-U_{BEQ})/R_b=(12-0.7)/280\ \text{mA}=0.04\ \text{mA}$$

$$I_{CQ}=\beta I_{BQ}=50\times0.04\ \text{mA}=2\ \text{mA}$$

$$U_{CEQ}=V_{CC}-I_{CQ}R_c=(12-2\times3)\ \text{V}=6\ \text{V}$$

2）分压式偏置电路

（1）分压式偏置电路的组成。如图 5-18 所示电路，其基极直流偏置电位 U_B 是由基极偏置电阻 R_{b1} 和 R_{b2} 对 V_{CC} 分压得到的，电路中又增设了发射极电阻 R_e，保证稳定电路的静态工作点。

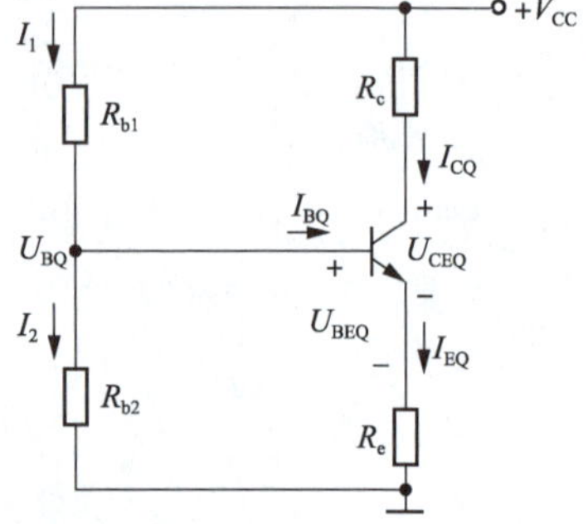

图 5-18 分压式偏置式直流电路

（2）计算静态工作点的常用公式。三极管工作在放大区，且满足 $I_1\gg I_B$ 时，U_{BQ} 基本不变，有

$$U_{BQ}\approx\frac{R_{b2}}{R_{b1}+R_{b2}}V_{CC} \tag{5-11}$$

$$I_{EQ}=\frac{U_{BQ}-U_{BEQ}}{R_e} \tag{5-12}$$

$$I_{CQ}\approx I_{EQ} \tag{5-13}$$

$$I_{BQ}=\frac{I_{CQ}}{\beta} \tag{5-14}$$

$$U_{CEQ}\approx V_{CC}-I_{CQ}(R_c+R_e) \tag{5-15}$$

（3）当 U_{BQ} 固定时，其静态工作点（Q 点）的稳定过程如下：

$$T\uparrow 或 \beta\uparrow \longrightarrow I_{CQ}\uparrow \longrightarrow I_{EQ}\uparrow \longrightarrow U_{EQ}\uparrow \longrightarrow U_{BEQ}\downarrow$$

$$I_{CQ}\downarrow \longleftarrow I_{BQ}\downarrow \longleftarrow$$

分压式偏置电路的特点是在固定基极电压的条件下，利用发射极电流 I_{EQ} 随温度 T（或 β）的变化所引起的 U_{EQ} 变化，从而影响 U_{BE} 和 I_B 的变化，使 I_{CQ} 趋于稳定。

例 5-2 如图 5-18 所示电路，已知三极管的参数为 $U_{BEQ}=0.7\ \text{V}$，$R_{b1}=50\ \text{k}\Omega$，$R_{b2}=30\ \text{k}\Omega$，$R_c=5\ \text{k}\Omega$，$R_e=2.7\ \text{k}\Omega$，$\beta=50$，$V_{CC}=12\ \text{V}$。试求：（1）放大电路的静态工作点 Q。（2）若三极管的 β 增大 1 倍，则放大电路的 Q 点将发生什么变化？

解 静态工作点的计算为

$$U_{BQ}\approx\frac{R_{b2}}{R_{b1}+R_{b2}}V_{CC}=\frac{30}{50+30}\times12\ \text{V}=4.5\ \text{V}$$

$$U_{EQ}\approx U_{BQ}-U_{BEQ}=(4.5-0.7)\ \text{V}=3.8\ \text{V}$$

$$I_{CQ} \approx I_{EQ} = \frac{U_{EQ}}{R_e} = \frac{3.8}{2.7}\ \text{mA} = 1.4\ \text{mA}$$

$$I_{BQ} = \frac{I_{CQ}}{\beta} = \frac{1.4}{50}\ \text{mA} = 0.028\ \text{mA}$$

$$U_{CEQ} \approx V_{CC} - I_{CQ}(R_c + R_e) = [12 - 1.4 \times (5 + 2.7)]\ \text{V} = 1.22\ \text{V}$$

因为 $U_{CEQ} > 1$，所以三极管在放大区工作。

在分压式稳压电路中，β 值的增大将导致 I_{BQ} 的减小，而其他值不变。

$$I_{BQ} = \frac{I_{CQ}}{\beta} = \frac{1.4}{100}\ \text{mA} = 0.014\ \text{mA}$$

3）带有射极电阻 R_e 的固定偏置电路

（1）带有射极电阻 R_e 的固定偏置电路组成，如图 5-19 所示。

（2）计算静态工作点常用的公式：

$$I_{BQ} = \frac{V_{CC} - U_{BEQ}}{R_b + (1+\beta)R_e} \tag{5-16}$$

$$I_{CQ} = \beta I_{BQ} \tag{5-17}$$

$$U_{CEQ} \approx V_{CC} - I_{CQ}(R_c + R_e) \tag{5-18}$$

该电路与不带射极电阻的固定偏置电路相比，其静态工作点比较稳定。

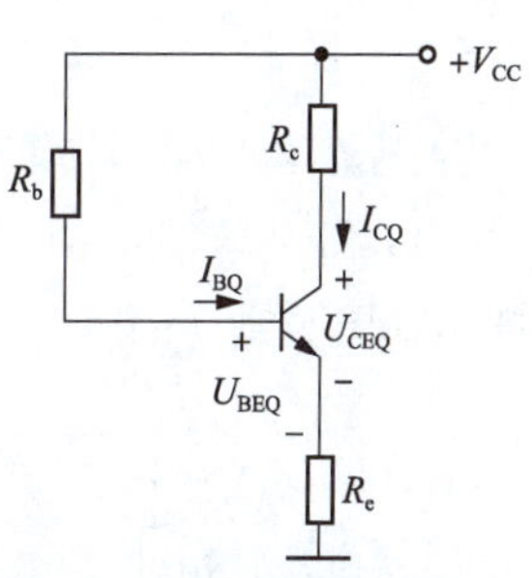

图 5-19　带有射极电阻 R_e 的固定偏置电路

5. 放大电路性能指标的估算

1）动态性能指标

放大电路放大的对象是变化量，研究放大电路时除了要保证放大电路具有合适的静态工作点外，更重要的是还要研究其放大性能。对于放大电路的放大性能的要求是：放大倍数要尽可能大、输出信号要尽可能不失真。衡量放大电路性能的重要指标有放大倍数、输入电阻 r_i 和输出电阻 r_o。

（1）放大倍数：

电压放大倍数的定义为

$$A_u = \frac{u_o}{u_i} \tag{5-19}$$

电流放大倍数的定义为

$$A_i = \frac{i_o}{i_i} \tag{5-20}$$

（2）输入电阻 r_i。如图 5-20 所示，放大电路的输入端可以用一个等效交流电阻 r_i 来表示，它定义为

$$r_i = \frac{u_i}{i_i}$$

它是表征放大电路对信号源影响程度的参数，该值越大，信号源对放大电路的影响越小。

（3）输出电阻 r_o。如图 5-20 所示，从放大电路输出端看，放大电路对于负载 R_L 相当于一个信号源，该信号源的内阻就是放大电路的输出电阻，用 r_o 表示，它定义为

$$r_o = \frac{u_o}{i_o}$$

它是表征放大电路带负载的能力，其数值越小，说明带负载能力越强。

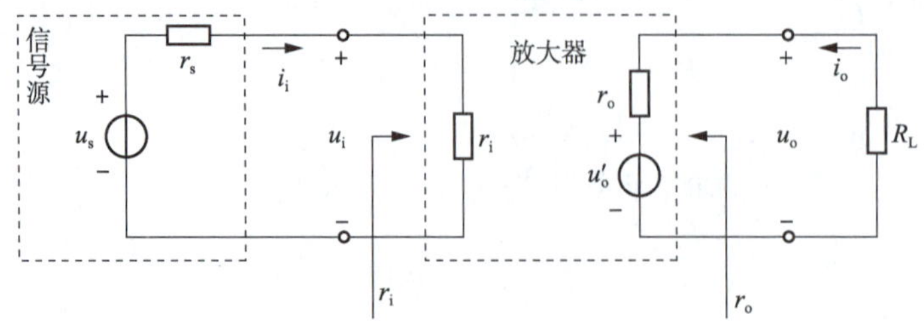

图 5-20 放大电路的框图

2）共射放大电路性能指标的估算

共射放大电路如图 5-21 所示。在图 5-21（a）所示电路中，C_e 为发射极旁路电容，使发射极交流接地，图 5-21（b）所示为交流通路。

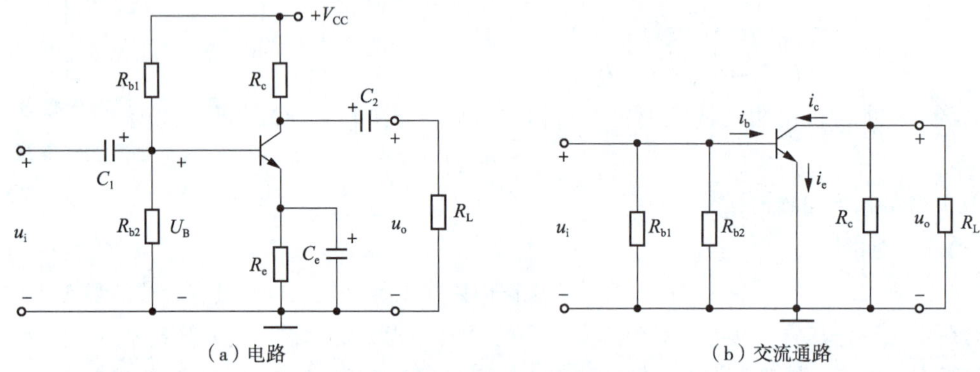

图 5-21 共射放大电路

（1）三极管的微变等效电路。

根据三极管的电压与电流近似为线性变化的特点，将其等效为线性元件，放大电路等效为线性电路，即为微变等效电路。现以 5-21（b）所示的交流通路为例介绍等效电路的画法与分析方法。

①三极管基-射极间的等效。如图 5-22（a）所示，由三极管的输入特性可知，当 u_i 小范围变化时，三极管输入回路基极与发射极之间可用等效电阻代替，等效电路如图 5-22（b）所示。

$$r_{be} = \left.\frac{\Delta u_{be}}{\Delta i_B}\right|_{u_{CE}=常数} = \frac{u_{be}}{i_b} \tag{5-21}$$

r_{be} 的计算公式为

$$r_{be} = r_{bb'} + (1+\beta)\frac{26(\text{mV})}{I_{EQ}(\text{mA})} \tag{5-22}$$

式中，$r_{bb'}$ 是基区体电阻，低频小功率管 $r_{bb'}$ 为 100 ~ 500 Ω，无特殊说明 $r_{bb'}=300\ \Omega$，r_{be} 单位为 Ω；I_{EQ} 为静态射极电流。

②三极管集-射极间的等效。三极管在放大区工作，即为受控恒流特性 $i_c=\beta i_b$，三极管输出回路

的集电极与发射极之间可用一个大小为 βi_b 的理想受控电流源来等效，如图 5-22（c）所示。图 5-22（d）所示为图 5-22（b）、（c）合并的微变等效电路。

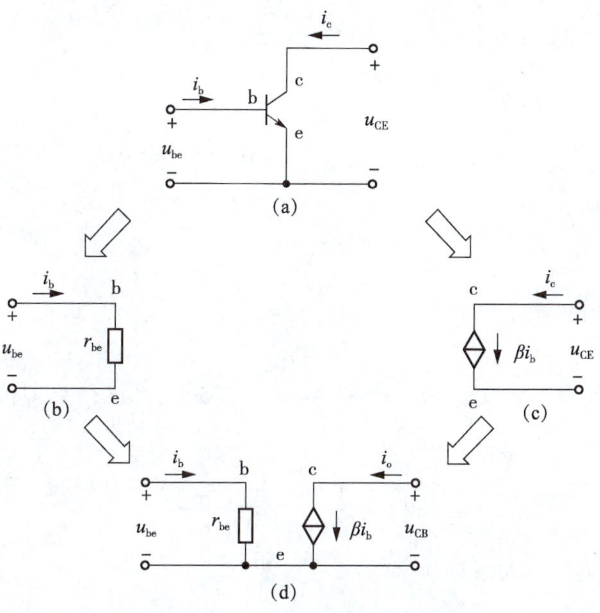

图 5-22　三极管的微变等效电路

（2）放大电路的微变等效电路。将图 5-21（b）所示电路中的三极管用微变等效电路代替为共射放大电路的微变等效电路，如图 5-23 所示。

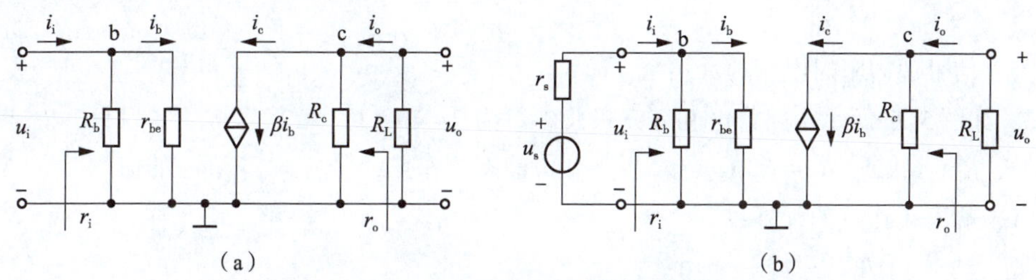

图 5-23　共射放大电路的微变等效电路

（3）共射放大电路动态参数的计算：

①电压放大倍数 A_u：

有负载电阻 R_L 时 A_u 的计算：

$$u_o = -i_c R'_L = -\beta i_b R'_L$$

$$R'_L = R_c \,/\!/\, R_L$$

$$u_i = i_b r_{be}$$

将上式代入式（5-19）可得

$$A_u = -\frac{\beta R'_L}{r_{be}} \tag{5-23}$$

无负载电阻 R_L 时 A_u 的计算（$R_L \to \infty$）：

$$R'_L = R_c \,/\!/\, R_L = R_c$$

则

$$A'_u = -\frac{\beta R_c}{r_{be}} \tag{5-24}$$

②输入电阻 r_i：

$$r_i = \frac{u_i}{i_i} = R_b \,/\!/\, r_{be} \qquad (R_b = R_{b1} \,/\!/\, R_{b2}) \tag{5-25}$$

当 $R_b \gg r_{be}$ 时，$r_i = R_b \,/\!/\, r_{be} \approx r_{be}$。

③输出电阻 r_o：

如图 5-23 所示，由戴维南定理可知，$u_s = 0$，则 $i_b = 0$，$\beta i_b = 0$，可得

$$r_o = R_c \tag{5-26}$$

④有信号源内阻 r_s 时电压放大倍数。图 5-23（b）所示为考虑信号源内阻时的微变等效电路，可得

$$u_i = u_s \frac{r_i}{r_i + r_s} \approx u_s \frac{r_{be}}{r_s + r_{be}} \tag{5-27}$$

因此，信号源 u_s 的电压放大倍数为

$$A_{us} = \frac{u_o}{u_s} = \frac{u_o}{u_i} \cdot \frac{u_i}{u_s} = A_u \frac{r_{be}}{r_s + r_{be}} \tag{5-28}$$

将式（5-23）代入式（5-28）式得

$$A_{us} = \frac{u_o}{u_s} = -\beta \frac{R'_L}{r_s + r_{be}} \tag{5-29}$$

式中，A_{us} 为有信号源内阻时电压放大倍数。

例 5-3 如图 5-23 所示电路，已知硅三极管参数为 $\beta = 40$，$V_{CC} = 12$ V，$R_{b1} = 50$ kΩ，$R_{b2} = 10$ kΩ，$R_e = 1.3$ kΩ，$R_c = 6$ kΩ，$R_L = 6$ kΩ。试求：(1) 静态工作点；(2) A_u、r_i、r_o 的值。

解 (1) 静态工作点的计算：

$$U_{BQ} \approx \frac{R_{b2}}{R_{b1} + R_{b2}} V_{CC} = \frac{10}{50 + 10} \times 12\ \text{V} = 2\ \text{V}$$

$$U_{EQ} = U_{BQ} - U_{BEQ} = (2 - 0.7)\ \text{V} = 1.3\ \text{V}$$

$$I_{CQ} \approx I_{EQ} = \frac{U_{EQ}}{R_e} = 1\ \text{mA}$$

$$U_{CEQ} \approx V_{CC} - I_{CQ}(R_e + R_c) = [12 - 1 \times (6 + 1.3)]\ \text{V} = 4.7\ \text{V}$$

$$I_{BQ} = \frac{I_{CQ}}{\beta} = \frac{1}{40}\ \text{mA} = 0.025\ \text{mA}$$

$$r_{be} = 300 + (1 + \beta)\frac{26}{I_{EQ}} = \left[300 + (1 + 40) \times \frac{26}{1}\right]\ \Omega = 1\ 366\ \Omega \approx 1.36\ \text{k}\Omega$$

(2)

$$A_u = -\frac{\beta R'_L}{r_{be}} \approx -92.3$$

$$r_i = R_{b1} // R_{b2} // r_{be} \approx 1.1\ \text{k}\Omega$$

$$r_o = R_c = 6\ \text{k}\Omega$$

四、常见三种组态放大电路

三极管可构成三种组态的放大电路，分别为共发射极放大电路、共集电极放大电路、共基极放大电路。前面已经分析了共发射极放大电路，下面主要对另外两种组态电路的性能进行分析。

1. 共集电极放大电路

图 5-24（a）所示电路为共集电极放大电路，图 5-24（b）是其直流通路，图 5-24（c）是其交流通路。从共集电极放大电路的直流通路来看，它的输入回路和输出回路都是共射极，这与共射极放大电路相同。从其交流通路来看，三极管的集电极对交流来说接地，输入信号和输出信号都是以集电极为公共端，所以称为共集电极放大电路。同时，由于输出信号是从发射极取出，因此又称射极输出器。

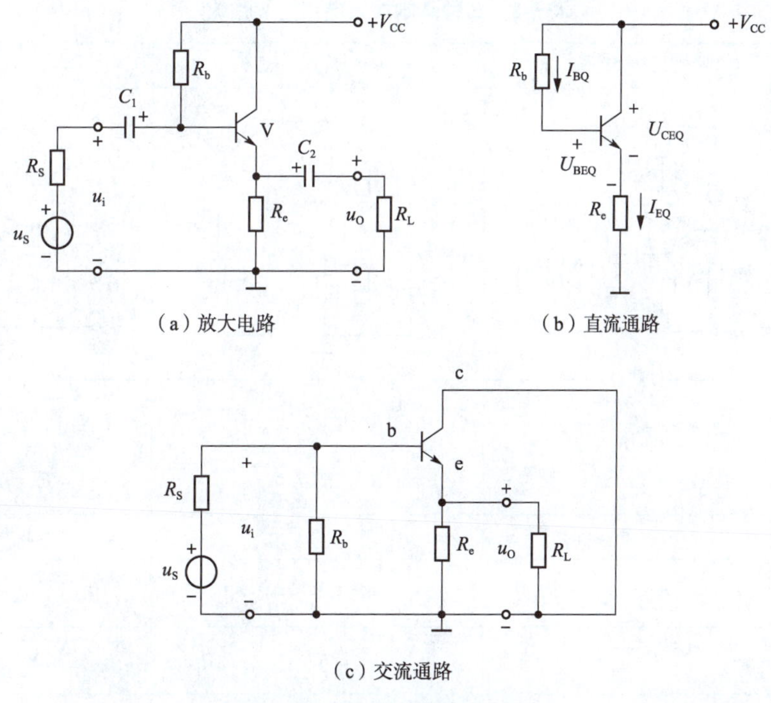

图 5-24　共集电极放大电路

2. 共基极放大电路

共基极放大电路如图 5-25（a）所示，图 5-25（b）是其直流通路。由图可知，交流信号通过三极管基极旁路电容 C_2接地，因此输入信号由发射极引入，输出信号由集电极引出，它们都以基极为公共端，所以称其为共基极放大电路。

3. 三种基本放大电路主要性能比较

前面所讲的三种组态放大电路是由三极管组成的放大电路的基本形式。表 5-2 给出了共射极、共基极、共集电极放大电路的主要性能。共射极放大电路的电压放大倍数比较大，又有电流放大作用，因而应用广泛。共集电极放大电路的特点是输入电阻高、输出电阻低，常用于输入级和输出级。在高频情况下，采用共基极放大电路比较合适。

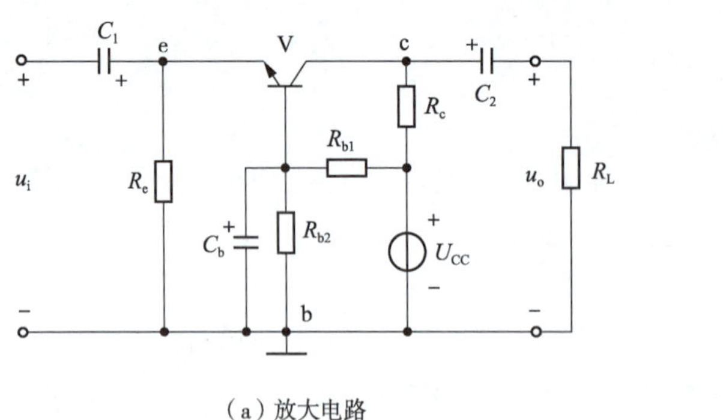

（a）放大电路

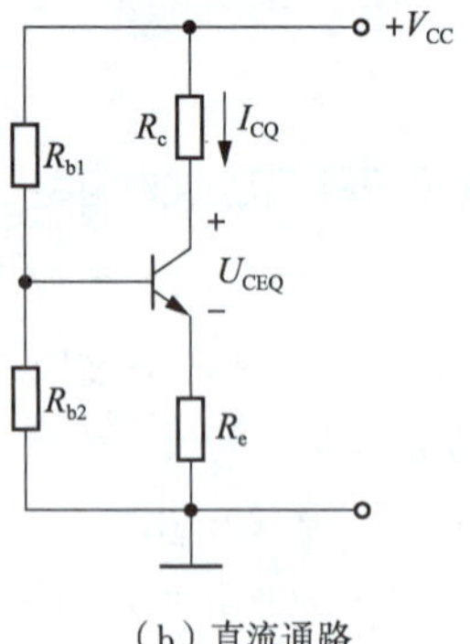

（b）直流通路

图 5-25　共基极放大电路

表 5-2　三种基本放大电路主要性能

项目	共射极放大电路	共基极放大电路	共集电极放大电路
电路图			
A_u	$A_u=-\dfrac{\beta R'_L}{r_{be}}$ $R'_L=R_c \mathbin{/\mkern-6mu/} R_L$	$A_u=\dfrac{\beta R'_L}{r_{be}}$ $R'_L=R_c \mathbin{/\mkern-6mu/} R_L$	$A_u=\dfrac{u_o}{u_i}=\dfrac{(1+\beta)R'_L}{r_{be}+(1+\beta)R'_L}$ $R'_L=R_e \mathbin{/\mkern-6mu/} R_L$
A_i	$A_i\approx\beta$	$A_i\approx\alpha$	$A_i\approx 1+\beta$
r_i	$R_b \mathbin{/\mkern-6mu/} r_{be}\quad(R_b=R_{b1} \mathbin{/\mkern-6mu/} R_{b2})$	$R_e \mathbin{/\mkern-6mu/} \dfrac{r_{be}}{1+\beta}$	$R_b \mathbin{/\mkern-6mu/} [r_{be}+(1+\beta)R'_L]$
r_o	R_c	R_c	$R_e \mathbin{/\mkern-6mu/} \dfrac{r_{be}}{1+\beta}$
相位	反相	同相	同相
高频特性	差	较好	好
用途	多级放大电路的中间级	高频或宽频带电路及恒流源电路	输入级、中间级、输出级

五、多级电压放大电路的分析

1. 多级放大电路的构成

单级放大电路的电压放大倍数一般为几十倍左右，而输入信号常为毫伏级或微伏级，这样微弱的信号仅经过放大倍数只有几十倍的单级放大电路，其输出电压和功率是不能满足负载要求的。为了推动负载工作，必须由多级放大电路对微弱信号进行连续放大。图 5-26 为多级放大电路的组成框图，其中最前面的输入级和中间级主要用作电压放大，可以将微弱的输入电压放大到足够的幅度。

后面的末前级和输出级用作功率放大，以输出负载所需的功率。

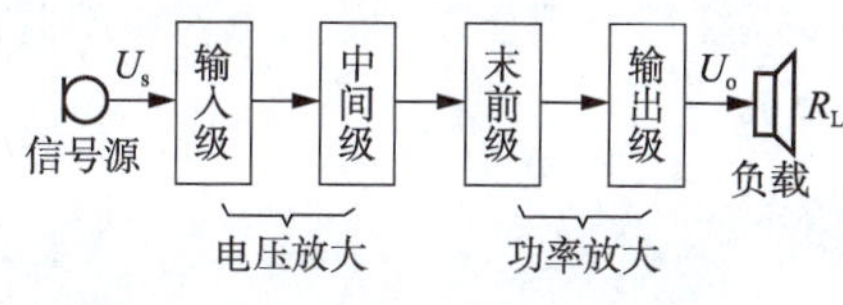

图 5-26　多级放大电路的组成框图

多级放大电路的性能指标有：放大倍数、输入电阻、输出电阻还有实际整机电路所需要的其他一些指标，如通频带、输出功率及效率等。

为了能够组成多级放大电路，通常采用三种耦合方式：阻容耦合、直接耦合和变压器耦合。

1）阻容耦合方式

图 5-27 所示为两级阻容耦合放大电路，前后两级间通过耦合电容 C_2 连接起来，故称阻容耦合。

阻容耦合方式的优点：由于电容的“隔直”作用，切断了两级放大电路之间的直流通路。因此，各级电路的静态工作点相互独立，使电路的设计、调试都很方便。另外，还具有电路结构简单的特点，加入电容元件即可实现。

阻容耦合方式的缺点：低频特性较差。当信号频率降低时，耦合电容的容抗增大，电容两端产生电压降，使信号受到衰减，放大倍数降低。它不适用于放大低频或缓慢变化的直流信号。另外，由于集成电路制造工艺等原因，不能在内部构成较大容量的电容，故它不适用于集成电路。

2）直接耦合方式

直接耦合方式是把前级放大电路的输出端直接接到下一级放大电路的输入端，如图 5-28 所示电路。

直接耦合方式的优点：可以放大交流信号，还可以放大直流和变化缓慢的信号，其电路简单，易于集成，所以集成电路中多采用直接耦合方式。

直接耦合方式的缺点：存在各级静态工作点相互牵制和零点漂移的问题。

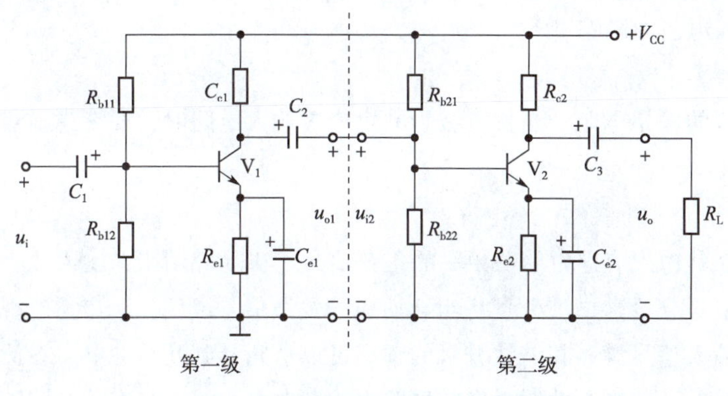

图 5-27　两级阻容耦合放大电路

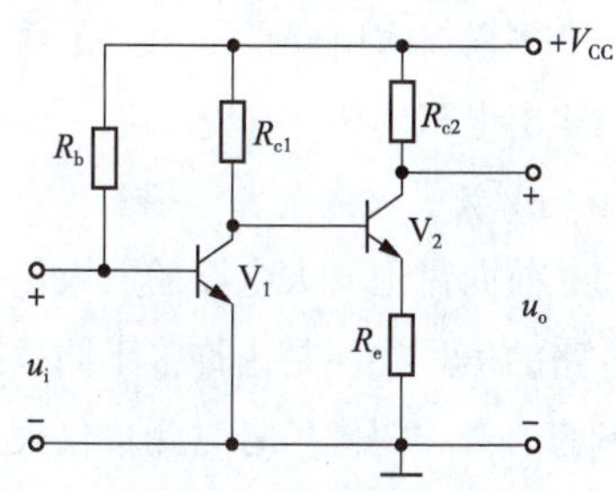

图 5-28　直接耦合方式

3）变压器耦合方式

如图 5-29 所示电路是变压器耦合方式的两级放大电路。变压器利用线圈间的电磁感应原理，把交流信号传输到下一级的电路或负载。

变压器耦合方式的优点：能传送交流信号，不能传送缓慢变化的信号和直流信号。两级之间没有直流通路，因此静态工作点互相独立。变压器可以把一个低阻值的负载变换为放大电路所需的较高阻抗，从而得到最大的输出功率，或能提高前级的电压放大倍数。

变压器耦合方式的缺点：变压器体积大而重，价格高，不便于集成。其次，高、低频特性都比较差。

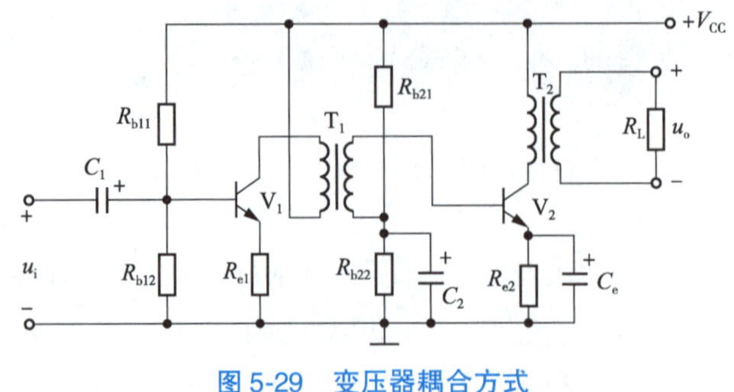

图 5-29　变压器耦合方式

2. 多级放大电路的性能指标估算

1）电压放大倍数

由电压放大倍数的定义并结合图 5-27 所示电路可得

$$A_u = \frac{u_o}{u_i} = \frac{A_{u2}u_{i2}}{u_i} = \frac{A_{u2}A_{u1}u_i}{u_i} = A_{u1}A_{u2}$$

若电压放大电路有 n 级，将上式推广为

$$A_u = A_{u1}A_{u2}\cdots A_{un} \tag{5-30}$$

在计算电压放大倍数时，必须考虑后级电路的输入电阻对前级电路电压放大倍数的影响。

2）输入电阻

多级放大电路的输入电阻就是输入级的输入电阻。当输入级为共集电极放大电路时，要考虑第二级的输入电阻作为前级负载时对输入电阻的影响。

3）输出电阻

多级放大电路的输出电阻就是末级的输出电阻。当输入级为共集电极放大电路时，要考虑前级的输出电阻的影响。

3. 放大电路的频率特性

前面讨论放大电路的放大倍数时，其输入信号为单一频率的正弦信号。实际应用中，输入放大电路的信号往往是由许多不同频率的信号分量（谐波分量）组合而成的复杂信号。例如，广播电视中的语音和图像信号、测量仪表中的输入信号等。其谐波分量的频率可以从几赫到几百兆赫。在放大电路中，由于有耦合电容、旁路电容以及三极管的结电容与电路中的杂散电容等，其容抗都将随着频率变化而变化，还影响输出电压和输入电压之间的相位关系，使同一放大电路对不同频率的信号具有不同的放大作用。通常，把放大电路对不同频率的正弦信号的放大效果称为频率响应。

因此，放大电路的电压放大倍数与信号频率的关系应该用复数表示：

$$\dot{A}_u(f) = A_u(f)\angle\varphi(f) \tag{5-31}$$

式中，$A_u(f)$ 表示放大倍数幅值与频率 f 的关系，称为幅频特性；$\varphi(f)$ 表示放大倍数辐角与频率 f 的关系，称为相频特性，二者合起来统称频率特性。

1）单级共射阻容耦合放大电路的频率特性

单级共射阻容耦合放大电路如图 5-30（a）所示，其频率特性如图 5-30（b）、（c）所示，可分为三个特性区域：中频区的电压放大倍数不随信号频率变化，相位保持−180°；在低频区和高频区，电压放大倍数下降，同时产生附加相移，低频区的相位超前于中频区的相位，高频区的相位滞后于中频区的相位。

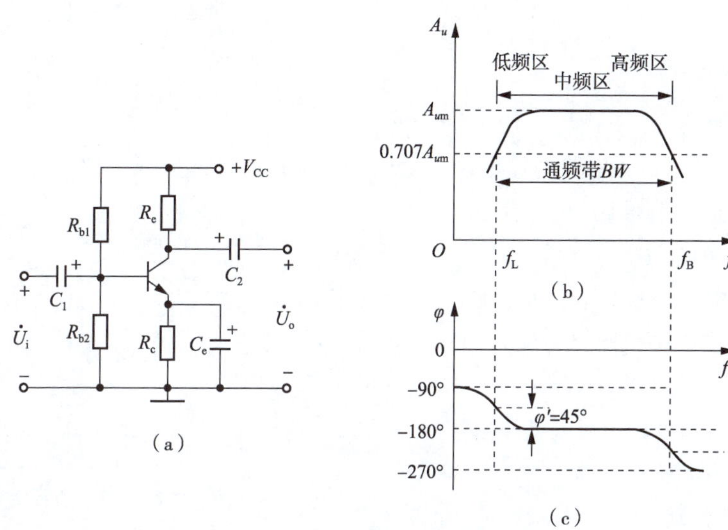

图 5-30　放大电路的频率特性

为了衡量放大电路的频率响应性能，规定在电压放大倍数下降为 $0.707A_{um}$ 时所对应的高低两个频率，分别称为上限频率 f_H 和下限频率 f_L。在这两个频率之间的频率范围，常称为放大电路的通频带，用 BW 表示，即

$$BW = f_H - f_L \tag{5-32}$$

通频带越宽，表示放大器工作的频率范围越宽，好的音频放大器达 20～2 000 Hz，通频带是放大器频率响应的一个重要指标。一个放大器对不同频率信号有不同的放大倍数和相移，会使放大器的输出电压波形不能复现输入信号的波形，便会产生失真，因此，称其为频率失真。实际应用中，为了避免失真现象的发生，应尽量使放大电路的上限频率 f_H 高于实际信号中的最高频率，下限频率 f_L 低于信号中的最低信号频率。

2）多级放大电路的幅频特性

由于在高、低频区信号逐级受到衰减，因而多级放大电路的通频带要比单级的窄。图 5-31 所示为两级放大电路的幅频特性。若设两个单级电路的幅频特性相同，如图 5-31（a）、（b）所示，其上限和下限频率分别为 f_H、f_L。两级串联工作后的总电压放大倍数为

$$A_u = A_{u1}A_{u2}$$

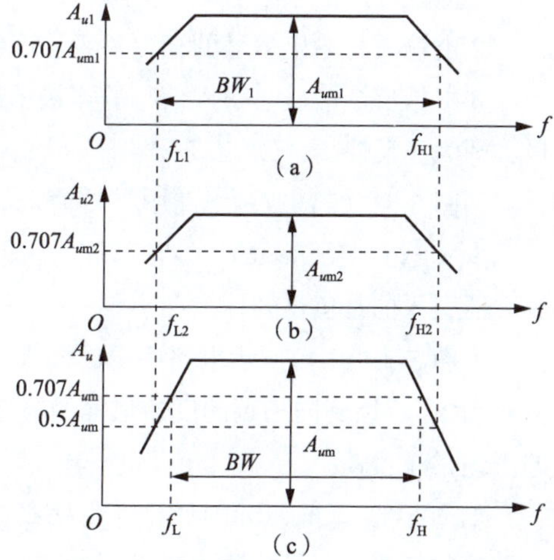

图 5-31　两级放大电路的幅频特性

在中频区的总电压放大倍数为

$$A_{um} = A_{um1}A_{um2}$$

在多级放大电路上、下限频率处的总电压放大倍数为

$$A_u = 0.707A_{um1} \times 0.707A_{um2} \approx 0.5A_{um}$$

通过分析，两级放大电路的幅频特性在高低频两端下降更快。因此，对应于 $0.707A_{um}$ 处的上限频率变低，即 $f'_H < f_H$；下限频率变高，即 $f'_L < f_L$。所以，通频带 $BW = f'_H - f'_L$ 变窄了。

六、反馈及其判别方法

1. 反馈的基本概念

"反馈"就是将基本放大电路的输出量（电压或电流）的一部分或全部通过一定的反馈电路反送到输入回路，与输入信号比较，从而用输出信号去影响基本放大电路的净输入信号。图 5-32 是根据反馈的定义画出的框图。图中 A 表示基本放大电路，F 表示反馈网络，是联系放大电路的输出回路与输入回路的环节。x_i、x_f、x_{id}、x_o 分别表示输入信号、反馈信号、净输入信号和输出信号，它们可以是电压信号或电流信号。

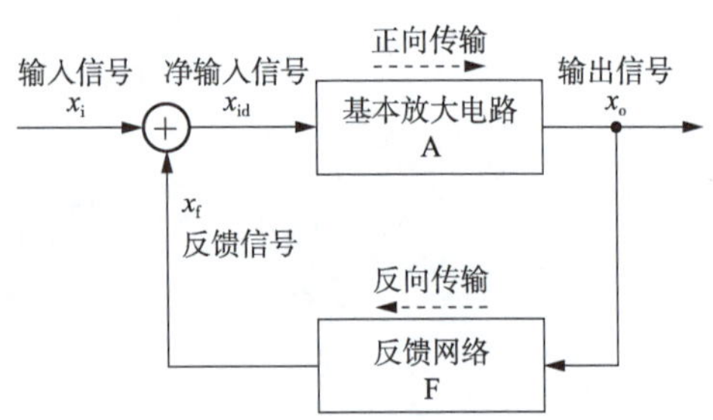

图 5-32　负反馈电路框图

2. 反馈类型的判别方法

1）有无反馈的判别

判断有无反馈，就是判断有无反馈通道，即在放大电路的输出端与输入端之间有无电路的连接。若有连接，就有反馈；否则就没有反馈。反馈通道一般由电阻或电容组成。

2）正反馈与负反馈的判别

反馈信号使净输入信号增强、电路的输出信号增加的反馈，称为正反馈；反之，反馈信号使净输入信号减弱、放大电路的输出信号减小的反馈，称为负反馈。实际中，采用"瞬时极性法"来判别是正反馈还是负反馈，具体方法如下：

①假设输入信号某一瞬时的极性。

②由输入与输出信号的相位关系，确定输出信号和反馈信号的瞬时极性。

③根据反馈信号与输入信号的连接情况，分析净输入信号的变化。若反馈信号使净输入信号增强，即为正反馈。

如图 5-33（a）所示电路中，设输入信号 u_i 的瞬时极性为⊕，由于 u_i 加在同相端，可得输出信号 u_o 为⊕，反馈到反相端的反馈信号 u_f 的极性为⊕，因此，放大器的净输入信号 $u_{id} = u_i - u_f$ 减小，则该放大器引入的是负反馈。

如图 5-33（b）所示电路中，设输入信号 u_i 的瞬时极性为⊕，因输入信号加在反相端，所以输出信号为⊖，反馈到同相端的反馈信号的极性也为⊖，因此放大器的净输入信号 u_{id} 增大，因此，该电路的反馈是正反馈。

如图 5-33（c）所示电路中，每一级放大电路有自己的反馈支路，R_{f1} 和 R_{f2} 形成的反馈称为本级反馈，它们为负反馈；图中所示还有一条跨级经 R_{f3} 的反馈支路，称为级间反馈，其极性如图 5-33 所示，可知，R_{f3} 引入的反馈也为负反馈。

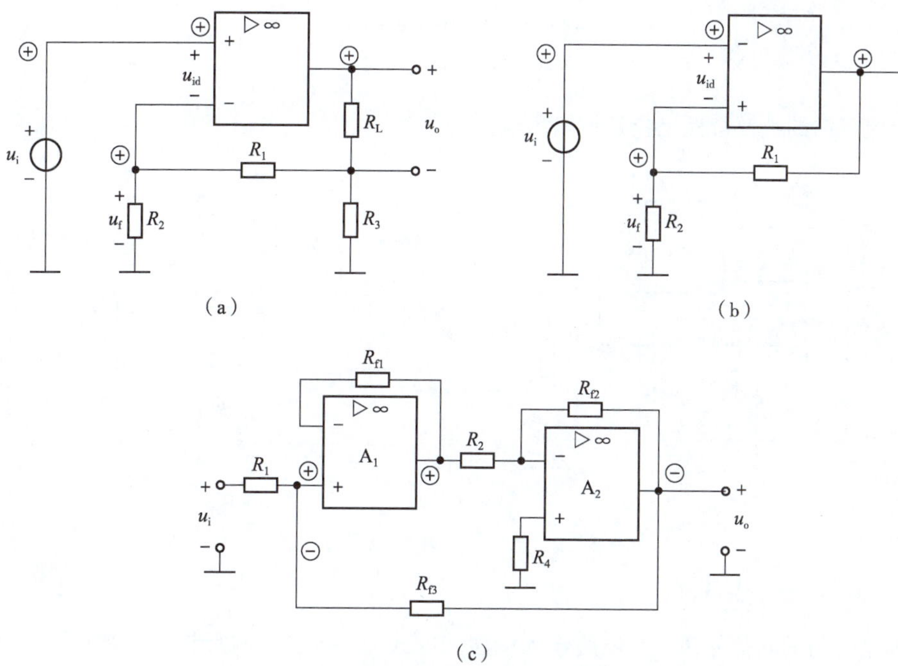

图 5-33　用瞬时极性判断反馈极性的几个例子

扫一扫

正、负反馈的判别

3）直流反馈和交流反馈的判别

如果反馈信号中只包含直流分量，没有交流分量，则为直流反馈；如果反馈信号中只有交流分量，则为交流反馈。在许多情况下，交、直流反馈是兼而有之的。

如图 5-34 所示电路，有两条反馈支路：（1）从输出端接到反相端的反馈支路，可判断出有交直流反馈；（2）由 C_2、R_1、R_2 形成的反馈网络是正反馈。C_2 具有隔直作用，该反馈只引入交流反馈。

图 5-34　交直流反馈电路

4）电压反馈和电流反馈的判别

根据反馈采样对象的不同，可将反馈分为电压反馈和电流反馈。

如果反馈采样对象是输出电压，则是电压反馈；反馈采样对象是输出电流，则是电流反馈。为了判断电压反馈和电流反馈，只要假设输出电压短路（即将负载 R_L 短路），如果反馈依然存在，则为电流反馈；反之，则为电压反馈。如图 5-35（a）所示电路，可知 $u_o=0$ 时，$u_f=0$，可断定为电压反馈。当负载电阻增加时，引起输出电压增加。过程如下：

$$u_o\uparrow \rightarrow u_f\uparrow \rightarrow u_{id}\downarrow \rightarrow u_o\downarrow$$

因此，电压反馈的重要特性是能稳定输出电压。

如图 5-35（b）所示电路，反馈电压 $u_f=i_oR$，可以断定为电流反馈。在判断电流反馈时，反馈信号与输出电流成正比，可假设将负载两端开路（$i_o=0$，而 $u_o\neq 0$），判断反馈量为零，即为电流反馈。它是利用输出电流 i_o 本身通过反馈来对放大器起自动调整作用，调节过程如下：

$$i_o\uparrow \rightarrow i_f\uparrow \rightarrow i_{id}\downarrow \rightarrow i_o\downarrow$$

因此，电流反馈的重要特性是能稳定输出电流。

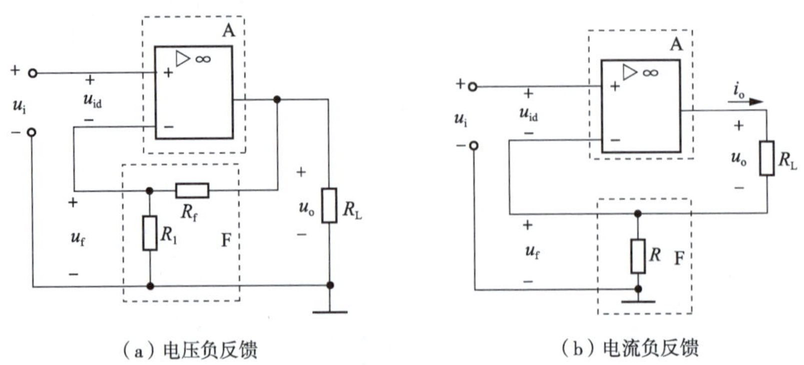

（a）电压负反馈　　（b）电流负反馈

图 5-35　电压取样和电流取样

5）串联反馈和并联反馈的判别

根据反馈信号与输入信号在放大电路输入端连接方式的不同，可将反馈分为串联反馈和并联反馈。如图 5-36（a）所示电路，如果反馈信号与信号源串联，称为串联反馈。如图 5-36（b）所示电路，如果反馈信号与信号源并联，称为并联反馈。根据输出端的采样对象和输入端的不同接法可以任意组成四种不同类型的负反馈放大器，它们是：电压串联负反馈、电压并联负反馈、电流串联负反馈、电流并联负反馈。

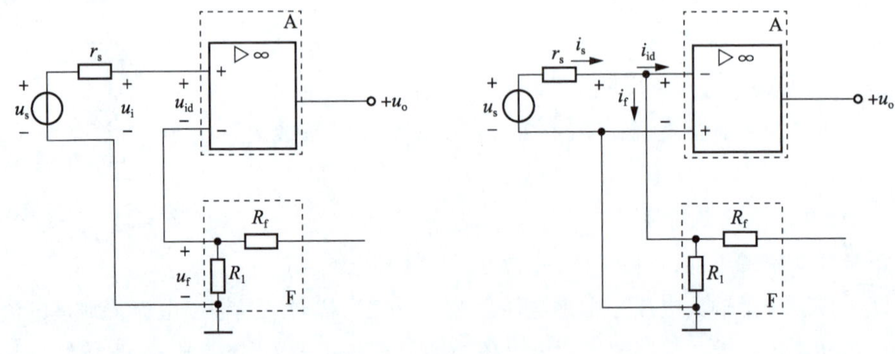

（a）串联负反馈　　（b）并联负反馈

图 5-36　串联反馈和并联反馈电路

3. 负反馈放大器的基本关系

$$x_{id}=x_i-x_f \tag{5-33}$$

$$A=\frac{x_o}{x_{id}} \tag{5-34}$$

$$F=\frac{x_f}{x_o} \tag{5-35}$$

$$A_f = \frac{x_o}{x_i} = \frac{x_o}{x_{id} + x_f} = \frac{A}{1 + AF} \tag{5-36}$$

式中，$(1 + AF)$ 称为反馈深度，其大小反映了反馈的强弱；A_f 为闭环增益；A 为开环增益；AF 为环路增益。

4. 负反馈对放大器性能的影响

负反馈是放大器的放大倍数降低了 $(1 + AF)$ 倍，但它可以改善放大器的许多性能，分析如下。

1）负反馈提高了放大倍数的稳定性

放大电路引入负反馈的一个重要目的是提高放大电路的工作稳定性。例如，用电压负反馈可稳定放大电路的输出电压，用电流负反馈可稳定放大电路的输出电流。开环放大器在环境温度、电源电压或负载变化时，其开环放大倍数 A 也随之变化。如引入负反馈后，若反馈信号 x_f 越大，反馈系数 $F = \frac{x_f}{x_o}$ 也越大，即 $(1 + AF)$ 也越大。当 $(1 + AF) \gg 1$ 时，即引入深度负反馈时，则

$$A_f = \frac{A}{1 + AF} \approx \frac{1}{F} \tag{5-37}$$

反馈网络通常为纯电阻网络，则 A_f 仅决定于反馈网络中的电阻参数，故 A_f 很稳定。因此，当放大器引入负反馈后，放大倍数的稳定性便提高了。

2）减小非线性失真

图 5-37 所示电路为一个理想的线性放大器，其输出与输入波形成线性放大关系，由于三极管的非线性，使得当信号的幅度比较大时，输出波形会有一定的非线性失真。分析如下：

如图 5-37（a）所示，当输入正弦信号时，输出产生失真，失真波形为正半周幅值大，负半周幅值小。

当引入负反馈后，如图 5-37（b）所示，反馈信号波形与输出波形相似，是“上大下小”。经过比较环节使净输入信号变成“上小下大”。输入信号的波形经放大后，其输出波形的失真得到一定的改善。

因此，负反馈是利用失真了的波形来改善波形的失真，它只能减少失真，不能完全消除失真。

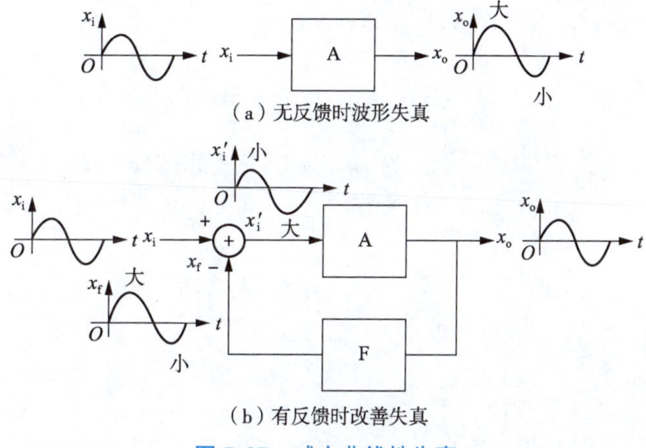

（a）无反馈时波形失真

（b）有反馈时改善失真

图 5-37　减小非线性失真

3）抑制干扰和噪声

由于外界因素的影响而使放大电路在没有输入信号的情况下，输出端出现无规律或有规律的信号，该现象称为干扰。而放大电路的噪声是由放大电路中各元件内部载流子不规则的热运动引起的。

在负反馈放大器中，干扰和噪声与有用的输入信号都较小，为无反馈时的 $\frac{1}{1 + AF}$。而放大电路的干扰和噪声信号是一定的，故可人为地提高输入信号的幅度，从而提高有用信号对无用信号的比

例。需要注意的是：负反馈只能抑制反馈环内的干扰及噪声。

4）扩展通频带

在阻容耦合放大电路中，信号频率在低频区和高频区时，放大倍数均要下降。由于负反馈具有稳定放大倍数的作用，迫使信号频率在低、高频区时，放大倍数下降的速度减慢，因此，相当于通频带展宽了。

5）负反馈对输入电阻和输出电阻的影响

负反馈对输入电阻的影响，取决于反馈网络在输入端的连接方式，而与反馈的采样量无关。

（1）串联负反馈使输入电阻增大。如图 5-38（a）所示，设开环放大器 A 的输入电阻为 r_i，且 $r_i=\frac{u_{id}}{i_i}$。引入负反馈后，闭环的输入电阻为

$$r_{if}=\frac{u_i}{i_i}=\frac{u_{id}+u_f}{i_i}=\frac{u_{id}(1+AF)}{i_i}=r_i(1+AF) \tag{5-38}$$

上式说明，引入串联负反馈后，输入电阻 r_{if}增大，为开环输入电阻 r_i 的 $(1+AF)$ 倍。

（2）并联负反馈使输入电阻减小。如图 5-38（b）所示，设开环放大器 A 的输入电阻为 r_i，且 $r_i=\frac{u_i}{i_{id}}$。引入负反馈后，闭环的输入电阻为

$$r_{if}=\frac{u_i}{i_i}=\frac{u_i}{i_{id}+i_f}=\frac{u_i}{i_{id}(1+AF)}=r_i\frac{1}{1+AF} \tag{5-39}$$

上式说明，引入并联负反馈后，输入电阻 r_{if}减少，为开环输入电阻 r_i 的 $\frac{1}{1+AF}$ 倍。

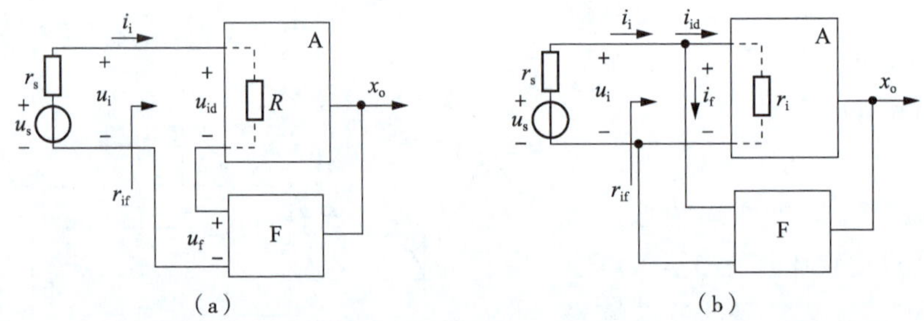

图 5-38　求输入电阻

负反馈对输出电阻的影响，取决于反馈网络在输出端的连接方式，而与输入端的连接方式无关。

（3）电压负反馈使输入电阻减小。如图 5-39（a）所示，放大器引入电压负反馈后，输出电压的稳定性提高了，电路具有恒压特性。因此，电路的输出电阻减小到原来的 $\frac{1}{1+AF}$ 倍，即

$$r_{of}=\frac{r_o}{1+AF} \tag{5-40}$$

（4）电流负反馈使输出电阻增大。如图 5-39（b）所示，放大器引入电流负反馈后，输出电流的稳定性提高了，电路具有恒流特性。因此，电路的输出电阻增大到原来的 $(1+AF)$ 倍，即

$$r_{of}=(1+AF)r_o \tag{5-41}$$

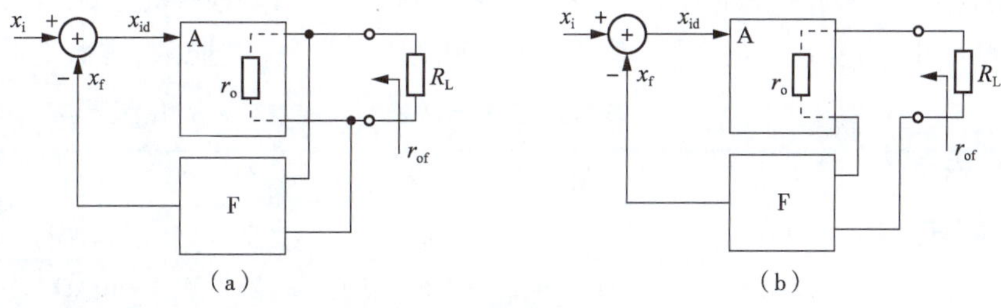

图 5-39　求输出电阻

通过以上分析，得出负反馈类型选用的原则如下：

若要稳定交流性能，应该引入交流负反馈；若要稳定静态工作点，应引入直流负反馈。

若要稳定输出电压，应该引入电压负反馈；若要稳定输出电流，应引入电流负反馈。

若要提高输入电阻，应该引入串联负反馈；若要减少输入电阻，应引入并联负反馈。

任务实施

在电子设备中，很多的输出信号需要两级放大电路进行放大。根据任务要求进行两级电压放大电路的制作，把理论分析的结果转化为实际的放大电路，通过对实际放大电路各项参数的调试和测量，进一步加深对放大电路的理解。

一、任务说明

这里以某电子器件制造公司需要制作光控灯里的两级电压放大电路为例进行说明。

1. 注意事项

电子电路的组装通常采用在印制电路板上焊接和面包板上插接两种方法，无论采用哪种方法均应注意以下几方面：

（1）所有元器件在组装前应尽可能测试一遍，以保证所用元器件参数正确、性能合格。例如，电阻元件要测量其阻值，三极管要测量其β值，二极管要测量其正反向电阻值，集成元器件要测试其功能等。

（2）所有集成器件的组装方向要保持一致，以便于正确布线和查线。

（3）组装分立元件时应使其标志朝上或朝向易于观察的方向，以便于查找和更换。对于有极性的元件，如电解电容器、二极管等，组装时一定要特别注意极性。

（4）如果在面包板上组装，为了便于查找，可根据连接线的不同作用选择不同颜色的导线。一般习惯是正电源用红色线，负电源用蓝色线，地线用黑色线，信号线用黄色线等。连线尽量做到横平竖直。连线不允许跨接在集成电路上，必须从其周围通过。同时，应尽可能做到连线互相不重叠、不从元器件上方通过。所有地线必须连接在一起，形成一个公共的参考点。

（5）如果在印制电路板上焊接，要先检查印制电路板制作质量，判断有无短路和断路现象。电路元件的引脚要做清洁处理，即用刀刮除引脚上的氧化物，再安装上印制电路板。焊接完成后要仔细检查焊点，避免虚焊、假焊。

2. 制作步骤

根据电子电路的制作要求，将两级电压放大电路的制作步骤整理如下：

步骤 1：检查电路元器件。根据表 5-3 所示的元器件清单，选择并检查电路制作所需要的元器件数量和规格，用万用表等电子测量仪器，简单检测所得到的元器件是否损坏，参数是否符合要求。

表 5-3　元器件清单

序号	名称	规格	数量	序号	名称	规格	数量
1	晶体管	3DG6	2	9	电阻	3.6 kΩ	1
2	电阻	51 Ω	1	10	电阻	10 kΩ	4
3	电阻	100 Ω	1	11	电阻	100 kΩ	1
4	电阻	1 kΩ	3	12	电器位	100 kΩ	2
5	电阻	1.5 kΩ	1	13	电解电容	100 μF	3
6	电阻	2 kΩ	2	14	电解电容	10 μF	3
7	电阻	2.2 kΩ	1	15	PCB		1
8	电阻	2.7 kΩ	1	16	焊锡丝	0.4 m	1

步骤 2：根据电路原理图对照 PCB 图。观察所给的电路图和 PCB 图，如图 5-40 所示，找出两者的对应关系。在熟悉电路板上各元器件的分布情况后，把经过整形的电子元器件插装在电路板的相应位置上，然后就可以用电烙铁焊接电路。

注意： 元器件的极性、参数、位置等要正确无误。

图 5-40　PCB 图

步骤 3：在电路板上焊接元器件。在电子技能训练室里用功率在 40 W 以内的内热式电烙铁对电路进行焊接，注意不要虚焊，焊点及元器件要符合电子工艺要求。目前有些电子产品对铅的含量是有要求的，必须采用无铅焊接。

电路焊接完成后，首先检查外观，看看焊点是否圆润，焊点之间有没有错误连接，有没有虚焊，元器件位置有没有焊错，分布是否整齐。图 5-41 所示为已装接的两级放大电路。

完成电路焊接仅是电路制作的第一步。在学习阶段更重要的是，对装接好的电路进行调试及性能检测，分析判断电路的质量。

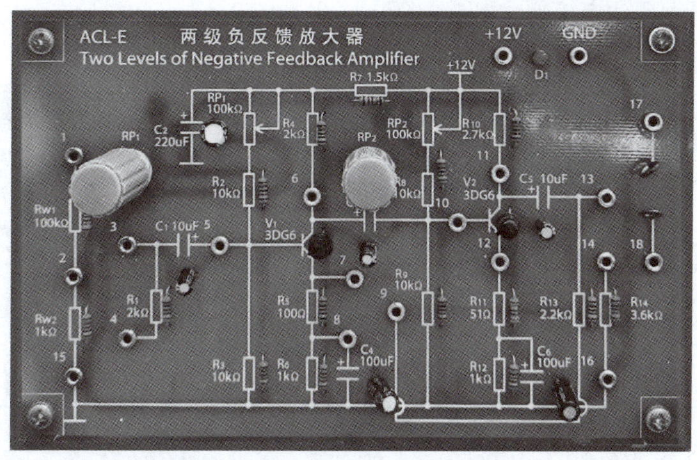

图 5-41　已装接的两级放大电路

步骤 4：检查电路正确性。焊接完成后检查电路的连接是否正确，并检查是否有虚焊或焊接错误，检查对应位置元器件的参数是否正确无误，如果有错误就进行纠正。经检查无误后，可以进入电路测试步骤。

二、任务评价

1. 评价标准（见表 5-4）

表 5-4　评价标准

序号	主要内容	考核要求	评分标准	配分	扣分	得分
1	两级电压放大电路的制作	电路的安装及调试	（1）采取方法错误，扣 5~30 分。 （2）元件选用错误，扣 10 分。 （3）操作步骤错误，扣 10~20 分。 （4）元件安装不牢固，每处扣 5 分。 （5）虚焊、漏焊，每处扣 5 分。 （6）损坏元件，扣 10 分。 （7）工具及仪表使用不当，扣 10 分	80		
2	团结协作	符合要求	小组成员分工协作不明确扣 5 分，成员不合作参与扣 5 分	10		
3	安全文明生产及 6S 执行力		（1）违反安全文明生产规程，扣 5~10 分。 （2）6S 执行力不到位，酌情扣 5~10 分	10		
备注	除了定额时间外，各项内容的最高分不得超过配分		合计	100		
考评时间	开始时间		结束时间		考评员签字： 年　月　日	

2. 任务能力评价（见表 5-5）

表 5-5 任务能力评价

组别	与人沟通能力 10%	团结协作能力 20%	方案设计能力 10%	自我学习能力 20%	信息处理能力 10%	解决问题的能力 20%	创新能力 10%	总评
第一组								
第二组								
第三组								
第四组								
第五组								

3. 任务能力总评（见表 5-6）

表 5-6 任务能力总评

组别	第一组对各组的评价结果	第二组对各组的评价结果	第三组对各组的评价结果	第四组对各组的评价结果	第五组对各组的评价结果	总评结果
第一组						
第二组						
第三组						
第四组						
第五组						

三、任务结束

按照 6S 现场管理规范，清理工作现场，清点作业工具，摆放到规定位置。

测 试 题

1. 在图 5-42 所示电路中，试问三极管工作于何种状态？

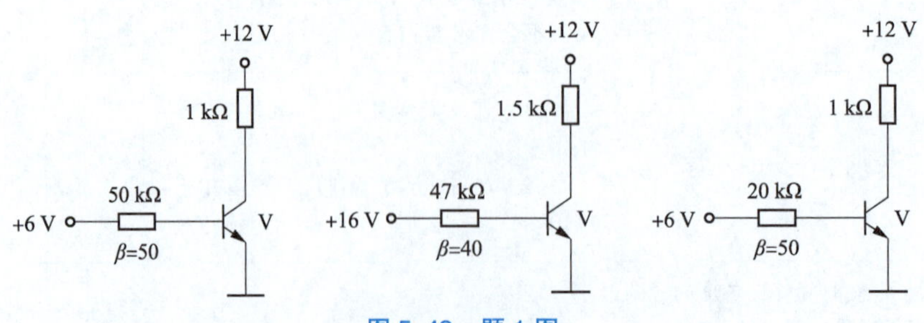

图 5-42 题 1 图

2. 有两个三极管分别接在电路中，今测得它们引脚的电位（对“地”），见表 5-7。试判别三极管的三个引脚，并说明是硅管还是锗管？是 NPN 型还是 PNP 型。

表 5-7　测量数据

三极管	三极管Ⅰ			三极管Ⅱ		
引脚	1	2	3	1	2	3
电位/V	4	3.4	9	-6	-2.3	-2

3. 画出如图 5-43 所示各电路的直流通路和交流通路。所有电容对交流信号均可视为短路。

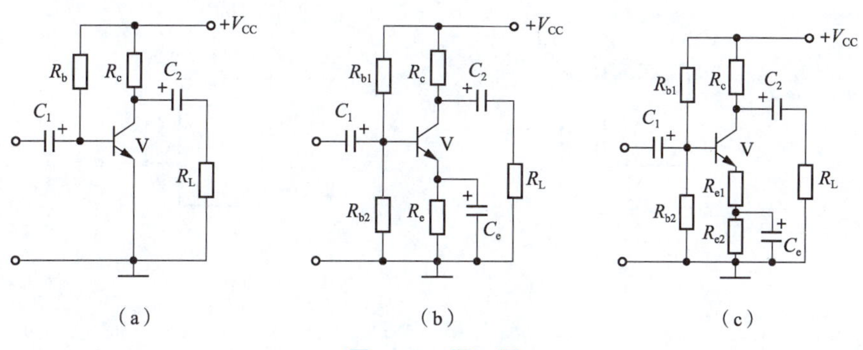

图 5-43　题 2 图

4. 如图 5-44 所示电路放大电路的直流通路，计算静态工作点并判定三极管的工作状态，其中 NPN 型为硅管，PNP 型为锗管。

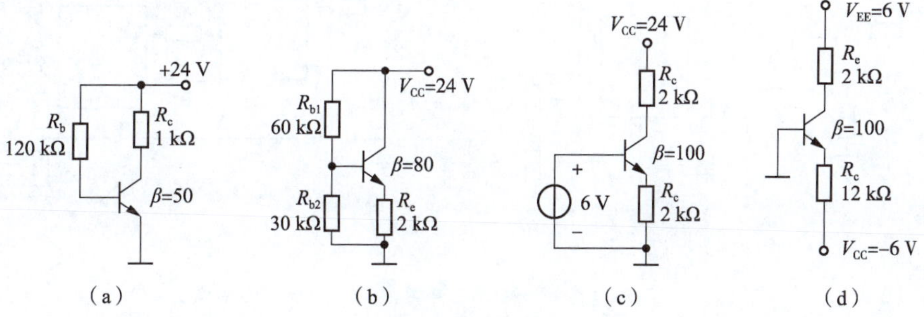

图 5-44　题 3 图

5. 如图 5-45 所示共射放大电路，三极管为 NPN 型硅管，已知 $R_b = 400\ \text{k}\Omega, R_c = 5.1\ \text{k}\Omega, \beta = 40$，$V_{CC} = 12$ V。试求：(1) 估算静态工作点。(2) 画出放大电路的微变等效电路。(3) 估算空载电压放大倍数 A_u、r_i 和 r_o。(4) 当负载 $R_L = 5.1\ \text{k}\Omega$ 时的 A_u。

6. 如图 5-46 所示放大电路，已知 $\beta = 50$，试求：(1) 估算静态工作点。(2) 画出其微变等效电路。(3) 估算 A_u、输入电阻 r_i 和输出电阻 r_o。

7. 判断图 5-47 所示电路的反馈极性和交、直流反馈。

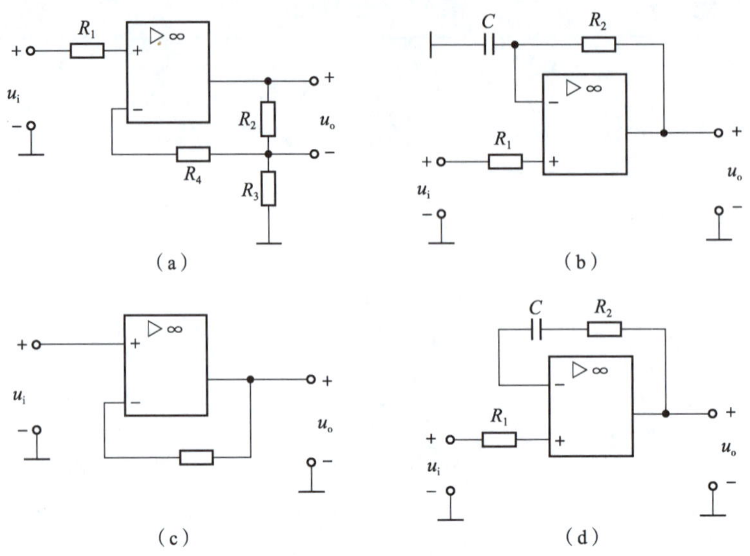

图 5-45　题 7 图

8. 试判断图 5-46 所示各电路级间反馈的极性。

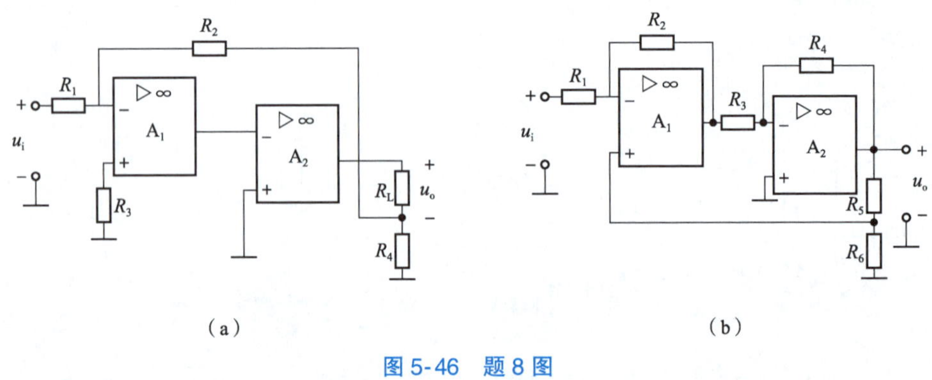

图 5-46　题 8 图

任务2　放大电路的应用

任务解析

集成运算放大器内部实际上是一个高增益的直接耦合放大器。给集成运算放大器上加一定形式的外接电路可以构成各种功能的电路，它可以实现对信号进行加、减、微分和积分的运算电路，有源整流和滤波电路，波形产生和变换电路等。通过完成本任务，理解集成运算放大器的特性及其分析方法，学会对相关电路进行分析，分析集成运算放大器的线性应用和非线性应用电路，制作实际的信号产生与变换电路，并通过调试、测试，完善电路功能。

一、概述

集成运算放大器（简称“集成运放”）实际上是一种各项性能指标都较为理想的放大器件。在通常的情况下，具体应用电路中的集成运算放大器可以看作理想集成运算放大器（简称“理想运放”）。

理想集成运算放大器的性能指标：

开环电压放大倍数 $A_{ud} \to \infty$；

输入电阻 $r_{id} \to \infty$；

输出电阻 $r_{od} \to \infty$。

另外，还有其他指标：没有失调、没有失调温漂、共模抑制比趋于无穷大等。尽管在实际中理想运放并不存在，但是由于集成运放的技术指标较接近于理想值，在具体分析应用时将它理想化是允许的。

1. 集成运放的传输特性

集成运放的传输特性如图 5-47 所示。从图 5-47 中可以看出曲线上升部分的斜率为开环电压放大倍数 A_{ud}，现以 μA741 为例，集成运放的开环电压放大倍数 A_{ud} 达到 10^5，其最大输出电压受电源电压的限制，不能超过±18 V，此时，输入端的电压 $u_{id}=\dfrac{u_{od}}{A_{ud}}$，不超过±0.18 mV。换句话说，当 $|u_{id}|$ 在 0 至 0.18 mV 之间，u_{od} 和 u_{id} 为线性放大关系，称为线性工作区。如果 $|u_{id}|$ 的值超 0.18 mV，则集成运放内部的输出级的三极管进入饱和区工作，输出电压 u_{od} 的值近似等于电源电压，与 u_{id} 不成线性关系，称为非线性工作区。

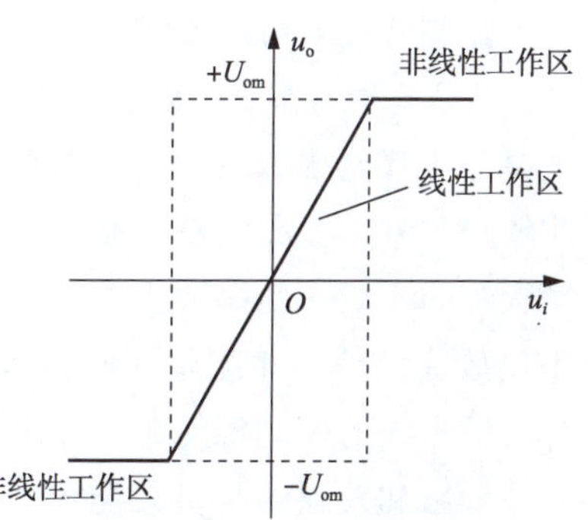

图 5-47　集成运放的传输特性

2. 集成运放的线性应用

输出电压在有限值之间变化，集成运放的 $A_{ud} \to \infty$，则 $u_{id}=\dfrac{u_{od}}{A_{ud}} \approx 0$；如果集成运算放大器在线性工作区，则必须要引入深度负反馈。当集成运算放大器在线性工作区时，

由 $u_{id}=u_{+}-u_{-}$，得到

$$u_{+} \approx u_{-} \tag{5-42}$$

上式表明，理想运放的同相端和反相端电压近似相等，可以等效为两输入端短接，但又不是真的接在一起，故称为虚假短路，简称“虚短”。

由集成运放的输入电阻 $r_{id} \to \infty$，得到

$$i_{+}=i_{-} \approx 0 \tag{5-43}$$

上式表明，理想运放的输入端不吸取电流，相当于输入端内部电路断开，即同相端和反相端电流近乎为零，故称为虚假断路，简称“虚断”。

“虚短”和“虚断”为分析集成运放的线性应用电路提供极大的方便。

3. 集成运放非线性应用

当集成运放工作处于开环状态或外接正反馈的情况下，由于集成运放的 $A_{ud}\to\infty$，所以只要有微小的电压信号输入，集成运放便在非线性工作区。

集成运放在非线工作性的特点是：输出电压只有两种状态，不是正饱和电压 $+U_{om}$，就是负饱和电压 $-U_{om}$，如图 5-47 所示。

当反相端电压大于同相端电压，即 $u_+ < u_-$，则 $u_o=-U_{om}$；

当同相端电压大于反相端电压，即 $u_+ > u_-$，则 $u_o=+U_{om}$。

考虑到理想运放的 $r_{id}\to\infty$，所以在非线性工作区时，集成运放的输入电流接近于零。

在分析具体的集成运放应用电路时，首先将集成运放当作理想运放，以便简化分析的过程；然后判断电路类型（开环、正反馈、负反馈），确定集成运放是在线性工作区还是非线性工作区，再利用线性工作区和非线性工作区的特点来分析电路的工作原理。

二、集成运放的组成、符号及分类

1. 集成运放的组成及符号

集成运放基本上都由输入级、中间放大级和功率输出级三部分组成，如图 5-48 所示。输入级一般是晶体管恒流源双端输入差分放大电路，以减少零点漂移，提高共模抑制比和输入电阻。中间放大级的主要作用是放大电压，它具有足够大的电压放大倍数，并能将双端输入转为单端输出，作为输出级的驱动源。功率输出级要求有较大的功率输出和较强的带负载能力，一般采用射极输出器或互补对称电路，以减小输出电阻。

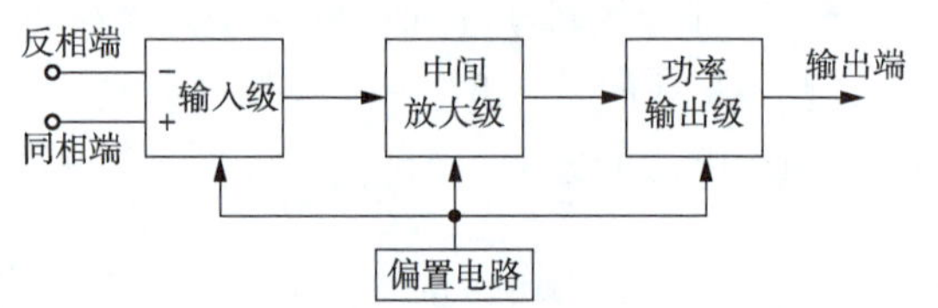

图 5-48 集成运算放大器的组成框图

F007（5G24）集成运算放大器的图形符号、外形和引脚图如图 5-49 所示。

F007 由 24 个晶体管（其中 4 个接成二极管）、10 个电阻和 1 个电容组成，放大倍数高达 10^5 以上。在应用时，需对集成运放的各个引脚予以了解：

2——反相输入端（简称“反相端”），以“-”表示。由此端输入信号，则输出信号与输入信号反相。

3——同相输入端（简称“同相端”），以“+”表示。由此端输入信号，则输出信号与输入信号同相。

4——负电源端，接-15 V 电源。

7——正电源端，接+15 V 电源。

为了突出运算放大器输入与输出电压之间的关系，可用图 5-50 所示的更简单的图形符号表示。图中集成运放的输入信号为 $u_{Id}=u_- - u_+$，而输出电压为

$$u_O=A_o(u_- - u_+)=A_o u_{id} \tag{5-44}$$

图 5-50 中“▷”表示信号的传输方向，“∞”表示放大倍数为理想条件。

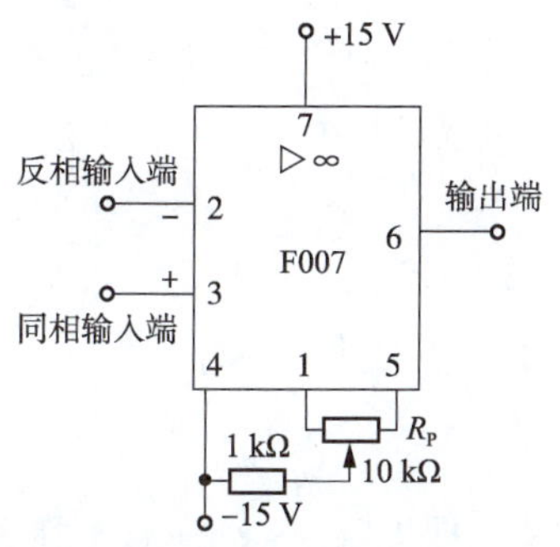

图 5-49　F007 集成运算放大器管脚图

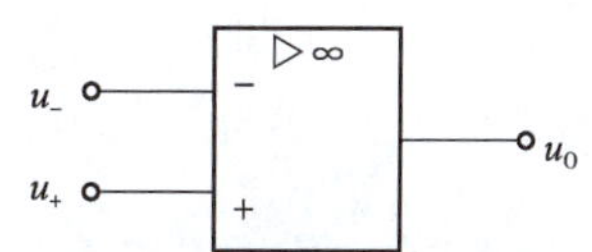

图 5-50　集成运放的电路符号

2. 集成运放的分类

为了能正确选用集成器件，需要知道集成运放的分类。

1）按集成运放特性分类

（1）通用型集成运放：某一方面指标没有特殊要求的集成运放称为通用型集成运放，该类集成运放具有价廉且应用范围广的特点。

（2）特殊型集成运放：部分性能指标比通用型集成运放优良的集成运放称为特殊型集成运放。例如：高速型、宽带型、单电源型、程控型、电流型等，应根据设备使用环境、性能要求选用相应的集成运放。

2）按结构分类

（1）双极型集成运放：输入差分级采用双极型三极管的集成运放称为双极型集成运放。

（2）结型场效应晶体管输入级集成运放：采用结型场效应晶体管（JFET）作为输入差分级，输入阻抗达 10^7 Ω 以上。

（3）MOS 型集成运放：采用 MOS 型场效应晶体管作为输入级，输入阻抗高达 10^{12} Ω 以上。

（4）CMOS 型集成运放：采用 MOS 型场效应晶体管、NMOS 管和 PMOS 管串联结成互补形式，该类集成运放的输入阻抗高、静态电流小、功耗低。

三、集成运放的主要参数、选择及使用常识

1. 集成运放的主要参数

集成运放的性能可以用一些参数来表示。为了合理地选用集成运放，必须了解各主要参数的含义。

1）开环电压放大倍数 A_{ud}

指集成运放组件没有外接反馈电阻（开环）时的电压放大倍数。A_{uo} 愈大，运算电路精度愈高，工作性能愈好。A_{uo} 均为 10^4 ~ 10^7，即 80 ~ 140 dB。

2）最大输出电压 U_{OPP}

指集成运放组件在不失真的条件下的最大输出电压。以 F007 为例，当电源电压为 ±15 V 时，U_{OPP} 为 ±12 V。

3）输入失调电压 U_{IO}

理想运放组件，当输入电压为零时，输出电压也为零。但由于制造工艺上的原因，运放组件的

参数很难达到完全对称，因此当输入电压为零时，输出电压并不为零。如果要 $u_O = 0$，必须在输入端加一个很小的补偿电压，即输入失调电压 U_{IO}。U_{IO} 一般为毫伏数量级，其值愈小愈好。

4）输入失调电流 I_{IO}

由于组件参数不对称，当输入信号为零时，集成运放两个输入端的静态基极电流不相等，其差值 $I_{IO} = |I_{B1} - I_{B2}|$ 称为输入失调电流。I_{IO} 一般在微安数量级，其值愈小愈好。

5）输入偏置电流 I_{IB}

输入信号为零时，两个输入端静态基极电流的平均值，即 $I_{IB} = \frac{1}{2}(I_{B1} + I_{B2})$ 称为输入偏置电流 I_{IB}，它的大小主要和输入级电路的性能有关，希望它愈小愈好。典型值为几百纳安，高质量的目前为几纳安。

6）最大差模输入电压 U_{Idm}

集成运放两个输入端间允许加的最大电压称为最大差模输入电压。其大小取决于输入级的结构。当输入电压超过此值时，输入级电路的三极管将被损坏。

7）最大共模输入电压 U_{Icm}

集成运放对共模信号的抑制，只有在一定的共模输入电压范围内才存在，这一允许的最大共模输入电压即为 U_{Icm}。超过此值，集成运放就不能正常工作。

8）差模输入电阻 r_{id}

指集成运放在差模输入时的开环输入电阻，一般在几十千欧到几十兆欧范围。r_{id} 越大，性能越好。

9）开环输出电阻 r_o

指集成运放无外加反馈回路时的输出电阻，开环输出电阻 r_o 越小，带负载能力越强，一般为 20~200 Ω。

10）共模抑制比 K_{CMR}

共模抑制比用来综合衡量集成运放的放大和抗零漂、抗共模干扰的能力。K_{CMR} 越大，抗共模干扰能力越强，通常在 65~75 dB。

2. 集成运放的选择

集成运放的选择最重要的是合理选用集成运放的型号。选型时除了满足主要技术性能以外，还应考虑必要的经济性。一般性能指标高的集成运放，价格也相应较高。在无特殊要求的场合，可选用通用型。

3. 集成运放的使用常识

使用集成运放，为防止器件损坏，除正确接线外，通常应注意以下问题：

（1）选用合适的集成运放的型号。

（2）消振与调零。由于运算放大器内部三极管的极间电容和其他寄生参数的影响，容易产生自激振荡，通常外接 RC 消振电阻或消振电容，进行消振。目前大多数集成运放内部电路已设置消振措施的补偿网络，不需接外部消振电路。集成运放电路在使用时，要求零输入时为零输出。为此除了要求集成运放的同相和反相两输入端的外接直流通路等效电阻保持平衡之外，还需采用调零电位器进行调节。F007 运算放大器的调零电路由 -15 V，1 kΩ 调零电位器 R_P 组成。调零时应将电路接成闭环。一种是在无输入时调零，即将两个输入端接“地”，调节调零电位器，使输出电压为零。另一种是在有输入时调零，即按已知输入信号电压计算输出电压，然后将实际值调整到计算值。

（3）保护措施：

①电源端保护。为了防止电源极性接反，可在电源连接线中串接二极管来实现保护。

②输入保护电路。为防止因共模或差模输入信号过大而使输入级三极管饱和甚至损坏，在输入端接入反相并联的二极管将输入电压限制在二极管的正向电压以下。

③输出保护电路。为防止输出电压过大，可利用稳压管来保护，将双向稳压管接在输出端可以把输出电压限制在稳压值的范围内。

四、基本运算电路

最常见由集成运算放大器组成的基本运算电路有比例运算、加法、减法、微积分等。

1. 比例运算电路

1）同相输入比例运算电路

同相输入比例运算电路如图 5-51（a）所示，又称同相输入放大器。输入信号 u_i 经过外接电阻 R_2 接到集成运放的同相端，反馈电阻 R_f 接到其反相端，构成电压串联负反馈。

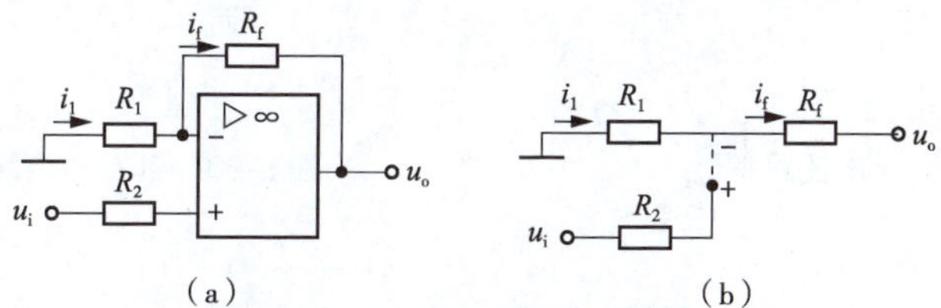

图 5-51　同相输入比例运算电路

同相输入比例运算电路的输出与输入关系，可以利用“虚短”和“虚断”来分析。由于 $u_+ \approx u_-$，而且 $i_+ \approx i_- \approx 0$，则同相输入比例运算电路可等效为图 5-51（b）所示。

可得

$$u_+ \approx u_-, u_i \approx u_- = u_o \frac{R_1}{R_1 + R_f}$$

所以

$$A_{uf} = \frac{u_o}{u_i} = 1 + \frac{R_f}{R_1} \tag{5-45}$$

或

$$u_o = \left(1 + \frac{R_f}{R_1}\right) u_i \tag{5-46}$$

即 u_o 与 u_i 为同相比例运算关系。其特点是，集成运放的两输入端电位等于输入电压，存在较高的共模输入电压。因此，同相输入放大器必须选用共模抑制比高的集成运放，这是本电路的缺点。

当 $R_1 \to \infty$ 时，如图 5-52 所示，$u_o = \left(1 + \frac{R_f}{R_1}\right) u_i = u_i$，即输出电压与输入电压大小相等，相位相同，这种电路称为电压跟随器，由于 R_f 上无电压降，可令其短接，不会影响跟随器的关系。

由于同相输入比例运算电路引入的是深度电压串联负反馈，所以，输入电阻为

$$r_{if}=(1+AF)r_{id}\to\infty \tag{5-47}$$

输出电阻为

$$r_{of}=\frac{r_{od}}{1+AF}\approx 0 \tag{5-48}$$

同相输入比例运算电路能提供高的电压增益和输入电阻，能与绝大多数信号源的阻抗匹配。

例 5-4 电路如图 5-53 所示，求：u_o 与 u_i 的关系式。

解 由于 $i_+=0$，所以 R_2 与 R_3 是串联关系。

由分压公式得

$$u_+=\frac{R_3}{R_2+R_3}u_i$$

将 u_+ 代入式（5-46），可得

$$u_o=\left(1+\frac{R_f}{R_1}\right)\left(\frac{R_3}{R_2+R_3}\right)u_i$$

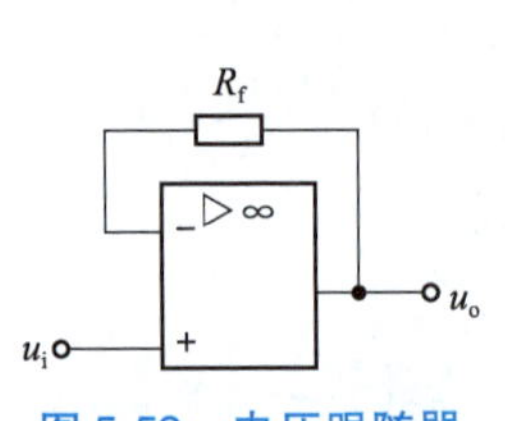

图 5-52 电压跟随器

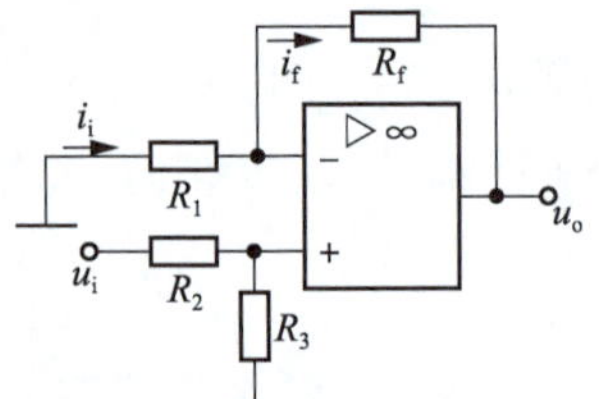

图 5-53 例 5-4 电路图

2）反相输入比例运算电路

图 5-54（a）所示为反相输入比例运算电路，又称反相输入放大器。图中，输入信号 u_i 经过外接电阻 R_1 接到集成运放的反相端，反馈电阻 R_f 接在输出端和反相端之间，构成电压并联负反馈，这样集成运放工作在线性区；同相端加平衡电阻 R_2，主要是使同相端与反相端外接电阻相等，即 $R_2=R_1 /\!/ R_f$，以保证集成运放处于平衡对称的工作状态，从而消除 输入偏置电流及其温漂的影响。

根据“虚短”的概念，$u_A=u_-\approx u_+=0$，A 点的电位接近于零，所以称 A 点为“虚地”点。“虚地”是反相输入比例运算电路的一个重要特点。

注意： 凡是信号由反相端输入的集成运放，只要工作在线性区，其反相端均可应用“虚地”的特点。

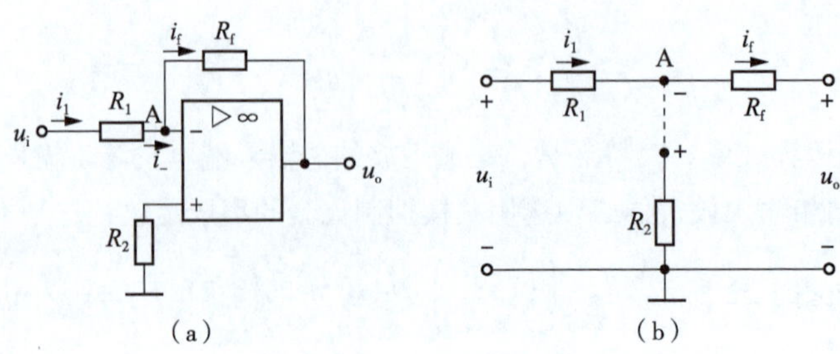

图 5-54 反相输入比例运算电路

图 5-54（a）可以等效为图 5-54（b），根据“虚断”的特点：$i_+ = i_- \approx 0$，得

$$i_1 = i_f$$

又因为

$$i_1 = \frac{u_i}{R_1},\ i_f = \frac{0 - u_o}{R_f} = -\frac{u_o}{R_f}$$

所以

$$\frac{u_i}{R_1} = -\frac{u_o}{R_f}$$

即

$$A_{uf} = -\frac{R_f}{R_1} \tag{5-49}$$

或

$$u_o = -\frac{R_f}{R_1}u_i \tag{5-50}$$

输出电压与输入电压成比例关系，且相位相反。此外，由于反相端和同相端的对地电压都接近于零，所以集成运放输入端的共模输入电压极小，它可以降低对集成运放器件的 K_{CMR} 参数的要求，这是反相输入电路的特点。

当 $R_1 = R_f = R$ 时，$u_o = -\frac{R_f}{R_1}u_f = -u_i$，即输入电压与输出电压大小相等、相位相反，称为反相器或倒相器。因此，R_1 与 R_2 可选取阻值稳定的电阻，其取值为 1 kΩ~1 MΩ，$R_2/R_1 = 0.1 \sim 100$；为了减小信号内阻 R_s 对运算精度的影响，要求 $R_1/R_s > 50$。

由于反相输入比例运算电路引入的是深度电压并联负反馈，所以，输入电阻为

$$r_{if} = R_1 + \frac{r_{id}}{1 + AF} \approx R_1 \tag{5-51}$$

输出电阻为

$$r_{of} = \frac{r_{od}}{1 + AF} \approx 0 \tag{5-52}$$

例 5-5　电路如图 5-54 所示，已知 $R_1 = 2\ \text{k}\Omega$，$u_i = 2\ \text{V}$，求下列情况时的 R_f 及 R_2 的阻值。

（1）$u_o = -6\ \text{V}$；（2）电源电压为 ±15 V，输出电压达到极限值。

解　由式（5-50）知

$$R_f = -\frac{u_o}{u_i}R_1$$

平衡电阻

$$R_2 = R_1 \,/\!/\, R_f$$

（2）$R_f = -\frac{u_o}{u_i}R_1 = -\frac{-6}{2} \times 2\ \text{k}\Omega = 6\ \text{k}\Omega$。

$R_2 = R_1 \,/\!/\, R_f = \frac{2 \times 6}{2 + 6}\ \text{k}\Omega = 1.5\ \text{k}\Omega$。

（3）设饱和电压为 ±13 V，则

$$R_f = -\frac{-13}{2} \times 2\ \text{k}\Omega = 13\ \text{k}\Omega$$

$$R_2 = 1.73\ \text{k}\Omega$$

故当 $R_f \geqslant 13\ \text{k}\Omega$，输出电压饱和。

2. 加法运算电路

在实际应用电路中，常常需要将多个采样信号按一定的比例叠加起来输入到放大电路中，这就需要用到加法运算电路，如图 5-55 所示。

依据“虚断”的概念可得

$$i_f = i_i$$

其中

$$i_i = i_1 + i_2 + \cdots + i_n$$

再由“虚地”的概念可得

$$i_1 = \frac{u_{i1}}{R_1},\ i_2 = \frac{u_{i2}}{R_2},\ \cdots,\ i_n = \frac{u_{in}}{R_n}$$

则

$$u_o = -R_f i_f = -R_f\left(\frac{u_{i1}}{R_1} + \frac{u_{i2}}{R_2} + \cdots + \frac{u_{in}}{R_n}\right) \tag{5-53}$$

实现了各信号按比例进行加法运算。

如取 $R_1 = R_2 = \cdots = R_n = R_f$,则 $u_o = -(u_{i1} + u_{i2} + \cdots + u_{in})$，实现了各输入信号的反相相加。

为了实现电路的直流平衡，如图 5-55 所示，R_4 的取值为 $R_1 /\!/ R_2 /\!/ R_3 /\!/ \cdots /\!/ R_n$。而在反相求和电路中，由于 $u_- = u_+ = 0$，不存在共模输入，因此对运放器件的 K_{CMR} 参数要求不高。

例 5-6 某一测量系统的输出电压和一些非电量（经传感器可变换为电量）的关系如图 5-56 所示，表达式为 $u_o = -(5u_{i1} + 2u_{i2} + 0.5u_{i3})$，求电路中的各输入电阻和平衡电阻，并设 $R_f = 100\ \text{k}\Omega$。

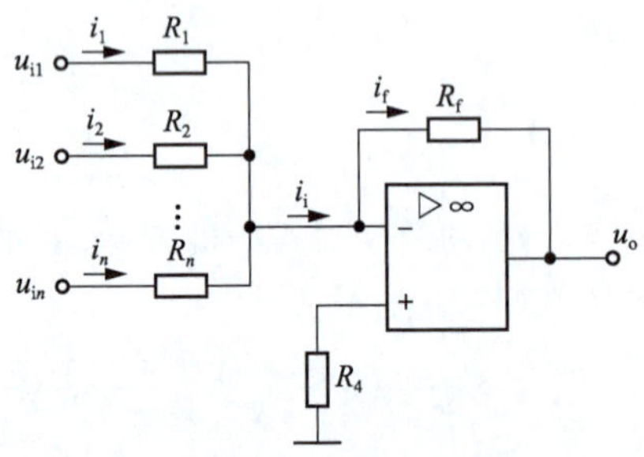

图 5-55 加法电路

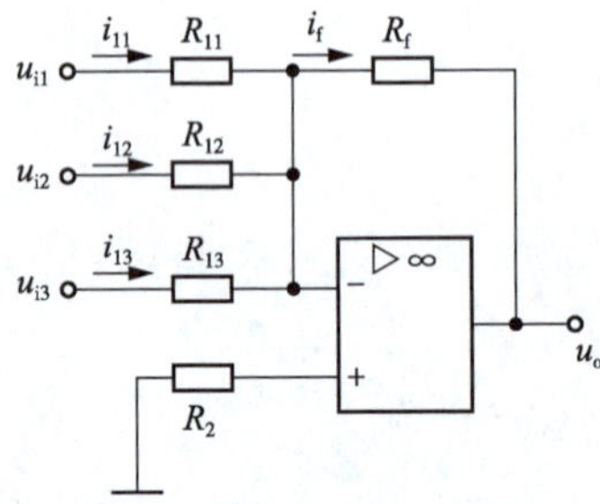

图 5-56 例 5-6 电路图

解 由式（5-53）得

$$R_{11} = \frac{R_f}{5} = 20\ \text{k}\Omega$$

$$R_{12} = \frac{R_f}{2} = 50\ \text{k}\Omega$$

$$R_{13} = \frac{R_f}{0.5} = 200\ \text{k}\Omega$$

$$R_2 = R_{11} /\!/ R_{12} /\!/ R_{13} /\!/ R_f = 11.8\ \text{k}\Omega$$

3. 减法运算电路

能够实现减法运算的电路称为减法运算电路如图 5-57（a）所示。

应用叠加定理，首先令 $u_{i1}=0$，当 u_{i2} 单独作用时，电路成为反相输入比例运算电路，如图 5-57（b）所示，其输出电压为

$$u_{o2}=-\frac{R_f}{R_1}u_{i2}$$

再令 $u_{i2}=0$，u_{i1} 单独作用时，电路成为同相输入比例运算电路，如图 5-57（c）所示，同相端电压为

$$u_+=\frac{R_3}{R_2+R_3}u_{i1}$$

输出电压为

$$u_{o1}=\left(1+\frac{R_f}{R_1}\right)\left(\frac{R_3}{R_2+R_3}\right)u_{i1}$$

则

$$\begin{aligned}u_o=u_{o1}+u_{o2}&=-\frac{R_f}{R_1}u_{i2}+\left(1+\frac{R_f}{R_1}\right)u_+\\&=\left(1+\frac{R_f}{R_1}\right)\left(\frac{R_3}{R_2+R_3}\right)u_{i1}-\frac{R_f}{R_1}u_{i2}\end{aligned}$$

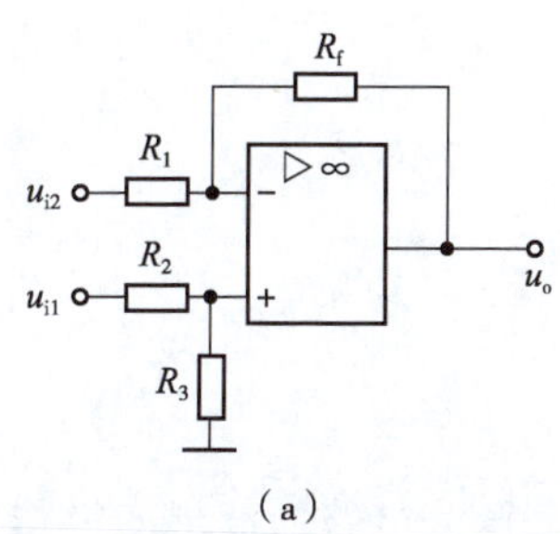

（a）

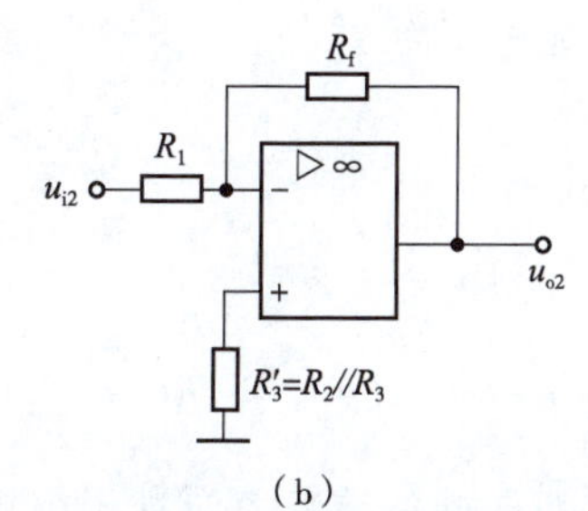

（b）

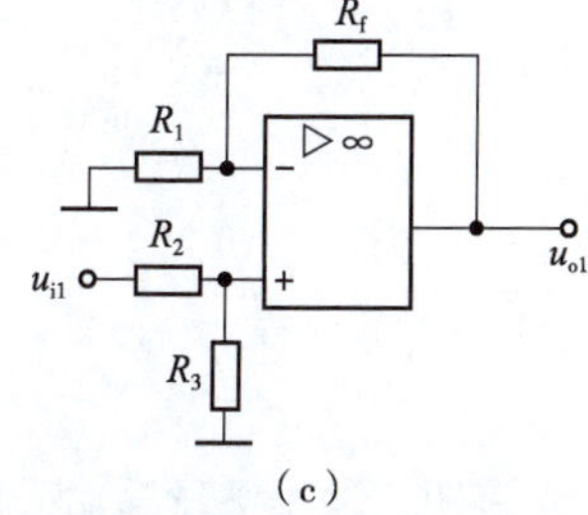

（c）

图 5-57　减法运算电路

当 $R_1=R_2=R_3=R_f=R$ 时，则 $u_o=u_{i1}-u_{i2}$。在理想情况下，它的输出电压等于两个输入信号电压之差，具有很好的抑制共模信号的能力。但是，电路输入电阻低，增益调节困难。因此，为了满足输入阻抗和增益可调的要求，在工程上常采用多级运放组成的差分放大器来完成对差模信号的放大，应尽量选用共模抑制比较高的运算放大器。

例 5-7　图 5-58 是一个由三级集成运放组成的仪器用放大器，试分析该电路的输出电压与输入电压的关系式。

解　如图 5-58 所示，集成运放 A_1、A_2 构成了特性参数完全相同同相输入比例运算放大器，输入信号分别从 A_1、A_2的同相端输入，从 A_1、A_2的输出端取电压（$u_{o1}-u_{o2}$），作为集成运放 A_3 的输入电压。因此，A_1、A_2构成的电路是双端输入、双端输出差分放大器。而 A_3组成了第二级差分放大器。

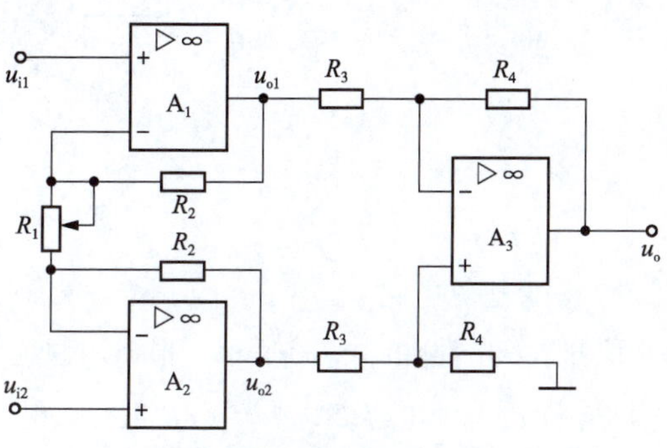

图 5-58　仪器用放大器

由于电路采用同相输入的结构，所以具有很高的输入电阻。根据“虚短”特性得到可调电阻 R_1 上的电压降为 $u_{i1}-u_{i2}$，再由理想运放的“虚断”特性，所以流过 R_1 上的电流为 $(u_{i1}-u_{i2})/R_1$ 就是流过电阻 R_2 的电流，可得

$$\frac{u_{o1}-u_{o2}}{R_1+2R_2}=\frac{u_{i1}-u_{i2}}{R_1}$$

故得

$$u_{o1}-u_{o2}=\left(1+\frac{2R_2}{R_1}\right)(u_{i1}-u_{i2})$$

集成运放 A_3 组成的差分放大器与图 5-57（a）完全相同，因此电路的输出电压为

$$u_o=-\frac{R_4}{R_3}\left(1+\frac{2R_2}{R_1}\right)(u_{i1}-u_{i2}) \tag{5-54}$$

通过以上分析，电路保持了差分放大的功能，且通过调节电阻 R_1 的大小就可自由调节其增益，同时该电路具有很强的抑制共模信号的能力。该电路常应用于单片集成电路中。

4. 微积分运算电路

1）微分运算电路

微分运算电路如图 5-59（a）所示，在该电路中，A 点“虚地”，即 $u_A\approx 0$；又由于“虚断”，$i_-\approx 0$，则 $i_R\approx i_C$。若设电容 C 的初始电压为零，则

$$i_C=C\frac{\mathrm{d}u_i}{\mathrm{d}t}$$

输出电压为

$$u_o=-i_RR=i_C=-RC\frac{\mathrm{d}u_i}{\mathrm{d}t} \tag{5-55}$$

以上表明，输出电压为输入电压对时间的微分，而且相位相反。微分电路的波形变换作用如图 5-59（b）所示，将矩形波变成尖脉冲输出。微分电路常应用在控制系统中 P（微分）调节器。

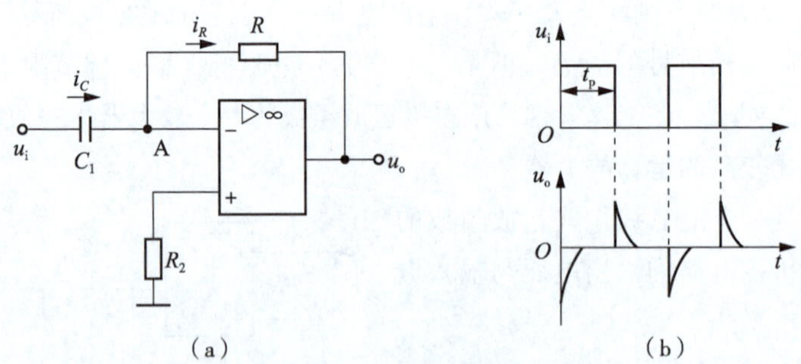

图 5-59 微分运算电路

2）积分运算电路

积分运算电路如图 5-60 所示。根据“虚地”的概念，$u_A\approx 0$，再由“虚断”的概念可知，$i_-\approx 0$，则 $i_R\approx i_C$，即电容 C 以 $i_C=u_i/R$ 进行充电。若设电容 C 的初始电压为零，则

$$u_o = -\frac{1}{C}\int i_C \mathrm{d}t = -\frac{1}{C}\int \frac{u_i}{R}\mathrm{d}t = -\frac{1}{RC}\int u_i \mathrm{d}t \tag{5-56}$$

以上表明，输出电压为输入电压对时间的积分，而且相位相反。

积分电路的波形变换作用如图 5-60（b）所示，将矩形波变成三角波输出。

在实际应用中，由于集成运放存在失调电流，积分电容也可能有漏电现象，这些因素导致电容 C 的充电速度变慢，进而产生非线性积分误差，破坏了输出电压的线性度。积分电路在控制系统中用作 PI（比例积分）调节器，或作为显示器的扫描电路，以及模/数转换器、数学模拟运算器等。

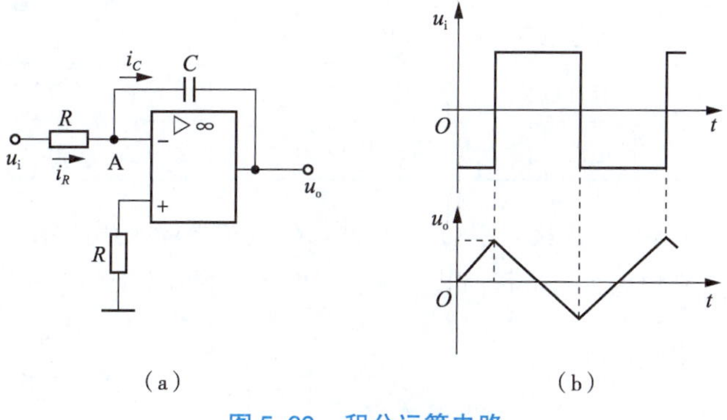

图 5-60　积分运算电路

因此，微分电路和积分电路的主要区别是：微分电路能加速信号的传输过程，而积分电路能延缓信号的传输过程。

任务实施

一、任务说明

了解集成运放电路的选择方法及保护措施后，下面开始进行实用功率放大电路实物制作。具体步骤如下。

步骤 1：检查实用功率放大电路的元器件。根据表 5-8、表 5-9 所示的元器件清单，选择并检查电路制作所需要的元器件数量和规格，用万用表等测量仪器简单检测所得到的元器件是否损坏，参数是否符合要求，对于集成电路要注意型号和引脚的识别。

表 5-8　音调控制电路元器件清单

序号	名称	规格	数量	备注	序号	名称	规格	数量	备注
1	电阻	33 kΩ	2		10	电容	473	2	
2	电阻	68 kΩ	1		11	电容	222	1	
3	电阻	10 kΩ	4		12	电容	105	1	
4	电阻	2 kΩ	1		13	电容	104	2	
5	电阻	8.2 kΩ	2		14	电解电容	100 μF/25 V	2	
6	电位器	51 kΩ	2		15	电解电容	10 μF/25 V	7	
7	电位器	10 kΩ	3		16	2 脚插座		3	
8	集成运放	TL074	1		17	3 脚插座		1	
9	PCB		1		18	IC 插座	DIP-14	1	

表 5-9 音频集成功率放大电路元器件清单

序号	名称	规格	数量	备注	序号	名称	规格	数量	备注
1	电阻	10 kΩ	1		6	2 脚插针、帽		2	
2	电阻	4.7 Ω	2		7	集成运放	TDA2822M	1	
3	瓷片电容	104	2		8	PCB 板		1	
4	瓷片电容	103	2		9	IC 插座	DIP-8	1	
5	电解电容	10 μF/25 V	3		10				

步骤 2：焊接实用功率放大电路。观察所给的电路图，如图 5-61 所示，按电子产品生产工艺要求，在电路板上进行插装，然后用电烙铁焊接电路。

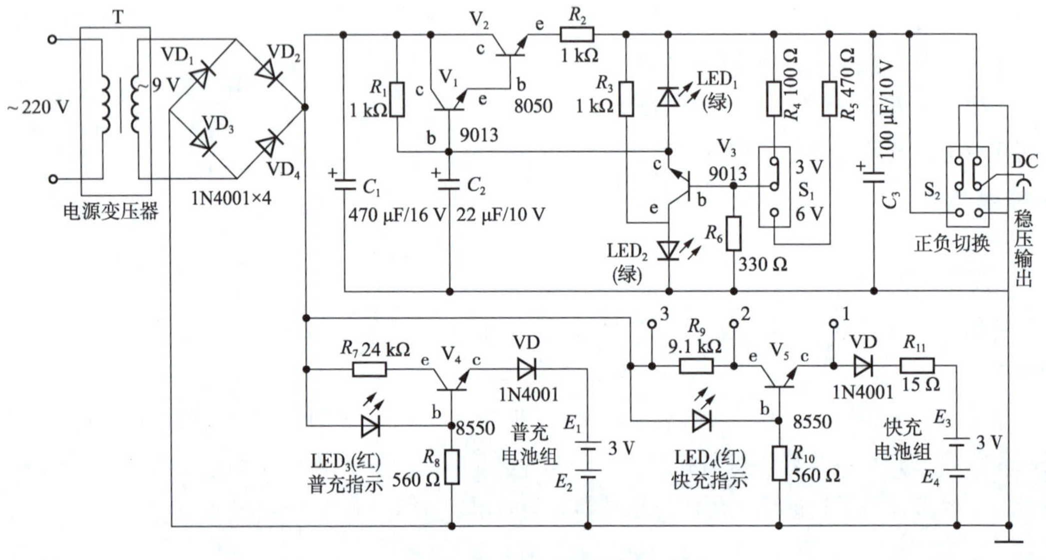

图 5-61 原理图

进行电路手工焊接时，注意以下几点：

(1) 电阻的阻值可以通过色环电阻的各环颜色确定，必要时需要用万用表实际检测确认阻值大小。

(2) 电路板装接后，除注意装接工艺外，更要注意焊点之间是否短路，是否有虚焊。

(3) 焊接半导体元件时，要注意控制焊接时间。焊接时间过长，可能引起半导体元件的损坏。

经检查，电路焊接正确无误后，进一步对安装完成的电路板进行外观检查。仔细观察电路板的焊点，轻轻摇动各元器件，检查是否有虚焊现象。然后找到电路板上对应的直流电源连接点，输入、输出连接点，确定各可变电阻的调节功能，以便进入实验室进行测试分析。

二、任务评价

1. 评价标准（见表 5-10）

表 5-10　评价标准

<table>
<tr><th>序号</th><th>主要内容</th><th>考核要求</th><th>评分标准</th><th>配分</th><th>扣分</th><th>得分</th></tr>
<tr><td>1</td><td>功率放大电路设计与安装</td><td>电路的安装及调试</td><td>（1）采取方法错误，扣 5~30 分。
（2）元件选用错误，扣 10 分。
（3）操作步骤错误，扣 10~20 分。
（4）元件安装不牢固，每处扣 5 分。
（5）虚焊、漏焊，每处扣 5 分。
（6）损坏元件，扣 10 分。
（7）工具及仪表使用不当，扣 10 分</td><td>80</td><td></td><td></td></tr>
<tr><td>2</td><td>团结协作</td><td>符合要求</td><td>小组成员分工协作不明确扣 5 分，成员不合作参与扣 5 分</td><td>10</td><td></td><td></td></tr>
<tr><td>3</td><td colspan="2">安全文明生产及 6S 执行力</td><td>（1）违反安全文明生产规程，扣 5~10 分。
（2）6S 执行力不到位，酌情扣 5~10 分</td><td>10</td><td></td><td></td></tr>
<tr><td>备注</td><td colspan="2">除了定额时间外，各项内容的最高分不得超过配分</td><td>合计</td><td>100</td><td></td><td></td></tr>
<tr><td>考评时间</td><td>开始时间</td><td></td><td>结束时间</td><td></td><td colspan="2">考评员签字：
年　月　日</td></tr>
</table>

2. 任务能力评价（见表 5-11）

表 5-11　任务能力评价

组别	与人沟通能力 10%	团结协作能力 20%	方案设计能力 10%	自我学习能力 20%	信息处理能力 10%	解决问题的能力 20%	创新能力 10%	总评
第一组								
第二组								
第三组								
第四组								
第五组								

3. 任务能力总评（见表 5-12）

表 5-12 任务能力总评

组别	第一组对各组的评价结果	第二组对各组的评价结果	第三组对各组的评价结果	第四组对各组的评价结果	第五组对各组的评价结果	总评结果
第一组						
第二组						
第三组						
第四组						
第五组						

三、任务结束

按照 6S 现场管理规范，清理工作现场，清点作业工具，摆放到规定位置。

测试题

1. 由理想集成运放组成的电路如图 5-62 所示，计算输出电压 u_o 的值。

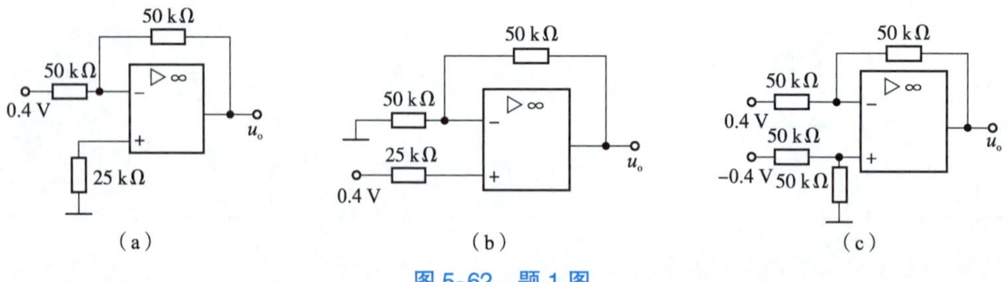

图 5-62 题 1 图

2. 电路如图 5-63 所示，已知 $R_1 = 2\ \text{k}\Omega$，$R_f = 10\ \text{k}\Omega$，$R_2 = 2\ \text{k}\Omega$，$R_3 = 18\ \text{k}\Omega$，$u_i = 1\ \text{V}$，求 u_o 的值。

3. 电路如图 5-64 所示，已知 $R_f = 5R_1$，$u_i = 10\ \text{mV}$，求 u_o 的值。

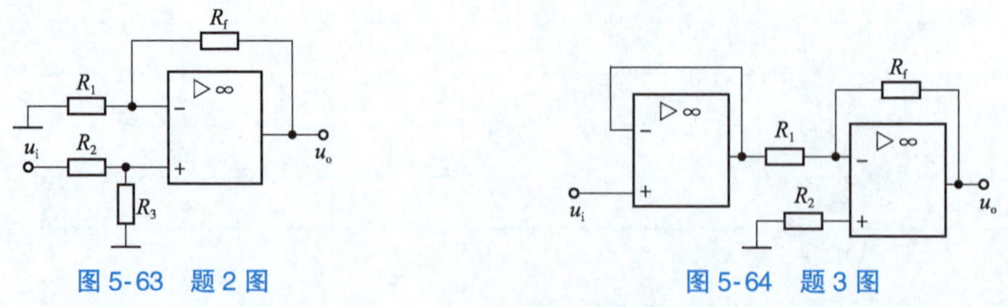

图 5-63 题 2 图　　图 5-64 题 3 图

4. 积分电路和微分电路如图 5-65（a）、（b）所示，已知输入电压如图 5-65（c）所示，且 $t = 0$ 时，$u_C = 0$，试画出电路输出电压波形。

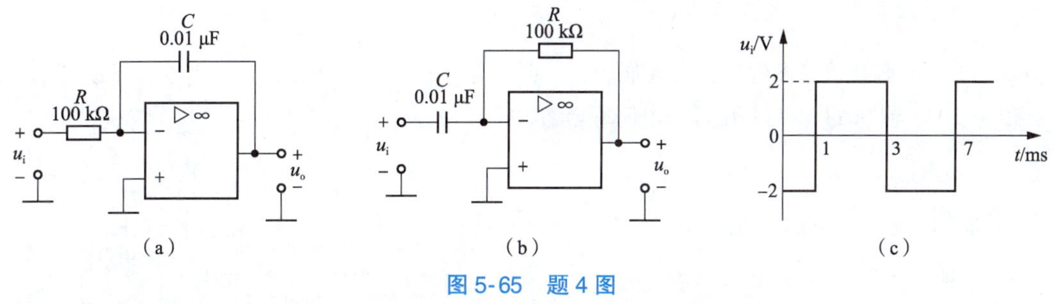

图 5-65　题 4 图

5. 电路如图 5-66 所示，$R_f = R_1$，试分别画出各比较器的传输特性曲线。

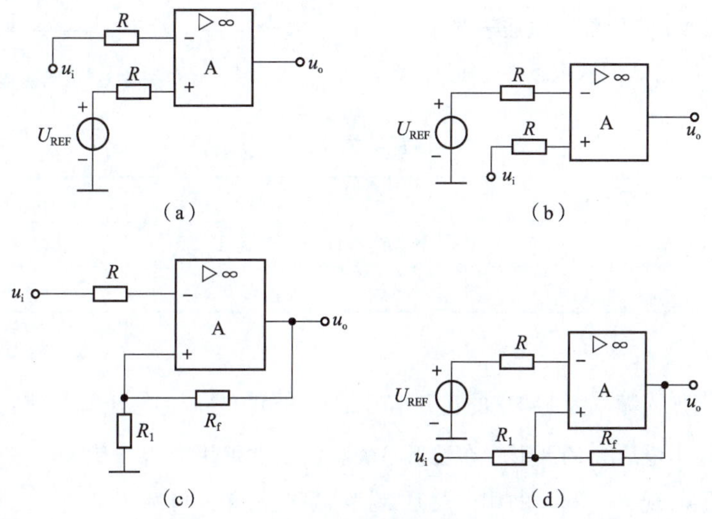

图 5-66　题 5 图

项目总结

本项目主要介绍了放大电路的分析与制作。通过本项目的学习，掌握三极管的三种基本组态电路的基本特性，学会放大电路的静态分析和动态分析方法，在分析的基础上把电路原理图制作成实际的电子电路，并且通过调试、测试，提出改进方法，完善电路的功能。

项目实训

实训一　晶体管共射极单管放大器

一、实训目的

(1) 学会放大器静态工作点的调试方法，分析静态工作点对放大器性能的影响；

(2) 掌握放大器电压放大倍数、输入电阻、输出电阻及最大不失真输出电压的测试方法；

(3) 熟悉常用电子仪器及电子技术实验台的使用。

二、实训准备

双踪示波器、函数信号发生器、交流毫伏表、直流电压表、直流毫安表、万用表、三极管 3DG6 × 1(β = 50 ~ 100) 或 9011 × 1 以及若干电阻、电容。

三、实训内容

1. 连接实验电路（见图 5-67）

2. 测量静态工作点

接通电源前，先将 R_P 调到最大，信号源输出旋钮旋至零。接通 + 12 V 电源，调节 R_P 使 I_C = 2.0 mA(即 U_E = 2.0 V)，用数字电压表测量 U_B、U_E、U_C，用万用表测量 R_{b2}值。记入表 5-13 中。

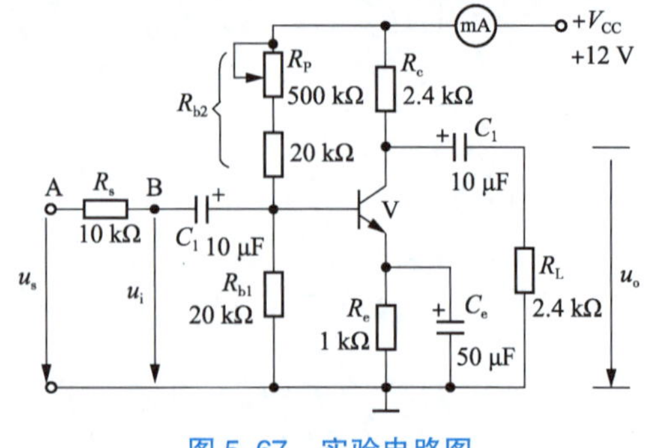

图 5-67 实验电路图

表 5-13 测量数据（I_C = 2.0 mA）

测量值				计算值		
U_B/V	U_E/V	U_C/V	R_{b2}/kΩ	U_{BE}/V	U_{CE}/V	I_C/mA

3. 测量电压放大倍数

在放大器输入端加入频率为 1 kHz 的正弦信号 u_s，调节信号源的输出旋钮使 U_i = 10 mV，同时用示波器观察放大器输出电压 u_o的波形，在波形不失真的条件下用交流毫伏表测量下述三种情况下的 U_o值，并用示波器同时观察 u_o和 u_i的相位关系，把结果记入表 5-14 中。

表 5-14 测量数据（I_C = 2.0 mA，U_i = 10 mV）

R_c/kΩ	R_L/kΩ	U_o/V	A_u	观察记录一组 u_o和 u_i波形
2.4	∞			
1.2	∞			
2.4	2.4			

4. 观察静态工作点对电压放大倍数的影响

置 R_o = 2.4 kΩ，R_L = ∞，u_i 适当，调节 R_P，用示波器监视输出的电压波形，在 u_o不失真的条件下，测量数组 I_o和 U_o值，记入表 5-15 中。

表 5-15 测量数据（R_c = 2.4 kΩ，R_L = ∞）

I_o/mA			2.0		
U_o/mV					
A_u					

测量 I_C 时，要先将信号源输出旋钮旋至零（即使 U_i = 0）。

5. 观察静态工作点对输出波形失真的影响

置 $R_c = 2.4\ \text{k}\Omega$，$R_L = 2.4\ \text{k}\Omega$，$u_i = 0$，调节 R_P 使 $I_C = 2.0\ \text{mA}$，测出 U_{CE}值，再逐步加大输入信号，使输出电压 u_o足够大但不失真。然后保持输入信号不变，分别增大和减小 R_P，使波形出现失真，绘出 u_o的波形，并测出失真情况下的 I_C和 U_{CE}值，把结果计入表 5-16 中。每次测 I_C和 U_{CE}值时都要将信号源的输出旋钮旋至零。

表 5-16　测量数据（$R_c = 2.4\ \text{k}\Omega$，$R_L = \infty$）

I_C/mA	U_{CE}/V	u_o波形	失真情况	三极管工作状态
2.0				

四、考核标准

考核标准见表 5-17。

表 5-17　考核标准

测评内容	配分	评分标准	操作时间	扣分	得分
静态电路分析	30	（1）电路搭建错误，每处扣 5 分。 （2）测试数据错误，每处扣 5 分。 （3）示波器使用错误，扣 10 分	40 min		
动态电路分析	50	（1）电路搭建错误，每处扣 5 分。 （2）测试数据错误，每处扣 5 分。 （3）示波器使用错误，扣 10 分	40 min		
排除故障	20	（1）工具及仪表使用不当，每处扣 2 分。 （2）排除故障方法不正确，每处扣 2 分。 （3）排除故障的顺序不当，每处扣 2 分。 （4）不能查出故障，每处扣 2 分。 （5）查出故障点，但不能排除，每处扣 2 分	10 min		
安全文明操作		违反安全生产规程，视现场具体违规情况扣分			
定额时间（90 min）	开始时间（　　）	每超时 3 min 扣 2 分			
	结束时间（　　）				
总分					

实训二　模拟运算电路

一、实训目的

（1）研究由集成运放组成的比例、加法、减法和积分等基本运算电路的功能。

（2）了解运算放大器在实际应用时应考虑的一些问题。

二、实训准备

信号源、交流毫伏表、数字直流电压表、集成运算放大器μA741、EEL-07 组件。

三、实训内容

运算放大器线性应用时可以构成模拟信号运算电路、信号处理电路及正弦波振荡电路等。可以通过模拟信号运算电路来加强对放大器应用的了解。

提示：实训前要看清集成运放组件各引脚的位置；切忌正、负电源极性接反和输出端短路，否则将会损坏集成块。

1. 反相比例运算电路

按图 5-68 连接实验电路，接通±12 V 电源，输入端对地短路，进行调零和消振。

输入 $f = 100$ Hz，$u_i = 0.5$ V 的正弦交流信号，测量相应的 u_o，并用示波器观察 u_o 和 u_i 的相位关系，记入表 5-18 中。

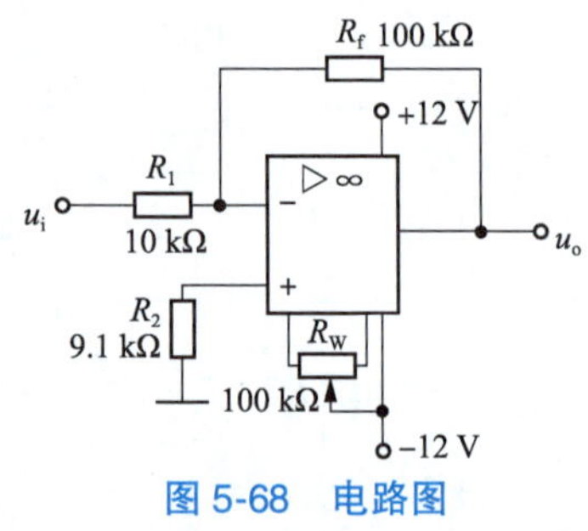

图 5-68　电路图

表 5-18　测量数据（$u_i = 0.5$ V，$f = 100$ Hz）

u_i/V	u_o/V	u_i 波形	u_o 波形	A_u	
				实测值	计算值

2. 同相比例运算电路

按图 5-69（a）连接实验电路，实验步骤同上，将结果记入表 5-19 中。

表 5-19　测量数据（$u_i = 0.5$ V，$f = 100$ Hz）

u_i/V	u_o/V	u_i 波形	u_o 波形	A_u	
				实测值	计算值

将图 5-69（a）中的 R_1 断开，得图 5-69（b）电路，重复反相比例运算电路的步骤。

3. 反相加法运算电路

（1）按图 5-70 连接实验电路并调零和消振。

（2）输入信号采用直流信号，由实验者自行完成。实验时要注意选择合适的直流信号幅度以确保集成运放工作在线性区。用数字电压表测量输入电压 U_{i1}、U_{i2} 及输出电压 U_o 记入表 5-20 中。

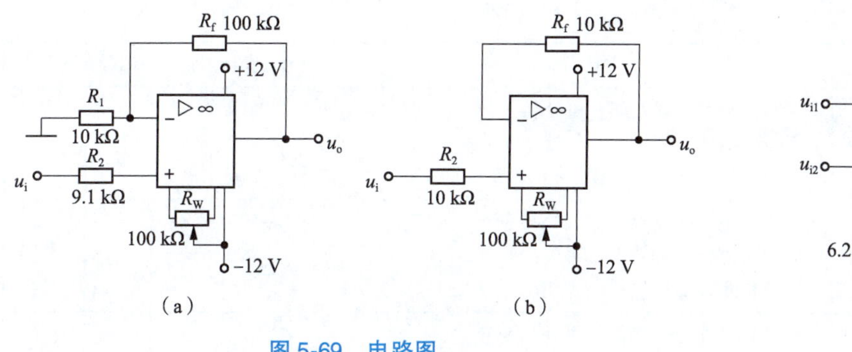

图 5-69　电路图

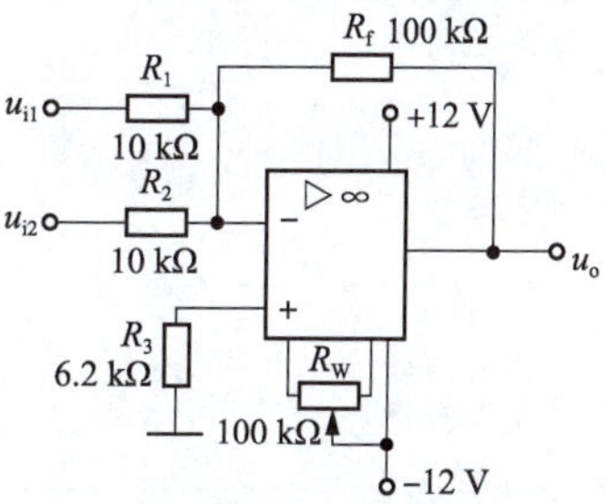

图 5-70　电路图

表 5-20　反相加法运算电路测量数据

U_{i1}/V			
U_{i2}/V			
U_o/V			

4. 减法运算电路

（1）按图 5-71 连接实验电路并调零和消振。

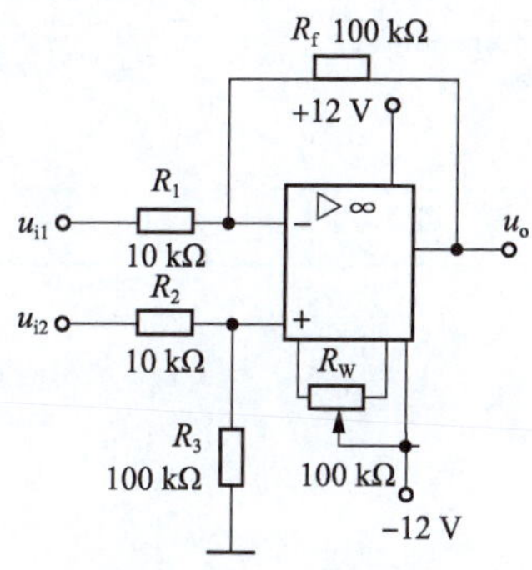

图 5-71　电路图

（2）采用直流输入信号，实验步骤同内容 3，将数据记入表 5-21 中。

表 5-21　减法运算电路测量数据

U_{i1}/V			
U_{i2}/V			
U_o/V			

四、考核标准

考核标准见表 5-22。

表 5-22　考核标准

<table>
<tr><th colspan="2">测评内容</th><th>配分</th><th>评分标准</th><th>操作时间</th><th>扣分</th><th>得分</th></tr>
<tr><td colspan="2">比例运算
电路测量</td><td>40</td><td>（1）电路搭建错误，每处扣 5 分。
（2）测试数据错误，每处扣 5 分。
（3）示波器使用错误，扣 10 分</td><td>40 min</td><td></td><td></td></tr>
<tr><td colspan="2">加法运算
电路测量</td><td>20</td><td>（1）电路搭建错误，每处扣 5 分。
（2）测试数据错误，每处扣 5 分。
（3）示波器使用错误，扣 10 分</td><td>20 min</td><td></td><td></td></tr>
<tr><td colspan="2">减法运算
电路测量</td><td>20</td><td>（1）电路搭建错误，每处扣 5 分。
（2）测试数据错误，每处扣 5 分。
（3）示波器使用错误，扣 10 分</td><td>20 min</td><td></td><td></td></tr>
<tr><td colspan="2">排除故障</td><td>20</td><td>（1）工具及仪表使用不当，每处扣 2 分。
（2）排除故障方法不正确，每处扣 2 分。
（3）排除故障的顺序不当，每处扣 2 分。
（4）不能查出故障，每处扣 2 分。
（5）查出故障点，但不能排除，每处扣 2 分</td><td>10 min</td><td></td><td></td></tr>
<tr><td colspan="3">安全文明操作</td><td colspan="2">违反安全生产规程，视现场具体违规情况扣分</td><td></td><td></td></tr>
<tr><td rowspan="2">定额时间
（90 min）</td><td colspan="2">开始时间
（　　）</td><td colspan="2" rowspan="2">每超时 3 min 扣 2 分</td><td rowspan="2"></td><td rowspan="2"></td></tr>
<tr><td colspan="2">结束时间
（　　）</td></tr>
<tr><td colspan="3">总分</td><td colspan="4"></td></tr>
</table>

项目 6 组合逻辑电路的设计与调试

项目导入

在某场演讲比赛中，由三名裁判完成对选手演讲结果的表决，如果有两名以上的裁判裁定选手成功，则选手成绩有效。模拟这一表决情境，选择合适的组合逻辑电路的基本分析方法和设计方法，实践多人表决器的设计；尝试用集成芯片实现多人表决器的设计与制作，体验选择不同元器件设计电路，比较不同设计方法的优劣。实现多人表决器的特定逻辑功能设计，完成多人表决器的制作，检查并排除简单故障。

学习目标

知识目标：

(1) 识别常用的编码、数制与码制及不同码制之间的相互转换；

(2) 应用与、或、非三种基本的逻辑关系，完成简单逻辑运算；

(3) 选择逻辑代数的常用公式及基本定律，说明逻辑函数的表示方法及化简方法；

(4) 列出逻辑门电路的逻辑功能，设计并分析常用组合逻辑电路。

能力目标：

(1) 说出组合逻辑电路的分析过程和设计过程；

(2) 分析组合逻辑电路的逻辑功能；

(3) 应用组合逻辑电路实现特定逻辑功能的设计；

(4) 设计并制作常用组合逻辑电路，检查并排除简单的故障。

素质目标：

(1) 树立成本意识、质量意识、创新意识，养成勇于担当、团队合作的职业素养；

(2) 培养良好习惯与职业道德，树立正确的价值观。

项目实施

任务1 逻辑门电路的设计与调试

任务解析

逻辑笔是采用不同颜色的指示灯来表示数字电平的高低的仪器。它是测量数字电路的一种较简便的工具，使用逻辑笔可快速测量出数字电路中有故障的芯片。本任务就通过逻辑笔的设计来学习逻辑门电路的设计与制作，学习逻辑代数基础知识，数制及数制的转换；认识逻辑变量，数字逻辑函数的表达方式及变换；认识集成逻辑门电路及使用方法；熟悉各种数字单元电路的功能，熟记常用标准集成数字器件的典型应用，并能够根据数字电路手册选用器件。

知识链接

一、数字电路概述

1. 数字信号与模拟信号

电子电路中的信号可以分为两大类：模拟信号和数字信号。

在自然界存在着许多类似于压力、速度、质量、位置、温度等物理量。在时间上和数值上是连续的，这类物理量称为模拟量。用来表示模拟量的信号称为模拟信号。模拟信号的变化在时间和数值上都是连续的。

另一类物理量，例如：电路开关的状态、流水线上零件个数的计数信号等。它们在时间和数值上是离散的和量化的，这类物理量称为数字量。用来表示数字量的信号称为数字信号。它们的变化发生在离散的瞬间，其值也仅在有限个量化值之间阶跃变化。

数字信号最常见的形式是矩形脉冲序列，即可以用 0 和 1 表示的序列。

注意： 这里 0 和 1 没有大小之分，只代表两种对立的状态，反映在电路上就是高电平和低电平两种状态，称为逻辑 0 和逻辑 1。

2. 数字电路

工作在数字信号下的、传递与处理数字信号的电子电路称为数字电路。

1）数字电路的特点

（1）结构方面。基本工作信号是二进制的数字信号，只有 0、1 两个状态，反映在电路上就是低电平和高电平两个状态。数据电路易实现：利用三极管的导通（饱和）和截止两个状态；数据电路易集成：对元件的精度要求不高，允许有较大的误差，只要在工作的时候能可靠地区分 0、1 两种状态即可。

（2）功能方面。抗干扰性强，可靠性高，精度高；处理功能强，不仅能实现数值运算，还可以实现逻辑功能运算和判断；便于长期存储（U 盘、硬盘、光盘）、传输和再现；利用 A/D、D/A 转换，可将模拟电路与数字电路紧密结合，使模拟信号的处理最终实现数字化。

2）数字电路的分类

（1）数字电路按其功能来分，可分为组合逻辑电路和时序逻辑电路。

（2）数字电路按集成度来分，可分为小规模（SSI，每片数十器件）、中规模（MSI，每片数百器件）、大规模（LSI，每片数千器件）和超大规模（VLSI，每片器件数目大于 1 万）数字集成电路。所谓集成度，是指每一芯片所包含的晶体管的个数。

（3）按所用器件制作工艺来分，可分为双极型（TTL 型）和单极型（MOS 型）两类。

二、数制和码制

1. 数制

数字电路中经常要遇到计数的问题，而一位数不够就要用多位数表示。多位数中的每一位的构成方法以及从低位到高位的进位规则称为数制。在日常生活中，人们最熟悉的是十进制，而在数字电路中多采用二进制、八进制和十六进制。各种数制与二进制数间的转换以及各种代码与二进制数之间的关系，是数字电子技术中最为基础的内容。

无论用哪种进位计数制，数值的表示都包含两个基本要素：基数和位权。所谓基数是指进位计数制的每位数上可能有的数码的个数，位权是指一个数值的每一位上的数字的权值的大小。

1）十进制（decimal）

十进制是用十个不同的数字符号0、1、2、3、4、5、6、7、8、9来表示数的，所以计数的基数为 10，用下标“10”或“D”来表示，进位规则为“逢十进一”。从个位起，各位的权分别为10^0、10^1、10^2、…、10^{n-1}。例如：

$$123.58=1\times10^2+2\times10^1+3\times10^0+5\times10^{-1}+8\times10^{-2}$$

2）二进制（binary）

用下标“2”或“B”来表示，基数为 2，只有 0 和 1 两个数码，进位规则为“逢二进一”。从个位起，各位的权分别为2^0、2^1、2^2、…、2^{n-1}。

3）八进制（octal）

用下标“8”或“O”来表示，基数为 8，采用的 8 个数码为 0~7，进位规则为“逢八进一”。从个位起，各位的权分别为8^0、8^1、8^2、…、8^{n-1}。

4）十六进制（hexadecimal）

用下标“16”或“H”来表示，基数为 16，采用的 16 个数码为 0~9、A~F，进位规则为“逢十六进一”。从个位起，各位的权分别为16^0、16^1、16^2、…、16^{n-1}。

以十六进制数为例，按权展开如下：

$$(AD6.4C)_H=10\times16^2+13\times16^1+6\times16^0+4\times16^{-1}+12\times16^{-2}$$

在计算机应用系统中，二进制主要用于机器内部的数据处理，八进制和十六进制主要用于书写程序，十进制主要用于运算最终结果的输出。另外，十六进制数还经常用来表示内存的地址，例如$(4EDA)_{16}$表示要寻找该地址的存储单元。

2. 数制的转换

1）非十进制数转换为十进制数

具体方法为：数码乘权相加。

例 6-1 （1）$(1110.101)_B=(\quad)_{10}$；（2）$(4B.3F)_H=(\quad)_{10}$。

解 （1）$(1110.101)_B=1\times2^3+1\times2^2+1\times2^1+0\times2^0+1\times2^{-1}+0\times2^{-2}+1\times2^{-3}=(14.625)_D$。

（2）$(4B.3F)_H=4\times16^1+11\times16^0+3\times16^{-1}+15\times16^{-2}=(75.24609375)_D$。

2）十进制数转换为其他进制数

十进制转换成其他进制数，对于整数部分，采取除以 *R* 取余法，即“除以 *R* 取余，直到商为 0；对于小数部分，采取乘 *R* 取整法，即“乘 *R* 取整，直到积为整（乘不尽时，达到一定精度为止）”。具体方法可由以下各例表明。

例 6-2 将十进制数 25.25 转换成二进制数。

解 根据“整数部分，采取除以 *R* 取余；小数部分，采取乘 *R* 取整”的原理，此处因要转换为二进制，$R=2$，按如下步骤转换：

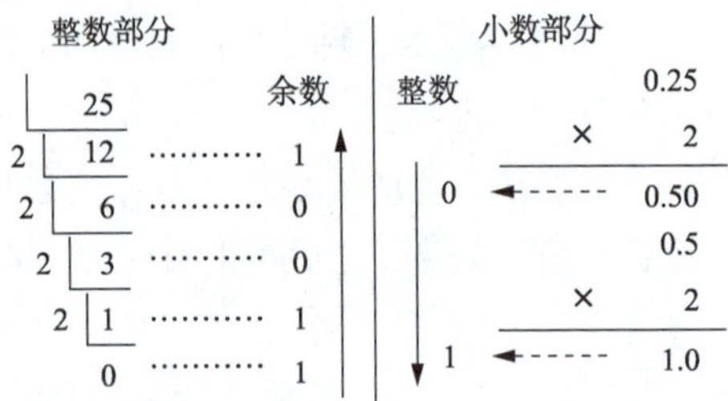

则 $(25.25)_D=(11001.01)_B$。

3）二进制数、八进制数、十六进制数互相转换

每 1 位八进制数正好对应 3 位二进制数，每 1 位十六进制数正好对应 4 位二进制数，所以二进制数转换成八进制数时，只要以小数点为界，整数部分向左、小数部分向右分成 3 位一组，各组分别用对应的 1 位八进制数表示，即可得到所求的八进制数，两头不足 3 位时，可分别用 0 补足，同理，二进制数到十六进制数的转换方法与此相同，只是小数点向左和向右分别按 4 位一组进行分组即可。

例 6-3 将二进制数 1001111.101111 转换成十六进制数。

解 $(1001111.101111)_B=(0100\ 1111.1011\ 1100)_B=(4F.BC)_H$。

同理，若将二进制数转换为八进制数，可将二进制数分为 3 位一组，再将每组的 3 位二进制数转换成 1 位八进制数即可。八进制数与十六进制数相互转换，应经过二进制数。

3. 常用码制

在实际中经常使用的编码主要是 BCD（binary coded decimal）码。BCD 码就是用 4 位二进制数码表示 1 位十进制数 0~9 这 10 个状态。但由于 4 位二进制数有 16 种不同的组合状态，用于表示十进制数中的 10 个数码时，只需选用其中 10 种组合，其余 6 种组合不用，因此，BCD 码的编码方式有很多种。常见的 BCD 编码见表 6-1。

表 6-1 常见的 BCD 编码

十进制数码	8421 编码	5211 编码	2421 编码	余 3 码	格雷码
0	0000	0000	0000	0011	0000
1	0001	0001	0001	0100	0001

续表

十进制数码	8421 编码	5211 编码	2421 编码	余 3 码	格雷码
2	0010	0100	0010	0101	0011
3	0011	0101	0011	0110	0010
4	0100	0111	0100	0111	0110
5	0101	1000	1011	1000	0111
6	0110	1001	1100	1001	0101
7	0111	1100	1101	1010	0100
8	1000	1101	1110	1011	1100
9	1001	1111	1111	1100	1000

三、逻辑函数的表示与化简

数字电路实现的是逻辑关系，逻辑关系就是条件与结果的关系。电路的输入信号反映条件，而输出信号则反映结果。在分析和设计数字电路时，常常借助于逻辑代数（布尔代数）。逻辑代数是研究数字电路的基本工具。

1. 逻辑变量及其基本运算

1）逻辑变量

逻辑代数中的变量称为逻辑变量，用大写字母 A、B、C…表示。每个变量只取“0”或“1”两种情况，不可能有第三种情况。它相当于信号的有或无，电平的高或低，晶体管的导通或截止等两种对立的逻辑状态。若定义信号有表示为 1，则无信号为 0，显然这里 0 或 1 并不表示数量的大小。

2）逻辑函数

描述输入变量（条件）和输出变量（结果）之间的关系称为逻辑函数，可写为 $Y=f(A,B,C,D,\cdots)$，这里表示结果 Y 的取值由条件 $A,B,C,D,\cdots$之间的逻辑关系决定。

3）常用逻辑函数

数字电路中基本逻辑关系是与、或、非（反）三种。数字系统中所有的逻辑关系均可以用基本逻辑关系来实现。

（1）与逻辑。在图 6-1 中，如果将条件（开关 A、B 的闭合与断开）作为输入变量，事件的结果（灯 Y 的亮灭）为输出变量，对于两个输入变量的四种组合，则有相应的输出与其对应。设 1 表示开关闭合或灯亮；0 表示开关不闭合或灯不亮，则得到表 6-2 所示的表格，称为逻辑真值表。

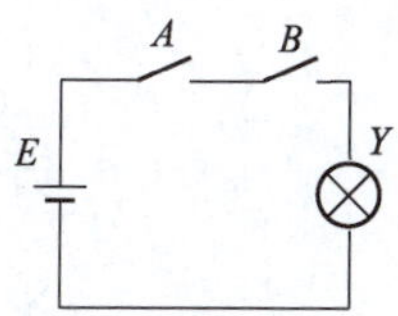

图 6-1　与逻辑的开关模拟电路图

表 6-2　与逻辑真值表

A	B	Y
0	0	0
0	1	0
1	0	0
1	1	1

从表 6-2 中可以看出，只有当决定一件事情的条件全部具备（开关 A、B 的闭合）之后，这件事情才会发生（灯亮）。把这种因果关系称为与逻辑。

若用逻辑表达式来描述，则可写为

$$Y = A \cdot B = AB$$

式中，用“·”表示与运算，可以省略。

其运算规则为：“有 0 为 0；全 1 为 1”。

在数字电路中，能实现与运算的电路称为与门电路，其图形符号见表 6-3。

（2）或逻辑。当决定一件事情的几个条件中，只要有一个或一个以上具备，这件事情就会发生。把这种因果关系称为或逻辑。其逻辑表达式为

$$Y = A + B$$

其运算规则为：“有 1 为 1；全 0 为 0”。

在数字电路中，能实现或运算的电路称为或门电路，其图形符号见表 6-3。

（3）非逻辑。某事情发生与否，仅取决于一个条件，而且是对该条件的否定，即条件具备时事情不发生；条件不具备时事情才发生。把这种因果关系称为非逻辑。其逻辑表达式为

$$Y = \overline{A}$$

其运算规则为：“0 出 1；1 出 0”。

在数字电路中实现非运算的电路称为非门电路，其图形符号见表 6-3。

（4）常用的复杂逻辑运算。任何复杂的逻辑运算都可以由这三种基本逻辑运算组合而成。在实际应用中，为了减少逻辑门的数目，使数字电路的设计更方便，还常常使用其他几种逻辑运算，如与非、或非、同或、异或等。一些常用逻辑运算的图形符号、逻辑函数表达式和真值表见表 6-3。

表 6-3　常用逻辑运算

逻辑运算	图形符号	逻辑函数表达式	真值表	记忆口诀
与逻辑	A、B 输入 [&] 输出 Y	$Y = AB$	A B Y 0 0 0 0 1 0 1 0 0 1 1 1	有 0 出 0； 全 1 出 1
或逻辑	A、B 输入 [≥1] 输出 Y	$Y = A + B$	A B Y 0 0 0 0 1 1 1 0 1 1 1 1	有 1 出 1； 全 0 出 0
非逻辑	A 输入 [1] 输出 Y	$Y = \overline{A}$	A Y 0 1 1 0	1 出 0； 0 出 1
与非逻辑	A、B 输入 [&] 输出 Y	$Y = \overline{A \cdot B}$	A B Y 0 0 1 0 1 1 1 0 1 1 1 0	有 0 出 1； 全 1 出 0

续表

逻辑运算	图形符号	逻辑函数表达式	真值表	记忆口诀
或非逻辑	A, B → ≥1 → Y	$Y=\overline{A+B}$	A B Y 0 0 1 0 1 0 1 0 0 1 1 0	有 1 出 0; 全 0 出 1
异或逻辑	A, B → =1 → Y	$Y=\overline{A}B+A\overline{B}=A\oplus B$	A B Y 0 0 0 0 1 1 1 0 1 1 1 0	相异出 1; 相同出 0
同或逻辑	A, B → =1 → Y	$Y=\overline{A}\,\overline{B}+AB=A\odot B$	A B Y 0 0 1 0 1 0 1 0 0 1 1 1	相异出 0; 相同出 1

4）逻辑代数的基本定律与规则

（1）基本定律。根据逻辑与、或、非运算的基本法则，可推出逻辑运算的基本定律，见表 6-4。

表 6-4　逻辑代数常用的基本公式

定律名称	公式	
0-1 律	$A+1=1$	$A\cdot 0=0$
自等律	$A+0=A$	$A\cdot 1=A$
等幂律	$A+A=A$	$A\cdot A=A$
互补律	$A+\overline{A}=1$	$A\cdot\overline{A}=0$
交换律	$A+B=B+A$	$A\cdot B=B\cdot A$
结合律	$(A+B)+C=A+(B+C)$	$(A\cdot B)\cdot C=A\cdot(B\cdot C)$
分配律	$A+B\cdot C=(A+B)\cdot(A+C)$	$A\cdot(B+C)=A\cdot B+A\cdot C$
吸收律	$AB+A\overline{B}=A$	$(A+B)(A+\overline{B})=A$
	$A+A\cdot B=A$	$A\cdot(A+B)=A$
	$A+\overline{A}\cdot B=A+B$	$A\cdot(\overline{A}+B)=A\cdot B$
冗余定律	$AB+\overline{A}C+BC=AB+\overline{A}C$	$(A+B)(\overline{A}+C)(B+C)=(A+B)(\overline{A}+C)$
摩根定律	$\overline{A+B}=\overline{A}\cdot\overline{B}$	$\overline{A\cdot B}=\overline{A}+\overline{B}$
还原律	$\overline{\overline{A}}=A$	

以上公式都可以利用真值表直接证明。

（2）基本规则。逻辑代数中还有三个基本规则：代入规则、反演规则和对偶规则，它们和基本定律一起构成了完整的逻辑代数系统，可以用来对逻辑函数进行描述、推导和变换。

①代入规则。任何一个含有变量 A 的等式，如果将所有出现 A 的位置都用同一个逻辑函数代替，则等式仍然成立。这个规则称为代入规则。

利用代入规则可以方便地扩展公式。例如，在摩根（反演）定律 $\overline{AB}=\overline{A}+\overline{B}$ 中用 BC 去代替等式

中的 B，则新的等式仍成立：

$\overline{ABC} = \overline{A} + \overline{BC} = \overline{A} + \overline{B} + \overline{C}$，即多个变量之积的非，等于各变量之非的和。

同理，可证明下式：

$\overline{A + B + C} = \overline{A + (B + C)} = \overline{ABC}$，即多个变量之和的非，等于各变量之非的积。

②反演规则。已知函数 F，要求其反函数 $\overline{F}$ 时，只要将 F 中所有原变量变为反变量、反变量变为原变量、与运算变成或运算（乘变加）、或运算变成与运算（加变乘）、0 变为 1、1 变为 0、两个或两个以上变量公用的长“非”号保持不变，便得到 $\overline{F}$，这就是反演规则。

例如：

$$Y = A\overline{B} + C\overline{D}E \qquad \overline{Y} = (\overline{A} + B)(\overline{C} + D + \overline{E})$$

$$Y = A + \overline{B + \overline{C} + \overline{D + \overline{E}}} \qquad \overline{Y} = \overline{A} \cdot \overline{\overline{B} \cdot C \cdot \overline{\overline{D} \cdot E}}$$

③对偶规则。函数 F 中各变量保持不变，而所有的与运算变为或运算（乘变加）、所有的或运算变为与运算（加变乘）、0 变为 1、1 变为 0、两个或两个以上变量所公用的长“非”号保持不变，则得到一个新函数 G，G 就是 F 的对偶函数，这就是对偶规则。

$$Y = A + \overline{B + \overline{C} + \overline{D + \overline{E}}} \qquad Y' = A \cdot \overline{B \cdot \overline{C} \cdot \overline{D \cdot \overline{E}}}$$

表 6-4 所列的基本公式中，左右两边的公式是互相对偶的，即每一个定律的或运算形式，它的对偶式就是该定律的与运算形式。

2. 逻辑函数的化简

在逻辑电路的设计中，所用的元器件少、器件间相互连线少和工作速度高是中小规模逻辑电路设计的基本要求。为此，在一般情况下，逻辑表达式应该表示成最简的形式，这样就涉及对逻辑式的化简问题。其次，为了实现逻辑式的逻辑关系，要采用相应的具体电路，有时需要对逻辑式进行变换。所以，逻辑代数要解决一个化简的问题，另一个是变换的问题。化简节省集成电路数目，可提高电路的可靠性。

化简的方法主要有公式法和卡诺图法。逻辑函数化简依据：

（1）逻辑电路所用的门数少。

（2）各个门的输入端要少。

（3）逻辑电路所用的级数要少。

（4）逻辑电路能保证可靠工作。

前两项可降低成本，后两项可提高电路的工作速度和可靠性。

1）逻辑函数的公式化简法

在实际问题中，往往首先将电路化简成最简与或式，如与或表达式 $L = AC + \overline{A}B$，用公式法化简的基本依据就是表 6-4 中所列的基本公式。其中常用的有摩根定律、吸收律以及冗余定律。化简过程中，还常用到普通代数的提取公因式法、分组法、去括号法等，有时还根据需要利用公式进行添加项后，再进行分组化简。首先介绍常用的基本方法：

（1）吸收法：利用公式 $A + AB = A$，吸收多余的与项进行化简。例如：

$$L=\bar{A}+\bar{A}BD+\bar{A}E=\bar{A}\cdot(1+BD+E)=\bar{A}$$

说明：当表达式中的一项为变量 x，另一个与项（乘积项）中也含有 x 时，这个含有 x 的与项是多余的，可以去掉。记忆口诀“长中含短，留下短”。

（2）消因子法：利用公式 $A+\bar{A}B=A+B$，消去与项中多余的因子进行化简。例如：

$$L=A+\bar{A}C+\bar{C}D=A+C+\bar{C}D=A+C+D$$

说明：当表达式中的一项为变量 $\bar{x}$，另一个与项中含有 $\bar{x}$ 时，这个 $\bar{x}$ 是多余的，可以去掉。记忆口诀“长中含反，去掉反”。显然 $\bar{A}+AB=\bar{A}+B$ 也是成立的。

（3）消项法：利用公式 $AB+\bar{A}C+BC=AB+\bar{A}C$，消去式中多余的乘积项。例如：

$$L=A+\bar{A}C+BD+\bar{B}EF+DEF=A+C+BD+\bar{B}EF$$

说明：当表达式中的一个与项含变量 x，另一个与项中含有 $\bar{x}$ 时，这两个变量剩余项所组成的与项（或含有剩余项所组成的与项）是多余的，可以去掉。记忆口诀“正反相对，余全完”，即消冗余项。

（4）并项法：利用公式 $A+\bar{A}=1$，把两项并成一项进行化简。例如：

$$L=AB\bar{C}+ABC=AB(\bar{C}+C)=AB$$

（5）配项法：利用公式 $A+\bar{A}=1$，把一个与项变成两项再和其他项合并进行化简。例如：

$$\begin{aligned}L&=\bar{A}B+\bar{B}C+B\bar{C}+A\bar{B}\\&=\bar{A}B(C+\bar{C})+\bar{B}C(A+\bar{A})+B\bar{C}+A\bar{B}\\&=\bar{A}BC+\bar{A}B\bar{C}+A\bar{B}C+\overline{AB}C+B\bar{C}+A\bar{B}\\&=A\bar{B}(C+1)+\bar{A}C(B+\bar{B})+B\bar{C}(\bar{A}+1)\\&=A\bar{B}+\bar{A}C+B\bar{C}\end{aligned}$$

说明：此种情况也可反向应用消项法，即通过添加冗余项来配项（增加冗余项 $A\bar{C}$）

$$\begin{aligned}L&=A\bar{B}+B\bar{C}+\bar{B}C+\bar{A}B+A\bar{C}\\&=A\bar{B}+\bar{B}C+\bar{A}B+A\bar{C}\\&=\bar{B}C+\bar{A}B+A\bar{C}\end{aligned}$$

由上例可知，逻辑函数的化简结果不是唯一的，只要项数、因子数对应相同都是正确的。有时对逻辑函数表达式进行化简，可以几种方法并用，综合考虑。

例 6-4 化简逻辑函数 $L=AD+A\bar{D}+AB+\bar{A}C+BD+A\bar{B}E+\bar{B}E$。

解 $L=A+AB+\bar{A}C+BD+A\bar{B}E+\bar{B}E$（利用 $A+\bar{A}=1$）

$=A+\bar{A}C+BD+\bar{B}E$（利用 $A+AB=A$）

$=A+C+BD+\bar{B}E$（利用 $A+\bar{A}B=A+B$）

例 6-5 化简逻辑函数 $Y=\bar{B}C+B\bar{D}+C\bar{D}+AB+A\bar{B}CD+A\bar{B}D$。

解 $Y=\overline{B}C+B\overline{D}+C\overline{D}+AB+A\overline{B}D$（利用 $A+AB=A$）

$=\overline{B}C+B\overline{D}+C\overline{D}+AB+AD$（利用 $A+\overline{A}B=A+B$）

$=\overline{B}C+B\overline{D}++AB+AD$（利用 $AB+\overline{A}C+BC=AB+\overline{A}C$）

由以上各例看出，公式化简法需要熟练运用各种公式和定理；需要一定的技巧和经验；有时很难判定化简结果是否最简，掌握起来比较困难，但作为逻辑函数化简的一个基本方法，还是应该掌握一些常用的公式化简法，对三变量和四变量的化简。

2）逻辑函数的卡诺图化简法

卡诺图化简法是由美国工程师卡诺（Karnaugh）发明的。卡诺图就是将逻辑函数的最小项表达式中的各个最小项相应地填入一个特定的方格内，这个方格图就是卡诺图。其基本原理是利用代数法中的并项法原则，消去一个变量。

由于任何一个逻辑函数都可以表示为若干最小项之和的形式，所以可以用卡诺图来表示任意一个逻辑函数。

卡诺图具有的相邻性保证了几何位置的两方格所代表的最小项只有一个变量不同，当两个相邻项的方格为 1 时，可以利用式 $AB+A\overline{B}=A$，使两项合并为一项，并且还能消去两方格中不同的变量。

在实际逻辑电路中，某些最小项的取值可以是任意的，或者说这些最小项在电路工作时根本不会出现，例如 BCD 码，用 4 位二进制数组成的 16 个最小项中的 10 个编码，其中 6 个冗余项是不会出现的，这样的最小项称为任意项。在卡诺图和真值表中用 φ 表示这些任意项。由于任意项的取值可为 1 或 0，所以利用卡诺图化简时，应根据对逻辑函数的化简过程是否有利来决定任意项的取值。

四、基本门电路

“门”顾名思义起开关作用。任何“门”的开放都是有条件的，门电路是起开关作用的集成电路（integrated circuit，IC）。由于开放的条件不同，而分为与门、或门、非门等，它是构成数字系统的最基本的单元电路。

按照电路的结构不同，逻辑门电路分为分立元件门电路和集成门电路：分立元件门电路是由用分立的元件（半导体二极管、三极管）和导线连接起来构成的门电路。其特点简单、经济、功耗低、负载差。集成门电路是把构成门电路的元器件和连线都制作在一块半导体芯片上，再封装起来，便构成了集成门电路。现在使用最多的是 CMOS 和 TTL 集成门电路。在这部分研究集成电路是以“黑匣子”的思想，着重研究其逻辑功能和器件的外部特性，不深究其内部构造。分析本节内容时应知道电子电路中用高、低电平来表示逻辑 1、0；获得高、低电平的基本方法是利用半导体开关元件的导通、截止（即开、关）两种工作状态。

1. 基本逻辑门电路

1）二极管与门电路

（1）电路组成。最简单的与门可以用二极管和电阻组成，图 6-2 所示为 A、B 两个输入端的与门电路，F 为输出端。

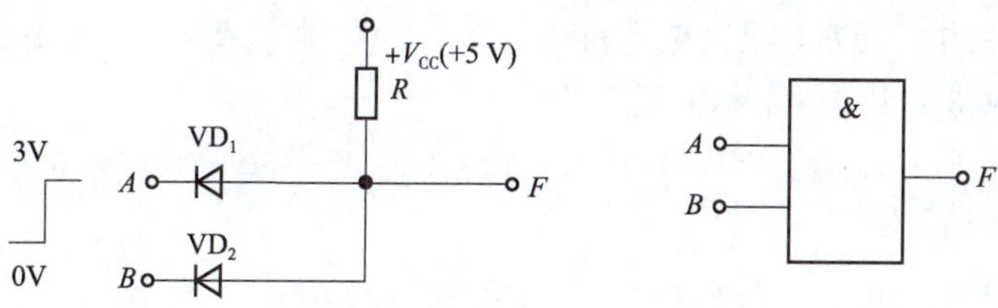

图 6-2　二极管与门电路及逻辑符号

（2）原理分析。考虑输入端各种取值情况：$V_A=V_B=0$ V，此时二极管 VD_1 和 VD_2 都导通，由于二极管正向导通时的钳位作用，$V_F=0.7$ V；$V_A=0$ V，$V_B=3$ V，此时二极管 VD_1 导通，由于钳位作用，$V_F=0.7$ V，VD_2 受反向电压而截止；$V_A=3$ V，$V_B=0$ V，此时 VD_2 导通，$V_F=0.7$ V，VD_1 受反向电压而截止；$V_A=V_B=3$ V，此时二极管 VD_1 和 VD_2 都截止，$V_F=3.7$ V，见表 6-5。

把上述分析结果归纳起来列入表 6-6 中，如果采用正逻辑体制，即用逻辑 1 表示高电平（此例为≥+3 V），用逻辑 0 表示低电平（此例为≤0.7 V），很容易看出它实现逻辑运算：$F=A\cdot B$。增加一个输入端和一个二极管，就可变成三输入端与门。按此办法可构成更多输入端的与门。

表 6-5　与门输入输出电压的关系

输入		输出
V_A/V	VB/V	V_F/V
0	0	0.7
0	3	0.7
3	0	0.7
3	3	3.7

表 6-6　与逻辑真值表

输入		输出
A	B	F
0	0	0
0	1	0
1	0	0
1	1	1

2）二极管或门电路

二极管或门电路原理图及其逻辑符号如图 6-3 所示。该电路输入输出电压的关系见表 6-7。其真值表见表 6-8。

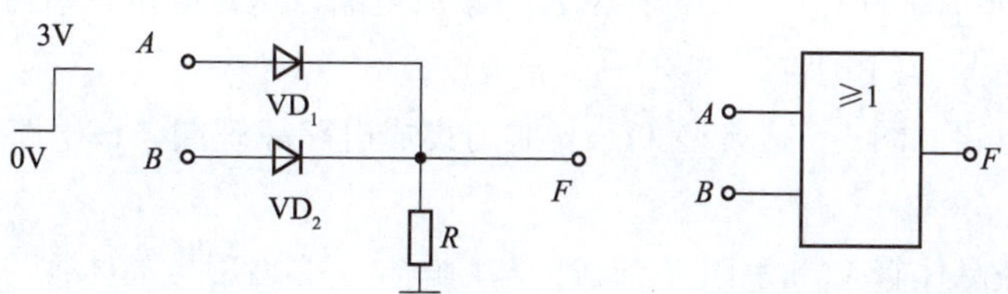

图 6-3　二极管或门电路及逻辑符号

表 6-7　或门输入输出电压的关系

输入		输出
V_A/V	V_B/V	V_F/V
0	0	0
0	3	2.3
3	0	2.3
3	3	2.3

表 6-8　或逻辑真值表

输入		输出
A	B	F
0	0	0
0	1	1
1	0	1
1	1	1

注意：在数字电路中，通常规定高电平的额定值为3 V，但从2 V到5 V都算高电平；低电平的额定值为0.3 V，但从0 V到0.8 V都算低电平。

可见，此电路实现或逻辑运算：$F=A+B$。故称为或门。

3）三极管非门电路

非门也称为反相器，由三极管构成的非门电路如图6-4所示。

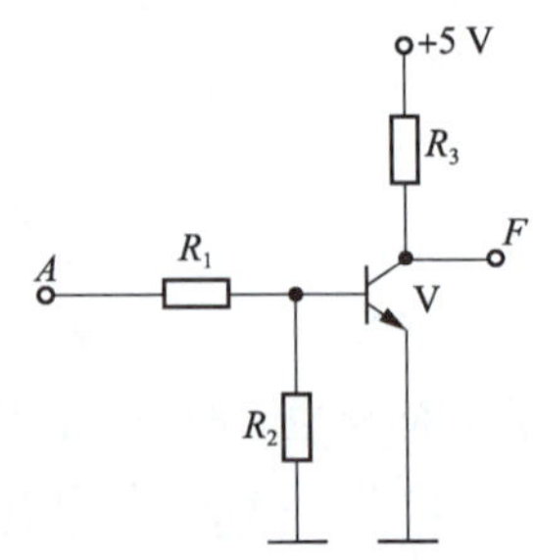

图6-4　三极管非门电路及逻辑符号

通过设计合理的参数，使三极管只工作在饱和区和截止区。故当V_A = 0 V时，三极管的发射结电压小于死区电压，满足截止条件，三极管截止，输出$V_F = U_{CC}$ = 5 V；当V_A = 5 V时，三极管的发射结正偏，三极管导通，只要合理选择电路参数，使其满足饱和条件$I_B > I_{BS}$，则三极管工作于饱和状态，有$V_F = U_{CES}$ = 0 V。

可见，此电路实现非逻辑运算，称为非门。其输出与输入之间的逻辑关系为

$$F=\overline{A}$$

上面介绍的三种数字电路，分别用二极管、三极管实现了与、或、非运算，实际上实现这些逻辑运算的电路可以是多种多样的，门电路还可以由二极管、三极管共同构成，这里就不一一赘述了。

2. 集成门电路及其芯片

上面介绍了用分立元件构成的逻辑门电路。如果把这些电路中的全部元件和连线都制造在一块半导体材料的芯片上，再把这个芯片封装在一个壳体中，就构成了一个集成门电路，一般称为集成电路。与分立元件电路相比，集成电路有许多显著的优点，如体积小、耗电少、质量小、可靠性高等。所以，集成电路受到了极大关注并得以广泛应用。下面介绍几种常用的集成电路。

1）TTL门电路

TTL（transistor-transistor logic）门电路是双极型集成电路，这种电路在结构上采用半导体晶体管器件，先来看一看TTL与非门电路。

（1）TTL与非门电路。图6-5是典型TTL与非门集成电路原理图，该电路由输入级、中间级和输出级三部分组成。

输入级是多发射极晶体管V_1和电阻R_1形成的与门电路。多发射极晶体管一般是靠近基极制造多个发射结。将发射结、集电结都视为二极管，多发射极晶体管可等效为图6-6所示的电路，显然这是一个与门电路。

中间级由V_2管及电阻R_2、R_3组成。主要作用是将V_2的基极电流放大，以增强对输出级的驱动能力，其电路结构是共射组态的基本放大电路。

输出级由V_3、V_4、V_5和R_4、R_5组成的推拉式输出电路，用以提高输出的负载能力和抗干扰能力。

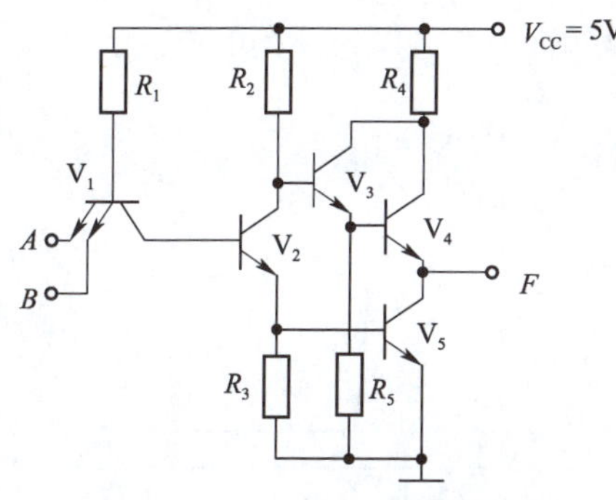

图 6-5　TTL 与非门电路原理图

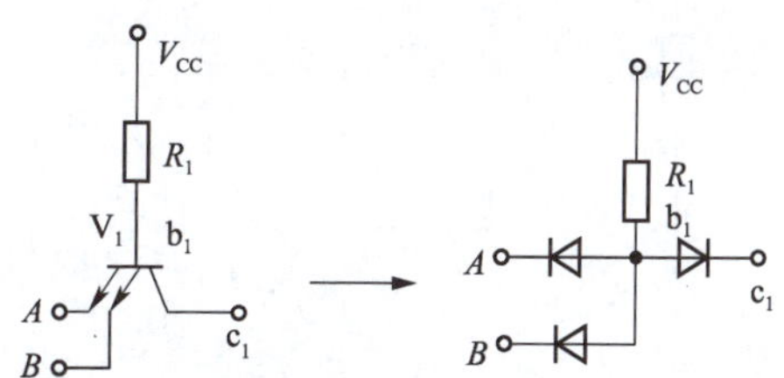

图 6-6　输入级等效电路

该电路是这样工作的：

①只要输入有一个为低电平（0.3 V）。该发射结导通，V_1的基极电位被钳位到 V_{b1} = 1 V。V_2、V_5都截止。由于V_2截止，流过 R_2的电流仅为 V_3的基极电流，这个电流较小，在 R_2上产生的压降也较小，可以忽略，所以 $V_{b3} \approx V_{CC}$ = 5 V，使 V_3和 V_4导通，则有

$$V_F \approx V_{CC} - U_{BE3} - U_{BE4} = 5\ V - 0.7\ V - 0.7\ V = 3.6\ V$$

因此电路的逻辑功能为：输入有低电平时，输出为高电平。

②如果输入全为高电平（3.6 V）。V_2、V_5导通，V_{b1} = 0.7 V × 3 = 2.1 V，从而使 V_1的发射结因反偏而截止。此时 V_1的发射结反偏，而集电结正偏。这时 $V_{e2} = V_{b3}$ = 0.7 V，而 U_{CE2} = 0.3 V，故有 $V_{c2} = V_{e2} + U_{CE2}$ = 1 V。1 V 的电压作用于 V_3的基极，使 V_3和 V_4都截止。由于 V_5饱和导通，输出电压为 $V_F = U_{CE5} \approx$ 0.3 V。

因此电路的逻辑功能为：输入全为高电平时，输出为低电平。

由此可见，这也是一个与非门，即 $F = \overline{A \cdot B}$。

74LS00 是一种典型的 TTL 与非门器件，内部含有 4 个 2 输入端与非门，共有 14 个引脚，引脚排列图如图 6-7 所示。实物图如图 6-8 所示。

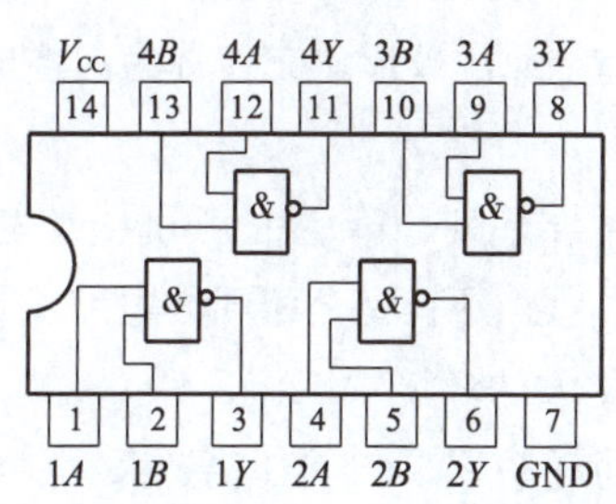

图 6-7　74LS00 引脚排列图

图 6-8　74LS00 芯片实物图

（2）TTL 门电路电压传输特性测试。TTL 与非门的电压传输特性测试电路如图 6-9 所示，电压传输特性反映 TTL 与非门电路的输出电压 U_o随输入电压 U_i变化的关系，通常用电压传输特性曲线来表示，如图 6-10 所示。

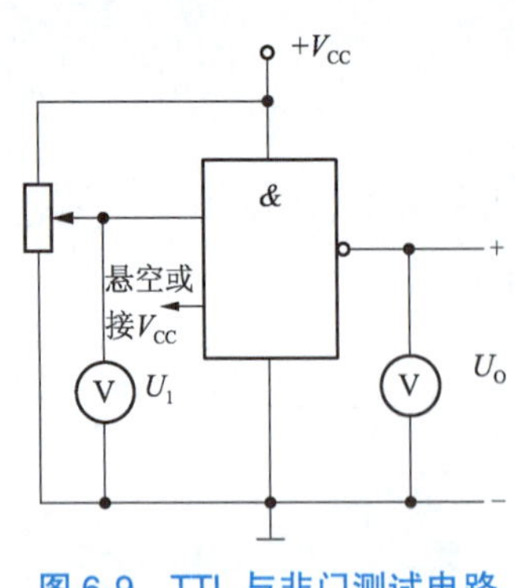

图 6-9 TTL 与非门测试电路

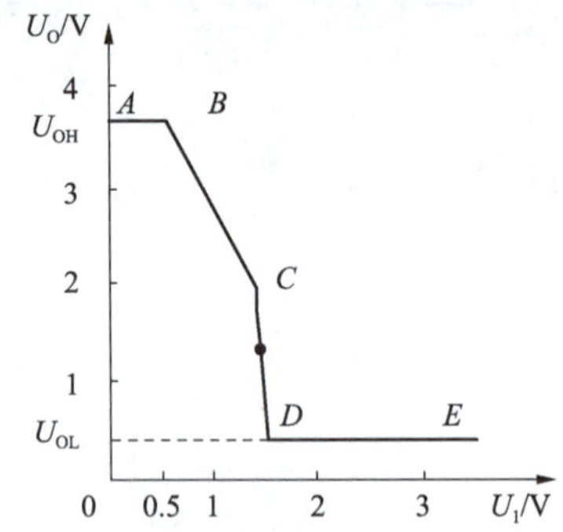

图 6-10 TTL 与非门电压传输特性

经测试可知，电压传输特性曲线分为 *AB*、*BC*、*CD*、*DE* 四段。

①*AB* 段称为传输特性曲线的截止区。此时，$U_i \leqslant 0.6$ V，输出电压 U_o保持高电平。

②*BC* 段称为传输特性曲线的线性区。此时，$0.6\ \text{V} \leqslant U_i \leqslant 1.3$ V。

③*CD* 段称为传输特性曲线的转折区。U_i在 1.4 V 左右变化，随 U_i的微小增加，U_o迅速下降至低电平 U_{oL}。

④*DE* 段称为传输特性曲线的饱和区。$U_i > 1.4$ V，U_O保持低电平 U_{oL}，不随 U_i变化。

（3）TTL 门电路的主要参数。从 TTL 与非门的电压传输特性曲线上，可以定义几个重要的电路指标。

①输出高电平电压 U_{oH}。U_{oH}的理论值为 3.6 V，产品规定输出高电压的最小值 $U_{oHmin}=2.4$ V，即大于 2.4 V 的输出电压就可称为输出高电压 U_{oH}。

②输出低电平电压 U_{oL}。U_{oL}的理论值为 0.3 V，产品规定输出低电压的最大值 $U_{oLmax}=0.4$ V，即小于 0.4 V 的输出电压就可称为输出低电压 U_{oL}。

由上述规定可以看出，TTL 门电路的输出高低电压都不是一个值，而是一个范围。

③阈值电压 U_{th}。决定电路截止和导通的分界线，也是决定输出高、低电压的分界线。U_{th}是一个很重要的参数，在近似分析和估算时，常把它作为决定与非门工作状态的关键值，即 $U_i < U_{th}$，与非门开门，输出低电平；$U_i > U_{th}$，与非门关门，输出高电平。U_{th}又常被形象化地称为门槛电压。U_{th}的取值为 1.3~1.4 V。

（4）TTL 集成门的选用要点。CT74/54TTL 系列也称 TTL 标准系列，第一个字母 C 代表中国；T 代表 TTL；74 代表标准 TTL 民用系列；54 代表标准 TTL 军用系列，具有完全相同的电路结构和电气性能参数，但 CT54 系列更适合在温度条件恶劣、供电电源变化大的环境中工作。

TTL 民用数字集成电路主要有 CT74 标准系列、CT74L 低功耗系列、CT74H 高速系列、CT74S 肖特基系列、CT74LS 低功耗肖特基系列、CT74AS 先进肖特基系列和 CT74ALS 先进低功耗肖特基系列。其中，CT74L 系列功耗最小，CT74AS 系列工作频率最高。CT74LS 系列功耗-延迟积很小、性能优越、品种多、价格便宜，实用中多选用此系列。ALSTTL 系列性能更优于 LSTTL，但品种少、价格较高。

不同系列 TTL 中，器件型号后面几位数字相同时（CT7400、CT74L00、CT74H00、CT74LS00），通常逻辑功能、外形尺寸、外引线排列都相同。但工作速度（平均传输延迟时间 t_{pd}）和平均功耗不同。实际使用时，高速门电路可以替换低速的，反之则不行。

（5）TTL 门电路使用注意事项：

①TTL 芯片的电源正端通常标识“V_{CC}”，负端标识“GND”。电源的变化范围应控制在 V_{CC}（5 V）的 10% 以内；对要求严格的电源，应控制在 V_{CC} 的 0.25% 变化范围内。为了保证系统正常工作，必须保证电路接地的良好性。

②TTL 门的输出端不能直接连接或并联，若并联输出电平既非“1”，也非“0”，而是两者之间的某个值，导致逻辑混乱，这在数字电路中是不允许的；另一方面也可能使门电路烧毁。输出端不能过载、短路，也不允许直接接电源。

③多余输入端的处理。在与非门电路输入端接入较大电阻（此处 $R_i > 1.4\ \text{k}\Omega$），相当于在该输入端接入高电平。所以，TTL 与门（与非门）的多余输入端可悬空处理（因易受外界干扰，产生错误运算，不提倡悬空），相当于接高电平输入，但 TTL 或门（或非门）的多余输入端不能悬空，应采取直接接地的办法，以上各门电路多余输入端也可以采取与其他输入端并联使用的办法。

（6）其他功能的门电路。TTL 门电路除常用的与非门之外，还广泛使用与门、或门、或非门、与或非门、异或门、集电极开路门和三态门。下面简单介绍集电极开路门和三态门。

①集电极开路门。集电极开路门（open collector，OC）：输出端需要外加上拉电阻，然后接外加电源的集电极开路门电路，输出的高电平电压值与外加电源相同。

如图 6-11 所示，OC 门是将原 TTL 与非门电路中的 V_5 管集电极开路，并取消了集电极电阻。为保证电路正常工作，必须外接一个电阻 R_L 与电源 V_{CC} 相连，称为上拉电阻。OC 门实现与非逻辑功能，两个 OC 门电路并联在一起，可以完成“线与”逻辑功能。输出 F 与输入 A、B、C、D 之间的逻辑关系为

$$F = \overline{AB} \cdot \overline{CD} = \overline{AB + CD}$$

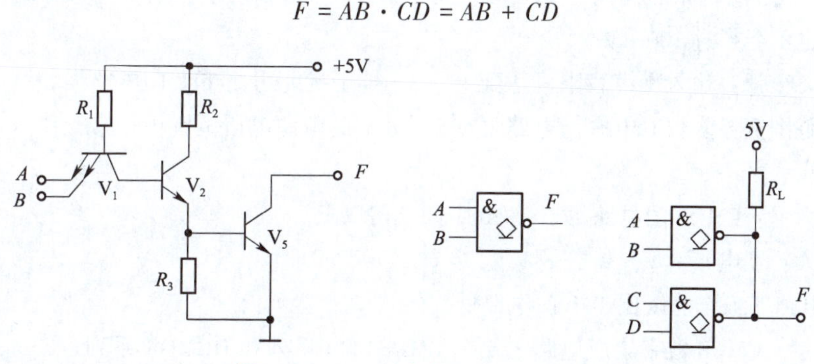

图 6-11　OC 门电路图及 OC 门符号

OC 门电路能够完成与或非的逻辑关系。为了保证 OC 门电路的正常工作，必须合理选择上拉电阻 R_L 的大小。

OC 门用途很广，除实现线与功能外，还可实现电平转换，直接驱动发光二极管、指示灯、继电器和脉冲电压等。

②三态门。三态门（tristate logic，TSL）又称三态输出门，有三种输出状态：输出高电平、低电平、高阻状态（也称为禁止状态、开路状态），图 6-12 为内部电路及图形符号。除正常输入端 A、B，输出端 F 外，增加了控制端口 C，当 $C = 1$，电路完成正常与非功能；$C = 0$ 时，输出端对地呈现

高阻状态。

将 C 称为控制端或使能端 EN（enable），在使用时应注意有空心小圆，代表 EN 低电平使能；无空心小圆，代表 EN 高电平使能。

三态门的基本用途是在数字系统中构成总线，以实现不同数字部件之间的数据传输。

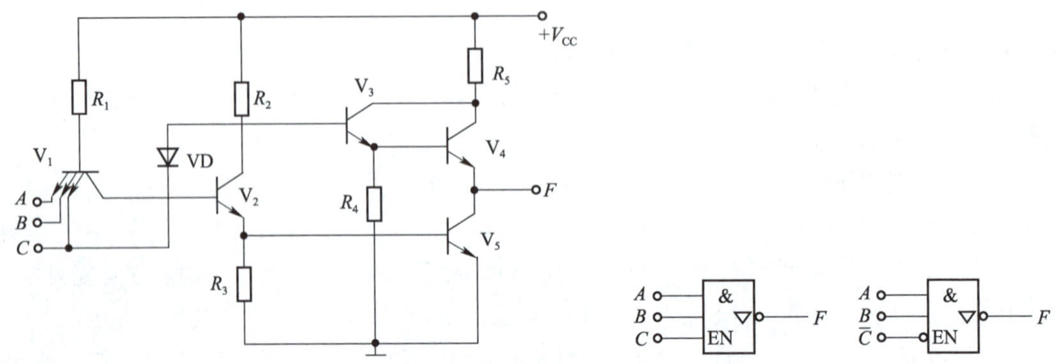

图 6-12 三态门电路图与逻辑符号

2）CMOS 门电路

前面所讲的 TTL 门电路广泛应用于中大规模集成电路，是最基本的数字集成电路。金属氧化物半导体 MOS（metal-oxide-semiconductor）门电路，尤其是互补 MOS 电路（CMOS）具有制造工艺简单、集成度高、抗干扰能力强、功耗低、价格便宜等优点，广泛应用于超大规模、甚大规模集成电路。CMOS 门电路也与 TTL 门电路一样，有与门、非门、或门等。

（1）CMOS 门电路的特点：

①微功耗：CMOS 门电路的功耗比 TTL 门电路小得多。CMOS 门电路的功耗只有几微瓦，中规模集成电路的功耗也不会超过 100 μW。

②抗干扰能力很强：输入噪声容限可达到 $V_{DD}/2$，抗干扰能力比 TTL 门电路强。

③电源电压范围宽：多数 CMOS 门电路可在 3~18 V 的电源电压范围内正常工作。

④输入阻抗高。

⑤带负载能力强：CMOS 门电路可以带 50 个同类门以上。

⑥逻辑摆幅大：低电平 0 V，高电平 V_{DD}。

⑦CMOS 门电路的工作速度比 TTL 门电路低。

（2）选用要点。CMOS 数字集成电路主要有 CMOS4000 系列和 HCMOS 系列。CMOS4000 系列工作速度低、带负载能力差，但功耗极低、抗干扰能力强、电源电压范围宽，因此，在工作频率不高的情况下应用很多。

CC54/74HC 系列是高速 CMOS 数字集成电路，CC54/74HCT 系列是一种在逻辑电平上可以直接与 TTL 门电路兼容接口的 CMOS 集成电路。CC74HC 和 CC74HCT 两个系列的工作频率和负载能力都已达到 TTL 门电路 CT74LS 的水平，但功耗、抗干扰能力和对电源电压变化的适应性等比 CT74LS 更优越。因此，CMOS 门电路在数字集成电路中，特别是大规模集成电路中应用更广泛，已成为数字集成电路的发展方向。

（3）CMOS 门电路使用注意事项：

①电源和地。CMOS 芯片的电源正端通常标识“V_{DD}”，负端标识“V_{SS}”，使用时接地。

②输入电路的静电保护：

a. 所有与 CMOS 电路直接接触的工具、仪表等必须可靠接地。

b. 存储和运输 CMOS 电路，最好采用金属屏蔽层做包装材料。

③多余的输入端不允许悬空。输入端悬空极易感应产生较高的静电电压，造成器件的永久损坏。对多余的输入端，可以按功能要求接电源或接地，或者与其他输入端并联使用。

任务实施

一、任务说明

逻辑笔是采用不同颜色的指示灯表示数字电平高低的仪器。它是测量数字电路一种较简便的工具，使用逻辑笔可快速测量出数字电路中有故障的芯片。通过逻辑笔设计掌握数制及几种数制的转换方法；认识逻辑变量及数字逻辑函数的几种表达方式及其变换；认识集成逻辑门电路，及其使用方法；认识逻辑门电路，了解 TTL 与 CMOS 集成芯片的使用注意事项；掌握 74LS00、74LS04、74LS08、74LS20 芯片的检测及使用方法。

电路设计要求：

（1）逻辑笔上有两个信号指示灯，当探针测试到高电平时，红灯点亮；测试到低电平时，绿灯点亮。

（2）用 74LS00 或 74LS04 逻辑门电路实现。74LS04 是带有 6 个非门的芯片，是六输入反相器，也就是有 6 个反相器，它的输出信号与输入信号相位相反。6 个反相器共用电源端和接地端，其他都是独立的。

反相器是可以将输入信号的相位反转 180°，这种电路应用在模拟电路，比如说音频放大、时钟振荡器等。在电子电路设计中，经常要用到反相器。74LS04（见图 6-13）是一个数字控制开关芯片，简单来说，里面就是几个电子开关电路，由外部信号控制内部开关状态。

（3）分析设计电路功能（见图 6-14），进行数字逻辑笔电路的方案设计，绘制电路原理图，使用仿真软件 Proteus，验证并调试电路。

图 6-13　74LS04 芯片实物图

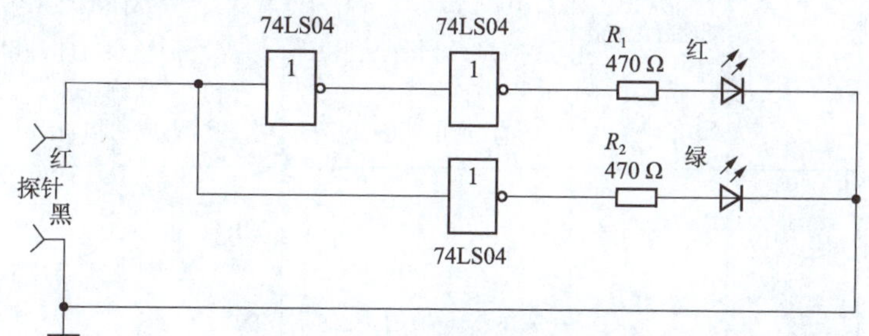

图 6-14　逻辑笔电路原理图

（4）可选拓展功能：

①用数码管显示 H 或 L（1 或 0）来表示高、低电平。

②当检测到高（或低）电平时，用蜂鸣器作声音提示。

通过逻辑笔的设计与制作，了解门电路的应用。

使用集成电路时，除了要接好信号端以外，一定要给集成电路提供电源。

二、任务设计

1. 电气元件预算

请将任务设计所需元器件填写到表6-9中，并附电路设计图。

表6-9　数字逻辑笔电气元件预算

序号	名称	规格/型号	单价	品牌	厂家或商家名称	联络方式
电路设计图						

2. 评价标准（见表6-10）

表6-10　数字逻辑笔电路调试评价标准

序号	主要内容	考核要求	评分标准	配分	扣分	得分
1	电路的连接	（1）电路布线合理。 （2）符合电路设计原则。 （3）元器件选用及安装。 （4）通电实验	（1）布线不规范，扣5分。 （2）选择元器件错误，扣5分。 （3）元器件焊接不牢固，扣3分。 （4）损坏元器件，扣5~15分。 （5）一次调试不成功扣30分；两次调试不成功扣40分	70		
2	绘图	符合设计要求	（1）绘图信息表达不全面，每处扣3分。 （2）图纸大小设计不符合要求，扣5分。 （3）没有设置绘图制图员等标题栏信息，每个扣2分。 （4）绘制对象的位置、比例不符合标准，扣3分	30		

续表

序号	主要内容	考核要求	评分标准	配分	扣分	得分
3	安全文明生产及6S执行力		（1）违反安全文明生产规程，扣5~40分。 （2）6S执行力不到位，酌情扣5~10分	倒扣		
备注	除了定额时间外，各项内容的最高分不得超过配分		合计	100		
考评时间	开始时间		结束时间		考评员签字： 年 月 日	

3. 任务能力评价（见表6-11）

表 6-11 数字逻辑笔设计任务能力评价

组别	与人沟通能力10%	团结协作能力20%	方案设计能力10%	自我学习能力20%	信息处理能力10%	解决问题的能力20%	创新能力10%	总评
第一组								
第二组								
第三组								
第四组								
第五组								

4. 任务能力总评（见表6-12）

表 6-12 数字逻辑笔设计任务能力总评

组别	第一组对各组的评价结果	第二组对各组的评价结果	第三组对各组的评价结果	第四组对各组的评价结果	第五组对各组的评价结果	总评结果
第一组						
第二组						
第三组						
第四组						
第五组						

三、任务结束

清理工作现场，清点作业工具，摆放到规定位置。

测 试 题

一、填空题

1. 数字信号是指在________上和________上都是间断的、不连续变化的信号，又称________。

2. 110101B=________ D=________ 8421BCD。

3. 只有当决定某一种结果的所有条件都具备时，这个结果才能发生。那么这个事件和各个条件的逻辑关系称为________。

4. 描述逻辑函数各个变量取值组合和函数值对应关系的表格称为________。

二、选择题

1. 下列四个数中与十进制数$(52)_{10}$相等的数是（　　）。

A. $(101111)_2$　　B. $(111101)_2$　　C. $(1010010)_{8421BCD}$　　D. 以上均不正确

2. A、B、C 是与非门的输入，则输出 Y 为（　　）。

A. ABC　　B. $\overline{ABC}$　　C. $\overline{A}+\overline{B}+\overline{C}$　　D. $\overline{A+B+C}$

3. 以下表达式中符合逻辑运算法则的是（　　）。

A. $A+1=1$　　B. $1+1=10$　　C. $0<1$　　D. $C \cdot C=C^2$

三、判断题

1. 若两个函数具有不同的逻辑函数式，则两个逻辑函数必然不相等。（　　）

2. 逻辑变量的取值，1 比 0 大。（　　）

3. 数字电路分析方法与模拟电路完全不同，主要用真值表、逻辑表达式、波形图等表示和分析电路。（　　）

四、分析计算题

1. 用公式化简法化简下列逻辑函数。

（1）$Y=\overline{AB}+\overline{AC}+\overline{ABC}$；

（2）$Y=\overline{ABC}+B\overline{C}+A\overline{C}$；

（3）$Y=\overline{\overline{A}B+C}+\overline{B}C$。

2. 已知 A、B、C 的波形如图 6-15 所示。试分析 Y_1、Y_2、Y_3、Y_4 的波形。

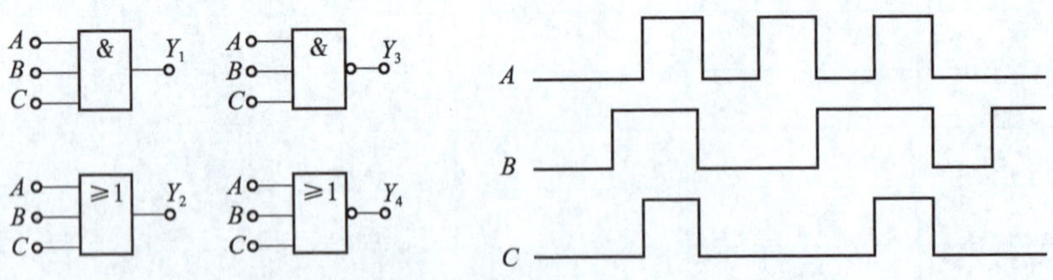

图 6-15　题 2 图

3. 分析图 6-16 所示电路的逻辑功能。

（1）写出函数 Y 的逻辑表达式；

（2）将函数 Y 化为最简逻辑“与或”表达式；

（3）列出真值表。

4. 分析图 6-17 所示电路的逻辑功能。

（1）写出与电路对应的输出函数的逻辑表达式，并变换成与或式；

（2）列出真值表。

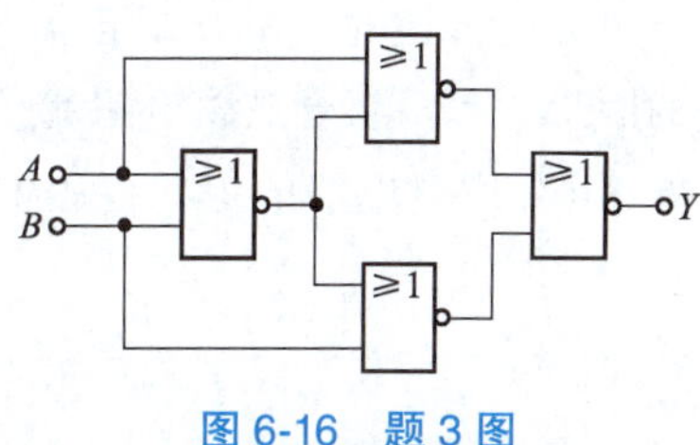

图 6-16　题 3 图

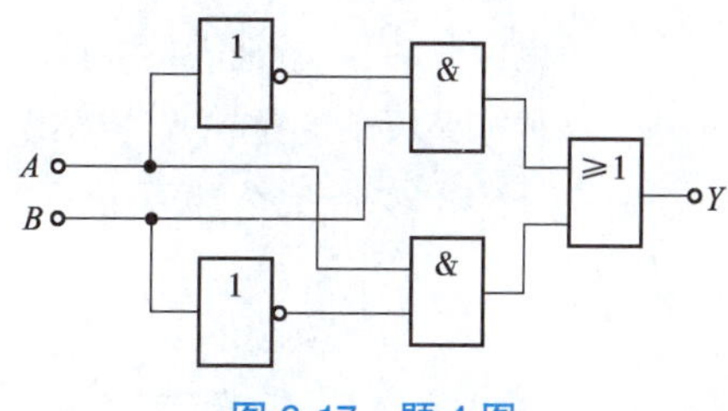

图 6-17　题 4 图

5. 设计一多数表决电路。要求 A、B、C 三人中只要有半数以上同意，则表决就能通过。但 A 还具有否决权，即只要 A 不同意，即使多数人同意，也不能通过（要求用最少的与非门实现）。

6. 在一个射击游戏中，每人可以打三枪，一枪打鸟（A），一枪打鸡（B），一枪打兔子（C）。规则是：打中两枪并且其中有一枪是打中鸟者得奖（Z）。试用与非门设计判断得奖的电路。

7. 设计一个故障指示电路，要求的条件如下：

（1）两台抽水泵同时工作时，绿灯 G 亮；

（2）其中一台发生故障时，黄灯 Y 亮；

（3）两台抽水泵都有故障时，红灯 R 亮。

写出设计过程，并画出逻辑电路图。

8. TTL 与非门输入端接地和悬空理论上分别看作何种电平输入？实际使用时，TTL 与非门输入端能否悬空，为什么？CMOS 门电路如何？

9. TTL、CMOS 集成电路使用的注意事项是什么？

10. 在进行 TTL 电路和 CMOS 电路接口时应注意哪些问题？

11. TTL 驱动 CMOS 电路时主要考虑满足何种条件？通常采用的方法有哪几种？

12. CMOS 驱动 TTL 电路时主要考虑满足何种条件？通常采用的方法有哪几种？

任务 2　多人表决器的设计与调试

任务解析

本任务要求完成一台多人表决器的设计与制作，用三个按键开关来表示每位裁判裁决的结果，如果有两名以上的裁判裁定选手成功，则选手成绩有效。通过多人表决器的设计与制作，学会组合逻辑电路的基本分析方法和设计方法，掌握加法器、编码器、译码器等的工作原理和逻辑功能。在学习过程中逐步掌握常用的中小规模集成电路的逻辑功能和使用方法，熟练使用某一型号的编码器、译码器，学会利用二进制译码器和数据选择器进行组合逻辑电路设计与调试。

知识链接

数字电路按逻辑功可分为两大类：一类是组合逻辑电路，另一类是时序逻辑电路。组合逻辑电路任意时刻的输出只取决于该时刻各输入状态的组合，与电路原来的状态无关。时序逻辑电路在任意时刻的输出不仅取决于该时刻的输入，而且与电路原来的状态有关。

所谓组合逻辑电路是将门电路按照数字信号由输入至输出单方向传递的工作方式组合起来而构成的逻辑电路，这种电路反映的是输入与输出之间一一对应的因果关系。组合逻辑电路就是由门电路组合而成，每一个输出变量是全部或部分输入变量的函数，组合逻辑电路的组成框图如图 6-18 所示。

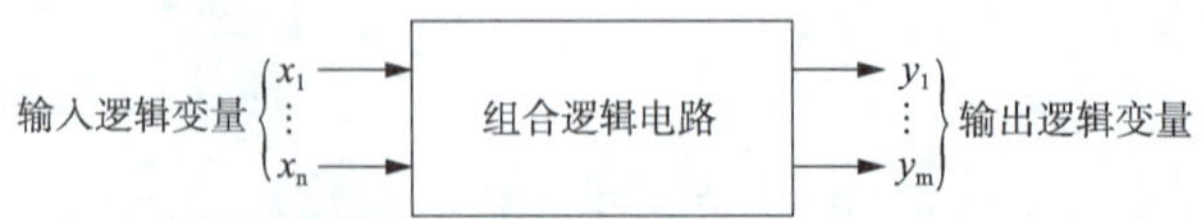

图 6-18 组合逻辑电路的组成框图

其中，x_i 为输入逻辑变量，y_i 为输出逻辑变量。每一个输出均是输入变量的函数。y_i 与 x_i 之间的逻辑关系为：

$$\begin{cases} y_1 = f_1(x_1, \cdots, x_n) \\ y_2 = f_2(x_1, \cdots, x_n) \\ y_m = f_m(x_1, \cdots, x_n) \end{cases}$$

1. 功能特点

电路的输出状态不影响输入；电路的输入确定后，输出即确定。

2. 结构特点

电路不包含存储信号的记忆元件；电路不存在从输出到输入的反馈电路。

一、组合逻辑电路的分析

所谓组合逻辑电路的分析，就是根据已知的组合逻辑电路，确定其输入与输出之间的逻辑关系，验证和说明该电路的逻辑功能。

寻找组合逻辑电路输入、输出关系表达式的过程和方法，就是组合逻辑电路分析的过程和方法。下面举例说明。

例 6-6 分析图 6-19 所示组合逻辑电路。

解 （1）首先确定电路输出逻辑表达式：

$$Y_1 = \overline{AB},\ Y_2 = \overline{AC},\ Y_3 = \overline{BC}$$

$$Y = \overline{Y_1 Y_2 Y_3} = \overline{\overline{AB}\,\overline{AC}\,\overline{BC}} = AB + AC + BC$$

（2）对逻辑表达式变换化简（本例中所得到的逻辑表达式已经是最简形式），得到最简输出逻辑表达式。

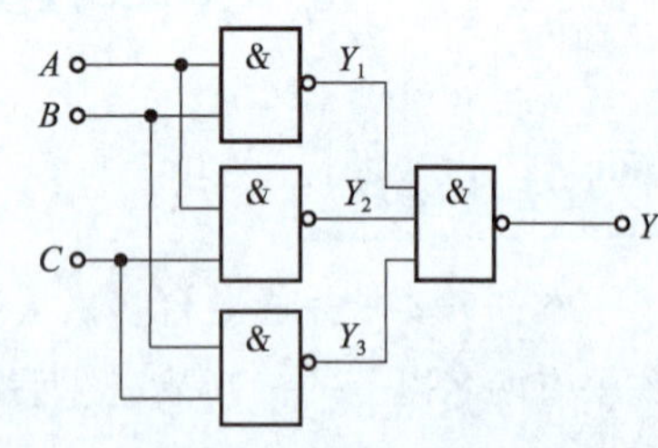

图 6-19 组合逻辑电路

（3）根据最简输出逻辑表达式，列出相应真值表，见表 6-13。

表 6-13 真值表

A	B	C	Y
0	0	0	0
0	0	1	0

续表

A	B	C	Y
0	1	0	0
0	1	1	1
1	0	0	0
1	0	1	1
1	1	0	1
1	1	1	1

分析以上真值表，可以发现，当三个输入逻辑变量中存在两个或以上的高电平 1 时，输出为高电平 1；否则，输出为低电平。所以，这是一个三人多数表决电路。

例 6-7　分析图 6-20 所示电路，指出该电路的逻辑功能。

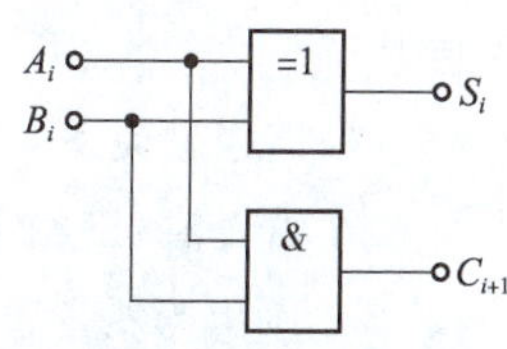

图 6-20　例 6-7 电路图

解　(1) 首先确定电路输出逻辑表达式：

$$S_i = \overline{A}B + A\overline{B} = A \oplus B$$

$$C_{i+1} = AB$$

(2) 对逻辑表达式变换化简（已是最简式）。

(3) 根据最简输出逻辑表达式，列出相应真值表，见表 6-14。

表 6-14　真值表

A_i	B_i	S_i	C_{i+1}
0	0	0	0
0	1	1	0
1	0	1	0
1	1	0	1

分析以上真值表，可以发现，当输入变量 A_i、B_i 中有一个为 1 时，输出 $S_i = 1$，而有两个同时为 1 时，输出 $S_i = 0$ 而输出 $C_{i+1} = 1$，正好实现了 A_i、B_i 一位二进制数的加法运算功能，这种电路称为一位半加器。所谓半加器，是能对两个一位二进制数相加而求得和及进位的逻辑电路。其中，A_i、B_i 分别为两个一位二进制数相加的被加数、加数，S_i 为本位和，C_{i+1} 是本位向高位的进位。一位半加器的图形符号如图 6-21 所示。

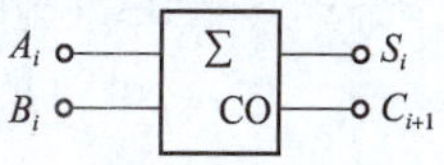

图 6-21　一位半加器的图形符号

通过对上述组合逻辑电路的分析，也可以看到：组合逻辑电路主要由门电路构成，不包含具有记忆功能的电路单元和反馈电路。

最后，可以归纳组合逻辑电路分析的一般步骤如下：

(1) 根据给定逻辑电路图，从电路的输入到输出逐级写出输出变量对应输入变量的逻辑表达式。

(2) 由写出的逻辑表达式，化简，列出真值表。

(3) 从逻辑表达式或真值表，分析组合逻辑电路的逻辑功能。

以框图表示其过程如图 6-22 所示。

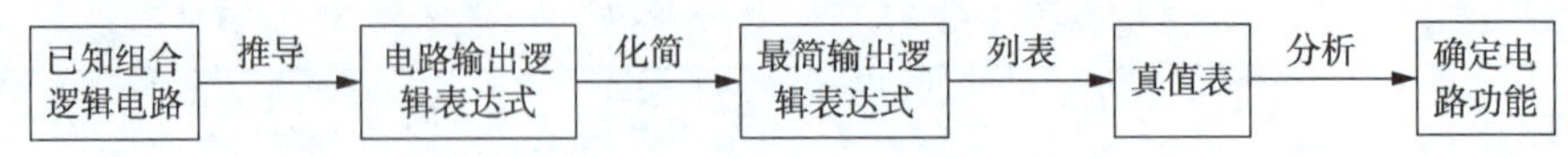

图 6-22 组合逻辑电路的分析步骤

二、组合逻辑电路的设计

所谓组合逻辑电路的设计，就是根据给定的实际逻辑要求，设计出实现该功能的最简单逻辑电路图。设计的基本步骤如下：

（1）根据设计要求确定逻辑输入变量和输出变量，转换为真值表。

①分析事件的因果关系，确定输入和输出变量。一般总是把引起事件的原因定为输入变量，把引起事件的结果定为输出变量。

②定义逻辑状态的含义。即给 0、1 逻辑状态赋值，确定 0、1 分别代表输入、输出变量的两种不同状态。

③根据因果关系列出真值表。

（2）由真值表写出逻辑表达式，并进行化简。化简形式应根据所选门电路而定。

（3）画出与所得表达式相对应的逻辑电路图。为了把逻辑电路实现为具体的电路装置，逻辑设计完成，还需要一系列工艺设计，如设计控制开关、电源、显示电路等，还要完成调试，最后形成产品。由于逻辑函数的表达式不是唯一的，因此实现同一逻辑功能的电路也是多样的。在成本相同的条件下，应尽量采用较少的芯片。下面通过几个组合逻辑电路的设计实例来说明上述步骤的具体实现。

例 6-8 在将两个多位二进制数相加时，除了低位，每一位都应考虑来自低位的进位。能对两个一位二进制数相加并考虑低位来的进位，即相当于三个一位二进制数相加，求得和及进位的逻辑电路称为全加器。试设计一个一位全加器电路。

解 （1）首先确定真值表。由题意可知，需要三个输入变量，两个输出变量。设 A_i、B_i 分别为两个一位二进制数相加的被加数、加数，C_i 为低位向本位的进位，S_i 为本位和，C_{i+1} 是本位向高位的进位。根据其逻辑功能可知，当三个输入变量 A_i、B_i、C_i 中有一个为 1 或三个同时为 1 时，输出 $S_i=1$，而当三个变量中有两个或两个以上同时为 1 时，输出 $C_{i+1}=1$，它正好实现了 A_i、B_i、C_i 三个一位二进制数的加法运算功能。可列真值表见表 6-15。

表 6-15 全加器的真值表

A_i	B_i	C_i	S_i	C_{i+1}
0	0	0	0	0
0	0	1	1	0
0	1	0	1	0
0	1	1	0	1
1	0	0	1	0
1	0	1	0	1
1	1	0	0	1
1	1	1	1	1

（2）根据真值表可列出逻辑表达式并化简：

$$S_i=\overline{A}_i\overline{B}_iC_i+\overline{A}_iB_i\overline{C}_i+A_i\overline{B}_i\overline{C}_i+A_iB_iC_i=\overline{(A_i\oplus B_i)}C_i+(A_i\oplus B_i)\overline{C}_i=A_i\oplus B_i\oplus C_i$$

$$C_{i+1}=\overline{A}_iB_iC_i+A_i\overline{B}_iC_i+A_iB_i\overline{C}_i+A_iB_iC_i=(A_i\oplus B_i)C_i+A_iB_i=\overline{\overline{(A_i\oplus B_i)C_i}\;\overline{A_iB_i}}$$

以上应用公式法化简，其中主要是摩根定律。进位位化成与非式，主要是考虑减少器件的种类。

（3）根据最简表达式，画出逻辑电路图如图 6-23 所示。

A_i
B_i
C_i
=1
=1
S_i
&
&
&
C_{i+1}
A_i
B_i
C_i
Σ
CI
CO
S_i
C_{i+1}

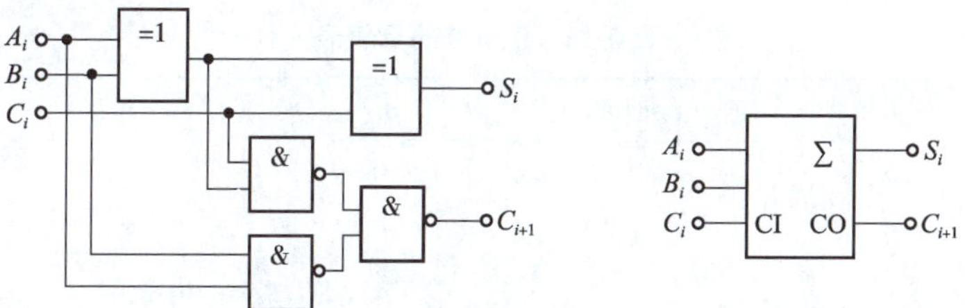

图 6-23　全加器的逻辑电路图及其图形符号

要实现两个四位二进制数 $A=A_3A_2A_1A_0$ 和 $B=B_3B_2B_1B_0$ 相加，可以由四个全加器完成。低位全加器的进位输出送至相邻高位全加器的进位输入端，以此类推。最低位进位输入端接地，最高位进位输出端作为整个电路的进位输出端。四位串行进位加法器如图 6-24 所示。

S_0
S_1
S_2
S_3
Σ
A
B
CI
CO
C_1
C_2
C_3
C_4
A_0 B_0
A_1 B_1
A_2 B_2
A_3 B_3

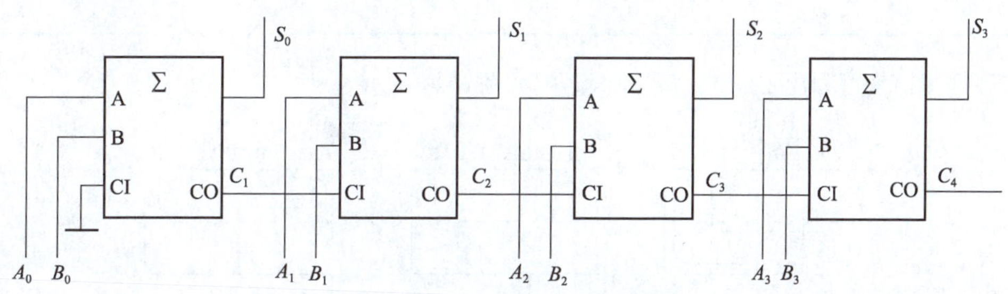

图 6-24　四位串行进位加法器

将两个四位二进制数 $A=A_3A_2A_1A_0$ 和 $B=B_3B_2B_1B_0$ 送至四位串行进位加法器电路输入端，电路的输出为

$$Y=A+B=A_3A_2A_1A_0+B_3B_2B_1B_0=C_4S_3S_2S_1S_0$$

把 n 个全加器串联起来，低位全加器的进位输出，连接到相邻的高位全加器的进位输入，便构成了 n 位串行进位加法器。这种加法器结构简单，最大缺点是运行速度慢。对运算速度要求不高的设备中，可选用此电路。

目前普遍应用的全加器集成电路是 74LS283，它是由超前进位电路构成的快速进位的四位全加器电路，可实现两个四位二进制的全加。其集成芯片引脚图如图 6-25 所示。由于它采用超前进位方式，所以进位传送速度快，主要用于高速数字计算机、数据处理及控制系统。然而必须指出，这种电路运算时间缩短是用增加电路复杂程度为代价而换取的。

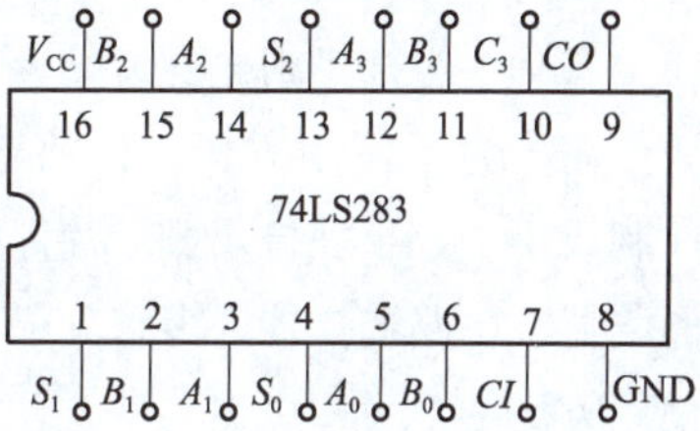

V_{CC} B_2 A_2 S_2 A_3 B_3 C_3 CO
16 15 14 13 12 11 10 9
74LS283
1 2 3 4 5 6 7 8
S_1 B_1 A_1 S_0 A_0 B_0 CI GND

图 6-25　74LS283 集成芯片引脚图

例 6-9 试为某倒车系统设计一个报警控制器。设车与车后障碍物距离由三位二进制数 ABC 提供，输出报警信号用绿、黄、红三个指示灯表示。当距离到不小于 3 m 时，仅绿指示灯亮；当距离移动到 2 m 时，黄指示灯开始亮，绿指示灯仍亮；当距离移动到不大于 1 m 时，红指示灯开始亮，其他灯灭。试用与非门设计此报警控制器的控制电路。

解 (1) 设绿、黄、红三个指示灯分别用 Y_1、Y_2、Y_3 表示，灯亮时其值为 1，灯灭时其值为 0，根据逻辑要求列真值表，见表 6-16。

表 6-16 例 6-9 的真值表

A	B	C	Y_1	Y_2	Y_3
0	0	0	0	0	1
0	0	1	0	0	1
0	1	0	1	1	0
0	1	1	1	0	0
1	0	0	1	0	0
1	0	1	1	0	0
1	1	0	1	0	0
1	1	1	1	0	0

(2) 根据真值表可列出 Y_1、Y_2、Y_3的卡诺图如图 6-26 所示。

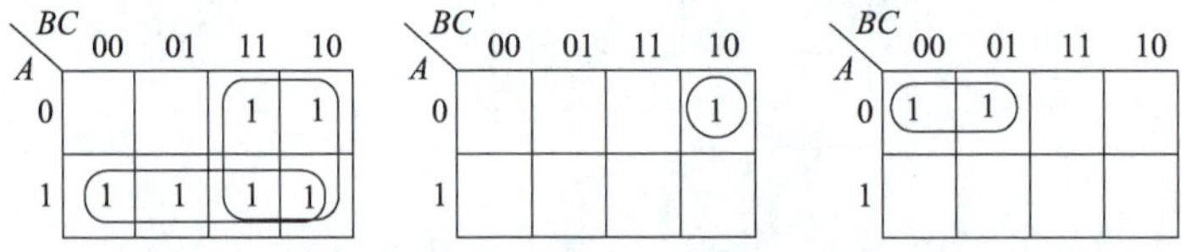

图 6-26 Y_1、Y_2、Y_3的卡诺图

化简后转换为与非表达式：

$$Y_1 = A + B = \overline{\overline{A + B}} = \overline{\bar{A}\,\bar{B}} \qquad Y_2 = \bar{A}B\bar{C} = \overline{\overline{\bar{A}B\bar{C}}} \qquad Y_3 = \bar{A}\,\bar{B} = \overline{\overline{\bar{A}\,\bar{B}}}$$

(3) 逻辑电路图如图 6-27 所示。

选用与非门实现电路，需要 74LS10（三个 3 输入与非门）一片、74LS04 反相器，也可用与非门来实现。

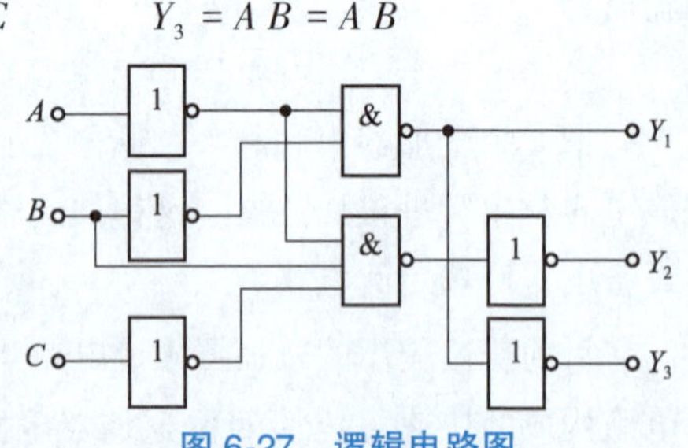

图 6-27 逻辑电路图

三、常用组合逻辑电路及其芯片

有一些组合逻辑电路在各类数字电路系统中经常被大量地使用。为了使用方便，目前已将这些电路的设计标准化，并制成了中、小规模集成芯片。数字系统中常用的组合逻辑电路种类很多，主要有全加器、编码器、译码器、多路选择器、多路分配器、数值比较器、奇偶检验电路等。下面来介绍这些芯片的原理和使用方法。

1. 编码器

编码器（encoder）是一种常用的组合逻辑电路，用于实现编码操作。编码就是将具体的事物或状态转换成所需代码的过程。能够实现编码功能的数字电路称为编码器。按照所需编码的不同特点和要求，常用的编码器有二进制编码器、二-十进制编码器和优先编码器等。

1）二进制编码器

将输入信息编成二进制代码的逻辑电路称为二进制编码器。一般而言，N 个不同的信号，需要 n 位二进制数编码。N 和 n 之间满足 $N=2^n$ 关系。如用门电路构成的 4 线-2 线，8 线-3 线编码器等。

例 6-10　设计一个 8 线-3 线编码器。

解　8 线-3 线编码器，即电路具有 8 个输入端，3 个输出端（$2^3=8$），属于二进制编码器。用 $I_0 \sim I_7$ 表示 8 路输入，$Y_2 \sim Y_0$ 表示 3 路输出。原则上，对输入信号的编码是任意的。常用的编码方式是按照二进制数的顺序由小到大进行编码。设输入、输出均为高电平有效，列出 8 线-3 线编码器的真值表见表 6-17。

通过定义和真值表可以发现，8 个输入变量中在某一时刻只有一个变量取 1，而其余变量均为 0，称这样的一组变量为互相排斥的变量。以 Y_2 为例，由真值表可列出表达式为 $Y_2=\overline{I_0}\,\overline{I_1}\,\overline{I_2}\,\overline{I_3}I_4\overline{I_5}\,\overline{I_6}\,\overline{I_7}+\overline{I_0}\,\overline{I_1}\,\overline{I_2}\,\overline{I_3}\,\overline{I_4}I_5\overline{I_6}\,\overline{I_7}+\overline{I_0}\,\overline{I_1}\,\overline{I_2}\,\overline{I_3}\,\overline{I_4}\,\overline{I_5}I_6\overline{I_7}+\overline{I_0}\,\overline{I_1}\,\overline{I_2}\,\overline{I_3}\,\overline{I_4}\,\overline{I_5}\,\overline{I_6}I_7$

但是，在 8 个输入变量的 $2^8=256$ 个变量取值组合中，仅用到其中的 8 个，其余 248 个变量组合，均作为无关项出现，这样 Y_2 表达式可利用无关项来化简。化简后各输出的逻辑表达式为

$$\begin{cases} Y_2=I_4+I_5+I_6+I_7=\overline{\overline{I_4}\,\overline{I_5}\,\overline{I_6}\,\overline{I_7}} \\ Y_1=I_2+I_3+I_6+I_7=\overline{\overline{I_2}\,\overline{I_3}\,\overline{I_6}\,\overline{I_7}} \\ Y_0=I_1+I_3+I_5+I_7=\overline{\overline{I_1}\,\overline{I_3}\,\overline{I_5}\,\overline{I_7}} \end{cases}$$

表 6-17　例 6-10 的真值表

输入								输出		
I_0	I_1	I_2	I_3	I_4	I_5	I_6	I_7	Y_2	Y_1	Y_0
1	0	0	0	0	0	0	0	0	0	0
0	1	0	0	0	0	0	0	0	0	1
0	0	1	0	0	0	0	0	0	1	0
0	0	0	1	0	0	0	0	0	1	1
0	0	0	0	1	0	0	0	1	0	0
0	0	0	0	0	1	0	0	1	0	1
0	0	0	0	0	0	1	0	1	1	0
0	0	0	0	0	0	0	1	1	1	1

用与非门电路实现。当 $Y_2Y_1Y_0=000$ 时，表示为 I_0 有效，如图 6-28 所示。

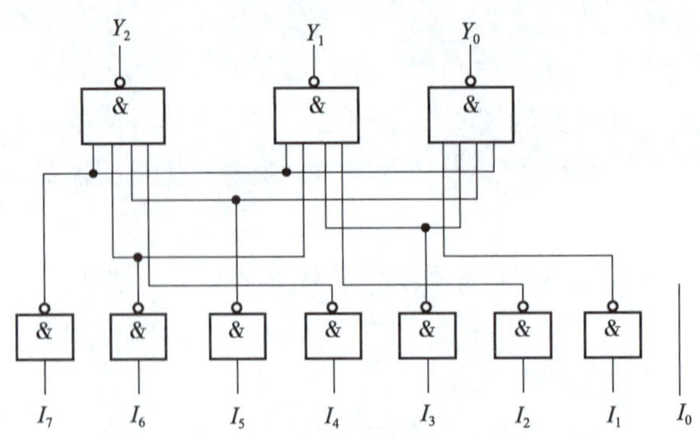

图 6-28 与非门实现的 8 线-3 线普通编码器

2）二-十进制编码器

二-十进制码简称 BCD 码，是以二进制数码表示十进制数，它是兼顾考虑了人对十进制计数的习惯和数字逻辑部件易于处理二进制数的特点。图 6-29 所示为 BCD8421 码编码器电路。其中 A_1、…、A_9 为输入端，表示 0、1、…、9 这 10 个十进制数，Y_3、Y_2、Y_1、Y_0 为输出端，代表输入信号的 BCD 码。

电路的逻辑表达式为

$$Y_0=A_1+A_3+A_5+A_7+A_9$$
$$Y_1=A_2+A_3+A_6+A_7$$
$$Y_2=A_4+A_5+A_6+A_7$$
$$Y_3=A_8+A_9$$

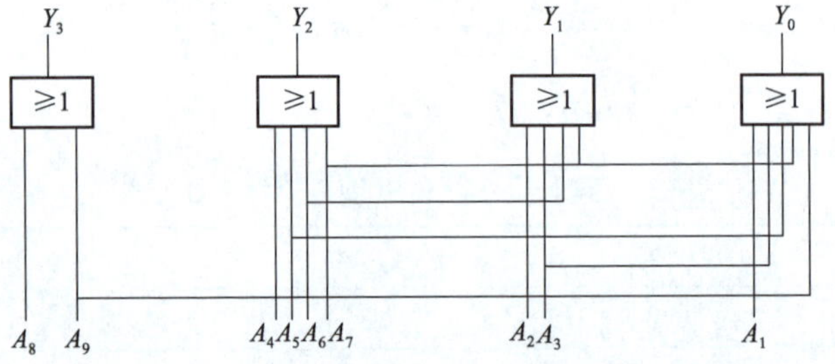

图 6-29 BCD8421 码编码器

根据逻辑表达式列出编码表，见表 6-18。

表 6-18 8421 编码表

输入信号 $A_9A_8A_7A_6A_5A_4A_3A_2A_1$	对应十进制数	输出 $Y_3Y_2Y_1Y_0$	输入信号 $A_9A_8A_7A_6A_5A_4A_3A_2A_1$	对应十进制数	输出 $Y_3Y_2Y_1Y_0$
0 0 0 0 0 0 0 0 0	0	0 0 0 0	0 0 0 0 1 0 0 0 0	5	0 1 0 1
0 0 0 0 0 0 0 0 1	1	0 0 0 1	0 0 0 1 0 0 0 0 0	6	0 1 1 0
0 0 0 0 0 0 0 1 0	2	0 0 1 0	0 0 1 0 0 0 0 0 0	7	0 1 1 1
0 0 0 0 0 0 1 0 0	3	0 0 1 1	0 1 0 0 0 0 0 0 0	8	1 0 0 0
0 0 0 0 0 1 0 0 0	4	0 1 0 0	1 0 0 0 0 0 0 0 0	9	1 0 0 1

由编码表可以看出，此电路的输出 Y_3、Y_2、Y_1、Y_0只有 0000~1001 十种组合，正好反映 0~9 这 10 个十进制数，实现从十进制数到二进制数的转换。此电路输出端不会出现 1010~1111 六种非 BCD 码的组合状态。

3）优先编码器

当有一个以上的输入端同时输入信号时，普通编码器的输出编码会造成混乱。为解决这一问题，需采用优先编码器。优先编码器允许多个有效输入信号同时存在，但根据事先设定的优先级别不同，编码器只接受输入信号中优先级别最高的编码请求，而不影响其他的输入信号。如 8 线-3 线集成二进制优先编码器 74LS148、10 线-4 线集成 BCD 码优先编码器 74LS147 等。

图 6-30 为 8 线-3 线优先编码器 74LS148 的逻辑图。如果不考虑 G_1、G_2、G_3 构成的附加控制电路，则其余的门所构成的电路即为优先编码器电路。

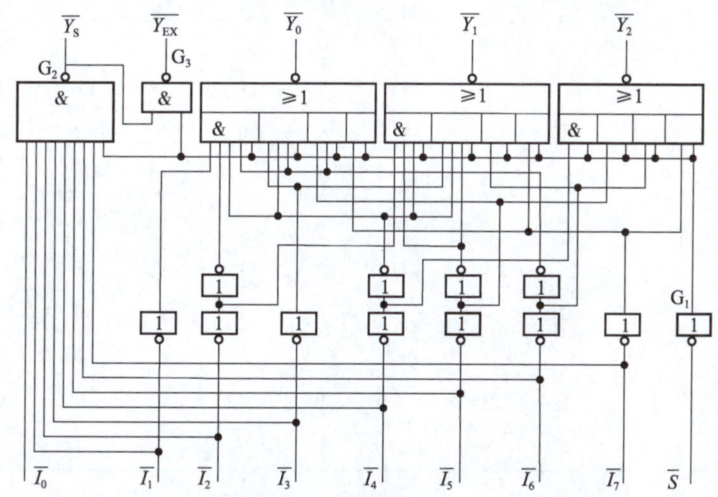

图 6-30 8 线-3 线优先编码器 74LS148 的逻辑图

由图 6-30 可以写出输出的逻辑表达式，即：

$$
\begin{cases}
\overline{Y_2} = \overline{(I_4 + I_5 + I_6 + I_7) \cdot S} \\
\overline{Y_1} = \overline{(I_2 \overline{I_4}\, \overline{I_5} + I_3 \overline{I_4}\, \overline{I_5} + I_6 + I_7) \cdot S} \\
\overline{Y_0} = \overline{(I_1 \overline{I_2}\, \overline{I_4}\, \overline{I_6} + I_3 \overline{I_4}\, \overline{I_6} + I_5 \overline{I_6} + I_7) \cdot S}
\end{cases}
$$

为了扩展电路的功能和增强使用的灵活性，在 74LS148 的逻辑电路中，附加了由门 G_1、G_2和 G_3 组成的控制电路。其中 $\overline{S}$ 为选通输入端，只有在 $\overline{S}=0$ 的条件下，编码器才能正常工作；而在 $\overline{S}=1$ 时，所有的输出端均被封锁在高电平。

选通输出端 $\overline{Y_S}$ 和 $\overline{Y_{EX}}$ 用于扩展编码功能，由图 6-30 可知：

$$
\overline{Y_S} = \overline{\overline{I_0}\, \overline{I_1}\, \overline{I_2}\, \overline{I_3}\, \overline{I_4}\, \overline{I_5}\, \overline{I_6}\, \overline{I_7} S}
$$

上式表明，只有当所有的编码输入端都是高电平（即没有编码输入），而且 $S=1$ 时，$\overline{Y_S}$ 才是低电平。因此，$\overline{Y_S}$ 的低电平输出信号表示“电路工作，但无编码输入”。

从图 6-30 还可以写出：

$$\overline{Y_{EX}} = \overline{\overline{\overline{\overline{I_0}\,\overline{I_1}\,\overline{I_2}\,\overline{I_3}\,\overline{I_4}\,\overline{I_5}\,\overline{I_6}\,\overline{I_7}}}S \cdot S} = \overline{(I_0 + I_1 + I_2 + I_3 + I_4 + I_5 + I_6 + I_7) \cdot S}$$

这说明只要任何一个编码输入端有低电平信号输入，且 $S = 1$，$\overline{Y_{EX}}$ 有低电平输出信号，表示“电路工作，而且有编码输入”。根据以上三个方程可以列出表 6-19 所示的 74LS148 优先编码器的功能表，它的输入和输出均以低电平作为有效信号。

表 6-19　74LS148 优先编码器的功能表

输入									输出				
$\overline{S}$	$\overline{I_0}$	$\overline{I_1}$	$\overline{I_2}$	$\overline{I_3}$	$\overline{I_4}$	$\overline{I_5}$	$\overline{I_6}$	$\overline{I_7}$	$\overline{Y_2}$	$\overline{Y_1}$	$\overline{Y_0}$	$\overline{Y_S}$	$\overline{Y_{EX}}$
1	×	×	×	×	×	×	×	×	1	1	1	1	1
0	1	1	1	1	1	1	1	1	1	1	1	0	1
0	×	×	×	×	×	×	×	0	0	0	0	1	0
0	×	×	×	×	×	×	0	1	0	0	1	1	0
0	×	×	×	×	×	0	1	1	0	1	0	1	0
0	×	×	×	×	0	1	1	1	0	1	1	1	0
0	×	×	×	0	1	1	1	1	1	0	0	1	0
0	×	×	0	1	1	1	1	1	1	0	1	1	0
0	×	0	1	1	1	1	1	1	1	1	0	1	0
0	0	1	1	1	1	1	1	1	1	1	1	1	0

由表 6-19 不难看出，在 $\overline{S}=0$ 电路正常工作状态下，允许 $\overline{I_0} \sim \overline{I_7}$ 当中同时有几个输入端同时为低电平，即有编码输入信号。$\overline{I_7}$ 的优先权最高，$\overline{I_0}$ 的优先权最低。当 $\overline{I_7}=0$ 时，无论其他输入端有无输入信号（表中以×表示），输出端只给出 $\overline{I_7}$ 的编码，即 $\overline{Y_2}\,\overline{Y_1}\,\overline{Y_0}=000$，当 $\overline{I_7}=1$、$\overline{I_6}=0$ 时，无论其他输入端有无输入信号，只对 $\overline{I_6}$ 编码，即输出为 $\overline{Y_2}\,\overline{Y_1}\,\overline{Y_0}=001$。其余可以依次类推。表中出现三种 $\overline{Y_2}\,\overline{Y_1}\,\overline{Y_0}=111$ 情况，可以用 $\overline{Y_S}$ 和 $\overline{Y_{EX}}$ 的不同状态加以区分。将上述电路做成集成电路形式，其实物图与引脚分配图如图 6-31 所示。

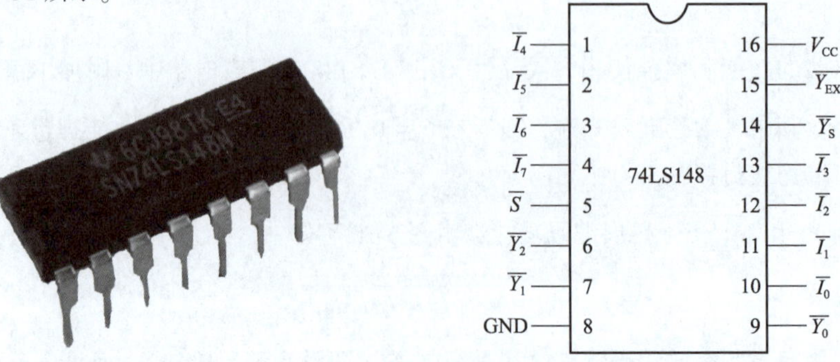

图 6-31　74LS148 优先编码器实物图与引脚分配图

74LS148编码器的应用非常广泛。例如，常用的计算机键盘，其内部就是一个字符编码器。它将键盘上的大、小写英文字母和数字及符号还包括一些功能键（回车、空格）等编成一系列的七位二进制数码，送到计算机的中央处理器（CPU），然后再进行处理、存储、输出到显示器或打印机上。还可以用74LS148编码器监控炉罐组的温度。若炉温超过标准温度或低于标准温度，则检测传感器输出一个0电平到74LS148编码器的输入端，编码器编码后输出三位二进制代码到微处理器进行控制。另外，当编码状态较多时，可用两片74LS148级联成16线-4线优先编码器。

2. 译码器

将每一组输入的二进制代码“翻译”成一个特定的输出信号，用来表示该组代码原来所代表信息的过程称为译码。译码是编码的逆过程。实现译码的电路称为译码器（decoder）。下面介绍几种常用译码器。

1）二进制译码器

二进制译码器输入端为n个，输出端为2^n个，且对应于输入代码的每一种状态，2^n个输出中只有一个为1（或为0），其余全为0（或为1）。常见的二进制译码器有：2线-4线译码器、3线-8线译码器、4线-16线译码器。集成二进制译码器74LS138是一个用TTL与非门构成的3线-8线译码器。74LS138引脚分配图与逻辑功能示意图如图6-32所示。A_2、A_1、A_0为二进制译码输入端，$\overline{Y_0}$ ~ $\overline{Y_7}$为二进制译码输出端（低电平有效）。74LS138有三个附加的控制端S_1、$\overline{S_2}$和$\overline{S_3}$。当$S_1=1$、$\overline{S_2}+\overline{S_3}=0$时，译码器处于工作状态。否则，译码器被禁止，所有的输出端被封锁在高电平，见表6-20。这三个控制端又称“片选”输入端，利用片选的作用可以将多片连接起来，以扩展译码器的功能。

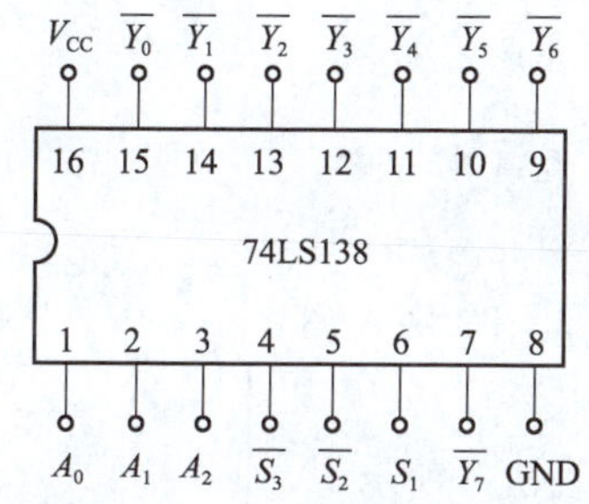

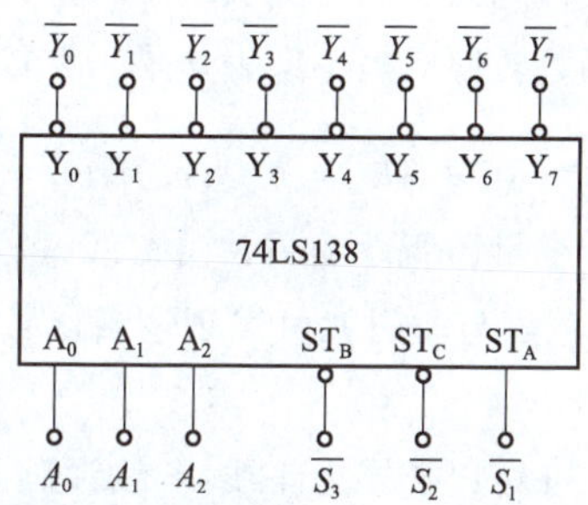

图6-32 74LS138逻辑功能示意图

表6-20 3线-8线译码器74LS138功能表

输入					输出							
S_1	$\overline{S_2}+\overline{S_3}$	A_2	A_1	A_0	$\overline{Y_0}$	$\overline{Y_1}$	$\overline{Y_2}$	$\overline{Y_3}$	$\overline{Y_4}$	$\overline{Y_5}$	$\overline{Y_6}$	$\overline{Y_7}$
0	×	×	×	×	1	1	1	1	1	1	1	1
×	1	×	×	×	1	1	1	1	1	1	1	1
1	0	0	0	0	0	1	1	1	1	1	1	1
1	0	0	0	1	1	0	1	1	1	1	1	1
1	0	0	1	0	1	1	0	1	1	1	1	1

续表

输入					输出							
S_1	$\overline{S_2}+\overline{S_3}$	A_2	A_1	A_0	$\overline{Y_0}$	$\overline{Y_1}$	$\overline{Y_2}$	$\overline{Y_3}$	$\overline{Y_4}$	$\overline{Y_5}$	$\overline{Y_6}$	$\overline{Y_7}$
1	0	0	1	1	1	1	1	0	1	1	1	1
1	0	1	0	0	1	1	1	1	0	1	1	1
1	0	1	0	1	1	1	1	1	1	0	1	1
1	0	1	1	0	1	1	1	1	1	1	0	1
1	0	1	1	1	1	1	1	1	1	1	1	0

由表 6-20 可以看出：

$$\overline{Y_0}=\overline{\overline{A_2}\,\overline{A_1}\,\overline{A_0}}=\overline{m_0} \qquad \overline{Y_4}=\overline{A_2\,\overline{A_1}\,\overline{A_0}}=\overline{m_4}$$

$$\overline{Y_1}=\overline{\overline{A_2}\,\overline{A_1}\,\overline{A_0}}=\overline{m_1} \qquad \overline{Y_5}=\overline{A_2\,\overline{A_1}A_0}=\overline{m_5}$$

$$\overline{Y_2}=\overline{\overline{A_2}A_1\,\overline{A_0}}=\overline{m_2} \qquad \overline{Y_6}=\overline{A_2A_1\,\overline{A_0}}=\overline{m_6}$$

$$\overline{Y_3}=\overline{\overline{A_2}A_1A_0}=\overline{m_3} \qquad \overline{Y_7}=\overline{A_2A_1A_0}=\overline{m_7}$$

由于译码器的每个输出端分别与一个最小项相对应，因此辅以适当的门电路，便可实现任何组合逻辑函数。

例 6-11 试用译码器和门电路实现逻辑函数：$Y=BC+AC$。

解 将逻辑函数转换成最小项表达式，再转换成与非形式。

$$Y=\overline{A}BC+A\overline{B}C+ABC=m_3+m_5+m_7=\overline{\overline{m_3}\cdot\overline{m_5}\cdot\overline{m_7}}$$

该函数有三个变量，所以选用 3 线-8 线译码器 74LS138。用一片 74LS138 加一个三输入与非门就可实现逻辑函数 Y，逻辑图如图 6-33 所示。

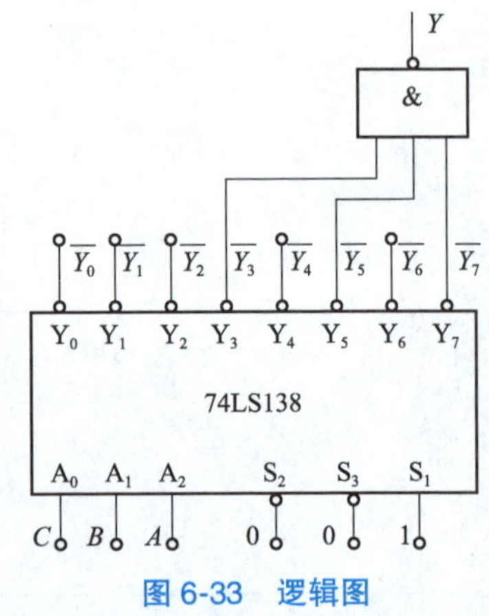

图 6-33 逻辑图

用两片 74LS138 可以扩展为 4 线-16 线译码器，如图 6-34 所示。

当 $A_3=0$ 时，低位片 74LS138(1) 工作，对输入 A_3、A_2、A_1、A_0 进行译码，还原出 $\overline{Y_0}\sim\overline{Y_7}$，则高位禁止工作；当 $A_3=1$ 时，高位片 74LS138(2) 工作，还原出 $\overline{Y_8}\sim\overline{Y_{15}}$，低位片禁止工作。

2）二-十进制译码器

把二-十进制代码翻译成 10 个十进制数字信号的电路称为二-十进制译码器。二-十进制译码器的输入是十进制数的四位二进制编码（BCD 码），分别用 A_3、A_2、A_1、A_0 表示；输出的是与 10 个十进制数字相对应的 10 个信号，用 $\overline{Y_0}\sim\overline{Y_9}$ 表示。由于二-十进制译码器有 4 根输入线，10 根输出线，所以又称 4 线-10 线译码器。

集成 8421BCD 码译码器 74LS42 引脚分配图如图 6-35 所示，是一个二-十进制译码器，其基本逻辑功能是将输入的 10 个 BCD 码译成相应的十个高、低电平信号输出。功能表见表 6-21。

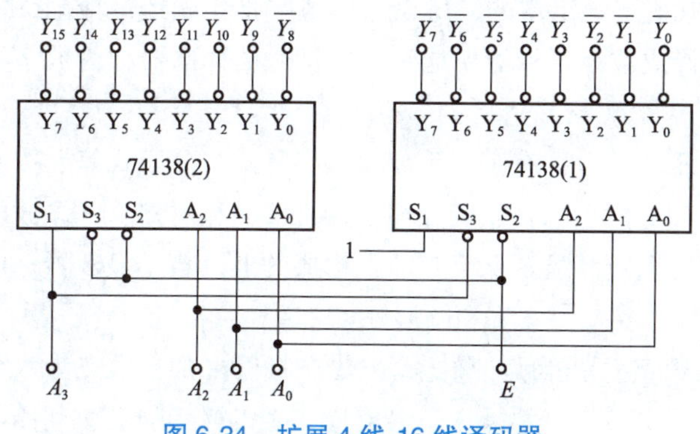

图 6-34　扩展 4 线-16 线译码器

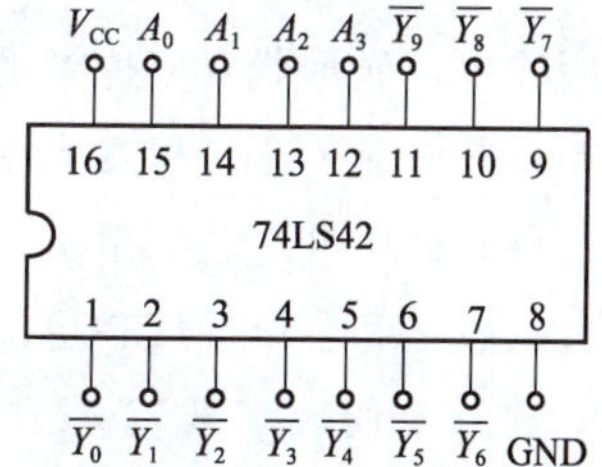

图 6-35　集成 8421BCD 码译码器 74LS42 引脚分配图

表 6-21　二-十进制译码器 74LS42 的功能表

序号	输入				输出									
	A_3	A_2	A_1	A_0	$\overline{Y_0}$	$\overline{Y_1}$	$\overline{Y_2}$	$\overline{Y_3}$	$\overline{Y_4}$	$\overline{Y_5}$	$\overline{Y_6}$	$\overline{Y_7}$	$\overline{Y_8}$	$\overline{Y_9}$
0	0	0	0	0	0	1	1	1	1	1	1	1	1	1
1	0	0	0	1	1	0	1	1	1	1	1	1	1	1
2	0	0	1	0	1	1	0	1	1	1	1	1	1	1
3	0	0	1	1	1	1	1	0	1	1	1	1	1	1
4	0	1	0	0	1	1	1	1	0	1	1	1	1	1
5	0	1	0	1	1	1	1	1	1	0	1	1	1	1
6	0	1	1	0	1	1	1	1	1	1	0	1	1	1
7	0	1	1	1	1	1	1	1	1	1	1	0	1	1
8	1	0	0	0	1	1	1	1	1	1	1	1	0	1
9	1	0	0	1	1	1	1	1	1	1	1	1	1	0
伪码	1	0	1	0	1	1	1	1	1	1	1	1	1	1
	1	0	1	1	1	1	1	1	1	1	1	1	1	1
	1	1	0	0	1	1	1	1	1	1	1	1	1	1
	1	1	0	1	1	1	1	1	1	1	1	1	1	1
	1	1	1	0	1	1	1	1	1	1	1	1	1	1
	1	1	1	1	1	1	1	1	1	1	1	1	1	1

对于 BCD 代码的伪码（即 1010～1111 六个代码），$\overline{Y_0}$ ～ $\overline{Y_9}$ 均无低电平信号产生，译码器拒绝“翻译”，所以这个电路结构具有拒绝伪码的功能。

3）显示译码器

在数字系统中，常常需要将数字、字母、符号等直观地显示出来，供人们读取或监视系统的工作情况。实际工作中，显示电路通常由译码器、驱动器和显示器等部分组成。能够显示数字、字母或符号的器件称为数字显示器。

在数字电路中，数字量都是以一定的代码形式出现的，所以这些数字量要先经过译码，才能送到数字显示器中显示。这种能把数字量翻译成数字显示器所能识别的信号的译码器称为数字显示译码器。

常用的数字显示器有多种类型。按显示方式分，有字型重叠式、点阵式、分段式等。按发光物质分，有半导体显示器又称发光二极管（LED）显示器、荧光显示器、液晶显示器、气体放电管显示器等。目前应用最广泛的是由发光二极管和液晶显示器（LCD）构成的七段数字显示器。LED 主要用于显示数字和字母，LCD 可以显示数字、字母、文字和图形等。

（1）LED 七段数字显示器。LED 七段数字显示器就是将七个发光二极管（加小数点为八个）按一定的方式排列起来，七段 a、b、c、d、e、f、g（小数点 h）各对应一个发光二极管，利用不同发光段的组合，显示不同的阿拉伯数字。按内部连接方式不同，七段数字显示器分为共阴极和共阳极，如图 6-36 所示。七段数字显示器发光段组合图如图 6-37 所示。

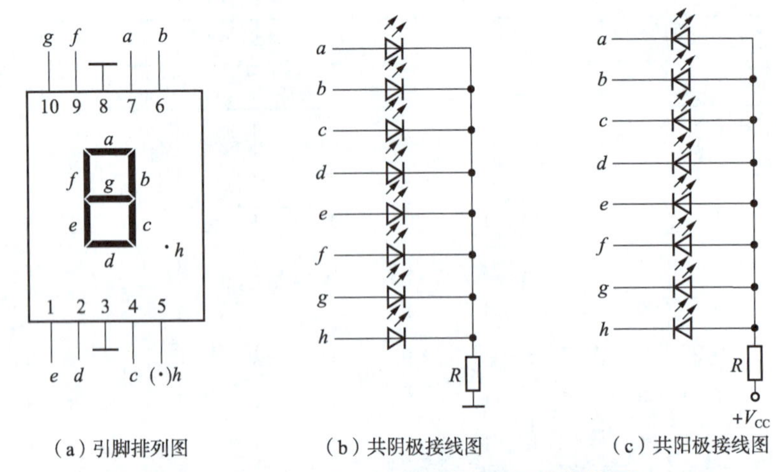

图 6-36　七段数字显示器引脚排列图及接线图

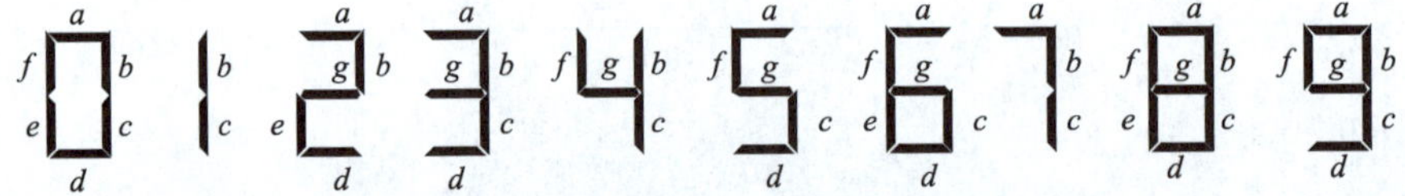

图 6-37　七段数字显示器发光段组合图

LED 显示器的优点是工作电压较低（1.5~3 V）、体积小、寿命长、亮度高、响应速度快、工作可靠性高。缺点是工作电流大，每个字段的工作电流约为 10 mA。

（2）七段显示译码器 74LS48。驱动上述的七段数字显示器必须采用 4 线-7 线显示译码器。在 74 系列和 CMOS4000 系列电路中，七段显示译码器品种很多，功能各有差异，现以 74LS47/48 为例，分析说明显示译码器的功能和应用。74LS47 与 74LS48 的主要区别为输出有效电平不同。74LS47 输出低电平有效，可驱动共阳极 LED 数码管；74LS48 输出高电平有效，可驱动共阴极 LED 数码管。（以下分析以 74LS48 为例）七段显示译码器 74LS48 是一种与共阴极数字显示器配合使用的集成译码器，它的功能是将输入的四位二进制代码转换成显示器所需要的七个段信号 a~g。

74LS48 引脚排列图及其译码显示电路如图 7-38 所示，其中 a~g 为译码输出端。另外，它还有三个控制端：试灯输入端$\overline{LT}$、灭零输入端$\overline{RBI}$、特殊控制端$\overline{BI}/\overline{RBO}$。其功能如下：

①正常译码显示。$\overline{LT}=1$，$\overline{BI}/\overline{RBO}=1$时，对输入为十进制数1~15的二进制码（0001~1111）进行译码，产生对应的七段显示码。

②灭零。当输入$\overline{RBI}=0$，而输入为0的二进制码0000时，则译码器的$a\sim g$输出全0，使显示器全灭；只有当$\overline{RBI}=1$时，才产生0的七段显示码。所以，$\overline{RBI}$称为灭零输入端。

③试灯。当$\overline{LT}=0$时，无论输入怎样，$a\sim g$输出全1，数码管七段全亮。由此可以检测显示器七个发光段的好坏。所示，LT称为试灯输入端。

④特殊控制端$\overline{BI}/\overline{RBO}$。$\overline{BI}/\overline{RBO}$可以作输入端，也可以作输出端。

作输入端使用时，如果$\overline{BI}=0$时，不管其他输入端为何值，$a\sim g$均输出0，显示器全灭。因此，$\overline{BI}$称为灭灯输入端。

作输出端使用时，受控于$\overline{RBI}$。当$\overline{RBI}=0$，输入为0的二进制码0000时，$\overline{RBO}=0$，用以指示该片正处于灭零状态。所以，$\overline{RBO}$又称灭零输出端。

将$\overline{BI}/\overline{RBO}$和$\overline{RBI}$配合使用，可以实现多位数显示时的“无效0消隐”功能。

74LS48输入信号应为8421BCD码。若输入伪码1010~1110，则输出显示稳定的非数字符号；输入1111时，输出全暗，如图6-38所示。

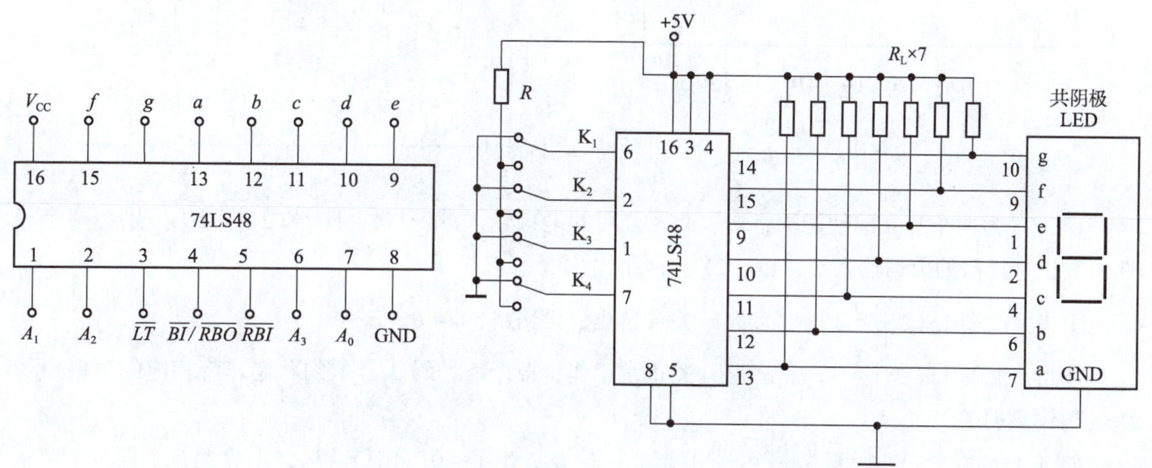

图6-38 74LS48的引脚排列图及其译码显示电路

3. 数据选择器和数据分配器

1）数据选择器

数据选择器是指按地址码的要求从多路输入信号（数据）中选择其中一路输出的逻辑电路。其功能类似于一个单刀多掷开关，因此数据选择器又称多路选择器（MUX）。图6-39所示为四选一数据选择器原理图及逻辑电路图，有四路数据$D_0\sim D_3$，通过选择控制信号A_1、A_0（地址码2位，共有$2^2=4$种不同的组合，每一种组合可选择对应的一路输入数据输出）从四路数据中选中某一路数据送至输出端Y。

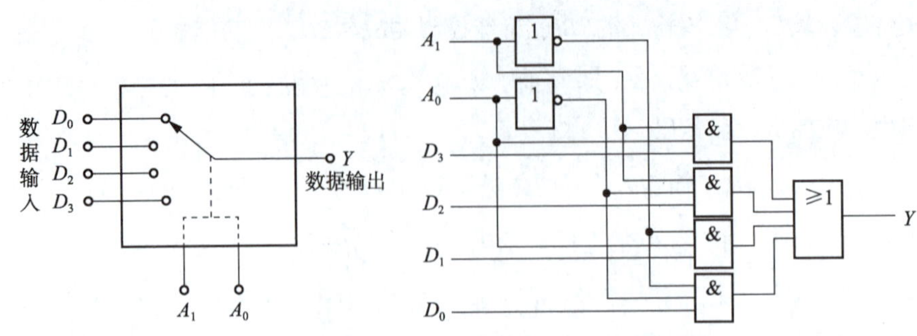

图 6-39 四选一数据选择器原理图及逻辑电路图

一个 n 个地址端的数据选择器，具有 2^n 个数据选择功能。例如：数据选择器 74LS153，$n=2$，可完成四选一的功能；数据选择器 74LS151，$n=3$，可完成八选一的功能。

（1）双四选一数据选择器 74LS153。所谓双四选一数据选择器就是在一块集成芯片上有两个四选一数据选择器。集成芯片引脚排列如图 6-40 所示，功能表见表 6-22。

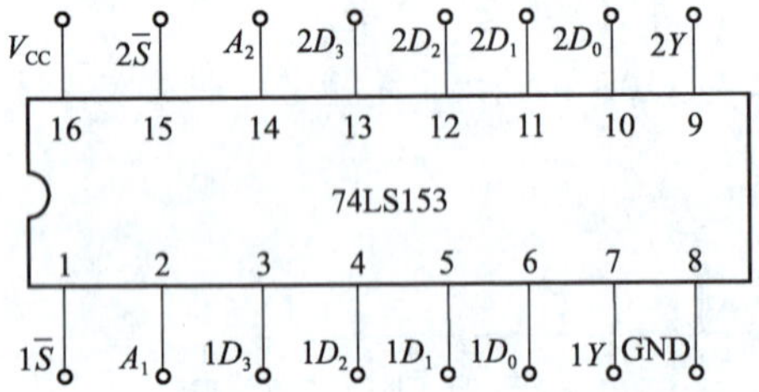

表 6-22 74LS153 功能表

输入			输出
$\overline{S}$	A_1	A_0	Y
1	×	×	0
0	0	0	D_0
0	0	1	D_1
0	1	0	D_2
0	1	1	D_3

图 6-40 74LS153 引脚排列图

$1\overline{S}$、$2\overline{S}$ 为两个独立的使能端；A_1、A_0 为公用的地址输入端；$1D_0 \sim 1D_3$ 和 $2D_0 \sim 2D_3$ 分别为两个四选一数据选择器的数据输入端；$1Y$、$2Y$ 为两个输出端。

①当使能端 $1\overline{S}(2\overline{S})=1$ 时，多路开关被禁止，无输出，$Y=0$。

②当使能端 $1\overline{S}(2\overline{S})=0$ 时，多路开关正常工作，根据地址码 A_1、A_0 的状态，将相应的数据 $D_0 \sim D_3$ 送到输出端 Y。

如 $A_1A_0=00$，则选择 D_0 数据到输出端，即 $Y=D_0$；$A_1A_0=01$，则 $Y=D_1$，其余类推。四选一数据选择器的逻辑功能还可以用以下表达式表示：

$$Y = D_0\overline{A_1}\,\overline{A_0} + D_1\overline{A_1}A_0 + D_2A_1\overline{A_0} + D_3A_1A_0 = \sum_{i=0}^{3} D_i m_i$$

（2）八选一数据选择器 74LS151。74LS151 是一种典型的集成八选一数据选择器。图 6-41 所示是 74LS151 的引脚排列图。它有三个地址端 A_2、A_1、A_0。可选择 $D_0 \sim D_7$ 八路数据，具有两个输出端 Y 和 $\overline{Y}$。其功能表见表 6-23。

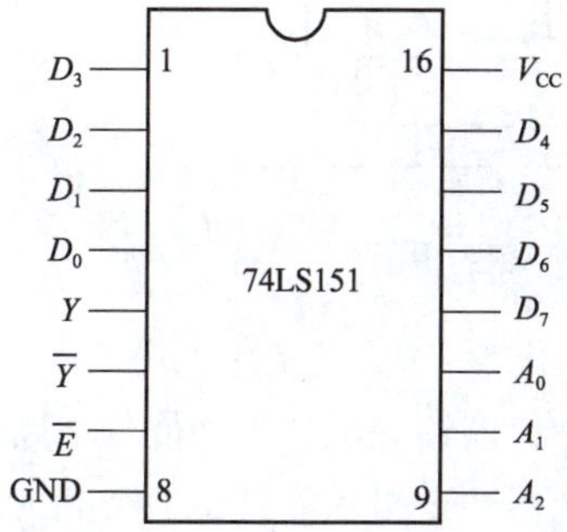

图 6-41　74LS151 引脚排列图

表 6-23　74LS151 的功能表

控制端	地址输入端			输出	
$\overline{E}$	A_2	A_1	A_0	Y	$\overline{Y}$
1	×	×	×	0	1
0	0	0	0	D_0	$\overline{D_0}$
0	0	0	1	D_1	$\overline{D_1}$
0	0	1	0	D_2	$\overline{D_2}$
0	0	1	1	D_3	$\overline{D_3}$
0	1	0	0	D_4	$\overline{D_4}$
0	1	0	1	D_5	$\overline{D_5}$
0	1	1	0	D_6	$\overline{D_6}$
0	1	1	1	D_7	$\overline{D_7}$

在控制端有效时，八选一数据选择器的逻辑功能可以用以下表达式表示：

$$Y = D_0\overline{A_2}\,\overline{A_1}\,\overline{A_0} + D_1\overline{A_2}\,\overline{A_1}A_0 + \cdots + D_7A_2A_1A_0 = \sum_{i=0}^{7} D_i m_i$$

（3）数据选择器的应用。数据选择器的用途很多，例如作数据选择，以实现多路信号分时传送；实现组合逻辑函数。在数据传输时实现并串转换（若将顺序递增的地址码加在 $A_0 \sim A_2$ 端，将并行数据加在 $D_0 \sim D_7$ 端，则在输出端能得到一组 $D_0 \sim D_7$ 的串行数据），产生序列信号等。

在应用中，设计电路时可以根据给定变量个数的需要，选择合适的数据选择器来完成，具体设计步骤如下：

①根据所给组合逻辑函数的变量数，选择合适的数据选择器。

②画出逻辑函数的卡诺图，确定数据选择器输入端、控制端与变量的连接形式，画出逻辑电路图。

例 6-12　试用数据选择器实现逻辑函数：$Y = \overline{A}B + A\overline{B} + BC$。

解　采用八选一数据选择器 74LS151 可实现任意三输入变量的组合逻辑函数。

首先求出 F 的最小项表达式。将 F 填入卡诺图，如图 6-42 所示，根据卡诺图可得

$$Y(A,B,C) = \sum m\ (2,3,4,5,7)$$

当采用八选一数据选择器时，有

$$Y = D_0\overline{A_2}\,\overline{A_1}\,\overline{A_0} + D_1\overline{A_2}\,\overline{A_1}A_0 + \cdots + D_7A_2A_1A_0 = \sum_{i=0}^{7} D_i m_i$$

对比以上两式，要使两个 Y 完全相等，需令 $A_2 = A, A_1 = B, A_0 = C$，且令 $D_2 = D_3 = D_4 = D_5 = D_7 = 1$，$D_0 = D_1 = D_6 = 0$，用八选一数据选择器实现函数 F 的逻辑图如图 6-43 所示。

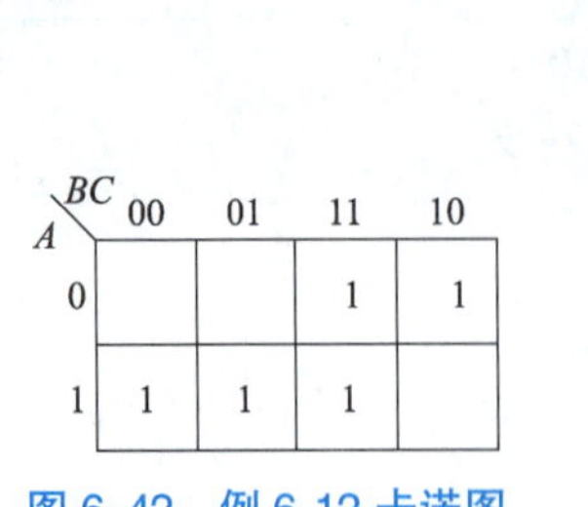

图 6-42　例 6-12 卡诺图

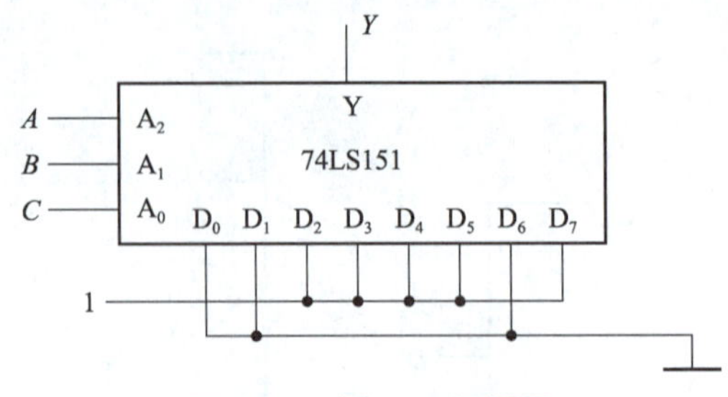

图 6-43　例 6-12 逻辑图

2）数据分配器

在数据传输过程中，有时需要将某一路数据分配到多路装置中，能够完成这种功能的电路称为数据分配器。数据分配器的功能正好和数据选择器相反。数据分配器的逻辑功能是将一个输入数据传送到多个输出端中的一个输出端，具体传送到哪一个输出端，是由一组选择控制信号确定的。根据输出的个数不同，数据分配器可分为四路分配器、八路分配器等。数据分配器实际上是译码器的特殊应用。带有使能端的译码器都具有数据分配器的功能。一般 2 线-4 线译码器可作为四路分配器，3 线-8 线译码器可作为八路分配器。

在实际使用时，数据选择器和数据分配器的配合使用，可以构成一个典型的串行数据传送总线系统，电路如图 6-44 所示。74LS138 是作为八路分配器，以实现一路总线按照地址输入信号的要求传送多路数据中的某一路。

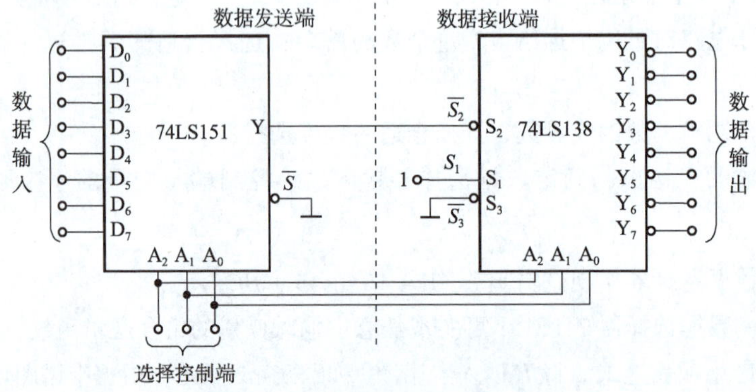

图 6-44　串行数据传送总线系统

4. 数值比较器

在各种数字系统尤其是在计算机中，经常需要对两个二进制数进行大小判别，然后根据判别结果转向执行某种操作。用来完成两个二进制数的大小比较的逻辑电路称为数值比较器，简称比较器。在数字电路中，数值比较器的输入是要进行比较的两个二进制数，输出是比较的结果。

1）一位数值比较器

当两个一位二进制数 A 和 B 比较时，其结果有以下三种情况：$A>B$、$A=B$ 和 $A<B$。比较结果分别用 $Y_{(A>B)}$、$Y_{(A=B)}$ 和 $Y_{(A<B)}$ 表示。设 $A>B$ 时，$Y_{(A>B)}=1$；$A=B$ 时，$Y_{(A=B)}=1$；$A<B$ 时，$Y_{(A<B)}=1$。由此可列表 6-24 所示的一位数值比较器的真值表。

表 6-24　一位数值比较器的真值表

输入		输出		
A	B	$Y_{(A>B)}$	$Y_{(A=B)}$	$Y_{(A<B)}$
0	0	0	1	0
0	1	0	0	1
1	0	1	0	0
1	1	0	1	0

根据真值表可写出逻辑函数表达式为

$$\begin{cases} Y_{(A>B)} = A\overline{B} \\ Y_{(A=B)} = \overline{A}\,\overline{B} + AB = A \otimes B = \overline{\overline{A}B + A\overline{B}} \\ Y_{(A<B)} = \overline{A}B \end{cases}$$

根据上式可画出如图 6-45 所示的一位数值比较器的逻辑图。

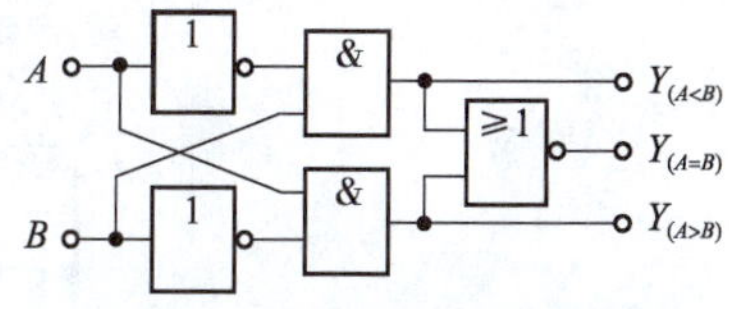

图 6-45　1 位数值比较器逻辑图

2）集成数值比较器

74LS85 是四位数值比较器，$A>B$、$A=B$ 和 $A<B$ 是比较结果输出端，扩展输入 $a>b$、$a=b$ 和 $a<b$ 表示低四位比较的结果输入，是为了扩大比较器的功能设置的。只比较两个四位二进制数时，将扩展端 $a>b$ 和 $a<b$ 接低电平，$a=b$ 接高电平；当比较两个四位以上八位以下的二进制数时，应先比较两个高四位的二进制数，在高位数相等时，才能比较低四位数。用 74LS85 构成的七位二进制数并行比较器如图 6-46 所示。

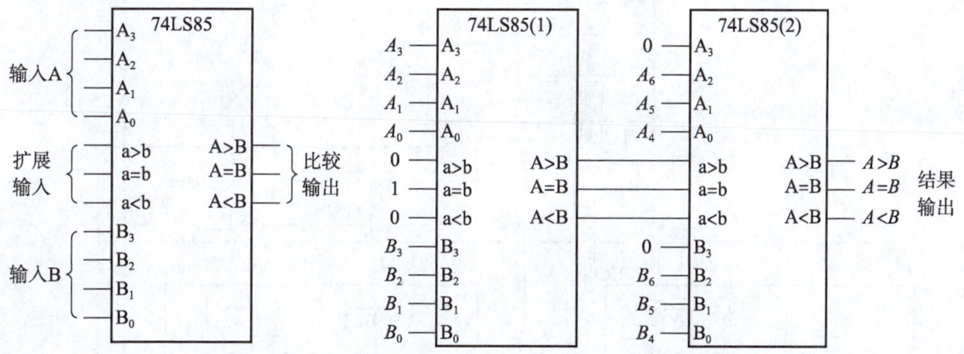

图 6-46　74LS85 的图形符号及用 74 LS85 构成的七位二进制数并行比较器

任务实施

一、任务说明

本任务要求设计并制作一台多人表决器。如在演讲比赛中，有三名裁判，如果有两名以上的裁判裁定选手成功，则选手成绩有效。本制作任务就是模拟这一表决情境，用三个按键开关来表示每位裁判裁决的结果，开关闭合表示有效（绿灯亮），开关断开表示无效（绿灯不亮）；用发光二极管（LED）来表示结果。

A、B、C三个按键代表三个裁判，按下时相应的 LED 亮，表示其裁定成绩有效，最后的结果由红、绿两个 LED 表示，绿 LED 亮，表示成绩有效，红 LED 亮，表示成绩无效。逻辑电路图如图 6-47（a）所示，中间部分是三人表决器的核心，使用两种与非门集成电路，还有几个与非门空着备用。图 6-47（b）中的 74HC20 是双 4 输入与非门，此电路只使用了下面一个与非门，且将其中两个引脚连起来当一个使用，上面一个与非门空闲暂不使用。图 6-47（b）中下面两个是 74HC00（四 2 输入与非门），此电路使用了三个与非门，其余五个与非门空闲。设计过程中要注意集成块引脚的顺序，电源与地引脚要对应接到外电源的电源与地上，芯片中的 GND 表示地线。

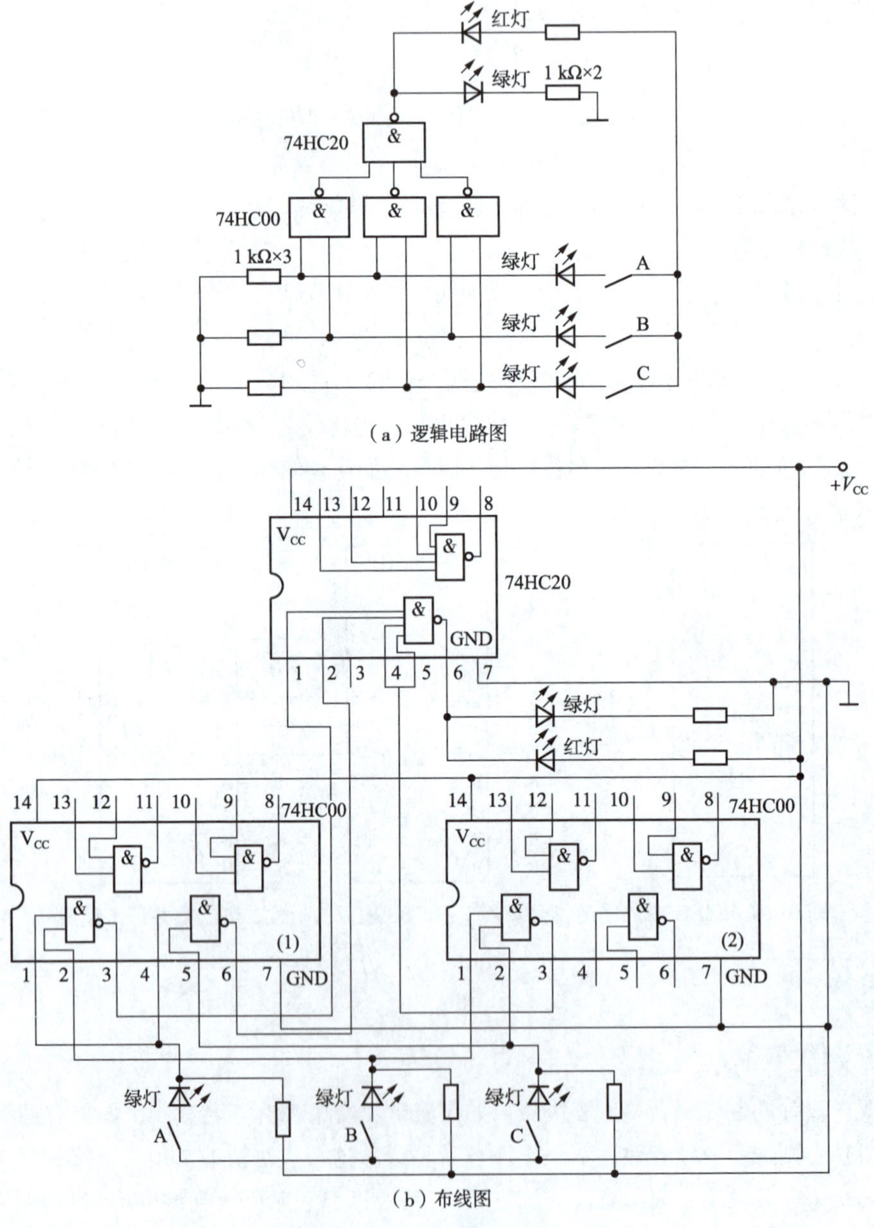

图 6-47　三人表决器逻辑电路图

通过本任务实施，尝试用集成芯片实现多人表决器的设计，以此来体验选择不同元器件设计电路，并比较不同设计方法的优劣。

1. 用集成电路芯片 74LS151（八选一数据选择器）实现该电路

电路设计分析：由前述介绍可知，三人多数表决器的逻辑表达式为

$$\sum F(A,B,C) = ABC + AB\overline{C} + A\overline{B}C + \overline{A}BC$$

转换为三变量最小项形式为

$$F(A,B,C) = m_7 + m_5 + m_6 + m_3$$

又由于 $Y = \sum_{i=0}^{7} m_i D_i$ 为各对应与项的或，因此只需通过特定值设定使得最终的表达式出现项与 1 与，不出现项与 0 与，即使得 $D_7 = D_5 = D_6 = D_3 = 1$，$D_0 = D_1 = D_2 = D_4 = 0$ 来实现。逻辑电路图如图 6-48 所示。

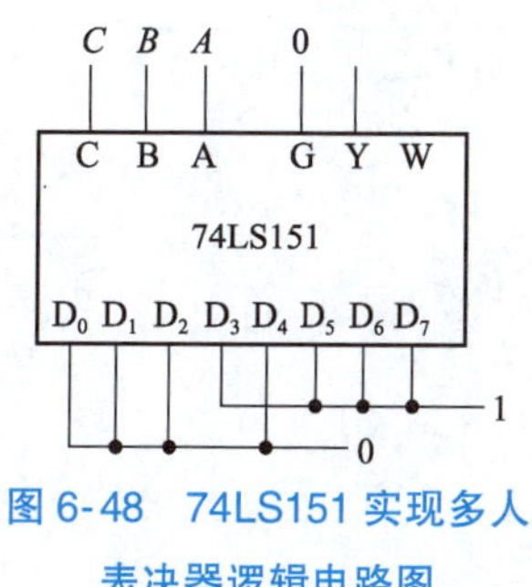

图 6-48　74LS151 实现多人表决器逻辑电路图

使用集成数据选择器设计电路有时无须对逻辑函数化简，比起逻辑门电路而言更高效便捷。

2. 用 3 线-8 线译码器（74LS138）和 4 输入与非门（74LS20）设计实现多人表决器

通过三个按钮接受用户输入。按钮按下表示同意，不按下表示否决，当没有人按下按钮时，或只有一个人按下按钮时，例如，S_1 按下，而 S_2 和 S_0 未按下，则红灯亮，绿灯灭，蜂鸣器无声音，表示否决，当有两个及以上的人按下按钮后，例如，S_1 和 S_2 按下，则红灯灭，绿灯亮，蜂鸣器发音，表示通过。运用译码器 74LS138 和四输入与非门 74LS20 实现该逻辑功能。

请将任务设计所需元器件填写到表 6-25 中，并附电路设计图。

表 6-25　多人表决器电气元件预算

序号	名称	规格/型号	单价	品牌	厂家或商家名称	联络方式
电路图						

二、任务评价

1. 评价标准（见表 6-26）

表 6-26　多人表决器电路调试评价标准

序号	主要内容	考核要求	评分标准	配分	扣分	得分
1	电路的连接	（1）电路布线合理。 （2）符合电路设计原则。 （3）元器件选用及安装。 （4）通电实验	（1）布线不规范，扣 5 分。 （2）选择元器件错误，扣 5 分。 （3）元器件焊接不牢固，扣 3 分。 （4）损坏元器件，扣 5～15 分。 （5）一次调试不成功扣 30 分；两次调试不成功扣 40 分	70		
2	绘图	符合设计要求	（1）绘图信息表达不全面，每处扣 3 分。 （2）图纸大小设计不符合要求，扣 5 分。 （3）没有设置绘图制图员等标题栏信息，每个扣 2 分。 （4）绘制对象的位置、比例不符合标准，扣 3 分	30		
3	安全文明生产及 6S 执行力		（1）违反安全文明生产规程，扣 5～40 分。 （2）6S 执行力不到位，酌情扣 5～10 分	倒扣		
备注	除了定额时间外，各项内容的最高分不得超过配分		合计	100		
考评时间	开始时间		结束时间		考评员签字： 年　月　日	

2. 任务能力评价（见表 6-27）

表 6-27　多人表决器设计任务能力评价

组别	与人沟通能力 10%	团结协作能力 20%	方案设计能力 10%	自我学习能力 20%	信息处理能力 10%	解决问题的能力 20%	创新能力 10%	总评
第一组								
第二组								
第三组								
第四组								
第五组								

3. 任务能力总评表（见表 6-28）

表 6-28 多人表决器设计任务能力总评

组别	第一组对各组的评价结果	第二组对各组的评价结果	第三组对各组的评价结果	第四组对各组的评价结果	第五组对各组的评价结果	总评结果
第一组						
第二组						
第三组						
第四组						
第五组						

三、任务结束

清理工作现场，清点作业工具，摆放到规定地方。

测 试 题

1. 写出图 6-49 所示逻辑电路输出 F 的逻辑表达式，并说明其逻辑功能。

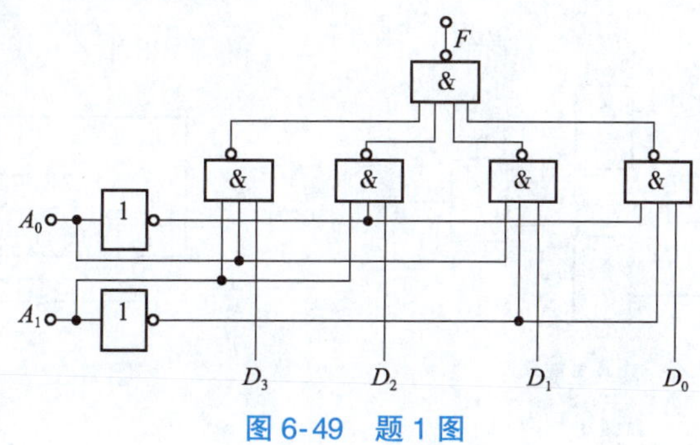

图 6-49 题 1 图

2. 某控制柜有三个按钮 A、B、C，如果在按下按钮 B 的同时再按下按钮 A 或 C，则发出开启柜门的信号 Y_1，柜门开启；如果按键错误，则发出报警信号 Y_2，柜门不开。试用与非门设计一个能满足这一要求的组合逻辑电路。

3. 试用与非门设计一个温度控制电路，其输入为四位二进制数 $ABCD$，代表检测到的温度，输出为 X 和 Y，分别用来控制暖风机和冷风机的工作。当温度低于或等于 5 时，暖风机工作，冷风机不工作；当温度高于或等于 10 时，冷风机工作，暖风机不工作；当温度介于 5 和 10 之间时，暖风机和冷风机都不工作。

4. 设计一个乘法器，输入是两个两位二进制数 $A=A_1A_0$、$B=B_1B_0$，输出是两者的乘积（一个四位二进制数）$Y=Y_3Y_2Y_1Y_0$。

5. 旅客列车分特快、直快和普快，并依此为优先通行次序。某站在同一时间只能有一趟列车从车站开出，即只能给出一个开车信号，试用与非门画出满足上述要求的逻辑电路。

6. 组合逻辑电路的主要特点是什么？

7. 编码器的作用是什么？什么是优先编码？

8. 译码器的作用是什么？何种译码器可以作为数据分配器使用？为什么？

9. 举例说明数值比较器的应用。

10. 举例说明一种显示 8421BCD 码的实现方法。

11. 已知组合逻辑电路输入 A、B 和输出 Z 的波形，如图 6-50 所示。写出 Z 的表达式，用最少与非门来实现该组合逻辑电路，画出逻辑图。

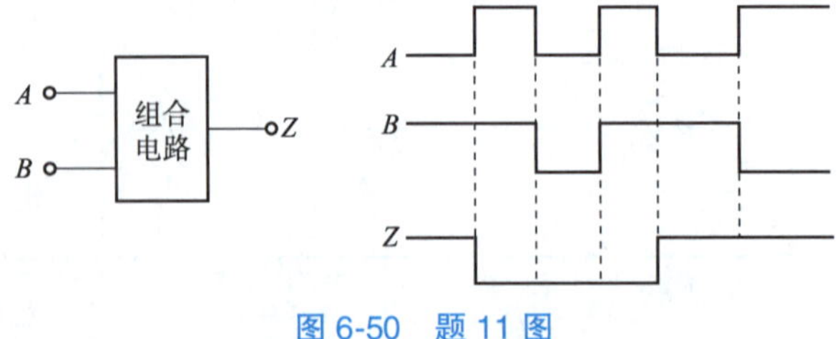

图 6-50　题 11 图

12. 分析图 6-51 所示逻辑电路，列出真值表，说明其逻辑功能。

13. 半加器和全加器的区别是什么？各用在何场合？

14. 数据选择器 74LS151 的电路连线如图 6-52 所示，试写出输出 L 的逻辑函数表达式，并化简为最简与或式。

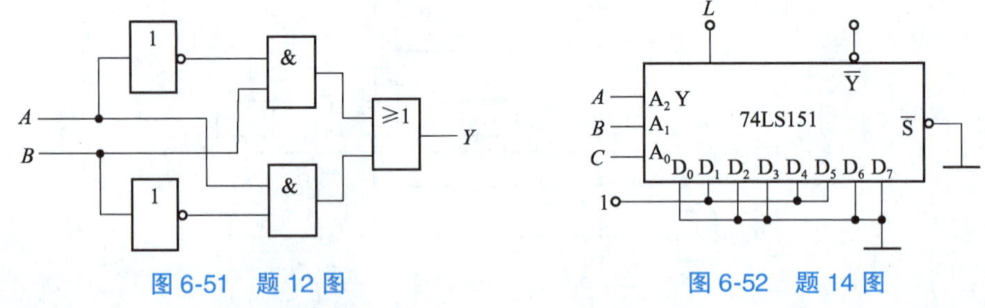

图 6-51　题 12 图　　图 6-52　题 14 图

15. 试用 3 线-8 线译码器 74LS138 和与非门实现 $Y=\overline{A}\,\overline{B}C+\overline{A}B\overline{C}+AB$。若用八选一数据选择器 74HC151，如何实现该功能，电路图如何画？

项目总结

本项目介绍了多人表决器的设计与调试，通过本项目的学习，掌握各种逻辑门电路及其应用电路，更重要的是在学习过程中，逐步掌握组合逻辑电路的分析方法，学会制作多人表决器。

项目实训

实训一　组合逻辑电路的设计与测试

一、实训目的

（1）学会组合逻辑电路的设计方法。

（2）熟悉 74 系列通用逻辑芯片的功能。

（3）学会数字电路的调试方法。

二、实训准备

数电实验箱、双踪示波器、MF30 数字万用表一台，74LS86 一片。

三、实训内容

（1）分析设计要求，列出真值表。设 A、B、C 分别代表装在门口、大厅、卧室的三个开关，规定开关向上为 1，开关向下为 0；照明灯用 Y 代表，灯亮为 1，灯暗为 0。根据题意列出真值表见表 6-29。

表 6-29　照明电路真值表

输入			输出
A	B	C	Y
0	0	0	0
0	0	1	1
0	1	0	1
0	1	1	0
1	0	0	1
1	0	1	0
1	1	0	0
1	1	1	1

（2）根据真值表，写出逻辑函数表达式。

$$Y = \overline{A}\,\overline{B}C + \overline{A}B\overline{C} + A\overline{B}\,\overline{C} + ABC$$

（3）将输出逻辑函数表达式化简或转化形式。

$$Y = \overline{A}(\overline{B}C + B\overline{C}) + A(\overline{B}\,\overline{C} + BC) = A \oplus B \oplus C$$

（4）根据输出逻辑函数表达式画出逻辑图，如图 6-53 所示。

（5）在实验箱上搭建电路。将输入变量 A、B、C 分别接到数字逻辑开关 K_1、K_2、K_3 接线端上，在合适的位置选取一个 14P 插座，按定位标记插好 2 输入 4 异或门 74LS86（见图 6-54）集成芯片，输出端 Y 接逻辑电平显示器的一个显示插口。将 V_{CC} 和“地”分别接到实验箱的+5 V 与“地”的接线柱上。检查无误后接通电源。

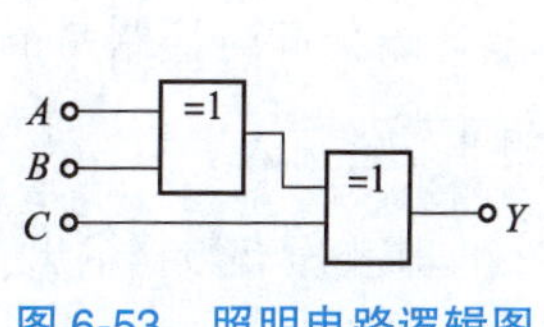

图 6-53　照明电路逻辑图

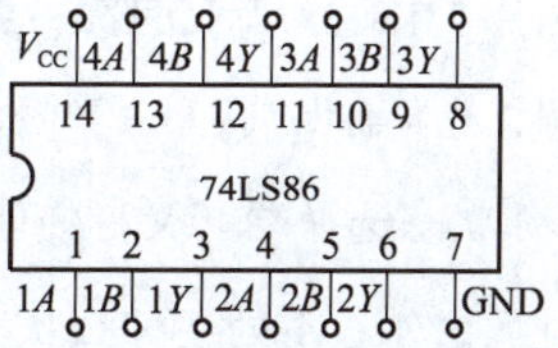

图 6-54　74LS86 引脚排列图

（6）将输入变量 A、B、C 的状态按表 6-26 所示的要求变化，观察输出端的变化，验证所设计的逻辑电路是否符合要求。

四、考核标准

考核标准见表 6-30。

表 6-30 考核标准

<table>
<tr><th>测评内容</th><th colspan="2">配分</th><th>评分标准</th><th>操作时间</th><th>扣分</th><th>得分</th></tr>
<tr><td>检查芯片的逻辑功能</td><td colspan="2">20</td><td>（1）芯片引脚接错，扣 5 分。
（2）测试数据错误，每处扣 2 分。
（3）芯片损坏，扣 20 分</td><td>10 min</td><td></td><td></td></tr>
<tr><td>组合逻辑电路的设计</td><td colspan="2">40</td><td>（1）电路设计不合理，扣 40 分。
（2）真值表错误、逻辑表达式化简错误、逻辑图绘制错误，每处扣 5 分</td><td>20 min</td><td></td><td></td></tr>
<tr><td>组合逻辑电路的测试</td><td colspan="2">40</td><td>（1）芯片引脚接错，扣 5 分。
（2）电路连接错误，扣 10。
（3）测试数据错误 1~5 处，每处扣 5 分。
（4）芯片损坏，扣 10 分</td><td>20 min</td><td></td><td></td></tr>
<tr><td colspan="3">安全文明操作</td><td colspan="2">违反安全生产规程，视现场具体违规情况扣分</td><td></td><td></td></tr>
<tr><td rowspan="2">定额时间
（50 min）</td><td colspan="2">开始时间
（　　）</td><td colspan="2" rowspan="2">每超时 2 min 扣 5 分</td><td rowspan="2"></td><td rowspan="2"></td></tr>
<tr><td colspan="2">结束时间
（　　）</td></tr>
<tr><td colspan="5">合计</td><td></td><td></td></tr>
</table>

实训二　数据选择器功能测试

一、实训目的

（1）熟悉中规模集成数据选择器的逻辑功能及测试方法。

（2）学习用集成数据选择器进行逻辑设计。

二、实训准备

EEL-08 组件、双四选一数据选择器 74LS153×1（或 CC4512×1）、八选一数据选择器74LS151×1（或 CC4539×1）。

三、实训内容

中规模集成芯片 74LS153 为双四选一数据选择器，引脚排列如图 6-40 所示，其中 D_0、D_1、D_2、D_3 为四个数据输入端，Y 为输出端，A_1、A_2为控制输入端（又称地址端）同时控制两个四选一数据选择器的工作，S 为工作状态选择端（又称使能端）。74LS153 的逻辑功能见表 6-31，当 $1\overline{S}(=2\overline{S})=1$ 时，电路不工作，此时无论 A_1、A_0处于什么状态，输出 Y 总为零，即禁止所有数据输出；当 $1\overline{S}(=2\overline{S})=0$ 时，电路正常工作，被选择的数据送到输出端，如 $A_1A_0=01$，则选中数据 D_1输出。

表 6-31　74LS153 的逻辑功能

输入			输出
$\overline{G}$	A_1	A_0	Y
1	×	×	0
0	0	0	D_0
0	0	1	D_1
0	1	0	D_2
0	1	1	D_3

中规模集成芯片 74LS151 为八选一数据选择器，引脚排列如图 6-41 所示。其中 $D_0 \sim D_7$为数据输入端，$Y(\overline{Y})$ 为输出端，A_2、A_1、A_0为地址端，74LS151 的逻辑功能见表 6-32。

表 6-32　74LS151 的逻辑功能

输入				输出	
$\overline{E}$	A_2	A_1	A_0	Y	$\overline{Y}$
1	×	×	×	0	1
0	0	0	0	D_0	$\overline{D_0}$
0	0	0	1	D_1	$\overline{D_1}$
0	0	1	0	D_2	$\overline{D_2}$
0	0	1	1	D_3	$\overline{D_3}$
0	1	0	0	D_4	$\overline{D_4}$
0	1	0	1	D_5	$\overline{D_5}$
0	1	1	0	D_6	$\overline{D_6}$
0	1	1	1	D_7	$\overline{D_7}$

1. 测试 74LS153 双四选一数据选择器的逻辑功能

地址端、数据输入端、使能端接逻辑开关，输出端接 0-1 指示器。按表 6-22 逐项进行功能验证。

2. 用 74LS153 实现下述函数

（1）构成全加器。全加器和数 S_n及向高位进位数 C_n的逻辑方程为

$$S_n = \overline{A}\,\overline{B}\,\overline{C_{n-1}} + \overline{A}B\,\overline{C_{n-1}} + A\,\overline{B}\,\overline{C_{n-1}} + ABC_{n-1}$$

$$C_n = \overline{A}BC_{n-1} + A\,\overline{B}C_{n-1} + AB\,\overline{C_{n-1}} + ABC_{n-1}$$

图 6-55 为用 74LS153 实现全加器的接线图，按图 6-55 连接实验电路，测试全加器的逻辑功能，并记录。

（2）构成三人表决电路。用四选一数据选择器构成三人表决电路，测试逻辑功能并记录。

（3）构成函数 $F = \overline{A}C + \overline{B} + A\overline{C}$。

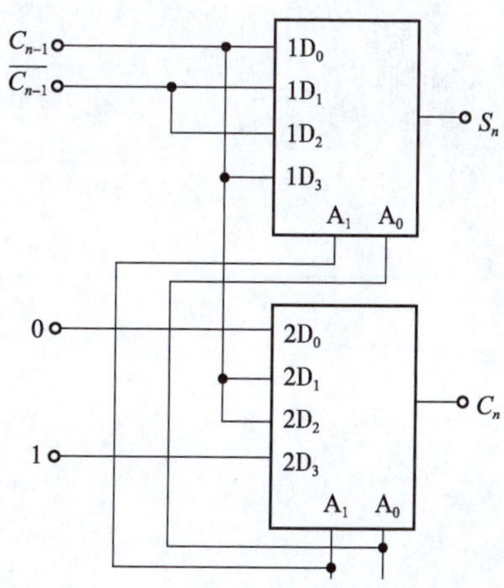

图 6-55　74LS153 实现全加器的接线图

3. 测试 74LS151 八选一数据选择器的逻辑功能

按表 6-23 逐项进行功能验证。

4. 用 74LS151 实现下述函数

（1）三人表决电路。按图 6-56 接线并测试逻辑功能。

（2）构成函数 $F = A\overline{B} + \overline{A}B$。

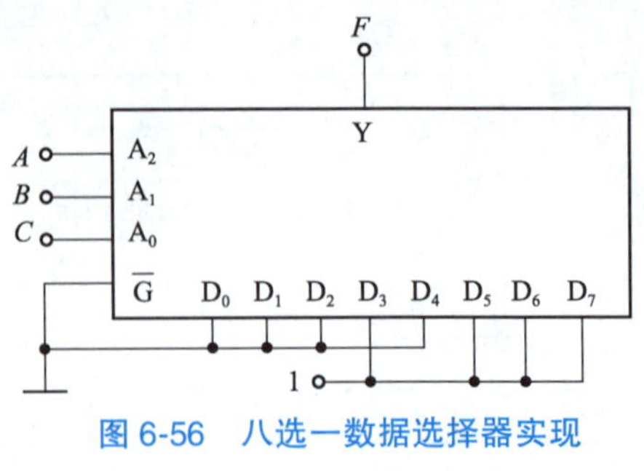

图 6-56　八选一数据选择器实现 F=AB+BC+CA 的逻辑图

四、考核标准

考核标准见表 6-33。

表 6-33　考核标准

测评内容	配分	评分标准	操作时间	扣分	得分
测试 74LS153 逻辑功能	20	（1）芯片引脚接错，扣 5 分。 （2）测试数据错误 1~5 处，每处扣 2 分。 （3）芯片损坏，扣 20 分	10 min		
用 74LS153 实现函数设计	30	（1）电路设计不合理，扣 30 分。 （2）电路连接错误，扣 20 分。 （3）测试数据错误 1~5 处，每处扣 5 分。 （4）绘制逻辑电路图错误，每处扣 2 分	30 min		
测试 74LS151 逻辑功能	20	（1）芯片引脚接错，扣 5 分。 （2）测试数据错误 1~5 处，每处扣 2 分。 （3）芯片损坏，扣 20 分	10 min		
用 74LS151 实现函数设计	30	（1）电路设计不合理，扣 30 分。 （2）电路连接错误，扣 20 分。 （3）测试数据错误 1~5 处，每处扣 5 分。 （4）绘制逻辑电路图错误，每处扣 2 分	30 min		
安全文明操作		违反安全生产规程，视现场具体违规情况扣分			
定额时间 （80 min）	开始时间 （　　） 结束时间 （　　）	每超时 2 min 扣 5 分			
合计					

项目 7
时序逻辑电路的设计与调试

项目导入

某公司对新入职企业员工进行数字电子技术应用培训。学员参加技术交流和收集行业信息，并且收集客户使用反馈，能够提出新一代产品技术储备需求。能够对项目硬件相关文档进行编制，如使用手册、规格书、试验大纲等。具有一定的统筹安排能力，能够协助编写产品手册、产品培训资料。

学习目标

知识目标：

(1) 描述数字电子技术的应用场景；

(2) 学会 RS 触发器、D 触发器、JK 触发器的逻辑状态及功能；

(3) 学会 555 定时器的典型应用设计；

(4) 学会数字钟的设计与调试的方法。

能力目标：

(1) 会识读电路图；

(2) 能使用仪器仪表检查调试数字钟电路；

(3) 应用安全用电规范，进行电路检查、仪器仪表的使用。

素质目标：

(1) 培养学生严谨细致、专注负责的工作态度，精雕细琢、精益求精的工匠精神；

(2) 培养学生的爱国主义情怀；

(3) 通过自评和互评环节，培养学生诚实守信的社会主义核心价值观。

项目实施

任务1 触发器电路的设计与调试

任务解析

触发器是构成时序逻辑电路及各种复杂数字系统的基本逻辑单元。触发器由逻辑门电路组合、演变、派生而成，用以处理输入、输出信号和时钟信号之间的相互作用。555 定时器是一种模拟电路和数字电路相结合的中规模集成器件，它性能优良，适用范围很广。学生通过完成本任务，掌握触发器的基本知识，在学习过程中逐步掌握数字电路的分析方法；能够叙述触发器的工作特点；能够熟练掌握 RS 触发器、D 触发器、JK 触发器的逻辑状态及功能；学会触发器电路的设计方法；学会 555 定时器构成的多谐振荡器电路基本结构；理解其工作原理和振荡频率计算方法；能够叙述 555 定时器的工作特性；能够辨别 555 定时器的质量；学会 555 定时器的典型应用设计；学会制作、调试电路的方法。

知识链接

触发器有两个基本特性：

（1）有两个稳定状态，可分别用来表示二进制数码 0 和 1；

（2）在输入信号的作用下，触发器的两个稳定状态可相互转换，输入信号消失后，已转换的稳定状态可长期保持下来，这就使得触发器能够记忆二进制信息，常用来存储二进制信息。因此，它是一个具有记忆功能的基本逻辑电路，应用很广泛。

触发器由门电路组成，它有一个或多个输入端，有两个互补输出端，分别用 Q 和 $\overline{Q}$ 表示。通常用 Q 端的输出状态来表示触发器的状态。当 $Q=1$、$\overline{Q}=0$ 时，称为触发器的 1 状态，记为 $Q=1$；当 $Q=0$、$\overline{Q}=1$ 时，称为触发器的 0 状态，记为 $Q=0$。

触发器按照电路结构形式不同，可分为基本 RS 触发器、同步触发器、维持阻塞触发器、主从触发器等；按照在时钟脉冲操作下逻辑功能的差异，可分为 RS 触发器、D 触发器、JK 触发器、T 触发器和 T′触发器五种类型；按照触发方式的不同，可分为电平触发器、边沿触发器、主从触发器等。

555 时基电路是数模混合的集成电路，只需结合少量外围器件就可构成各种功能电路，其在电子领域有广泛应用。

一、基本 RS 触发器

1. 电路特点

由两个与非门输入与输出交叉反馈耦合组成的基本 RS 触发器电路，如图 7-1（a）所示，图 7-1（b）为其图形符号。$\overline{R_D}$和$\overline{S_D}$为信号输入端，它们上面的非号表示低电平有效，在图形符号中用小圆圈表示。由于正常情况下与非门 G_1 和与非门 G_2 的输出总是相反的，故一端用 Q 表示，另一端用 $\overline{Q}$ 表示。

2. 逻辑功能

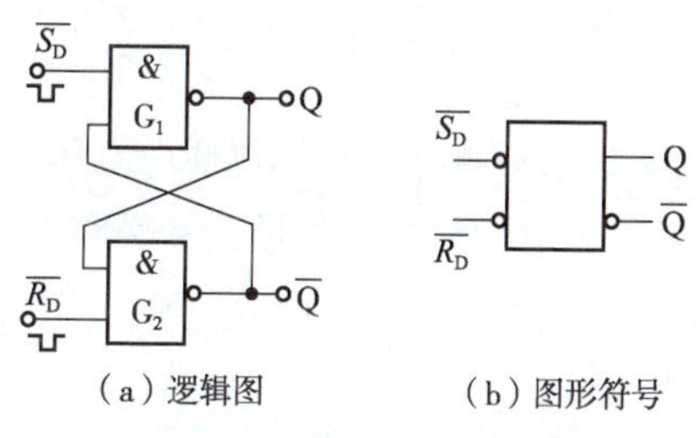

（a）逻辑图　（b）图形符号

图 7-1　基本 RS 触发器

所谓逻辑功能，指触发器输出状态依赖其输入状态的逻辑关系。

由于有两个信号输入端，因此输入信号有四种不同的组合：$\overline{R_D}=0$，$\overline{S_D}=1$；$\overline{R_D}=1$，$\overline{S_D}=0$；$\overline{R_D}=\overline{S_D}=1$；$\overline{R_D}=\overline{S_D}=0$。下面分别讨论。

（1）$\overline{R_D}=0$，$\overline{S_D}=1$ 时，触发器置 0：

若设触发器的原状态为 1 态（即 $Q=1$，$\overline{Q}=0$），则因为 $\overline{R_D}=0$，$\overline{Q}$ 将由 0 变为 1；这时因 $\overline{Q}=1$，即 $\overline{\overline{S_D}\overline{Q}}=1$，则必有 $Q=0$。即触发器的状态 Q 由 1 变成 0。

若设触发器原状态为 0 态（即 $Q=0$，$\overline{Q}=1$），则因 $\overline{R_D}=0$，$\overline{Q}$ 仍保持为 1；同样，$\overline{S_D}\,\overline{Q}=1$，$Q$ 仍保持为 0。

综上所述，不管触发器原状态为 1 态还是 0 态，当 $\overline{R_D}=0$，$\overline{S_D}=1$ 时，$Q=0$，触发器被置 0。使触发器处于 0 状态的输入端 $\overline{R_D}$ 称为置零端或清零端，又称复位端。低电平有效。

（2）$\overline{R_D}=1$，$\overline{S_D}=0$ 时，触发器置 1。根据电路的对称性，不难判断，不管触发器原状态为 1 态还是 0 态，都将使触发器变成 1 状态，故 $\overline{S_D}=0$，$\overline{R_D}=1$ 称为置 1 信号，使触发器处于 1 状态的输入端 $\overline{S_D}$ 端称为置 1 端，又称置位端，低电平有效。

（3）$\overline{R_D}=\overline{S_D}=1$，触发器将保持原状态。如前所述，1 电平不能触发，即触发器保持原状态不变。例如，原状态 $Q=0$，$\overline{Q}=1$，则由于 $Q=0$，将使 $\overline{Q}=1$，又 $\overline{S_D}\,\overline{Q}=1$，$Q$ 仍为 0，即保持不变。

（4）$\overline{R_D}=\overline{S_D}=0$，当触发负脉冲同时撤除后，触发器状态不定。这是一种特殊情况。因为 $\overline{R_D}=0$，将使 $\overline{Q}=1$；而 $S_D=0$，又将使 $Q=1$，即在这两个触发信号作用期间，将强制 $Q=\overline{Q}=1$（显然这不是正常逻辑状态），当这两个触发信号同时消失后（即变成 $\overline{R_D}=\overline{S_D}=1$），理论上，由于 $Q\,\overline{R_D}=1$，$\overline{S_D}\,\overline{Q}=1$，又将出现 $Q=\overline{Q}=0$。但由于门 G_1 和门 G_2 不可能绝对相同，即导通时间不可能完全相等，故导通较快的那个门先变成 0，一旦这个门输出为 0，则另一个门就不可能再导通，只能输出为 1。究竟哪一个门先导通，事先是很难确定的。因此当 $\overline{R_D}=\overline{S_D}=0$，且又同时变为 1 之后，其输出状态无法预知，可能是 0 态，也可能是 1 态。实际上，这种情况是不允许的。

归纳上述四种情况，可列出表 7-1 所示的真值表。

表 7-1　基本 RS 触发器真值表

R_D	S_D	Q	$\overline{Q}$	功 能 说 明
0	1	0	0	直接置 0（复位）
1	0	1	0	直接置 1（置位）
1	1	原态	原态	保持原状态
0	0	1	1	触发负脉冲同时撤除后，状态不稳定

二、同步 RS 触发器

基本 RS 触发器的输出状态直接受 $\overline{R_D}$、$\overline{S_D}$ 信号控制，只要触发信号一到，$Q(\overline{Q})$ 端的状态立即改变。在实际应用中，为了扩大逻辑功能，还要求按一定时间节拍把输入触发信号反映到输出端，需再增加一个时钟脉冲（CP）输入端，其逻辑图及图形符号如图 7-2 所示。

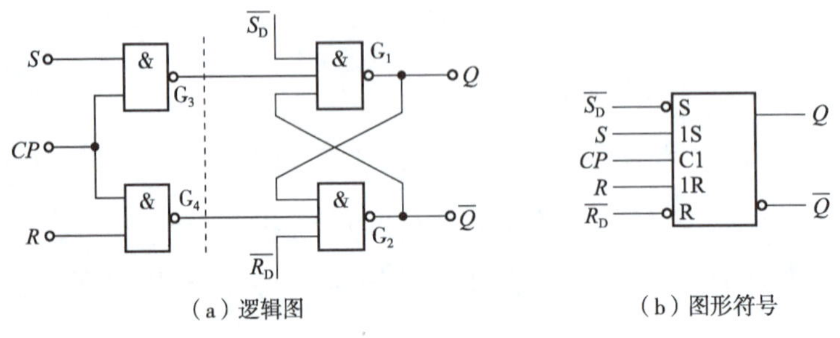

（a）逻辑图　　（b）图形符号

图 7-2　同步 RS 触发器

1. 电路特点

（1）当时钟脉冲 $CP=0$ 时，不管 R、S 端信号如何，其输出状态都不会改变。因为 $CP=0$，将门 G_3 和门 G_4 封锁了，门 G_3 和门 G_4 输出总为 1，即相当于由门 G_1 和门 G_2 组成的基本 RS 触发器的 $\overline{R_D}$、$\overline{S_D}$ 信号都为 1，由基本 RS 触发器的功能可知，输出状态不变。

（2）当 $CP=1$ 时，R、S 信号才能通过门 G_3 和门 G_4 起触发作用。因此，同步 RS 触发器具有在 CP 从 0 变 1（即 CP 的上升沿）时才能翻转的特点。

（3）CP 只控制触发器翻转的时间，至于 CP 的上升沿到来以后触发器翻转成什么状态，则是由 R、S 信号决定的。由于基本 RS 触发器是 0 电平起作用，故作用于门 G_3 和门 G_4 的触发信号，经过一级与非门的反相，所以同步 RS 触发器是 1 电平起触发作用的。

2. 逻辑功能

（1）$R=0$、$S=1$。由图 7-2（a）可知，当 CP 从 0 变为 1 时，有，$S\cdot CP=1$ 故门 G_3的输出 $Q_3=0$，不管 Q 的原状态如何，都有 $Q=1$。另一方面，因 $R=0$，有 $Q_4=1$，又因 $Q=1$，故 $Q\cdot Q_4=1$，$\overline{Q}=0$。

（2）$R=1$、$S=0$。当 CP 上升沿到来后，输出为 $Q=0$，$\overline{Q}=1$。

（3）$R=S=0$。因 $R=S=0$，无论 CP 上升沿到来与否，门 G_3 和门 G_4 输出均为 1，这相当于门 G_1 和门 G_2 组成的基本 RS 触发器的 $\overline{R}=\overline{S}=1$ 的情况，由基本 RS 触发器的功能可知，触发器状态不变。

（4）$R=S=1$。当 CP 由 0 变 1 时，有 $R\cdot CP=S\cdot CP=1$，可得 $Q_3=Q_4=0$，在 $CP=1$ 的期间，输出被强制为 $Q=\overline{Q}=1$；当 CP 从 1 变为 0 后，这时 $Q_3=Q_4$ 由 0 变为 1，于是出现类似基本 RS 触发器输出状态不定的情况。

归纳以上分析，可得同步 RS 触发器真值表见表 7-2。

表 7-2　同步 RS 触发器真值表

R	S	Q^n	Q^{n+1}	功能说明
0	1	0 1	1 1	置 1
1	0	0 1	0 0	置 0
0	0	0 1	0 1	保持原态
1	1	0 1	× ×	不定

3. 特性方程

特性方程是触发器次态输出与原态及输入间关系的逻辑表达式。

由表 7-2 可知，$R=S=1$，其输出状态不定，故其约束条件显然为 $RS=0$，应排除 $R=S=1$ 这种情况，可得同步 RS 触发器的特性方程为

$$Q_{n+1} = S + \overline{R}Q^n$$
$$RS = 0$$

4. 状态转换图

状态转换图表示触发器从一个状态变化到另一个状态或保持原状态不变时，对输入信号（R、S）提出的要求。图 7-3 所示状态转换图是根据表 7-2 画出来的。图中的两个圆圈分别表示触发器的两个稳定状态，箭头表示在输入时钟信号 CP 作用下状态转换的情况，箭头线旁标注的 R、S 值表示触发器状态转换的条件。

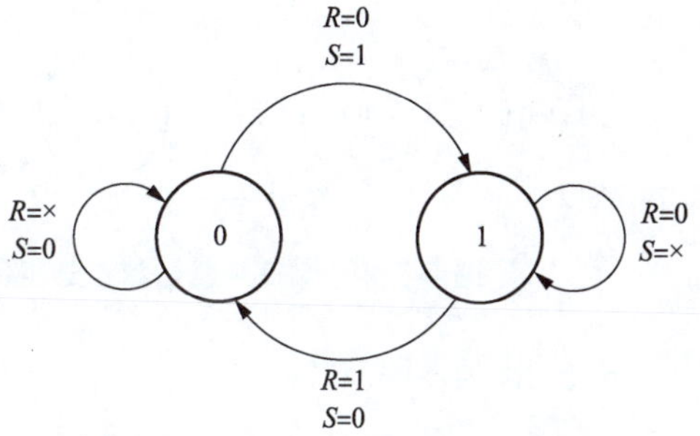

图 7-3　同步 RS 触发器状态转换图

三、同步 D 触发器

1. 电路特点

RS 触发器逻辑功能存在着 $R=S=1$ 时次态不定的不完善性，D 触发器是针对这个问题的一种改进电路，可在 R 和 S 之间接入非门 G_5，如图 7-4（a）所示，这种单输入的触发器称为 D 触发器。同步 D 触发器是由 RS 触发器演变而成的，是 $R=0$ 条件下的特例。图 7-4（b）所示为其图形符号。

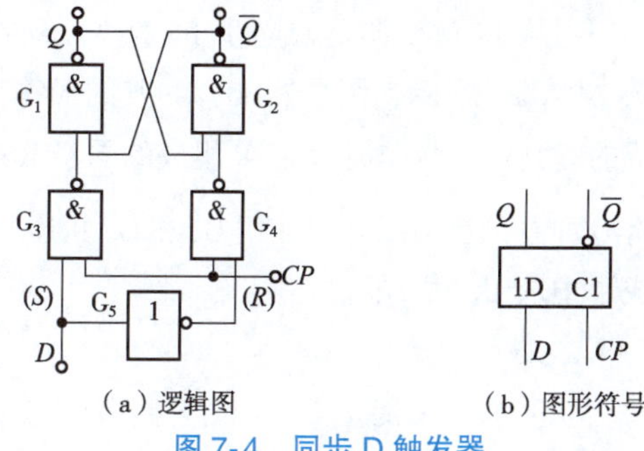

图 7-4　同步 D 触发器

2. 逻辑功能

在 $CP=0$ 时，G_3 和 G_4 被封锁输出 1，触发器保持原状态不变，不受 D 端输入信号的控制。

在 $CP=1$ 时，G_3 和 G_4 解除封锁，可接收 D 端输入的信号。如 $D=1$ 时，$\overline{D}=0$，触发器翻转到 1 态，即

$Q^{n+1}=1$；如 $D=0$ 时，$\overline{D}=1$，触发器翻转到0态，即 $Q^{n+1}=0$。由此可列出表7-3所示D触发器的真值表。

表7-3 同步D触发器真值表

D	Q^n	Q^{n+1}	功率说明
0	×	0	置0（输出状态和 D 相同）
1	×	1	置1（输出状态和 D 相同）

3. 特性方程

由表7-3可知，D触发器次态 Q^{n+1} 仅取决于控制输入端 D，而与原态无关，其特性方程为

$$Q^{n+1}=D$$

4. 状态转换图

由表7-3可画出图7-5所示的状态转换图。

5. 同步触发器的空翻现象

在 CP 为高电平1期间，如同步触发器的输入信号发生多次变化时，其输出状态也会相应发生多次变化，这种现象称为同步触发器的空翻现象。图7-6所示为同步D触发器的空翻波形图。同步触发器由于存在空翻，它只能用于数据锁存，而不能用于计数器、移位寄存器和存储器等。

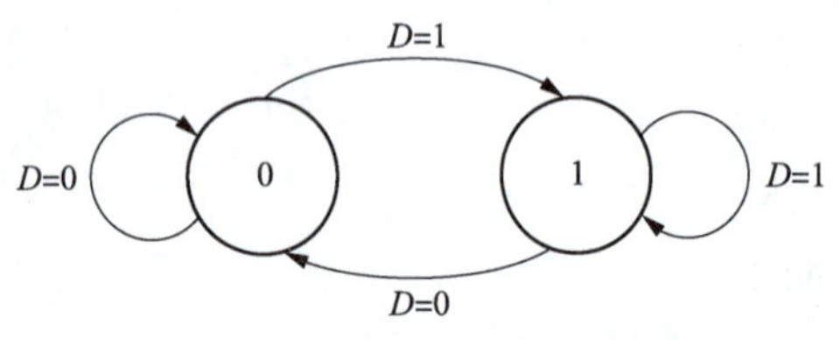

图7-5 同步D触发器状态转换图

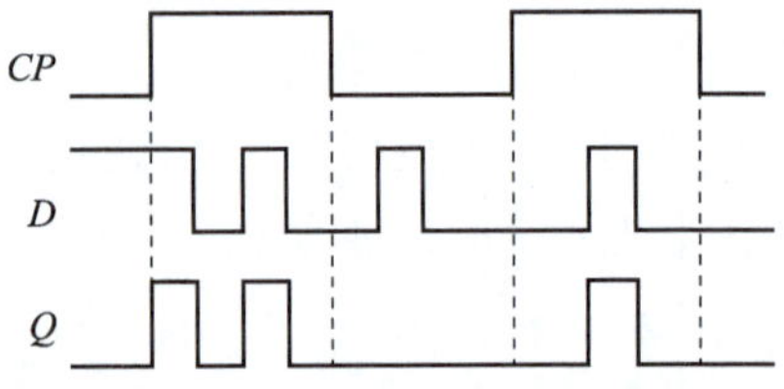

图7-6 同步D触发器的空翻波形图

四、JK触发器及芯片

为了进一步提高触发器的抗干扰能力，提高工作的可靠性，希望触发器的次态仅取决于 CP 的上升沿或下降沿到来时刻输入信号的变化，而在此之前或之后输入状态的任何变化，对触发器的次态都没有影响，多采用主从结构的触发器。

1. 电路组成和逻辑符号

主从JK触发器是在同步RS触发器的基础上稍加改动而形成的。主从JK触发器的逻辑图如图7-7（a）所示，图7-7（b）为其图形符号。由逻辑图可以看出它是由两个同步RS触发器串联而成的，其中由与非门 $G_1\sim G_4$ 组成的同步RS触发器是从触发器，由与非门 $G_5\sim G_8$ 组成主触发器，并将 $\overline{Q}$ 和 Q 经反馈线和与非门 G_7 和 G_8 相连，然后再从与非门 G_7 和 G_8 各引出一个输入端 J 和 K，便构成了主从JK触发器。

2. 逻辑功能

（1）置1功能。当 $J=1$、$K=0$ 时，在 $CP=1$ 期间，主触发器置1；当 CP 由1变0时，从触发器也随之被置1，完成了触发器的置1功能，即 $Q^{n+1}=0$。

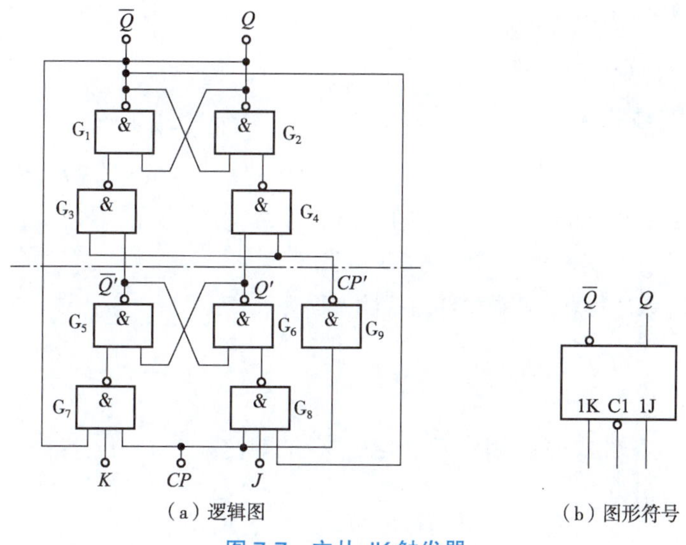

（a）逻辑图　　（b）图形符号

图 7-7　主从 JK 触发器

（2）置 0 功能。当 $J=0$、$K=1$ 时，在 $CP=1$ 期间，主触发器置 0；当 CP 由 1 变 0 时，从触发器也随之被置 0，完成了触发器的置 0 功能，即 $Q^{n+1}=0$。

（3）保持功能。当 $J=K=0$ 时，由于主触发器的输入控制门 G_7 和 G_8 均被封锁，触发器保持原状态不变，即 $Q^{n+1}=Q^n$。

（4）翻转功能。当 $J=K=1$ 时，分两种情况来讨论。第一种情况，设触发器的现态 $Q^n=0$，则门 G_8 被封锁，当 $CP=1$ 时，仅门 G_7 被打开，输出低电平信号，使主触发器被置 1，此时从触发器不工作；当 CP 由 1 变 0 时，从触发器工作，则 $Q^{n+1}=1$。第二种情况，设触发器的现态 $Q^n=1$，则门 G_7 被 $\overline{Q}$ 的低电平封锁，$CP=1$ 期间，仅门 G_8 被打开，输出低电平信号，使主触发器被置 0；当 CP 由 1 变 0 时，从触发器工作被置成 0，即 $Q^{n+1}=0$。

主从 JK 触发器的逻辑功能可用表 7-4 所示的真值表来描述。

表 7-4　主从 JK 触发器的真值表

CP	J	K	Q^n	Q^{n+1}	功能说明
	0 0	0 0	0 1	0 1	保持 $Q^{n+1}=Q^n$
	0 0	1 1	0 1	0 0	置 0 $Q^{n+1}=0$
	1 1	0 0	0 1	1 1	置 1 $Q^{n+1}=1$
	1 1	1 1	0 1	1 0	翻转 $Q^{n+1}=\overline{Q^n}$

根据表 7-4 可写出主从 JK 触发器的状态方程为：

$$Q^{n+1}=J\overline{Q^n}+\overline{K}Q^n$$

由表 7-4 可画出图 7-8 所示的状态转换图。

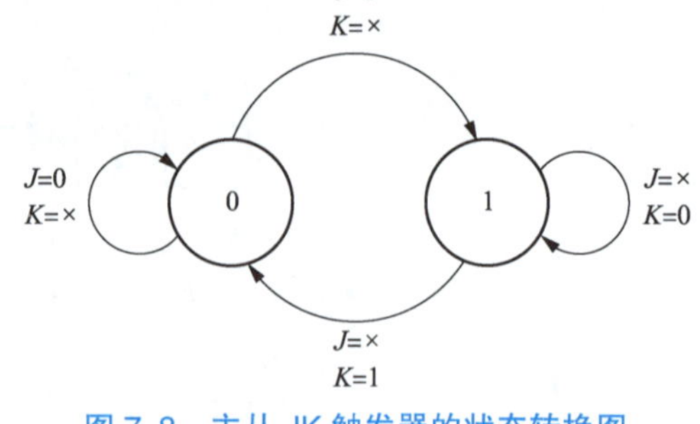

图 7-8 主从 JK 触发器的状态转换图

五、T 触发器与 T′触发器

1. T 触发器

如果把 JK 触发器的两个输入端 J 和 K 连在一起，并把这个连在一起的输入端用 T 表示，则构成了 T 触发器。T 触发器具有保持和计数的特点。T 触发器的特性方程为

$$Q^{n+1}=T\overline{Q^n}+\overline{T}Q^n$$

2. T′触发器

如果 T 触发器的输入端 $T=1$，则称为 T′触发器。T′触发器又称一位计数器，在计数器中应用广泛。T′触发器的特性方程为

$$Q^{n+1}=\overline{Q^n}$$

六、555 定时器的组成及工作原理

1. 555 定时器的组成

555 定时器是一种模拟和数字电路相结合的集成电路。应用 555 定时器可以构成极简约的多谐振荡器、施密特触发器和单稳态触发器，其工作电压范围宽，输出具有一定的负载能力，因而应用广泛。

555 定时器分为：三个 5 kΩ 电阻分压器、A_1 和 A_2 组成的电压比较器、基本 RS 触发器（1 有效）、放电管 VT、倒相缓冲输出门 G 共五个部分，如图 7-9 所示。

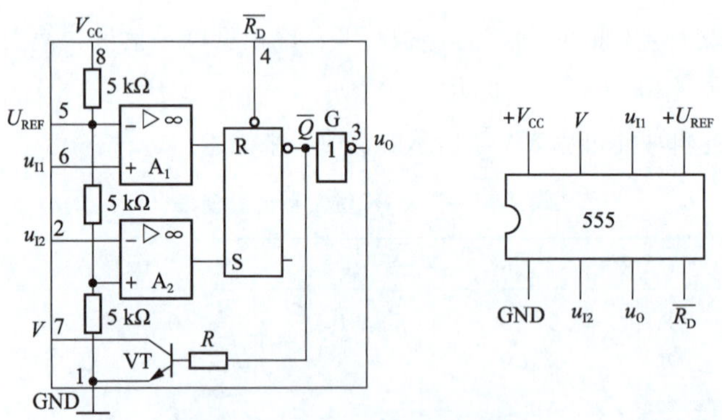

图 7-9 555 集成定时器电路

2. 555 定时器的工作原理

其 5 引脚无效时，由于集成运放的“虚断”特性，A_1 输入端以 $(2/3)V_{CC}$ 为参考电压，A_2 以 $(1/3)V_{CC}$ 为参考电压。

电压比较器输入端 $u_{I1}>(2/3)V_{CC}$ 时，A_1 输出（接入 R 端）为 0，否则为 1；$u_{I2}>(1/3)V_{CC}$ 时，A_2 输出（接入 S 端）为 1，否则为 0。

1 有效的基本 RS 触发器，当 $R=S=0$ 时，Q 保持原态，$R=1$、$S=0$ 时清零，$R=0$、$S=1$ 时置 1，$R=S=1$ 时输出状态不定。

G 将触发器的反相输出倒相并加强输出电流。

放电管 VT 当 u_O 输出为 1 时截止，为 0 时导通。放电端 7 引脚和接地端 1 引脚。

综合 555 定时器内部五个基本部分的功能可以得到表 7-5 所示的功能表，也就是 555 集成定时器的具体功能描述。

表 7-5　555 定时器功能表

$\overline{R}_D$	u_{I1}	u_{I2}	R	S	$\overline{Q}$	u_O	VT
0	×	×	×	×	1	0	导通
1	$<\frac{2}{3}V_{CC}$	$<\frac{1}{3}V_{CC}$	0	1	0	1	截止
	$>\frac{2}{3}V_{CC}$	$>\frac{1}{3}V_{CC}$	1	0	1	0	导通
	$>\frac{1}{3}V_{CC}$	$>\frac{1}{3}V_{CC}$	0	0	保持	保持	保持

当 5 引脚 U_{REF} 端作用时，表 7-5 中的参考电位应相应换为 U_{REF} 和 $(1/2)U_{REF}$。此时，门限值可自由设定，由此拓展了 555 芯片的使用范围。

七、多谐振荡器

555 芯片外围接入电阻和电容即可构成多谐振荡器，如图 7-10（a）所示。起初由于其内部集成运放的“虚断”性质而对电容充电。当充电到 $u_{I1}=u_{I2}=(2/3)V_{CC}=u_C$ 时，对照表 7-5，输出 Q 应翻转为低电平，与此同时 VT 导通，电容 C 经由 7 引脚向接地的 1 引脚放电。对应以上过程，在电容 C 上的电压 u_C 波形对应输出 u_O 波形如图 7-10（b）所示。

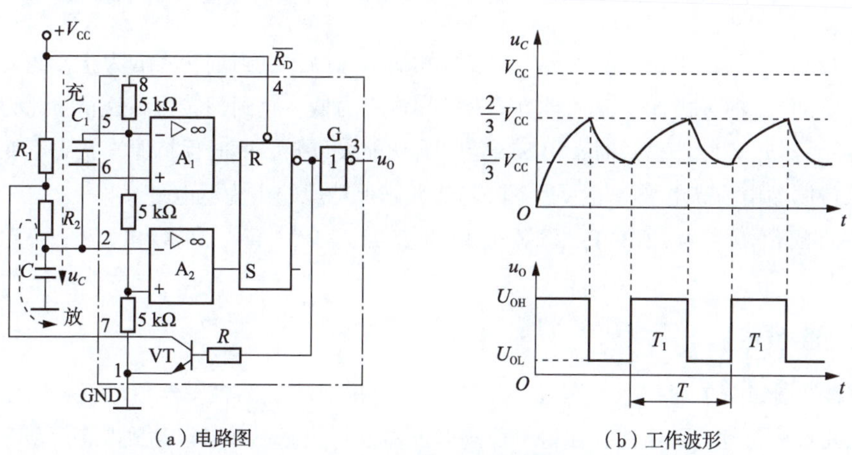

（a）电路图　　（b）工作波形

图 7-10　用 555 定时器构成多谐振荡器的电路图、工作波形

起初对电容充电时，u_C 从 0 V 充到 $(2/3)V_{CC}$，输出为高。时间为 $T_{充}=0.7(R_1+R_2)C$。

u_C 充电到 $(2/3)V_{CC}$ 时，电容开始放电，输出为低。时间为 $T_{放}=0.7R_2C$。

而放电使 u_C 减少到$(1/3)V_{CC}$时，由功能表 7-5 可知，输出再次为高，由此充电与放电过程交替循环，形成输出高低交替的矩形波形。

由上，矩形波的周期为

$$T = T_{充} + T_{放} = 0.7(R_1 + 2R_2)C$$

$$占空比\ q = \frac{T_{充}}{T_{充} + T_{放}} \times 100\% = \frac{R_1 + R_2}{R_1 + 2R_2}$$

上述多谐振荡电路搭好之后，占空比固定。而实际中往往需要波形占空比可调。可利用滑动变阻器（电位器）来组成 555 外部电路，如图 7-11 所示，如需 q 大些，只需向右移动滑动变阻器滑片即可。

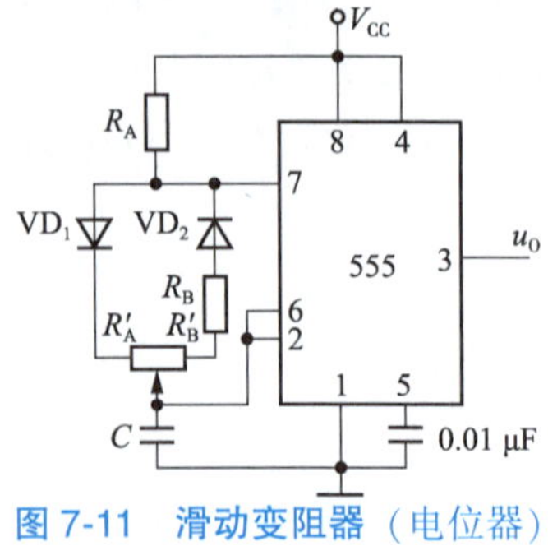

图 7-11 滑动变阻器（电位器）组成的 555 外部电路

八、施密特触发器

将 555 定时器的 u_{I1}（2 引脚）与 u_{I2}（6 引脚）连接在一起作输入 u_I，$\overline{R_D}$（4 引脚）与 U_{REF}（5 引脚）都不起作用时，就构成了一个施密特触发器。其中 3 引脚为输出，如图 7-12 所示。可以构成波形变换、波形整形、鉴幅等电路。

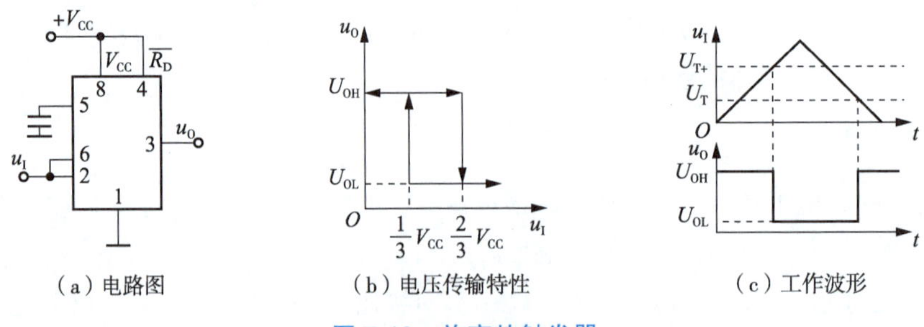

（a）电路图　（b）电压传输特性　（c）工作波形

图 7-12 施密特触发器

工作原理：

在 $u_I < (1/3)V_{CC}$ 时，由 555 定时器功能表可知输出为高，直到翻转为低为止，此为第Ⅰ稳态；

在 $u_I > (2/3)V_{CC}$ 时，由 555 定时器功能表可知输出为低，直到翻转为高为止，此为第Ⅱ稳态；

在 $(1/3)V_{CC} < u_I < (2/3)V_{CC}$ 时，由 555 定时器功能表可知，此时保持原来状态不变，即输入为上升趋势，保持原输出为高电平；输入为下降趋势，则保持原输出为低电平。

综上，正向阈值 U_{T+} 为$(2/3)V_{CC}$，负向阈值 U_{T-} 为$(1/3)V_{CC}$，滞后电压或回差电压 U_H 为$(1/3)V_{CC}$。

九、单稳态触发器

555 定时器外围如图 7-13 接入电阻 R 和电容 C 即可构成单稳态触发器。R 一般为几百欧到几兆欧，C 一般为几百皮法到几百微法，使得单稳态触发器的暂稳态一般可以达到几微秒到几分钟。

稳态时，V_{CC}通过 R 给 C 充电，会使得 6 引脚电压高于正向阈值，而由 555 定时器功能表可知，会将放电管导通，使得 7 引脚向地（1 引脚）放电，输出为低，而 2 引脚独立作为输入，使得放电过程无负向阈值，所以稳态输出为低，只要 u_I（2 引脚）输入低于$(1/3)V_{CC}$就会有翻转，从而出现暂稳态（输出高）。

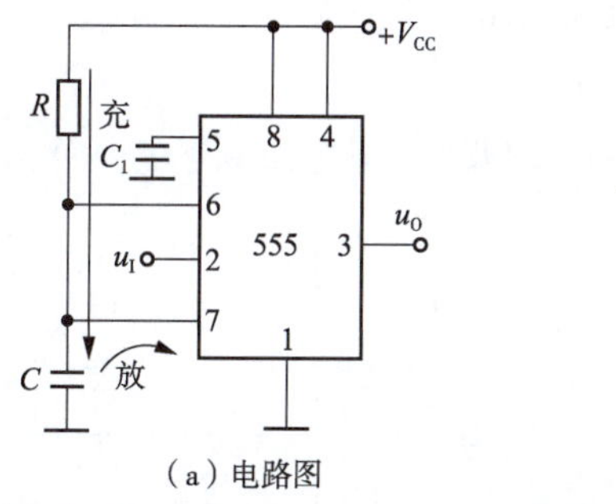

（a）电路图

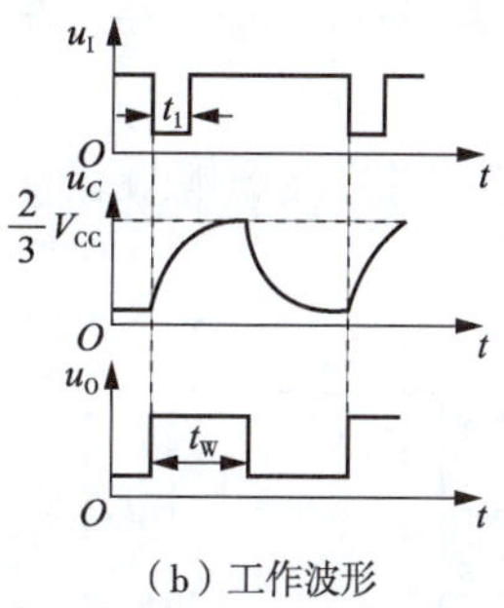

（b）工作波形

图 7-13　单稳态触发器

当 u_I 接到触发信号（短暂低电平），单稳态触发器进入暂稳态，此时输出为高，放电管 VT 截止，充电过程开始，一直充电到正向阈值 $(2/3)V_{CC}$ 为止，此段暂稳态时间长度只与 R 和 C 的数值有关，与触发电平时间长短无直接关系。暂稳态时间为

$$T_W \approx RC\ln 3 = 1.1RC$$

暂稳态完成后，由于放电通路中无电阻，放电过程迅速，立即又恢复到稳态，等待下一次触发电平的到来。

任务实施

一、任务说明

555 定时器是一种模拟电路和数字电路相结合的中规模集成器件，它性能优良，适用范围很广，外部加接少量的阻容元件可以很方便地组成单稳态触发器和多谐振荡器，以及不需外接元件就可组成施密特触发器。因此，555 定时器被广泛应用于脉冲波形的产生与变换、测量与控制等方面。本任务就是 555 定时器的制作与测试。

1. 设计方案

1）单稳态触发器

按图 7-14 连线，取 $R = 100\ \text{k}\Omega$，$C = 47\ \mu\text{F}$，输入信号 U_i 由单次脉冲源提供，用双踪示波器观测 U_i、U_C、U_o 波形。

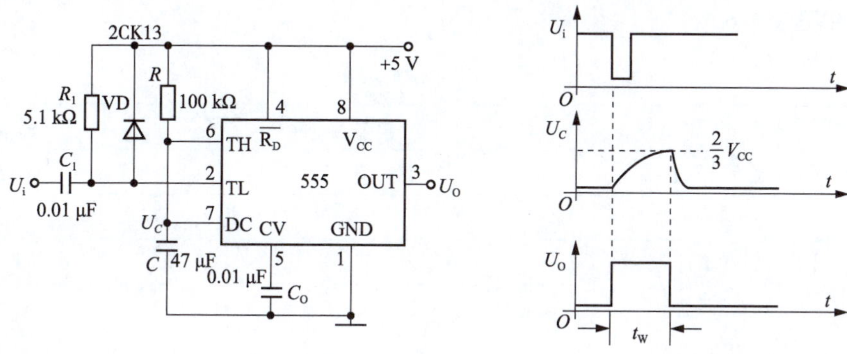

图 7-14　单稳态触发器

将 R 改为 1 kΩ，C 改为 0.1 μF，输入端加 1 kHz 的连续脉冲，观测 U_i、U_C、U_o 波形。

2）多谐振荡器

按图 7-15 接线，用双踪示波器观测 U_C 与 U_o 的波形，并测定频率。

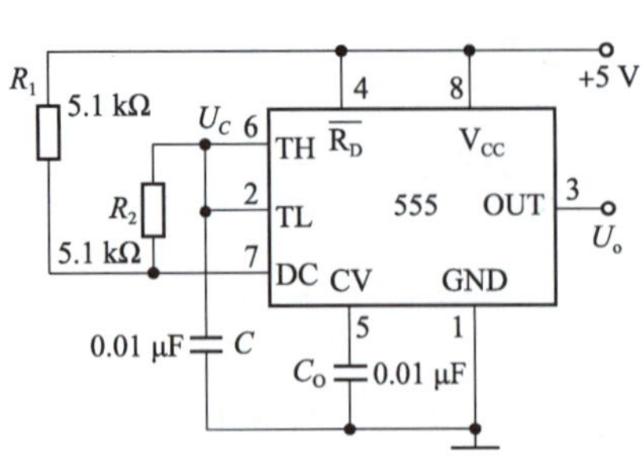

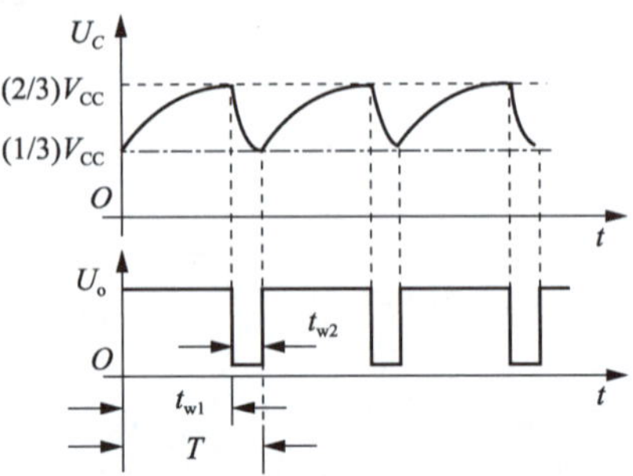

图 7-15　多谐振荡器

3）施密特触发器

按图 7-16 接线，U_S 接实训台上的正弦波，预先调好 U_S 的频率为 1 kHz，接通电源，逐渐加大 U_s 的幅度，观测输出波形。

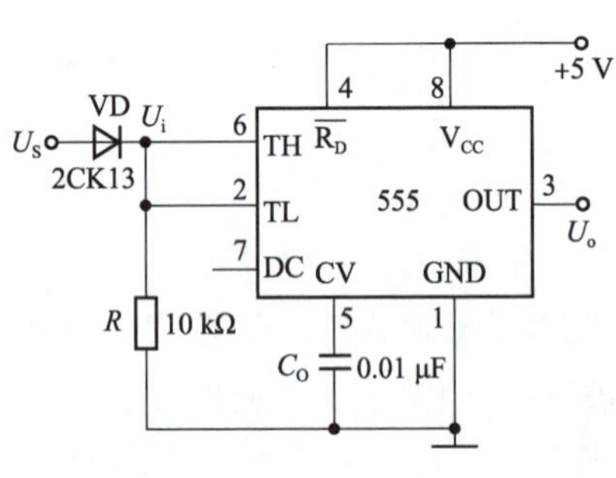

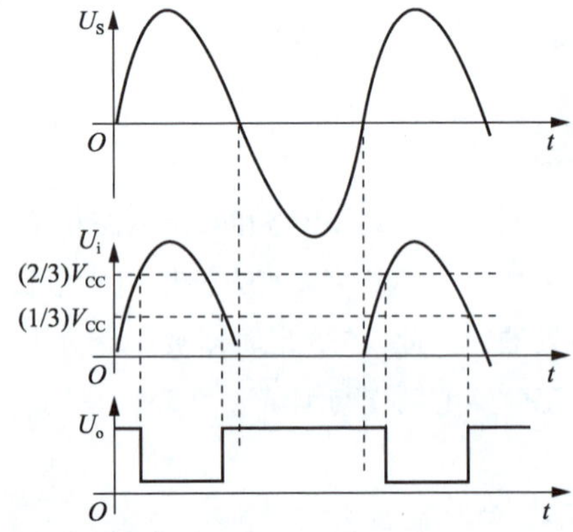

图 7-16　施密特触发器

2. 选用器件

元器件清单见表 7-6。

表 7-6　元器件清单

序号	名称	型号与规格	数量
1	直流稳压电源	+5 V	1 路
2	信号源		
3	频率计		
4	双踪示波器		1 台
5	逻辑电平输出		
6	逻辑电平显示		

续表

序号	名称	型号与规格	数量
7	单次脉冲源		
8	计数脉冲		
9	14P 芯片插座		1 个
10	电容	0.01 μF	2 个
11	电容	0.1 μF	1 个
12	电容	47 μF	1 个
13	二极管	1N4148	1 个
14	电阻	1 kΩ	1 个
15	电阻	10 kΩ	1 个
16	电阻	100 kΩ	1 个
17	电阻	5.1 kΩ	1 个
18	集成芯片	555	1 片

3. 工作任务（见表 7-7）

表 7-7　工作任务书

任务名称	555 集成定时器的制作与测试
课时安排	课外焊接，课内调试
设计要求	制作 555 集成定时器，使其可以实现正常供电
制作要求	正确选择器件，按电路图正确连线，按布线要求进行布线、焊接并测试
测试要求	正确记录测试结果。 与设计要求相比较，若不符合，请仔细查找原因
设计报告	555 集成定时器原理图。 列出元件清单。 焊接、安装。 调试、检测电路功能是否达到要求。 分析数据

二、任务评价

请将任务设计所需元器件填写到表 7-8 中，并附电路设计图。

表 7-8　555 定时器制作电气元件的预算

序号	名称	规格/型号	单价	品牌	厂家或商家名称	联络方式

续表

序号	名称	规格/型号	单价	品牌	厂家或商家名称	联络方式
电路设计图						

1. 评价标准（见表7-9）

表7-9 评价标准

序号	主要内容	考核要求	评分标准	配分	扣分	得分
1	电路的连接	（1）电路布线合理。 （2）符合电路设计原则。 （3）元器件选用及安装。 （4）通电实验	（1）布线不规范，扣5分。 （2）选择元器件错误，扣5分。 （3）元器件焊接不牢固，扣3分。 （4）损坏元器件，扣5~15分。 （5）一次调试不成功扣30分；两次调试不成功扣40分	70		
2	绘图	符合设计要求	（1）绘图信息表达不全面，每处扣3分。 （2）图纸大小设计不符合要求，扣5分。 （3）没有设置绘图制图员等标题栏信息，每个扣2分。 （4）绘制对象的位置、比例不符合标准，扣3分	30		
3	安全文明生产及6S执行力		（1）违反安全文明生产规程，扣5~40分。 （2）6S执行力不到位，酌情扣5~10分	倒扣		
备注	除了定额时间外，各项内容的最高分不得超过配分		合计	100		
考评时间	开始时间		结束时间		考评员签字： 年 月 日	

2. 任务能力评价（见表7-10）

表7-10　任务能力评价

组别	与人沟通能力10%	团结协作能力20%	方案设计能力10%	自我学习能力20%	信息处理能力10%	解决问题的能力20%	创新能力10%	总评
第一组								
第二组								
第三组								
第四组								
第五组								

3. 任务能力总评（见表7-11）

表7-11　任务能力总评

组别	第一组对各组的评价结果	第二组对各组的评价结果	第三组对各组的评价结果	第四组对各组的评价结果	第五组对各组的评价结果	总评结果
第一组						
第二组						
第三组						
第四组						
第五组						

三、任务结束

清理工作现场，清点作业工具，摆放到规定地方。

测 试 题

一、填空题

1. 多谐振荡器可产生________波。

2. 施密特触发器有________个稳定的状态，单稳态触发器有________个稳定的状态，多谐振荡器有________个稳定的状态。

3. 施密特触发器的逻辑功能如同一个反相器，但与反相器的不同之处是其输入、输出电压之间的关系有________现象。

4. 555定时器加上少许电容、电阻元件，可以构成各种不同用途的脉冲电路，典型的有________、________和施密特触发器。

5. 若采样信号频谱中的最高频率分量频率为2 000 Hz，则根据采样定理，采样频率应选择为________。

二、判断题

1. 多谐振荡器具有脉冲鉴别作用。 ( )
2. 单稳态触发器的暂稳态时间与输入触发脉冲宽度成正比。 ( )
3. 施密特触发器的上触发电平一定大于下触发电平。 ( )

三、简答题

1. 什么是触发器？它和门电路有什么区别？
2. 触发器的性质是什么？
3. 基本 RS 触发器和同步 RS 触发器有何逻辑功能？
4. 列出 D 触发器的真值表。
5. 如何将主从 JK 触发器转换为 D 触发器？D 触发器的输出状态与输入端 D 有什么关系？

任务 2 数字钟的制作与调试

任务解析

在设计时序逻辑电路时，要求设计者根据给定的具体逻辑问题，求出实现这一逻辑功能的逻辑电路。所得到的设计结果应力求简单。当采用小规模集成电路做设计时，电路最简的标准是所用的触发器和门电路及其输入端的数目均为最少，而当使用中、大规模集成电路时，电路最简的标准则是使用的集成电路数目最少，种类最少，而且互相间的连线也最少。

实践表明，一个电子装置，即使按照设计的电路参数进行安装，往往也难以达到预期的效果。这是因为人们在设计时，不可能周全地考虑各种复杂的客观因素（如元件值的误差、器件参数的分散性、分布参数的影响等），必须通过安装后的测试和调整，来发现和纠正设计方案的不足，然后采取措施加以改进，使装置达到预定的技术指标。因此，调试电子电路的技能对从事电子技术及其相关领域工作的人员来说，是不应缺少的。学生通过完成本任务，应能够叙述计数器的工作特点；学会计数器的逻辑状态及功能；掌握数字钟的调试方法；能够熟练调试数字钟电路；在学习过程中逐步掌握数字电路的分析方法，学会调试相关电路；掌握数字钟组装相关元件的功能。

知识链接

所谓“计数”，就是统计脉冲的个数。计数器就是指能实现“计数”操作的时序逻辑电路。计数器是数字系统中应用场合最多的时序逻辑电路。它主要由触发器组成。它不仅用来计数，还可以用于定时、分频及进行数字运算等。

按计数进制分类，计数器可分为二进制计数器和非二进制计数器两大类；按计数增减趋势分类，计数器可分为加计数器、减计数器、可逆计数器；按计数脉冲引入方式分类，计数器可分为同步计数器、异步计数器。

电子电路调试包括测试和调整两个方面。调试的意义有两方面 ：一是通过调试使电子电路达到规定的指标；二是通过调试发现设计中存在的缺陷并予以纠正。调试的常用仪器有：稳压电源、万用表、示波器、频谱分析仪和信号发生器等。

一、二进制计数器

一个触发器可以表示一位二进制数，常用的二进制计数器是由四个触发器组成的，表示四位二进制数，有 16 种状态。如图 7-17 所示，以 JK 触发器组成的异步二进制加法计数器来说明二进制计数器的工作情况。

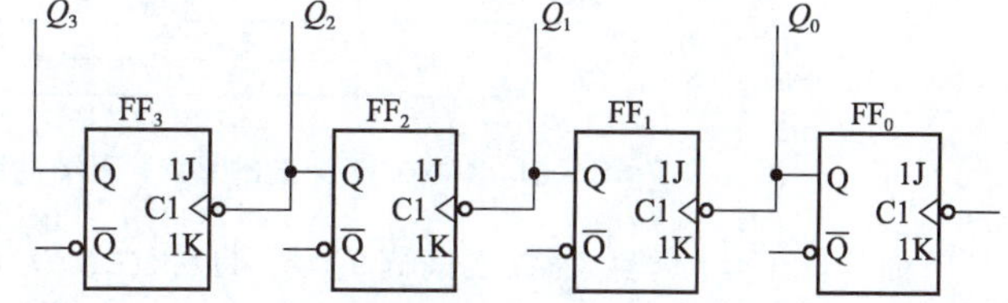

图 7-17　由 JK 触发器组成的异步二进制加法计数器

将 JK 触发器的输入端悬空，相当于 $J=K=1$，计数输入端每接收到一个时钟脉冲，触发器就翻转一次；低位触发器翻转两次，即计两个数就产生一个进位脉冲。设四个 JK 触发器的初态均为 0，计数器状态为 0000。第一个计数脉冲下降沿到来时，触发器 FF_0 翻转为 1，其输出端 Q_0 由低电平变为高电平，而触发器 FF_1 不会翻转，计数器状态为 0001。第二个计数脉冲下降沿到来时，FF_0 翻转为 0，Q_0 输出的负跳变（由 1 变 0）使 FF_1 翻转为 1，Q_1 由低电平变成高电平，不会引起触发器 FF_2 翻转，触发器 FF_3 也不会翻转，计数器状态为 0010。第三个计数脉冲下降沿到来时，FF_0 翻转为 1，FF_1、FF_2、FF_3 都不翻转，计数器状态为 0011。第四个计数脉冲下降沿到来时，FF_0 翻转为 0，使 FF_1 也翻转，FF_1 翻转成 0 后又使 FF_2 翻转为 1，FF_3 不翻转，计数器状态为 0100。

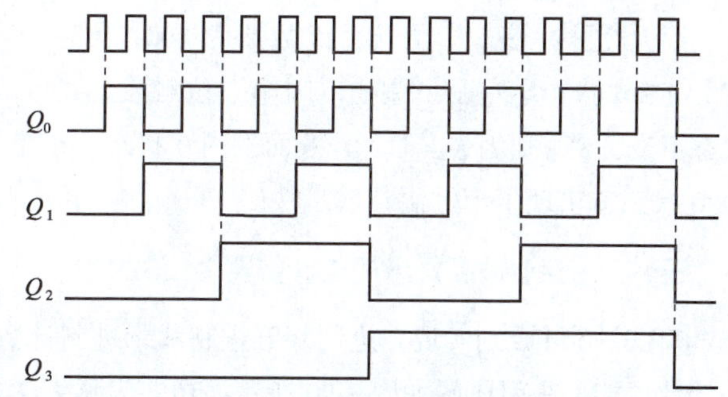

图 7-18　四位二进制加法计数器的工作波形图

继续下去，可画出图 7-18 所示的工作波形图。由工作波形图可以看出。第一位 Q_0 每累计一个数，状态变一次；第二位 Q_1 每累计两个数，状态变一次；第三位 Q_2 每累计四个数，状态变一次；第四位 Q_3 每累计八个数，状态变一次。四位二进制计数器累计总数为 16。

二、十进制计数器

在数字仪表中，为了显示读数直观方便，必须采用十进制计数器。在小型控制机或一些定时系统中，也常需要十进制计数器。

图 7-19 是由 JK 触发器组成的 8421 码十进制加法计数器的逻辑电路图。其中有四个 JK 触发器，各触发器的电路特点如下：

（1）第一位触发器 $J=K=1$，FF_0 翻转受输入的计数脉冲控制。

（2）第二位触发器 $J=\overline{Q_3}$、$K=1$，FF_1 翻转受 FF_3 控制。

（3）第三位触发器 $J=K=1$，FF_2 翻转受 FF_1 控制。

（4）第四位触发器 $J=Q_1Q_2$、$K=1$，$C1=Q_0$。仅当 $Q_1=Q_2=1$ 且 Q_0 由 1 →0 时，FF_3 才能翻转。而 $Q_2=Q_1=Q_0=1$ 是第七个脉冲状态，当第八个脉冲下降沿到来时，Q_0 由 1 →0，这时 FF_3 翻转，Q_3 由 0→1。

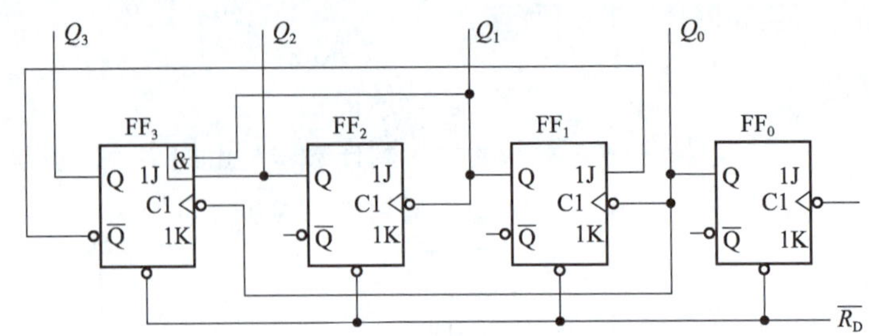

图 7-19　由 JK 触发器组成的 8421 码十进制加法计数器的逻辑电路图

下面分析工作原理：计数之前先清零，即 $Q_3Q_2Q_1Q_0=0000$。在 FF_3 翻转之前（即计数到 8 以前），前（低位的）三级触发器都处于计数触发状态，其工作原理与二进制计数器完全相同。也就是说，前三级触发器组成三位二进制计数器。

当第八个脉冲到来后，FF_0 的输出由 1 →0，Q_0 的负跳变使 FF_1 的输出由 1→0，Q_1 的负跳变又使 Q_2 也由 1→0，同时，由于第七个脉冲已经使第四位触发器的 $J=Q_2Q_1=1$，故 Q_0 输出的负跳变也使 FF_3 翻转，Q_3 由 0→1，这时计数器变成 1000 状态。

第九个脉冲使 FF_0 翻转，计数器为 1001 状态。第十个脉冲输入后，FF_0 翻回 0 状态，并送给 FF_1、FF_3 的 C1 端一个负跳变。因第二位触发器的 $J=0$，故 FF_1 维持 0 状态不变，FF_3 则因 $K=1$、$J=0$ 而翻回 0 状态。于是计数器由 1001 回到 0000 状态，实现了十进制计数。

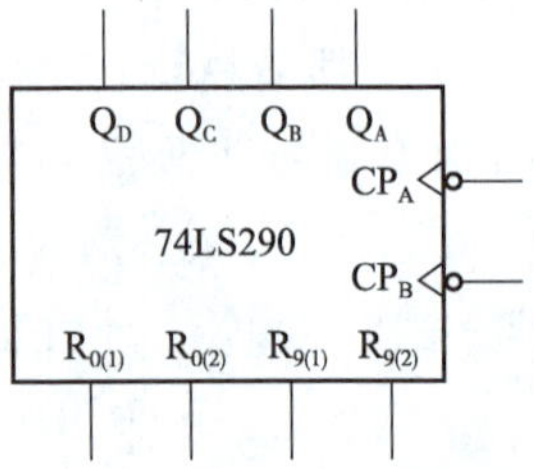

三、二-五-十进制异步加法计数器 74LS290

74LS290 可分别实现二进制、五进制和十进制计数，具有清零、置数和计数功能。其引脚图如图 7-20 所示，功能表见表 7-12。

图 7-20　74LS290 引脚图

表 7-12　74LS290 的功能表

输入				输出			
$R_{0(1)}$	$R_{0(2)}$	$R_{9(1)}$	$R_{9(2)}$	Q_D	Q_C	Q_B	Q_A
1	1	0	×	0	0	0	0
1	1	×	0	0	0	0	0
×	×	1	1	1	0	0	1
×	0	×	0	计数			
0	×	0	×				
0	×	×	0				
×	0	0	×				

（1）异步置 9：当 $R_{9(1)}=R_{9(2)}=1$ 时，电路输出 $Q_DQ_CQ_BQ_A=1001$。

（2）异步清零：当 $R_{9(1)}=R_{9(2)}=0$ 时，若 $R_{0(1)}=R_{0(2)}=1$，则电路输出全部为 0。

（3）计数：当 $R_{9(1)}=R_{9(2)}=0$ 时，且 $R_{0(1)}=R_{0(2)}=0$ 时，电路为计数状态。计数方式有以下三种：

①二进制计数：CP_A 为二进制计数脉冲输入端，Q_A 为二进制计数状态输出端。

②五进制计数：CP_B 为五进制计数脉冲输入端，Q_D、Q_C、Q_B 为五进制计数脉冲输出端。

③十进制计数：分两种情况：若计数脉冲从 CP_A 端输入，将 Q_A 与 CP_B 端相连接，输出按 8421BCD 码计数，从高位到低位依次是 Q_D、Q_C、Q_B、Q_A；若计数脉冲从 CP_B 端输入，将 Q_D 与 CP_A 端相连接，输出按 5421BCD 码计数，从高位到低位依次是 Q_A、Q_B、Q_C、Q_D。

四、时序逻辑电路的设计

1. 同步时序逻辑电路的一般设计步骤

(1) 设定状态图。根据给定的命题要求分清输入变量、输出变量，并由此确定电路所包含的状态，再画出与输入相应的输出状态图。

(2) 确定触发器类型。

(3) 列出状态卡诺图。对简化的状态图赋予每个状态一个二进制代码，称为状态编码或状态分配。编码所用的码一般为自然二进制码。编码方案确定后，根据简化的状态图，画出编码形式的状态图或状态表。

(4) 求出状态方程和输出方程。

(5) 检查能否自启动。

(6) 写出驱动方程。根据编码后的状态表及触发器的驱动表可求得电路的输出方程和各触发器的驱动方程。

(7) 画出逻辑图。

2. 设计举例

例 7-1　设计一个同步六进制计数器。

解　(1) 设定状态图。由题意可知 $N = 6$，至少选用三个触发器，状态图如图 7-21 所示。

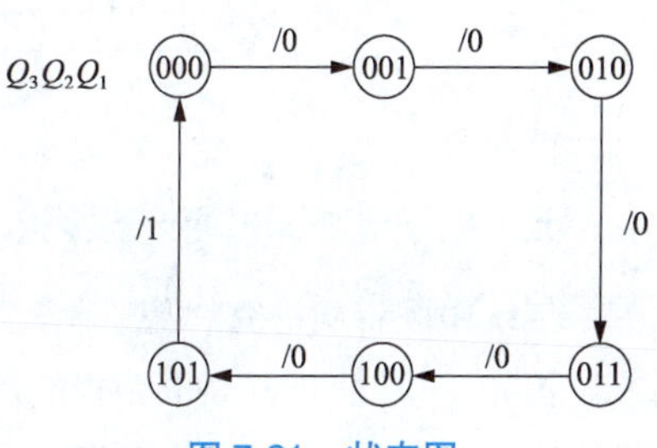

图 7-21　状态图

(2) 确定触发器类型。可选用 JK 触发器，两个输入端，较灵活。

(3) 列出状态卡诺图。状态卡诺图是以现态作为变量、次态作为函数列出的卡诺图，如现态为 000，则卡诺图中应填放相应的次态为 001，由此可得此计数器的卡诺图如图 7-22 所示。

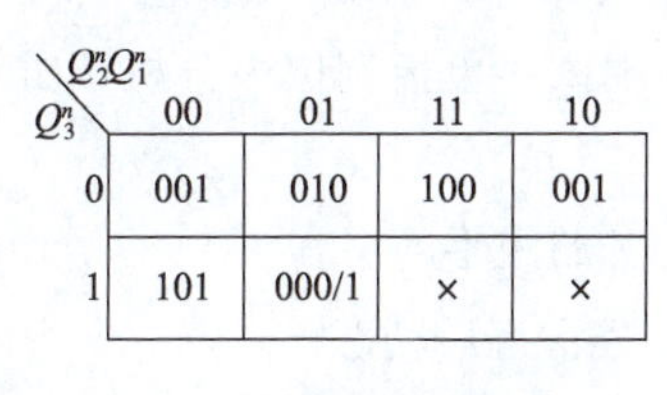

Q_3^n \ $Q_2^nQ_1^n$	00	01	11	10
0	001	010	100	001
1	101	000/1	×	×

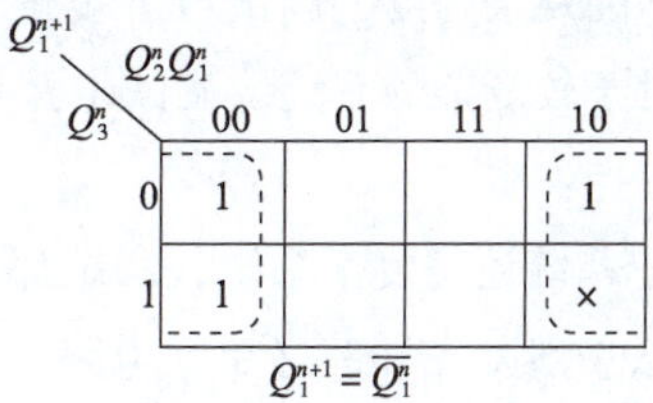

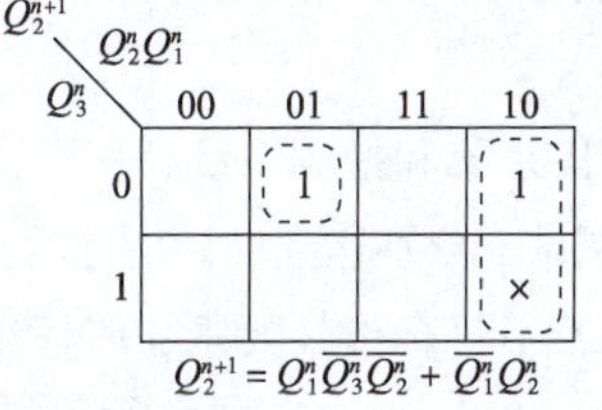

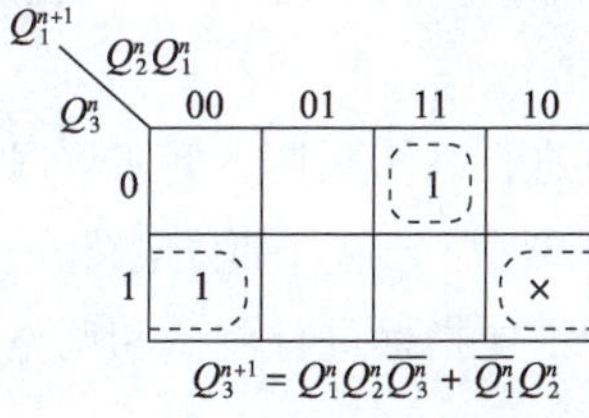

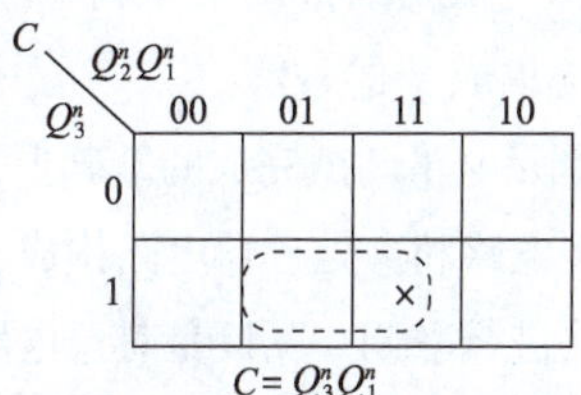

图 7-22　状态卡诺图

（4）写出状态方程和输出方程：

$$Q_1^{n+1}=\overline{Q_1^n}=1\,\overline{Q_1^n}+\overline{1}\,Q_1^n$$

$$Q_2^{n+1}=Q_1^n\,\overline{Q_3^n}\,\overline{Q_2^n}+\overline{Q_1^n}\,Q_2^n$$

$$Q_3^{n+1}=Q_1^n\,Q_2^n\,\overline{Q_3^n}+\overline{Q_1^n}\,Q_3^n$$

$$C=Q_3^nQ_1^n$$

（5）检查能否自启动。本设计中未用的两个状态是 110 和 111，把它们代入状态方程得 110→111→000，均能进入 000 有效状态，故能自启动。

（6）写出驱动方程：

$$J_1=K_1=1$$

$$J_2=Q_1^n\,\overline{Q_3^n}\qquad K_2=Q_1^n$$

$$J_3=Q_1^n\,Q_2^n\qquad K_3=Q_1^n$$

（7）由驱动方程和输出方程画出逻辑图，如图 7-23 所示。

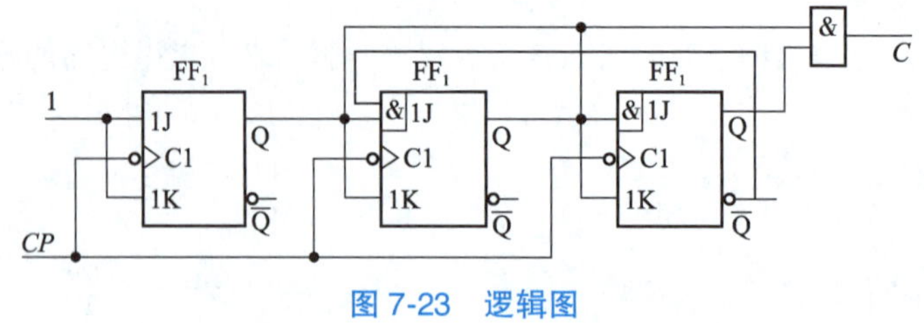

图 7-23 逻辑图

五、电子电路调试的一般步骤

传统中医看病讲究“望、闻、问、切”，其实调试电路也是如此。

首先“望”，即观察电路板的焊接如何；第二“闻”，这个是指通电后听电路板是否有异常响动；第三“问”，如果是自己第一次调试，不是自己设计的，要问电源电压是多少？别人是否调过？有什么问题？第四“切”，元器件有没有焊全、芯片焊接是否正确、不易观察的焊点是否焊好？一般调试前做好这几步就可发现不少问题。

根据电子电路的复杂程度，调试可分步进行。对于较简单的系统，调试步骤是：电源调试→单板调试→联调。对于较复杂的系统，调试步骤是：电源调试→单板调试→分机调试→主机调试→联调。由此可明确三点：

（1）不论简单系统还是复杂系统，调试都是从电源开始入手的。

（2）调试方法一般是先局部（单元电路）后整体，先静态后动态。

（3）一般要经过测量→调整→再测量→再调整的反复过程。对于复杂的电子系统，调试也是一个“系统集成”的过程。

在单元电路调试完成的基础上，可进行系统联调。例如数据采集系统和控制系统，一般由模拟电路、数字电路和微处理器电路构成，调试时常把这三部分电路分开调试，分别达到设计指标后，再加进接口电路进行联调。联调是对总电路的性能指标进行测试和调整，若不符合设计要求，应仔细分析原因，找出相应的单元进行调整。不排除要调整多个单元的参数或调整多次，甚至有修正方案的可能。

六、电子电路调试的具体步骤

1. 通电观察

通电后不要急于测量电气指标，而要观察电路有无异常现象，例如有无冒烟现象，有无异常气味，手摸集成电路外封装，是否发烫等。如果出现异常现象，应立即关断电源，待排除故障后再通电。

2. 静态调试

静态调试一般是指在不加输入信号，或只加固定的电平信号的条件下所进行的直流测试。可用万用表测出电路中各点的电位，通过和理论估算值比较，结合电路原理的分析，判断电路直流工作状态是否正常，及时发现电路中已损坏或处于临界工作状态的元器件。通过更换器件或调整电路参数，使电路直流工作状态符合设计要求。

3. 动态调试

动态调试是在静态调试的基础上进行的，在电路的输入端加入合适的信号，按信号的流向，顺序检测各测试点的输出信号，若发现不正常现象，应分析其原因，并排除故障，再进行调试，直到满足要求。

测试过程中不能仅凭感觉或印象，要始终借助仪器观察。使用示波器时，最好把示波器的信号输入方式置于 DC 挡，通过直流耦合方式，可同时观察被测信号的交、直流成分。

通过调试，最后检查功能块和整机的各种指标（如信号的幅值、波形形状、相位关系、增益、输入阻抗和输出阻抗、灵敏度等）是否满足设计要求，如必要，再进一步对电路参数提出合理的修正。

七、电子电路调试中的若干问题

（1）根据待调试系统的工作原理（原理图和 PCB）拟定调试步骤和测量方法，确定测试点，并在图纸上和板子上标出位置，画出调试数据记录表格等。

（2）搭设调试工作台。工作台配备所需的调试仪器，仪器的摆设应操作方便，便于观察。学生往往不注意这个问题，在制作或调机时工作台很乱，工具、书本、衣物等与仪器混放在一起，这样会影响调试。特别提示：在制作和调试时，一定要把工作台布置干净、整洁。

（3）对于硬件电路，应为被调试系统选择测量仪表，测量仪表的精度应优于被测系统；对于软件调试，则应配备微机和开发工具。

（4）电子电路的调试顺序一般按信号流向进行，将前面调试过的电路输出信号作为后一级的输入信号，为最后统调创造条件。

（5）选用可编程逻辑器件实现的数字电路，应完成可编程逻辑器件源文件的输入、调试与下载，并将可编程逻辑器件和模拟电路连接成系统，进行总体调试和结果测试。

（6）在调试过程中，要认真观察和分析实验现象，做好记录，保证实验数据的完整可靠。

八、调试前的工作

电路安装完毕，通常不宜急于通电，应该先认真检查一下。

检查内容包括：

1. 连线是否正确

检查电路连线是否正确，包括错线（连线一端正确，另一端错误）、少线（安装时完全漏掉的线）和多线（连线的两端在电路图上都是不存在的）。

查线的方法通常有两种：

（1）按照电路图检查安装的线路。这种方法的特点是，根据电路图连线，按一定顺序逐一检查安装好的线路，由此可比较容易地查出错线和少线。

（2）按照实际线路对照原理电路进行查线。这是一种以元件为中心进行查线的方法。把每个元件（包括器件）引脚的连线一次查清，检查每个去处在电路图上是否存在，这种方法不但可以查出错线和少线，还容易查出多线。

为了防止出错，对于已查过的线通常应在电路图上做出标记，最好用指针式万用表“R×1”挡，或数字式万用表“Ω 挡”的蜂鸣器来测量，而且应直接测量元器件引脚，这样可以同时发现接触不良的地方。

2. 元器件安装情况

检查元器件引脚之间有无短路；连接处有无接触不良；二极管、三极管、集成器件和电解电容极性等是否连接有误。

3. 电源供电（包括极性）、信号源连线是否正确

4. 电源端对地是否存在短路

若电路经过上述检查，并确认无误后，就可转入调试。

九、调试方法

所谓电子电路的调试，是以达到电路设计指标为目的而进行的一系列的测量→判断→调整→再测量的反复进行过程。为了使调试顺利进行，设计的电路图上最好标明各点的电位值、相应的波形图以及其他主要数据。调试方法通常采用先分调后联调（总调）。

任何复杂电路都是由一些基本单元电路组成的，因此，调试时可以循着信号的流向，逐级调整各单元电路，使其参数基本符合设计指标。这种调试方法的核心是：把组成电路的各功能块（或基本单元电路）先调试好，并在此基础上逐步扩大调试范围，最后完成整机调试。采用先分调、后联调的优点是：能及时发现问题和解决问题。新设计的电路一般采用此方法。

对于包括模拟电路、数字电路和微机系统的电子装置更应采用这种方法进行调试。因为只有把三部分分开调试后，分别达到设计指标，并经过信号及电平转换电路后才能实现整机联调。否则，由于各电路要求的输入、输出电压和波形不匹配，盲目进行联调，就可能造成大量的器件损坏。

除了上述方法外，对于已定型的产品和需要相互配合才能运行的产品也可采用一次性调试。

十、调试中的注意事项

调试结果是否正确，很大程度上受测量正确与否和测量精度的影响。为了保证调试的效果，必须减小测量误差，提高测量精度。为此，需注意以下几点：

1. 正确使用测量仪器的接地端

凡是使用地端接机壳的电子仪器进行测量时，仪器的接地端应和放大器的接地端连接在一起，

否则仪器机壳引入的干扰不仅会使放大器的工作状态发生变化，而且将使测量结果出现误差。根据这一原则，调试发射极偏置电路时，若需测量 U_{CE}，不应把仪器的两端直接接在集电极和发射极上，而应分别对地测出 V_C、V_E，然后将二者相减得 U_{CE}。若使用干电池供电的万用表进行测量，由于电表的两个输入端是浮动的，所以允许直接跨接到测量点之间。

2. 测量电压所用仪器的输入阻抗必须远大于被测处的等效阻抗

若测量仪器输入阻抗小，则在测量时会引起分流，给测量结果带来很大误差。

3. 测量仪器的带宽必须大于被测电路的带宽

例如：MF-20型万用表的工作频率为20～20 000 Hz。如果放大器的最高频率 f_h = 100 kHz，就不能用MF-20型万用表来测试放大器的幅频特性；否则，测试结果就不能反映放大器的真实情况。

4. 要正确选择测量点

用同一台测量仪器进行测量时，测量点不同，仪器内阻引进的误差大小将不同。

5. 测量方法要方便可行

需要测量某电路的电流时，一般尽可能测电压而不测电流，因为测电压不必改动被测电路，测量方便。若需知道某一支路的电流值，可以通过测取该支路上电阻两端的电压，经过计算得到。

6. 调试过程中，不但要认真观察和测量，还要善于记录

记录的内容包括实验条件、观察的现象、测量的数据、波形和相位关系等。只有有了大量可靠的实验记录并与理论结果加以比较，才能发现电路设计上的问题，完善设计方案。

十一、调试时出现故障的解决方法

要认真查找故障原因，切不可一遇故障解决不了就拆掉线路重新安装。因为重新安装的线路仍可能存在各种问题。如果是原理上的问题，即使重新安装也解决不了问题。应当把查找故障，分析故障原因，看成一次好的学习机会，通过它来不断提高自己分析问题和解决问题的能力。

故障是不期望但又不可避免的电路异常工作状况。分析、寻找和排除故障是电气工程人员必备的实际技能。对于一个复杂的系统来说，要在大量的元器件和线路中迅速、准确地找出故障是不容易的。一般故障诊断过程，就是从故障现象出发，通过反复测试，做出分析判断，逐步找出故障原因的过程。

1. 故障现象和产生故障的原因

（1）常见的故障现象：放大电路没有输入信号，而有输出波形。放大电路有输入信号，但没有输出波形，或者波形异常。串联稳压电源无电压输出，或输出电压过高且不能调整，或输出稳压性能变坏、输出电压不稳定等。振荡电路不产生振荡。计数器输出波形不稳，或不能正确计数。收音机中出现“嗡嗡”交流声和“啪啪”的汽船声等。以上是最常见的一些故障现象，还有很多奇怪的现象，在这里就不一一列举了。

（2）产生故障的原因：故障产生的原因很多，情况也很复杂，有的是一种原因引起的简单故障，有的是多种原因相互作用引起的复杂故障。因此，引起故障的原因很难简单分类。这里只能进行一些粗略的分析。

对于定型产品使用一段时间后出现故障，故障原因可能是元器件损坏，连线发生短路或断路（如焊点虚焊，接插件接触不良，可调电阻器、电位器、半可调电阻等接触不良，接触面表面镀层氧

化等），或使用条件发生变化（如电网电压波动、过冷或过热的工作环境等）影响电子设备的正常运行。

对于新设计安装的电路来说，故障原因可能是：实际电路与设计的原理图不符；元器件焊接错误、元器件使用不当或损坏；设计的电路本身就存在某些严重缺点，不满足技术要求；连线发生短路或断路等。

仪器使用不正确引起的故障，如示波器使用不正确而造成的波形异常或无波形，接地问题处理不当而引入干扰等。

2. 查找故障的一般方法

查找故障的顺序可以从输入到输出，也可以从输出到输入。查找故障的一般方法有：

1）直接观察法

直接观察法是指不用任何仪器，利用人的视、听、嗅、触等作为手段来发现问题，寻找和分析故障。直接观察包括不通电检查和通电观察。

检查仪器的选用和使用是否正确；电源电压的等级和极性是否符合要求；电解电容的极性、二极管和三极管的引脚、集成电路的引脚有无错接、漏接、互碰等情况；布线是否合理；印制板有无断线；电阻电容有无烧焦和炸裂等。

通电观察元器件有无发烫、冒烟，变压器有无焦味，电子管、示波管灯丝是否亮，有无高压打火等。

此法简单，也很有效，可作初步检查时用，但对比较隐蔽的故障无能为力。

2）用万用表检查静态工作点

电子电路的供电系统，半导体三极管、集成块的直流工作状态（包括元器件引脚、电源电压）、线路中的电阻值等都可用万用表测定。当测得值与正常值相差较大时，经过分析可找到故障。

顺便指出，静态工作点也可以用示波器“DC”输入方式测定。用示波器的优点是：内阻高，能同时看到直流工作状态和被测点上的信号波形，以及可能存在的干扰信号及噪声电压等，更有利于分析故障。

3）信号寻迹法

对于各种较复杂的电路，可在输入端接入一个一定幅值、适当频率的信号（例如，对于多级放大器，可在其输入端接入 $f=1\ 000$ Hz 的正弦信号），用示波器由前级到后级（或者相反），逐级观察波形及幅值的变化情况，如哪一级异常，则故障就在该级。这是深入检查电路的方法。

4）对比法

怀疑某一电路存在问题时，可将此电路的参数与工作状态相同的正常电路的参数（或理论分析的电流、电压、波形等）进行一一对比，从中找出电路中的不正常情况，进而分析故障原因，判断故障点。

5）部件替换法

有时故障比较隐蔽，不能一眼看出，如这时手头有与故障仪器同型号的仪器时，可以将仪器中的部件、元器件、插件板等替换有故障仪器中的相应部件，以便于缩小故障范围，进一步查找故障。

6）旁路法

当有寄生振荡现象时，可以利用适当容量的电容器，选择适当的检查点，将电容临时跨接在检查点与参考接地点之间，如果振荡消失，就表明振荡是产生在此附近或前级电路中。否则就在后面，再移动检查点寻找。应该指出的是，旁路电容要适当，不宜过大，只要能较好地消除有害信号即可。

7）短路法

短路法就是采取临时性短接一部分电路来寻找故障的方法。短路法对检查断路性故障最有效。但要注意对电源（电路）是不能采用短路法的。

8）断路法

断路法用于检查短路故障最有效。断路法也是一种使故障怀疑点逐步缩小范围的方法。例如，某稳压电源因接入一带有故障的电路，使输出电流过大，采取依次断开电路的某一支路的办法来检查故障。如果断开该支路后，电流恢复正常，则故障就发生在该支路。

实际调试时，查找故障原因的方法多种多样，以上仅列举了几种常用的方法。这些方法的使用可根据设备条件、故障情况灵活掌握，对于简单的故障用一种方法即可查找出故障点，但对于较复杂的故障则需采取多种方法互相补充、互相配合，才能找出故障点。

在一般情况下，寻找故障的常规做法是：先用直接观察法，排除明显的故障。再用万用表（或示波器）检查静态工作点。信号寻迹法是对各种电路普遍适用而且简单直观的方法，在动态调试中广为应用。

应当指出，对于反馈环内的故障诊断是比较困难的，在这个闭环回路中，只要有一个元器件（或功能块）出故障，则往往整个回路中处处都存在故障现象。寻找故障的方法是先把反馈回路断开，使系统成为一个开环系统，然后再接入一适当的输入信号，利用信号寻迹法逐一寻找发生故障的元器件（或功能块）。

任务实施

一、任务说明

这里以数字钟的设计与调试为例进行说明。

数字钟是一种用数字电路技术实现时、分、秒计时的钟表。与机械钟相比具有更高的准确性和直观性，具有更长的使用寿命，已得到广泛的使用。数字钟的设计方法有许多种，例如可用中小规模集成电路组成，也可以利用专用的数字钟芯片配以显示电路及其所需要的外围电路组成，还可以利用单片机来实现等。这些方法都各有其特点，其中利用单片机实现的数字钟具有编程灵活，便于功能扩展的特点。

1. 设计方案

本电路采用石英晶振作为时基脉冲振荡器，通过数字分频后取得秒时基信号；再通过计数器、译码器及显示器将时间显示出来。

秒信号发生器由 CD4060 和 CD4013 组成，产生频率为 1 Hz 的时间基准信号，如图 7-24 所示。CD4060 是 14 级二进制计数器/分频器/振荡器。它与外接电阻、电容、石英晶振共同组成 32 768 kHz 振荡器，并进行 14 级二分频，再外加一级 D 触发器（CD4013）二分频，输出 1 Hz 的时基秒信号。秒、分、时计数器电路均采用双 BCD 同步加计数器 CD4518 计数输出 BCD 码。通过 CD4511 将 BCD 码显示出对应的数字。

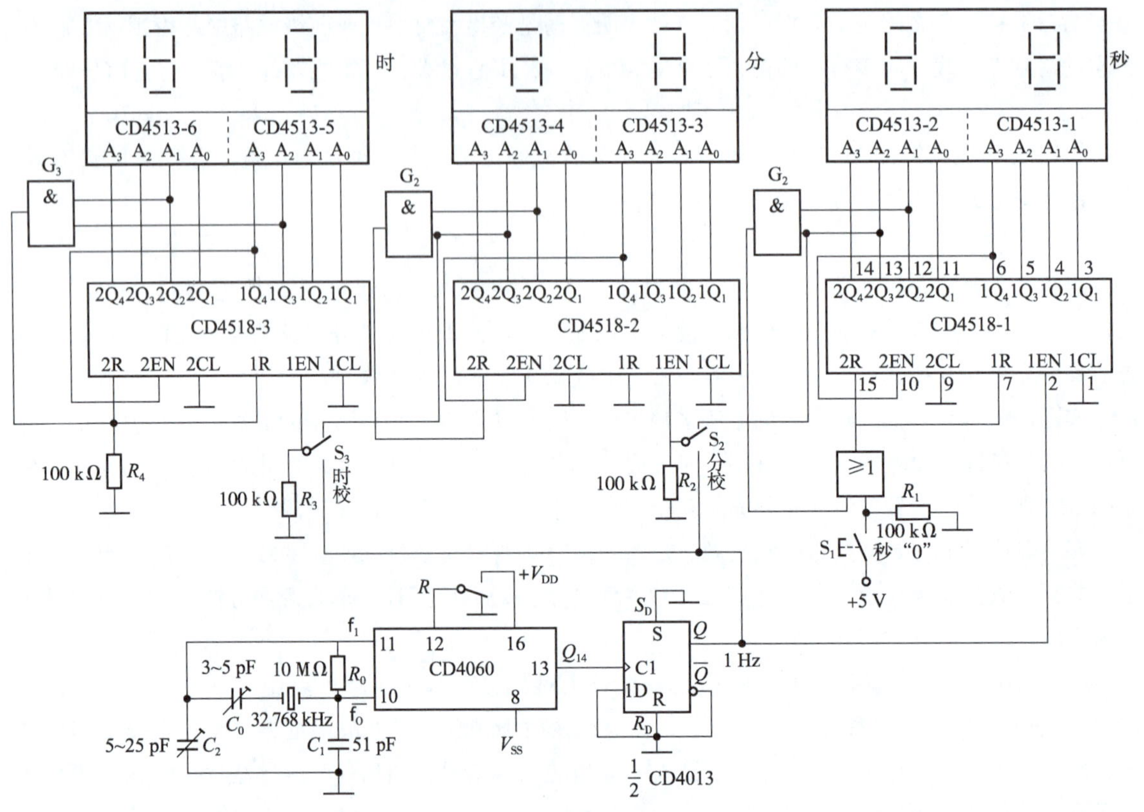

图 7-24　数字钟原理图

秒、分计数器是六十进制计数，时是二十四进制计数。时、分、秒的显示电路完全相同，均使用 CD4511 译码驱动数码管。秒校时采用等待校时法，正常工作时，开关 S_3 拨到"走时"，进行对秒信号校对，将 S_3 拨到"停"，待标准时间一到，立即拨到"走时"位置，恢复正常走时。分和时通过开关直接输入脉冲信号校准，每按一次开关，加一次数。

六十进制电路工作原理：当时间是 60 s 的时候，CD4518 的十位输出的 BCD 码是 0110，通过一个与门电路（CD4581）接在 CD4518 的 Q2B 和 Q3B 端，当到 60 s 时，这两端同时输出 1，通过与门电路输出 1 给 CD4518 清零，数字从 00 开始重新计数，同时给分信号或者时信号来一个脉冲加 1。

二十四进制电路工作原理与六十进制电路类似，只不过取的信号是 24。CD4518 输出的 BCD 码是 00100100，取 CD4518 的 Q2B 和 Q3A 端即可。

电路没有断电记忆时间功能，断电后需要重新校时。

2. 选用器件（参考）

元器件清单见表 7-13。

表 7-13　数字钟组装元器件清单

序号	名称	规格型号	编号	数量	备注
1	电阻	10 MΩ			
2	电阻	100 kΩ			

续表

序号	名称	规格型号	编号	数量	备注
3	发光二极管	LED			
4	二极管	1N4148			
5	晶振	32.768 kHz			
6	电容	51 pF			
7	可调电容	3~5 pF			
8	可调电容	5~15 pF			
9	IC 座	16 脚 IC 座			
10	IC 座	14 脚 IC 座			
11	轻触开关	6 mm×6 mm×5 mm			
12	拨动开关	SS12D00			
13	数码管	0.56 寸共阴极红色			
14	接线端子	KF301 PCB			
15	集成电路	CD4513			
16	集成电路	CD4518			
17	集成电路	CD4060			
18	集成电路	CD4013			
19	电路板	130 mm×70 mm 双面板			

3. 数字钟电路焊接

元器件的焊接顺序：先装矮元件再装高元件；集成电路先安装管座，最后再将集成电路装在管座上。不区分引脚方向的元件：电阻器、晶振、瓷片电容器、拨动开关。有正负极的元件：发光二极管和电解电容器的长脚是正极，对着电路板上标+的位置，1N4148 带黑圈的位置对着电路板上带白色标记的位置。

IC 座的缺口位置对准电路板带缺口位置的方向，同样集成电路也是缺口位置对准电路板的缺口标记。轻触开关是能正常装入的位置是正确的。引脚顺序识别：芯片文字正对准自己，从左下角开始第一个引脚是 1（逆时针数）。

检查调试：检测焊点是否良好，元件是否装错，时间是否正确显示。

4. 工作任务书（见表 7-14）

表 7-14　工作任务书

任务名称	数字钟的制作与调试
课时安排	课外焊接，课内调试
设计要求	制作数字钟，使其可以实现正常供电
制作要求	正确选择器件，按电路图正确连线，按布线要求进行布线、焊接并测试
测试要求	正确记录测试结果。 与设计要求相比较，若不符合，请仔细查找原因
设计报告	数字钟原理图。 列出元件清单 焊接、安装 调试、检测电路功能是否达到要求 分析数据

二、任务评价

请将任务设计所需元器件填写到表 7-15 中，并附电路设计图。

表 7-15　数字钟制作电气元件的预算

序号	名称	规格/型号	单价	品牌	厂家或商家名称	联络方式
电路设计图						

1. 评价标准（见表 7-16）

表 7-16　评价标准

序号	主要内容	考核要求	评分标准	配分	扣分	得分
1	电路的连接	（1）电路布线合理。 （2）符合电路设计原则。 （3）元器件选用及安装。 （4）通电实验	（1）布线不规范，扣 5 分。 （2）选择元器件错误，扣 5 分。 （3）元器件焊接不牢固，扣 3 分。 （4）损坏元器件，扣 5~15 分。 （5）一次调试不成功扣 30 分，两次调试不成功扣 40 分	70		
2	绘图	符合设计要求	（1）绘图信息表达不全面，每处扣 3 分。 （2）图纸大小设计不符合要求，扣 5 分。 （3）没有设置绘图制图员等标题栏信息，每个扣 2 分。 （4）绘制对象的位置、比例不符合标准，扣 3 分	30		

续表

序号	主要内容	考核要求	评分标准	配分	扣分	得分
3	安全文明生产及 6S 执行力		（1）违反安全文明生产规程，扣 5～40 分。 （2）6S 执行力不到位，酌情扣 5～10 分	倒扣		
备注	除了定额时间外，各项内容的最高分不得超过配分		合计	100		
考评时间	开始时间		结束时间		考评员签字： 年　月　日	

2. 任务能力评价（见表 7-17）

表 7-17　任务能力评价

组别	与人沟通能力 10%	团结协作能力 20%	方案设计能力 10%	自我学习能力 20%	信息处理能力 10%	解决问题的能力 20%	创新能力 10%	总评
第一组								
第二组								
第三组								
第四组								
第五组								

3. 任务能力总评表（见表 7-18）

表 7-18　任务能力总评

组别	第一组对各组的评价结果	第二组对各组的评价结果	第三组对各组的评价结果	第四组对各组的评价结果	第五组对各组的评价结果	总评结果
第一组						
第二组						
第三组						
第四组						
第五组						

三、任务结束

清理工作现场，清点作业工具，摆放到规定地方。

测试题

1. 十六进制计数器 74LS161 的图形符号如图 7-25 所示，试分别用清零法和置数法设计一个十三进制计数器（0000→0001→0010→…→1011→1100→0000）。

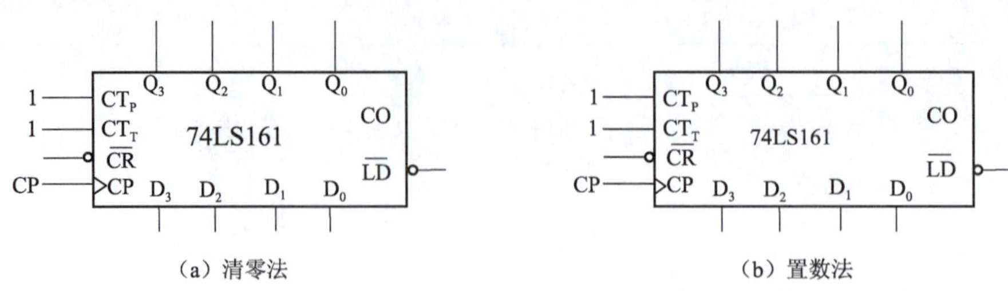

图 7-25　题 1 图

2. 分析图 7-26 所示计数器电路，画出电路的状态转换图（按 $Q_3Q_2Q_1Q_0$），说明是几进制的计数器。

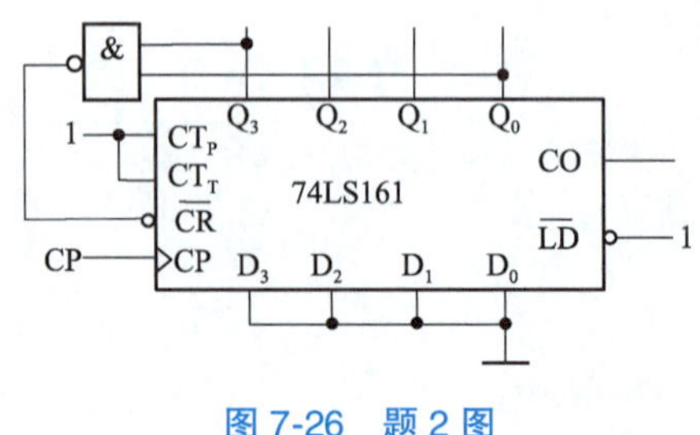

图 7-26　题 2 图

3. N 位二进制计数器共有多少个计数状态？

4. 如何用 74LS290 芯片构成十进制以内任意进制计数器？

5. 如何用 74LS290 芯片构成多位任意进制计数器？

6. 简述 LA5011-11 数码管功能测试方法。

项目总结

本项目主要介绍了数字钟的设计与调试，通过本项目的学习，掌握各种触发器、计数器的功能及其应用，更重要的是在学习过程中，逐渐掌握数字电子电路的分析方法，学会制作数字钟。

项目实训

实训一　RS 和 D 触发器

一、实训目的

（1）检测或非门 RS 触发器的逻辑功能。

（2）检测与非门 RS 触发器的逻辑功能。

（3）检测 D 触发器的逻辑功能和时间波形图。

二、实训准备

万用表 1 只、数字电路实验箱 1 台。

三、实训内容

1. RS 触发器的检测

RS 触发器是最基本的二进制数存储单元，具有两个输入端 R、S 和两个输出端。R 为复位端（置 0），S 为置位端（置 1）。约定 Q 的状态为触发器的状态时，触发器的状态为 1。反之，状态为 0。当 S 输入有效时，$Q=1$；当 R 输入有效时，$Q=0$。

图 7-27 所示为用两个或非门构成的 RS 触发器，这种触发器的输入信号高电平有效，当 $R=0$、$S=1$ 时，$Q=1$；当 $R=S=0$ 时，输出端 Q 保持原来的状态；当 $R=1$、$S=0$ 时，$Q=0$。R、S 同时为 1 的状态是不允许的。

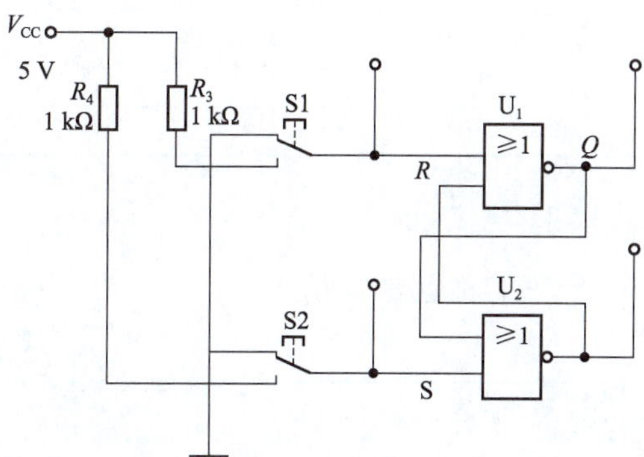

图 7-27　由两个或非门构成的 RS 触发器

2. D 触发器的检测

D 触发器又称 D 锁存器，它只有一个输入端 D，另外还有一个使能端 EN，用来控制是否接收输入信号。当锁存器能接收信号时，输出 $Q=D$；当锁存器不能接收信号时，输出 Q 将“锁存”原来的状态。

图 7-28 所示为用四个与非门和一个反相器构成的 D 锁存器。当使能端 EN 为 0 时，锁存输入和为 1，基本 RS 触发器被封锁，输出 Q 保持原来的状态；当使能端 EN 置 1 时，锁存器的输出 Q 跟随输入 D 变化，使能端置 0 时输出端 Q 被“锁存”。

3. RS 触发器的逻辑功能

按图 7-29 所示，用与非门 74LS00 构成基本 RS 触发器。

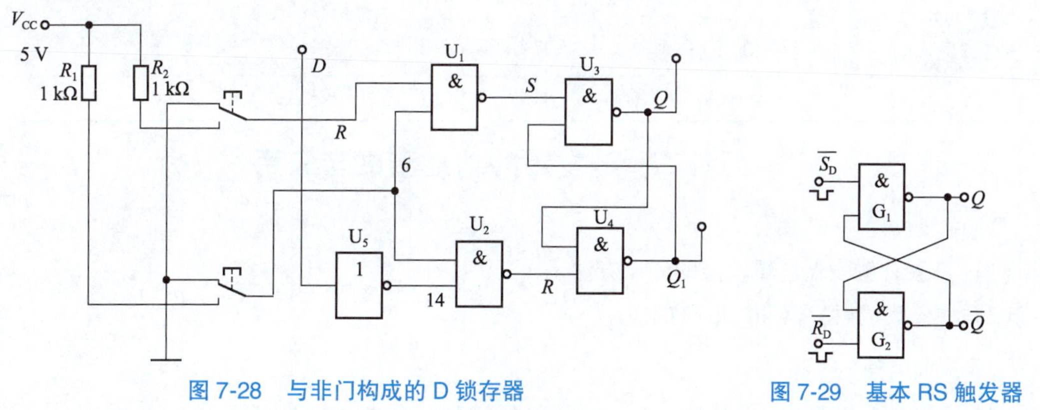

图 7-28　与非门构成的 D 锁存器　　图 7-29　基本 RS 触发器

输入端 $\overline{R}$、$\overline{S}$ 接逻辑开关，输出端 Q、$\overline{Q}$ 接电平指示器，按表 7-19 要求测试逻辑功能。

表 7-19　基本 RS 触发器的逻辑功能

$\overline{R}$	$\overline{S}$	Q	$\overline{Q}$
1	1→0		
	0→1		
1→0	1		
0→1			
0	0		

四、考核标准

考核标准见表 7-20。

表 7-20　考核标准

测评内容	配分	评分标准	操作时间	扣分	得分
RS 触发器的检测	30	（1）电路连接错误，扣 30 分。 （2）测试数据错误，每处扣 5 分	30 min		
D 触发器的检测	30	（1）电路连接错误，扣 30 分。 （2）测试数据错误，每处扣 5 分	30 min		
测试 RS 触发器的逻辑功能	40	（1）芯片引脚接错，扣 5 分。 （2）测试数据错误，每处扣 5 分。 （3）芯片损坏，扣 40 分	20 min		
安全文明操作		违反安全生产规程，视现场具体违规情况扣分			
定额时间（80 min）	开始时间（　）	每超时 2 min 扣 5 分			
	结束时间（　）				
合计					

实训二　触发器的功能测试与应用

一、实训目的

（1）熟悉 D 触发器逻辑功能的测试方法。

（2）熟悉集成触发器和门电路的应用。

二、实训准备

万用表 1 只、数字电路实验箱 1 台、双 D 触发器 74LS74 和 JK 触发器 74LS112 各 1 片。

三、实训内容

1. 测试双 JK 触发器 74LS112 逻辑功能

1）测试$\overline{R_D}$、$\overline{S_D}$的复位、置位功能

任取一只 JK 触发器，$\overline{R_D}$、$\overline{S_D}$、J、K 端接逻辑开关，CP 端接单次脉冲源，Q、$\overline{Q}$ 端接电平指示器，按表 7-21 要求改变$\overline{R_D}$、$\overline{S_D}$（J、K、CP 处于任意状态），并在$\overline{R_D}=0$（$\overline{S_D}=1$）或$\overline{S_D}=0$（$\overline{R_D}=1$）

作用期间任意改变 J、K 及 CP 的状态，观察 Q、$\overline{Q}$ 状态，记录于表 7-22 中。

表 7-21　74LS112 触发器功能表

输入					输出	
$\overline{S_D}$	$\overline{R_D}$	$\overline{CP}$	J	K	Q^{n+1}	$\overline{Q^{n+1}}$
0	1	×	×	×	1	0
1	0	×	×	×	0	1
0	0	×	×	×	不定	不定
1	1	↓	0	0	Q^n	$\overline{Q^n}$
1	1	↓	0	1	0	1
1	1	↓	1	0	1	0
1	1	↓	1	1	$\overline{Q^n}$	Q^n
1	1	↑	×	×	Q^n	$\overline{Q^n}$

表 7-22　触发器的逻辑功能

$\overline{R}$	$\overline{S}$	74LS112		74LS74	
		Q	$\overline{Q}$	Q	$\overline{Q}$
1	1→0				
	0→1				
1→0	1				
0→1					
0	0				

2）测试 JK 触发器的逻辑功能

按表 7-23 要求改变 J、K、CP 状态，观察 Q、$\overline{Q}$ 状态变化，观察触发器状态更新是否发生在 CP 脉冲的下降沿（即 CP 由 1→0），记录于表 7-23 中。

表 7-23　JK 触发器的逻辑功能

J	K	CP	Q^{n+1}	
			$Q^n=0$	$Q^n=1$
0	0	0→1		
		1→0		
0	1	0→1		
		1→0		
1	0	0→1		
		1→0		
1	1	0→1		
		1→0		

3. 测试双 D 触发器 74LS74 的逻辑功能

1）测试$\overline{R_D}$、$\overline{S_D}$的复位、置位功能

任取一只 D 触发器，$\overline{R_D}$、$\overline{S_D}$、D 端接逻辑开关，CP 端接单次脉冲源，Q、$\overline{Q}$ 端接电平指示器，按表 7-24 要求改变$\overline{R_D}$、$\overline{S_D}$（D、CP 处于任意状态），并在$\overline{R_D}=0$（$\overline{S_D}=1$）或$\overline{S_D}=0$（$\overline{R_D}=1$）作用期

间任意改变 D 及 CP 的状态，观察 Q、$\overline{Q}$ 状态。

表 7-24　74LS74 触发器功能表

输入				输出	
$\overline{S_D}$	$\overline{R_D}$	CP	D	Q^{n+1}	$\overline{Q^{n+1}}$
0	1	×	×	1	0
1	0	×	×	0	1
0	0	×	×	不定	不定
1	1	↑	1	1	0
1	1	↑	0	0	1
1	1	↓	×	Q^n	$\overline{Q^n}$

2）测试 D 触发器的逻辑功能

按表 7-25 要求进行测试，并观察触发器状态更新是否发生在 CP 脉冲的上升沿（即 CP 由 0→1），记录于表 7-25 中。

表 7-25　D 触发器的逻辑功能

D	CP	Q^{n+1}	
		$Q^n=0$	$Q^n=1$
0	0→1		
	1→0		
1	0→1		
	1→0		

四、考核标准

考核标准见表 7-26。

表 7-26　考核标准

测评内容	配分	评分标准	操作时间	扣分	得分
测试 74LS112 逻辑功能	50	（1）电路设计不合理，扣 30 分。 （2）电路连接错误，扣 20 分。 （3）测试数据错误 1~5 处，每处扣 5 分。 （4）波形绘制错误，每处扣 2 分	40 min		
测试 74LS74 的逻辑功能	50	（1）芯片引脚接错，扣 5 分。 （2）测试数据错误 1~5 处，每处扣 2 分。 （3）芯片损坏，扣 10 分。 （4）波形绘制错误，每处扣 2 分	40 min		
安全文明操作		违反安全生产规程，视现场具体违规情况扣分			
定额时间（80 min）	开始时间（　）	每超时 2 min 扣 5 分			
	结束时间（　）				
合计					

参 考 文 献

[1] 黄冬梅. 电工技术与应用 [M]. 北京：中国铁道出版社，2017.

[2] 曹健林. 电工电子技术 [M]. 北京：高等教育出版社，2021.

[3] 付植桐. 电子技术 [M]. 北京：高等教育出版社，2021.

[4] 邱关源. 电路 [M]. 北京：高等教育出版社，1999.

[5] 刘明. 新编电工学（电工技术）题解 [M]. 武汉：华中科技大学出版社，2002.

[6] 黄冬梅. 电工基础 [M]. 北京：中国轻工业出版社，2010.

[7] 黄冬梅. 电工电子实训 [M]. 北京：中国轻工业出版社，2006.

[8] 徐君贤. 电气实习 [M]. 北京：机械工业出版社，1990.

[9] 张兴伟. 电工安装入门 [M]. 北京：电子工业出版社，2014.

[10] 就业金钥匙编委会. 维修电工上岗一路通 [M]. 北京：化学工业出版社，2012.